PRECÁLCULO

PARA TODOS

Jorge Sáenz

HIPOTENUSA

REVISIÓN

2026

PRECÁLCULO PARA TODOS

Autor: Jorge A. Sáenz C.

ISBN: 978-612-48516-1-2

Primera Edición, Marzo 2021

Revisión, Enero 2026

Editado por:

Editorial Hipotenusa EIRL

Lima - Perú

hipotenusaonline.com

Hecho el Depósito Legal en la Biblioteca Nacional del Perú N° 2023-08737

En 1990, mi padre publicó un pequeño libro al que considero mi favorito, por encima de cualquier otro libro jamás escrito. No es precisamente su obra más ambiciosa, ni tampoco una en la que yo haya tenido participación alguna; de hecho, yo apenas tenía cinco años de edad. No obstante, sus páginas iniciales esconden tímidamente una dedicatoria de tan solo dos palabras y ocho letras que dice *"A Roberto"*. Estoy seguro de que si Jorge estuviese con vida al tiempo que escribo estas palabras, no avalaría, bajo ninguna circunstancia, la transgresión que estoy por perpetrar, pues consideraría casi un delito dedicar un libro a su propio autor. Hoy, haré caso omiso a su voluntad, y me tomaré la licencia de cometer dicha infracción. Aún más, lo haré con mucho orgullo y ante todo, con amor.

A Jorge

Por siempre tu hijo y editor rebelde, Roberto.

"Ninguna investigación humana puede ser denominada ciencia si no pasa a través de pruebas matemáticas"

—*Leonardo Da Vinci*

CONTENIDO

PRÓLOGO

Esta obra está concebida para facilitar la incursión en las matemáticas de alto nivel y, si bien, está dirigida a estudiantes, o aspirantes, a carreras de ciencias e ingeniería, también se recomienda para cualquier autodidacta con interés en aprender matemáticas, así como aquellos profesionales o entusiastas que se han alejado de las matemáticas, pero ahora requieren reencontrarse con ellas para abordar competencias como la inteligencia de negocios o la ciencia de datos, entre otras áreas modernas de conocimiento.

Muchas tecnologías de *última generación* no son tan nuevas como muchos imaginan. En esencia, son conceptos de matemáticos de vieja data, con varias décadas, o incluso siglos, de antigüedad. Para lograr un entendimiento sólido de estos conceptos, es necesario entender **Cálculo**, el área de donde proviene gran parte de ellos. En ese sentido, este libro ofrece una ruta de aprendizaje que hemos denominado: *"la introducción más efectiva al Cálculo"*.

En favor de la didáctica, hemos adoptado un tono de redacción menos formal de lo habitual en el discurso académico, sin comprometer la rigurosidad del contenido, y procurando siempre lograr un balance entre teoría y práctica.

La mayoría de los teoremas se presentan con su demostración, que, de ser muy compleja, se remite a la subsección de **Problemas Resueltos**. En la subsección **Problemas Propuestos** hay numerosos ejercicios para el lector, cuyas **Respuestas** se encuentran en la parte final del libro, pero también están alojadas en nuestro sitio web, y pueden ser accedidas escaneando los *códigos QR* en los encabezados de los Problemas Propuestos.

Es importante que el lector entienda que la matemática es mucho más que números, fórmulas y gráficos. Cada teorema o definición de esta obra (y cualquier otra) se desarrolló en un contexto histórico que engloba asombrosos personajes y acontecimientos, muchos de ellos milenarios. A este respecto, se presentan algunos breves extractos de historia de la matemática a lo largo del curso, tanto al inicio de cada capítulo, como en las subsecciones "¿Sabías esto?", donde exponemos relatos, personajes y referencias actuales; todos, vinculados a la temática del capítulo o sección.

Dado que hacer matemática con seriedad no implica hacerlo sin gracia, nos hemos tomado la libertad (o quizás, el atrevimiento) de incluir la sección **"Humor en tiempos de Ciencia"** donde encontrará referencias matemáticas que circulan por redes sociales, y suponemos, son humorísticas. Estos chistes guardan relación con el tema de cada capítulo o sección, y esperamos que puedan ser apreciados por algunos lectores, y perdonados por otros.

Del Papel a la Pantalla

Las matemáticas no solo se leen, se exploran. Para enriquecer la experiencia de aprendizaje, hemos integrado algunos códigos QR que conectan con nuestras plataformas digitales, permitiéndote interactuar con el contenido.

Si bien, este no es un curso de programación, hemos dispuesto enlaces a scripts de *Python* relacionados con el tema que estés estudiando. Estas lineas de código te permitirán experimentar con conceptos del libro y aplicar la programación a la resolución de problemas matemáticos.

También encontrarás algunos enlaces a contenido audiovisual en nuestras redes sociales (*Instagram* y *Tiktok*). Si escaneas el código junto a este párrafo, serás redirigido a una sección de nuestro sitio web con más detalles sobre esta iniciativa, orientada a estrechar nuestro vínculo con los lectores.

Una Breve Introducción

Al igual que en casi todos los programas de educación, el orden de los temas presentados en este curso no guarda correspondencia con el tiempo de su invención o descubrimiento. La temática está estructurada con el objetivo de favorecer el entendimiento, por consiguiente, en el capítulo final discutiremos **Funciones Reales**, la base del cálculo moderno, pero el inicio de este libro no trata sobre adiciones o sustracciones, pese a que estas operaciones existen desde el período neolítico (6000 a.C. - 4000 a.C.). Antes de esto, vamos a abordar un tema que deriva de la escuela filosófica griega, pero que recién fue incorporado a la matemática en el siglo XIX, la **Lógica.**

"Si así fue, así pudo ser;
si así fuera, así podría ser;
pero como no es, no es.
Eso es lógica"

—Lewis Carroll

1

PRELIMINARES

Pitágoras de Samos
 (569 - 475 a. C.)

Pitágoras nació en la isla griega de Samos, alrededor del año 569 a.C. Su padre, un mercader proveniente de Tiro, solía llevar al joven Pitágoras en sus viajes de negocios por Caldea, Siria e Italia. Fue un joven excepcionalmente culto: estudió Geometría y Astronomía con *Tales* y *Anaximandro* en Mileto, tocaba la lira, escribía poesía y recitaba a Homero. Su curiosidad no tenía límites, abarcando desde las matemáticas y la astronomía, hasta la filosofía y la religión.

Hacia el año 535 a.C. se trasladó a Egipto para profundizar sus estudios, donde vivió una década estudiando, frecuentando templos y participando en debates con el sacerdocio local. Sin embargo, su estancia se vio abruptamente interrumpida por la invasión persa y la batalla de Pelusio (Delta del Nilo). Pitágoras fue capturado y llevado prisionero a Babilonia; paradójicamente, este cautiverio resultó ser una experiencia intelectualmente provechosa, pues le permitió descubrir el avanzado conocimiento matemático de los babilonios.

Cinco años después, retornó a su ciudad natal, Samos, donde fundó la escuela "*El Semicírculo*". Desafortunadamente, sus métodos pedagógicos no encajaron con la mentalidad local, por lo que decidió trasladarla a Crotona (Magna Grecia) en el año 520 a.C. Allí nació el *Pitagorismo*. Más que una escuela ordinaria, su academia funcionaba como una sociedad secreta, regida por principios misteriosos: sus miembros practicaban el vegetarianismo, no poseían bienes y juraban un estricto voto de silencio sobre sus enseñanzas.

El dogma central de los pitagóricos era que los números constituían la esencia del universo. Sostenían que todo podía explicarse mediante *números racionales* (fracciones). Sin embargo, la historia les reservaba una amarga ironía: fueron ellos mismos quienes descubrieron los *números irracionales*. Este hallazgo, quizás el más trascendental de la matemática griega, supuso una crisis teológica para la escuela, pues la existencia de cantidades que no podían expresarse como fracciones, derrumbaba la base misma de su doctrina.

Con el tiempo, la influencia política de los pitagóricos en Crotona generó un fuerte rechazo popular. Durante una revuelta social, su sede fue incendiada, obligando a los miembros a huir. Pitágoras escapó hacia Metaponto, donde finalmente falleció a los ochenta años, dejando un legado de conocimientos que no pudo ser consumido por las llamas en Crotona, y que hoy sigue en pie.

SECCIÓN 1.1

UN POQUITO DE LÓGICA Y DE CONJUNTOS

Nuestra primera sección presenta algunos conceptos básicos sobre Lógica y Teoría de Conjuntos, ya que estos serán críticos para abordar los conceptos que discutiremos más adelante. Los temas de esta sección son analizados con mayor profundidad en el texto **Fundamentos de la Matemática**.

LÓGICA

La Lógica es la ciencia que estudia formas de razonamiento. El razonamiento lógico se emplea en las matemáticas para probar afirmaciones o enunciados.

Una **proposición** es un enunciado del cual tiene sentido decir que es **verdadero (V)** o **falso (F)**, pero no ambas cosas a la vez. No es necesario saber de antemano si el juicio es verdadero o falso, lo único que requerimos es que sea lo uno o lo otro, aunque se desconozca el caso del cual se trata. A las proposiciones las denotaremos con letras minúsculas: p, q, r, t, etc.

Si una proposición p es verdadera, diremos que su **valor lógico es V**, y escribiremos $\mathbf{VL}(p) = \mathbf{V}$; en cambio, si la proposición es falsa, diremos que su **valor lógico es F**, y escribiremos $\mathbf{VL}(p) = \mathbf{F}$

Ejemplo 1.1.1

Proposición	Valor Lógico
p: 7 es número primo.	V
q: 4 es un número impar.	F
r: Existe un número x tal que $5 + x = 8$.	V
t: Todo triángulo es rectángulo.	F

Las proposiciones se pueden combinar para formar nuevas proposiciones más complejas. Así, por ejemplo, tenemos las siguientes dos proposiciones:

$$p: \text{"7 es número primo"} \qquad q: \text{"4 es un número par"}$$

Podemos combinarlas para formar las siguientes proposiciones:

- 7 **no** es un número primo. Esta es la **negación** de p

- 7 es un número primo **o** 4 es un número par. Esta es la **disyunción** de p y q.

- 7 es un número primo **y** 4 es un número par. Esta es la **conjunción** de p y q.

- **Si** 7 es un número primo, **entonces** 4 es un número par. Este es el **condicional** de p y q.

- 7 es un número primo **si y sólo** si 4 es un número par. Este es el **bicondicional** de p y q.

Estos términos que enlazan proposiciones para formar proposiciones compuestas se denominan **conectivos lógicos** o, simplemente, **conectivos**. Los conectivos más comunes son los siguientes:

Conectivo	Símbolo	Ejemplo de uso	Se lee
Negación	$\sim$	$\sim p$	no p
Disyunción	$\vee$	$p \vee q$	p o q
Conjunción	$\wedge$	$p \wedge q$	p y q
Condicional	$\rightarrow$	$p \rightarrow q$	p, entonces q
Bicondicional	$\leftrightarrow$	$p \leftrightarrow q$	p si y sólo si q

Veamos esto en términos más precisos. Sean p y q dos proposiciones.

NEGACIÓN

La **negación** de p ($\sim p$) se lee "**no p**". $\sim p$ es verdadera si p es falsa. Por otro lado, $\sim p$ es falsa si p es verdadera.

p	$\sim p$
V	F
F	V

Ejemplo 1.1.2

La proposición "*7 no es un número primo*" es falsa, ya que es la negación de "*7 es un número primo*", que es verdadera.

DISYUNCIÓN

La **disyunción** de p y q ($p \vee q$) se lee "*p o q*". $p \vee q$ es verdadera cuando al menos una de las proposiciones, o bien p, o bien q, es verdadera; y es falsa cuando ambas son falsas.

p	q	$p \vee q$
V	V	F
V	F	V
F	V	V
F	F	F

Ejemplo 1.1.3

La proposición "*7 es un número primo o 4 es un número impar*" es la disyunción de una proposición verdadera con una falsa. Como una de ellas es verdadera, la disyunción es verdadera.

CONJUNCIÓN

La **conjunción** de p y q ($p \wedge q$) se lee "*p y q*". $p \wedge q$ es verdadera cuando tanto p, como q, son verdaderas; siendo falsa en los demás casos.

p	q	$p \wedge q$
V	V	V
V	F	F
F	V	F
F	F	F

Ejemplo 1.1.4

La proposición "*7 es un número primo y 4 es un número impar*", es la conjunción de una proposición verdadera con una falsa. Como las dos no son verdaderas, su conjunción es falsa.

CONDICIONAL

El **condicional** de p y q ($p \rightarrow q$) se lee "*si p, **enton-ces** q*". $p \rightarrow q$ es falsa solamente cuando p es verdadera y q es falsa. En los otros tres casos $p \rightarrow q$ es verdadera (ver la tabla adjunta).

p	q	$p \rightarrow q$
V	V	V
V	F	F
F	V	V
F	F	V

Ejemplo 1.1.5

$$\text{Si } 2 + 1 = 3, \text{ entonces } 5 < 6 \qquad \textbf{V}$$
$$\text{Si } 2 + 1 = 3, \text{ entonces } 5 > 6 \qquad \textbf{F}$$
$$\text{Si } 2 + 1 = 4, \text{ entonces } 5 < 6 \qquad \textbf{V}$$
$$\text{Si } 2 + 1 = 4, \text{ entonces } 5 > 6 \qquad \textbf{V}$$

Definición   Dado el condicional $p \rightarrow q$:

- El **recíproco** de $p \rightarrow q$ es el condicional $q \rightarrow p$.

- El **contrarrecíproco** de $p \rightarrow q$ es el condicional $\sim q \rightarrow \sim p$.

Ejemplo 1.1.6

Dada la proposición "*Si Juan es francés, entonces Juan es europeo*":

1. El recíproco es: "*si Juan es europeo, entonces Juan es francés*".

2. el contrarrecíproco es: "*si Juan no es europeo, entonces Juan no es francés*".

BICONDICIONAL

El **bicondicional** de p y q ($p \leftrightarrow q$) se lee "*p **si y sólo si** q*". $p \leftrightarrow q$ es verdadera cuando los valores lógicos p y q son iguales, y es falsa cuando estos valores lógicos son diferentes (ver la tabla adjunta).

p	q	$p \leftrightarrow q$
V	V	V
V	F	F
F	V	F
F	F	V

Ejemplo 1.1.7

$$2 + 1 = 3 \text{ si y sólo si } 5 < 6 \qquad \textbf{V}$$
$$2 + 1 = 4 \text{ si y sólo si } 5 > 6 \qquad \textbf{V}$$
$$2 + 1 = 3 \text{ si y sólo si } 5 > 6 \qquad \textbf{F}$$
$$2 + 1 = 4 \text{ si y sólo si } 5 < 6 \qquad \textbf{F}$$

EQUIVALENCIA LÓGICA

Las proposiciones **compuestas** o **formas proposicionales** son proposiciones que se obtienen a partir de otras, mediante el uso de **conectivos**. Para representarlas usaremos letras mayúsculas(A, B, C, etc).

$\boxed{\textbf{Definición}}$

- Una **tautología** es una forma proposicional que es **verdadera** para cualquier valor lógico que se asigne a sus variables proposicionales.

- Una **contradicción** es una forma proposicional que es **falsa** para cualquier valor lógico que se asigne a sus variables proposicionales. Es claro que la negación de una tautología es una contradicción.

$\boxed{\textbf{Ejemplo 1.1.8}}$

$p \vee \sim p$ es una tautología y $p \wedge \sim p$ es una contradicción.

p	$\sim p$	$p \vee \sim p$
V	F	V
F	V	V

p	$\sim p$	$p \wedge \sim p$
V	F	F
F	V	F

A las tautologías también se les llama **leyes de la lógica**, y son fundamentales en el cálculo proposicional. A la tautología del ejemplo 1.1.2 se la conoce con el nombre de **ley del tercio excluido**.

$\boxed{\textbf{Definición}}$

Sean A y B dos formas proposicionales. Diremos que **A es lógicamente equivalente a B**, y escribiremos:

$$A \Leftrightarrow B \text{ o } A \equiv B,$$

si la forma condicional $A \leftrightarrow B$ es una tautología.

ALGUNAS EQUIVALENCIAS NOTABLES

1. **Ley del condicional:** $p \rightarrow q \equiv \sim p \vee q$

2. **Ley del contrarrecíproco:** $p \rightarrow q \equiv \sim q \rightarrow \sim p$

3. **Ley del bicondicional:** $p \leftrightarrow q \equiv (p \rightarrow q) \wedge (q \rightarrow p)$

IMPLICACIÓN LÓGICA

$\boxed{\textbf{Definición}}$ Sean A y B dos formas proposicionales.

Si el condicional $A \to B$ es una tautología, entonces diremos que A **implica lógicamente** a B o, simplemente, que A **implica** B, y escribiremos:

$$A \Rightarrow B$$

En otros términos, A **implica** B si cada asignación de valores lógicos que hacen a A verdadera, hacen también a B verdadera.

Todas las ramas deductivas de la matemática están conformadas por dos tipos de proposiciones: los **axiomas** y los **teoremas**. Un axioma es una proposición que, por convención, se admite como verdadera sin el requerimiento de una prueba o demostración. Ahora bien, un teorema es una proposición que precisa de una **demostración o prueba** para admitirse como verdadera. Hay dos tipos de teoremas, la gran mayoría tiene la forma del condicional:

Si H, entonces T,

donde H es la **hipótesis** y T es la **tesis**. Este condicional es una implicación, es decir, la hipótesis H implica lógicamente a la tesis T. simbólicamente:

$$H \Rightarrow T$$

Una demostración de un teorema es una secuencia de proposiciones que finaliza con la tesis, en donde cada paso es una consecuencia lógica de la hipótesis; es decir, un axioma o un teorema previamente demostrado. De acuerdo a las leyes del condicional y del contrarrecíproco, tenemos que:

$$H \Rightarrow T \equiv \sim T \vee H \quad \text{y} \quad H \Rightarrow T \equiv \sim T \to \sim H$$

El otro tipo teoremas tiene la forma del **bicondicional**:

A si y sólo si B, que se simboliza así: $A \Leftrightarrow B$

De acuerdo a la ley del bicondicional, tenemos que:

- El teorema $A \Leftrightarrow B$ es **equivalente** a la conjunción de los teoremas $A \Rightarrow B$ y $B \Rightarrow A$.

- Para probar $A \Leftrightarrow B$, debemos aportar dos demostraciones, la de $A \Rightarrow B$ y la de $B \Rightarrow A$.

- El teorema $B \Rightarrow A$ es el **teorema recíproco** del teorema $A \Rightarrow B$.

CUANTIFICADORES

En el razonamiento matemático se emplean una serie de símbolos con el fin de simplificar la escritura; estos son conocidos como **cuantificadores**. Los más comunes son:

- $\forall$, que significa: para todo.

- $\exists$, que significa: existe.

- $\exists!$, que significa: existe y es único.

CONJUNTOS

Un **conjunto** es una colección de objetos que, asimismo, son los elementos del conjunto en sí. Para denotar los conjuntos se usan letras mayúsculas como A, B, C, X, Y, etc. Para denotar elementos se usan letras minúsculas como a, b, c, x, y, etc. Si x es un elemento del conjunto A, diremos que:

$$x \text{ pertenece a } A \text{ y escribiremos } x \in A$$

En cambio, si x no es un elemento de A diremos que:

$$x \text{ no pertenece a } A \text{ y escribiremos } x \notin A$$

El **conjunto universal**, **conjunto referencial** o **universo del discurso** es el conjunto formado por todos los elementos que se encuentran en discusión. Generalmente, a éste se lo denota con la letra U. El conjunto universal no es único, este cambia de acuerdo al tema en discusión.

Si hablamos de geometría, el conjunto universal es el conjunto formado por todos los puntos. Si hablamos de letras, el conjunto universal es el conjunto formado por todas las letras del alfabeto.

Gráficamente, el conjunto universal se representa mediante un rectángulo.

Cualquier otro conjunto, como el conjunto A, es representado por una región dentro del rectángulo.

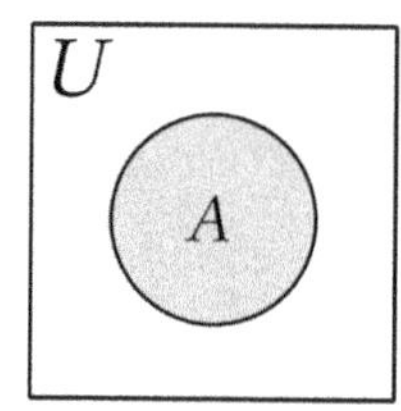

A este tipo de gráficos se los conoce con el nombre de **diagramas de Venn**, en honor del lógico inglés **John Venn** (1834-1921).

El **conjunto vacío**, como su nombre lo indica, es el conjunto que carece de elementos. Este se representa por el símbolo $\varnothing$.
Un conjunto puede determinarse de dos maneras:

Por extensión. Se encierran entre llaves a todos los elementos del conjunto. Así, los siguientes conjuntos están determinados por extensión:

$$A = \{a, e, i, o, u\} \qquad B = \{1, 3, 5, 7, ...\}$$

Por comprensión. Se tiene un conjunto universal U y una propiedad P. El conjunto formado por los elementos de U que satisfacen la propiedad P se escribe así:

$$\{x \in U/P(x)\}$$

Cuando el conjunto universal U está sobreentendido, la expresión anterior la escribiremos simplemente así: $\{x/P(x)\}$.

Así, si $\mathbb{Z}$ es el conjunto de números enteros, entonces $\{x \in \mathbb{Z}/x^2 = 4\}$ es el conjunto de números enteros que son soluciones de la ecuación $x^2 = 4$. Estas soluciones son -2 y 2. Luego, $\{x \in \mathbb{Z}/x^2 = 4\} = \{-2, 2\}$.

Se dice que el conjunto A es un **subconjunto** del conjunto B, o que A está **contenido en B**, si todo elemento de A es un elemento de B. Este resultado lo abreviamos así:

$$A \subset B$$

Está demostrado que el conjunto vacío es un subconjunto de todos los conjuntos. Esto es:

$$\varnothing \subset A, \textbf{ para todo conjunto } A.$$

Se dice que el conjunto A es igual al conjunto B, y escribiremos $A = B$, si y sólo si se cumple que $A \subset B$ y que $B \subset A$. En otros términos, $A = B$ si y sólo si A y B tienen los mismos elementos.

INTERSECCIÓN, UNIÓN Y DIFERENCIA DE CONJUNTOS

$\boxed{\textbf{Definición}}$ Sean A y B dos conjuntos.

1. La **intersección de A y B** es el conjunto:

   $$A \cap B$$

   formado por los elementos de A y de B.
   Simbólicamente:

   $$A \cap B = \{x\,/x \in A \wedge x \in B\}$$

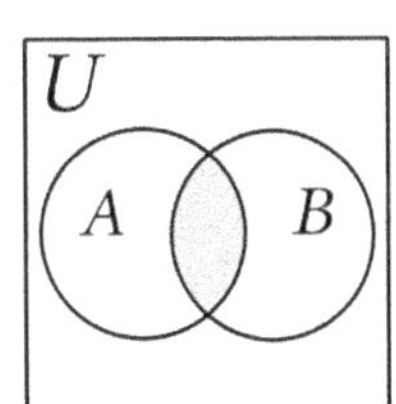

2. La **unión de A y B** es el conjunto:

   $$A \cup B$$

   formado por los elementos de A o de B.
   Simbólicamente:

   $$A \cup B = \{x\,/x \in A \vee x \in B\}$$

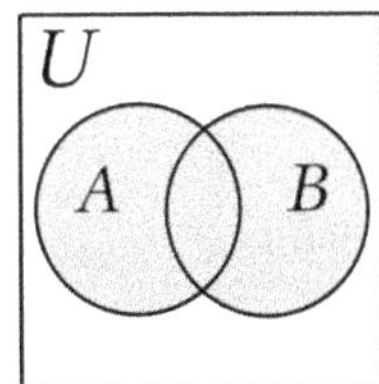

3. La **diferencia de A y B** es el conjunto:

$$A - B$$

formado por los elementos de A que no están en B.
Simbólicamente:

$$A - B = \{x \,/\, x \in A \,\wedge\, x \notin B\}$$

4. El **complemento de B** es el conjunto:

$$\complement B = U - B$$

formado por los elementos de conjunto universal U
que no están en B. Simbólicamente:

$$\complement B = \{x \,/\, x \in U \,\wedge\, x \notin B\}$$

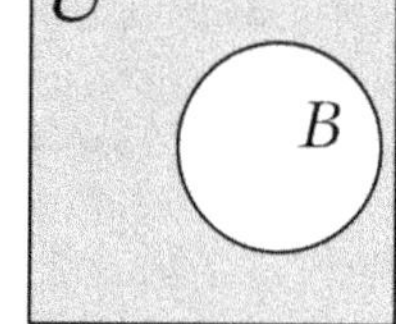

Ejemplo 1.1.9   Si $A = \{a, b, c, d\}$ y $B = \{c, d, e, f\}$, entonces:

$$A \cap B = \{c, d\} \quad \text{y} \quad A \cup B = \{a, b, c, d, e, f\}.$$

Ejemplo 1.1.10

Si $U = \{1, 2, 3, 4, 5, 6, 8\}$, $A = \{1, 2, 3, 4, 5, 6\}$ y $B = \{2, 4, 6\}$ entonces:

$$A - B = \{1, 3, 5\} \quad \text{y} \quad \complement B = \{1, 3, 5, 8\}.$$

PRODUCTO CARTESIANO

Sean a y b dos elementos. Si formamos el conjunto $\{a, b\}$, este será igual al conjunto $\{b, a\}$, ya que el orden de los elementos no tiene relevancia en los conjuntos. Si queremos que el **orden** sea relevante, necesitamos establecer un **par ordenado (a, b)**, conformado por a como primer elemento y por b como segundo elemento. En el par ordenado (b, a), b es el primer elemento y a es el segundo elemento, es decir, $(a, b) \neq (b, a)$, a menos que $a = b$. La igualdad de pares ordenados se puede definir de la siguiente forma:

$$(a, b) = (c, d) \quad \text{si y sólo si} \quad a = c \,\wedge\, b = d$$

Definición

El **producto cartesiano de los conjuntos A y B** es el conjunto:

$$A \times B = \{(x, y) \,/\, x \in A \,\wedge\, y \in B\}$$

Escribiremos A^2 para denotar a $A \times A$. Esto es:

$$A^2 = A \times A$$

Ejemplo 1.1.11 Si $A = \{a, b, c\}$ y $B = \{1, 2\}$, entonces:

$$A \times B = \{(a, 1), (a, 2), (b, 1), (b, 2), (c, 1), (c, 2)\}$$

ALGUNAS LEYES DEL ÁLGEBRA DE CONJUNTOS

Leyes Distributivas

1a. $A \cup (B \cap C) = (A \cup B) \cap (A \cup C)$ **1b.** $A \cap (B \cup C) = (A \cap B) \cup (A \cap C)$

Leyes de Complementación

2a. $A \cup \complement A = U$

2c. $\complement(\complement A) = A$

2b. $A \cap \complement A = \varnothing$

2d. $\complement U = \varnothing, \ \complement \varnothing = U$

Leyes de Morgan

3a. $\complement(A \cap B) = \complement A \cup \complement B$

3b. $\complement(A \cup B) = \complement A \cap \complement B$

Respuestas

PROBLEMAS PROPUESTOS 1.1

1. Si $U = \{1, 2, 3, 4, 5, 6, 7, 8, 9\}$, $A = \{x \in U / x \text{ es par}\}$, $B = \{x / x \text{ es primo}\}$ y $D = \{x \in U / x \text{ no es divisor de } 9\}$, hallar:

    a. $\complement(A \cup B)$ **b.** $A - \complement D$ **c.** $B - \complement D$ **d.** $(A - B) \cup (B - A)$

2. Si $U = \{0, 1, 2, 3, 4, 5, 6, 7, 8, 9\}$, hallar los conjuntos A y B tales que:

    a. $A - B = \{7, 9\}$ **b.** $\complement A \cap \complement B = \{6\}$ **c.** $A \cap B = \{0, 5, 8\}$

3. Si $U = \{0, 1, 2, 3, 4, 5, 6, 7, 8, 9\}$, hallar los conjuntos A y B tales que:

    a. $(A - B) \cup (B - A) = \{0, 1, 5, 8\}$ **b.** $\complement A \cup \complement B = \{0, 1, 2, 5, 6, 7, 8\}$
    c. $A \cap \complement B = \{0, 8\}$

4. Hallar los conjuntos A, B, C y U, el conjunto universal, sabiendo que:

    a. $\complement A = \{1, 4, 7, 8, 9\}$ **b.** $\complement B = \{2, 4, 5, 7\}$
    c. $\complement C = \{2, 4, 7, 8\}$ **d.** $A \cap B \cap C = \{0, 3, 6\}$

SECCIÓN 1.2

EL SISTEMA DE LOS NÚMEROS REALES. AXIOMAS DE CAMPO

EL CONJUNTO DE LOS NÚMEROS REALES Y LA RECTA NUMÉRICA

El conjunto de los **números naturales** es el primer conjunto que aparece en la historia de la civilización:

$$\mathbb{N} = \{0, 1, 2, 3, ...\}$$

Años más tarde, hace 4,000 años, aproximadamente, y gracias al trabajo de los babilonios, aparece el conjunto de los **números enteros**:

$$\mathbb{Z} = \{..., -3, -2, -1, 0, 1, 2, 3, ...\}$$

La escogencia de la letra $\mathbb{Z}$, utilizada para representar a este conjunto, tiene su origen en la palabra alemana "*Zahlen*" que significa *números*. El conjunto de los números naturales $\mathbb{N}$ es un subconjunto notable de $\mathbb{Z}$.

Los **números racionales** son otro conjunto importante de números. A este se le señala comúnmente con el nombre de *números fraccionarios*. Un número racional es un cociente de dos números enteros, donde el denominador es distinto de 0. Así, los siguientes números son racionales:

$$\frac{1}{2}, \quad \frac{-1}{3}, \quad \frac{5}{-2}$$

Todo número entero es un número racional de denominador 1. Así:

$$2 = \frac{2}{1}, \quad -5 = \frac{-5}{1}$$

Al conjunto de los números racionales se lo denota con la letra $\mathbb{Q}$. Esto es:

$$\mathbb{Q} = \left\{ \frac{a}{b} \ / \ a, b \in \mathbb{Z} \text{ y } b \neq 0 \right\}$$

También podemos expresar un número mediante su expresión decimal:

$$\frac{1}{2} = 0.500... \qquad \frac{1}{3} = 0.333... \qquad \frac{11}{6} = 1.8333...$$

Observe la periodicidad de estas expresiones decimales.

La siguiente proposición señala la propiedad más importante de los números racionales:

Un número es racional
si y sólo si
su expresión decimal es periódica

Los números naturales, enteros y racionales aparecieron en el desarrollo de las civilizaciones antiguas de forma natural. En una nueva etapa aparecieron los números irracionales. Estos los descubrieron los Pitagóricos de la Antigua Grecia a mediados del siglo V antes de Cristo. Este hallazgo fue un hito tan trascendental que se dice, también tuvo sabor a tragedia, pues le costó la vida a su descubridor.

Un **número irracional** es un número que tiene una expresión decimal no periódica. Como ejemplos de números irracionales tenemos $\sqrt{2}, \sqrt{3}, \sqrt[3]{2}$, el famoso número π y el no menos famoso número **e**, base de los logaritmos naturales. Algunas cifras de sus expresiones decimales son:

$$\sqrt{2} = 1.41415... \qquad \pi = 3.14159... \qquad e = 2.7182818284...$$

Denotaremos con $\mathbb{I}$ al conjunto de los números irracionales.

El conjunto $\mathbb{R}$ de los números reales es la unión del conjunto de los números racionales con el conjunto de los números irracionales. Esto es,

$$\mathbb{R} = \mathbb{Q} \cup \mathbb{I}$$

Podemos representar geométricamente a los números reales identificando a cada uno de éstos con un punto sobre una recta fija que se orienta en una dirección positiva (a la derecha), la cual se indica con una flecha. Fijamos un punto de la recta al que le damos el nombre de **origen**, y le asignamos el entero **0**. Elegimos una unidad de longitud mediante la cual localizamos el punto que está a la derecha del origen, a una distancia igual a la unidad escogida. A este punto le asignamos el entero 1.

Le asignamos el entero -1 al punto que está a la izquierda del origen, a una distancia igual a la unidad. Si x es un real positivo, le asignamos el punto que está a una distancia x a la derecha del origen. Si x es negativo ($-x$ es positivo), le asignamos el punto que está a una distancia $-x$ a la izquierda del origen.

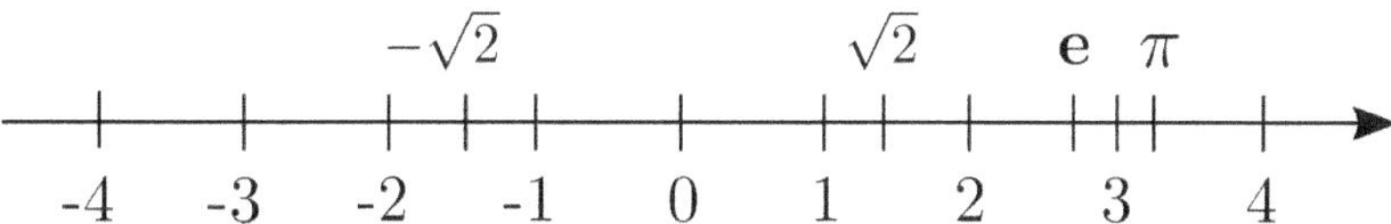

La correspondencia establecida entre los números reales y los puntos de la recta es una correspondencia biunívoca, es decir, a cada número real le corresponde un solo punto, y a cada punto le corresponde un solo número real.

Llamaremos **recta real** o **recta numérica** a la recta provista de esta correspondencia. El número real al que se le asigna esta correspondencia es la **coordenada** de un punto. Con frecuencia, identificaremos a los puntos de la recta por su coordenada. Por ejemplo, diremos *"el punto 2"* para indicar el punto sobre la recta real al cual le corresponde el número 2.

En la recta numérica, $a < b$ si a está a la **izquierda** de b, y $b > a$ si b está a la **derecha** de a.

¿Sabías esto?

Hipaso de Metaponto fue uno de los primeros discípulos de Pitágoras en Crotona, alrededor del año 500 a.C.

Hipaso fue quien descubrió la existencia de los números irracionales, al descubrir que la longitud de la diagonal de un cuadrado de lado 1 es $\sqrt{2}$, el cual no es número racional.

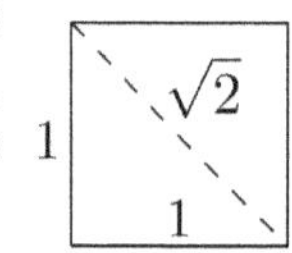

¡Vaya sorpresa! los pitagóricos pregonaban que los números naturales y sus cocientes, los racionales positivos, eran la esencia del universo; sin embargo, la existencia de $\sqrt{2}$ contradice esta afirmación.

Hipaso divulgó su descubrimiento, pasando por alto el juramento de silencio instituido por la escuela pitagórica. Cuenta la leyenda que los pitagóricos navegaban en alta mar cuando se enteraron de esta infracción, reaccionando con furia indiscriminada. Los sabios castigaron la deslealtad de Hipaso abandonándolo a su suerte en alta mar.

EL SISTEMA DE LOS NÚMEROS REALES

En los párrafos anteriores hemos tratado de ver como el conjunto de los números reales se puede obtener a partir de los números naturales enteros y racionales. Podríamos continuar con esta estrategia y definir las operaciones de adición y multiplicación de números reales a partir de las correspondientes operaciones definidas para los números racionales, sin embargo, este sería un camino tan largo que nos alejaría de nuestro propósito.

Por esta razón, desde este punto, cambiaremos de enfoque y adoptaremos el **método axiomático**. Aunque suene contradictorio, debemos olvidar todo lo que conocemos sobre números reales, para establecer un cúmulo de proposiciones que convendremos en aceptar como verdaderas, sin el requisito de una *demostración* o *prueba*.

Estas proposiciones se llaman **axiomas o postulados**. A través de ellos, reconstruiremos el sistema de los números reales.

Consideramos un conjunto $\mathbb{R}$, a cuyos elementos los llamamos números reales. Suponemos que este conjunto está provisto de dos operaciones, **adición** $(+)$ y **multiplicación** $(\cdot)$. También posee una relación de orden, denotada por " $<$ " que se lee *"es menor que"*.

Los axiomas que caracterizan la estructura de los números reales son trece, y los dividimos en tres grupos:

- axiomas de cuerpo o campo

- axiomas de orden

- axioma del supremo o axioma de completitud

Cada uno de estos grupos será presentado por separado, a excepción del último, que se abordará en los cursos de Cálculo.

El sistema de números reales es el conjunto $\mathbb{R}$ provisto de la operación adición, la operación multiplicación y la relación de orden " $<$ ", las cuales satisfacen los trece axiomas que especificaremos seguidamente. Al sistema de números reales también se le representa así: $(\mathbb{R}, +, \cdot, <)$, para recalcar que está conformado por el conjunto $\mathbb{R}$, las operaciones $+$ y $\cdot$, y la relación $<$.

AXIOMAS DE CUERPO O CAMPO

Los axiomas de cuerpo o campo establecen las propiedades de la adición y de la multiplicación. En total son nueve, cuatro de la adición, cuatro de la multiplicación y el axioma distributivo que relaciona las dos operaciones.

AXIOMAS DE LA ADICIÓN

A$_1$. Ley conmutativa de la adición.

$$\forall\, a, b \in \mathbb{R},\ a + b = b + a$$

A$_2$. Ley asociativa de la adición.

$$\forall\, a, b, c \in \mathbb{R},\ a + (b + c) = (a + b) + c$$

A$_3$. Existencia y unicidad del elemento neutro de la adición. Existe un único elemento de $\mathbb{R}$, al que llamaremos cero, y denotaremos con 0, tal que, para todo a en $\mathbb{R}$:

$$a + 0 = a = 0 + a$$

Simbólicamente:

$$\exists!\ 0 \in \mathbb{R},\ \text{tal que } \forall\, a \in \mathbb{R},\ a + 0 = a = 0 + a.$$

A$_4$. Existencia y unicidad del Inverso Aditivo. Para cada a en $\mathbb{R}$, existe un único elemento de $\mathbb{R}$, al que denotaremos con $-a$, tal que:

$$a + (-a) = 0 = -a + a$$

Simbólicamente:

$$\forall\, a \in \mathbb{R}, \exists!\ -a \in \mathbb{R} \text{ tal que } a + (-a) = 0 = -a + a.$$

El número $-a$ es denominado el inverso aditivo de a.

SUSTRACCIÓN O RESTA DE NÚMEROS REALES

$\boxed{\text{Definición}}$ **Diferencia.**

Dados dos números reales a y b, se llama **diferencia de a y b** al número real que representa la suma de a con el inverso aditivo de b. Esto es:

$$a - b = a + (-b)$$

La sustracción o resta es la operación que hace corresponder a cada par de números reales (a, b) su diferencia $a - b$.

AXIOMAS DE LA MULTIPLICACIÓN

M$_1$. Ley conmutativa de la multiplicación.

$$\forall\, a, b \in \mathbb{R},\ ab = ba$$

M$_2$. Ley asociativa de la multiplicación.

$$\forall\, a, b, c \in \mathbb{R},\ a(bc) = (ab)c$$

M$_3$. Existencia y unicidad del elemento neutro de la multiplicación.
Existe un único elemento de $\mathbb{R}$, distinto de 0, al que llamaremos uno y lo denotaremos con 1, tal que, para todo a en $\mathbb{R}$:

$$1 \cdot a = a \cdot 1 = a$$

Simbólicamente:

$$\exists!\, 1 \in \mathbb{R},\ 1 \neq 0,\ \text{tal que } \forall\, a \in \mathbb{R},\ 1 \cdot a = a \cdot 1 = a$$

M$_4$. Existencia y unicidad del Inverso Multiplicativo.

Para cada a en $\mathbb{R}$, distinto de 0, existe un único elemento de $\mathbb{R}$, al que denotaremos con a^{-1}, tal que:

$$a \cdot a^{-1} = 1 = a^{-1} \cdot a$$

Simbólicamente:

$$\forall a \in \mathbb{R} - \{0\}, \ \exists\, a^{-1} \in \mathbb{R}, \ \text{tal que } a \cdot a^{-1} = 1 = a^{-1} \cdot a$$

El número a^{-1} se denomina como el **inverso multiplicativo de a**, o el **recíproco de a**. También se lo denota por $\frac{1}{a}$; esto es, $a^{-1} = \frac{1}{a}$.

DIVISIÓN DE NÚMEROS REALES

$\boxed{\text{Definición}}$ **Cociente.**

Dados dos números reales a y b, siendo $b \neq 0$, se llama **cociente** de a **entre b** al número real que es producto de a y el inverso multiplicativo de b.

Esto es:

$$\frac{a}{b} = a \cdot b^{-1} = a \cdot \frac{1}{b}$$

La división es la operación que hace corresponder, a cada par de números reales (a, b), su cociente $\frac{a}{b}$, donde $b \neq 0$.

Al cociente $\frac{a}{b}$ lo llamaremos también *la fracción de a sobre b*. El número a es el **numerador** y b es el **denominador** de la fracción.

AXIOMA DISTRIBUTIVO

D$_1$. Ley distributiva.

$$\forall\, a, b, c \in \mathbb{R}, \ a(b + c) = ab + ac, \ \forall a, b, c \in \mathbb{R}$$

$\boxed{\text{Observación}}$

En el Álgebra Moderna un *cuerpo* o *campo* es un conjunto provisto de las dos operaciones que satisfacen los nueve axiomas anteriores para los números reales. Existen muchos cuerpos, pero los más famosos son $\mathbb{Q}$, $\mathbb{R}$ y $\mathbb{C}$. Este último, con sus operaciones de adición y multiplicación correspondientes, es el campo de los *números complejos*.

A continuación presentamos algunos teoremas que son implicaciones de los nueve axiomas de cuerpo.

$\boxed{\textbf{Teorema 1.2.1}}$ $\quad \mathbf{0 \cdot a = 0 = a \cdot 0,\ \forall\, a \in \mathbb{R}}$

Demostración

$$a \cdot 0 = a \cdot 0 + 0 \tag{A_3}$$
$$= a \cdot 0 + (a + (-a)) \tag{A_4}$$
$$= (a \cdot 0 + a) + (-a) \tag{A_2}$$
$$= (a \cdot 0 + a \cdot 1) + (-a) \tag{M_3}$$
$$= a(0 + 1) + (-a) \tag{D_1}$$
$$= a \cdot 1 + (-a) \tag{A_3}$$
$$= a + (-a) \tag{M_3}$$
$$= 0 \tag{A_4}$$

Por otro lado, por M_1, $0 \cdot a = a \cdot 0$. Y como $a \cdot 0 = 0$, entonces $0 \cdot a = 0$.

$\boxed{\textbf{Teorema 1.2.2}}$ $\quad \mathbf{ab = 0 \Leftrightarrow a = 0 \vee b = 0}$

Demostración

Dado que tenemos un bicondicional, debemos hacer dos demostraciones:

1. $ab = 0 \Rightarrow a = 0 \vee b = 0$, la que simbolizaremos por ($\Rightarrow$)

2. $a = 0 \vee b = 0 \Rightarrow ab = 0$, la que simbolizaremos por ($\Leftarrow$)

($\Rightarrow$): Supongamos que $a \neq 0$. En ese caso, por M_4, existe a^{-1}.

Ahora, multiplicado $ab = 0$ por a^{-1}, tenemos:

$$a^{-1}(ab) = a^{-1}0 \Rightarrow (a^{-1}a)b = 0 \qquad \text{(M_2 y Teorema 1.2.1)}$$
$$\Rightarrow (1)b = 0 \qquad \text{(M_4)}$$
$$\Rightarrow b = 0 \qquad \text{(M_3)}$$

($\Leftarrow$): Sigue del teorema 1.2.1.

$\boxed{\textbf{Ejemplo 1.2.1}}$ Resolver la ecuación $(x - 2)(x + 3) = 0$

Solución

Aplicando el teorema anterior, tenemos:

$$(x - 2)(x + 3) = 0 \Leftrightarrow x - 2 = 0 \ \lor \ x + 3 = 0 \Leftrightarrow x = 2 \ \lor \ x = -3$$

$\boxed{\textbf{Teorema 1.2.3}}$ **Propiedades del Inverso Aditivo.**

Para todo $\boldsymbol{a}$ y $\boldsymbol{b}$ en $\mathbb{R}$ se cumple que:

1. $-(-a) = a$ $\qquad$ 2. $(-1)a = -a$
3. $(-a)b = a(-b) = -(ab)$ $\qquad$ 4. $(-a)(-b) = ab$
5. $-(a + b) = -a - b$ $\qquad$ 6. $-(a - b) = -a + b$

Demostración

1. Por el axioma A_4, tenemos que:

$$-(-a) + (-a) = 0 \ \land \ a + (-a) = 0$$

Estos resultados nos dicen que, tanto $-(-\boldsymbol{a})$, como $\boldsymbol{a}$, son inversos aditivos de $-\boldsymbol{a}$; pero A_4 dice que el inverso aditivo es único.

Luego, $-(-a) = a$.

2. Veamos que $(-1)a$ es el inverso aditivo de a:

$$\begin{aligned}
a + (-1)a &= 1 \cdot a + (-1)a & \text{(M}_3) \\
&= (1 + (-1))a & \text{(D}_1) \\
&= 0 \cdot a & \text{(A}_4) \\
&= 0 & \text{(Teorema 1.2.1)}
\end{aligned}$$

Pero $(-a) + a = 0$. Luego, por unicidad del inverso aditivo, $(-1)a = -a$.

3.

$$\begin{aligned}
(-a)b &= ((-1)a)b & \text{(parte 2 anterior)} \\
&= (-1)(ab) & \text{(M}_2) \\
&= -(ab) & \text{(parte 2 anterior)}
\end{aligned}$$

En forma similar se prueba que $a(-b) = -(ab)$.

4. Aplicando dos veces la parte 3 y luego la parte 1, tenemos que:

$$(-a)(-b) = -(a(-b)) = -(-(ab)) = ab$$

5. $-(a+b)$ es el inverso aditivo de $(a+b)$, pero $-a-b$ también es el inverso aditivo de $(a+b)$. En efecto:

$$
\begin{aligned}
(a+b) + (-a-b) &= (a+b) + (-a+(-b)) \quad \text{(Definición de diferencia)} \\
&= (a+(-a)) + (b+(-b)) \quad \text{(A}_2 \text{ y A}_1\text{)} \\
&= 0+0 = 0 \quad \text{(A}_4 \text{ y A}_3\text{)}
\end{aligned}
$$

Luego, por unicidad del inverso aditivo de $(a+b)$, tenemos:

$$-(a+b) = -a-b$$

6. $-(a-b) = -a+b$. Similar a 5.

$\boxed{\textbf{Ejemplo 1.2.2}}$ Haciendo uso del teorema anterior, simplificar:

1. $(-2)(-3)(-6)$ **2.** $-(a+b-3)$ **3.** $(-5)[3x+(-2)]$

Solución

1.

$$
\begin{aligned}
(-2)(-3)(-6) &= (-2)[(-3)(-6)] \quad \text{(ley asociativa)} \\
&= (-2)[3\cdot 6] = (-2)[18] \quad \text{(por 4)} \\
&= -[2\cdot 18] \quad \text{(por 3)} \\
&= -36
\end{aligned}
$$

2.

$$
\begin{aligned}
-(a+b-3) &= -a-b-(-3) \quad \text{(por 5)} \\
&= -a-b+3 \quad \text{(por 1)}
\end{aligned}
$$

3.

$$
\begin{aligned}
(-5)[3x+(-2)] &= (-5)(3x) + (-5)(-2) \quad \text{(Ley distributiva)} \\
&= -(5(3x)) + 5\cdot 2 \quad \text{(por 3 y 4)} \\
&= -((5\cdot 3)x) + 10 \quad \text{(ley asociativa)} \\
&= -15x + 10
\end{aligned}
$$

$\boxed{\textbf{Teorema 1.2.4}}$ **Propiedades del Inverso Multiplicativo.**

Para todo $a \neq 0$ y $b \neq 0$ en $\mathbb{R}$, se cumple que:

$\qquad$ **1.** $(a^{-1})^{-1} = a$ $\qquad\qquad$ **2.** $(ab)^{-1} = a^{-1}b^{-1}$

Demostración

1. Por el axioma M_4, tenemos que:

$$(a^{-1})(a^{-1})^{-1} = 1 \quad \text{y} \quad (a^{-1})a = 1$$

Estos dos resultados nos dicen que, tanto $(a^{-1})^{-1}$, como a, son inversos multiplicativos de a^{-1}, pero M_4 dice que el inverso multiplicativo es único. Luego:

$$(a^{-1})^{-1} = a$$

2. Por el axioma M_4, tenemos que:

$$(ab)(ab)^{-1} = 1$$

Por otro lado,

$$
\begin{aligned}
(ab)(a^{-1}b^{-1}) &= a(ba^{-1})b^{-1} & (M_2)\\
&= a(a^{-1}b)b^{-1} & (M_1)\\
&= (aa^{-1})(bb^{-1}) & (M_2)\\
&= (1)(1) & (M_4)\\
&= 1 & (M_3)
\end{aligned}
$$

En consecuencia, por la unicidad del inverso multiplicativo:

$$(ab)^{-1} = a^{-1}b^{-1}$$

$\boxed{\textbf{Teorema 1.2.5}}$ **Propiedades de las Fracciones.**

Sean $\boldsymbol{a}$, $\boldsymbol{b}$, $\boldsymbol{c}$ y $\boldsymbol{d}$ números reales cualesquiera, tales que $\boldsymbol{b} \neq 0$ y $\boldsymbol{d} \neq 0$:

1. $\quad \dfrac{a}{b} \cdot \dfrac{c}{d} = \dfrac{ac}{bd}$ $\qquad$ Para multiplicar fracciones, multiplicar los numeradores y denominadores.

2. $\quad \dfrac{a}{b} \div \dfrac{c}{d} = \dfrac{a}{b} \cdot \dfrac{d}{c}$ $\qquad$ Para dividir fracciones, invierta el divisor y multiplique.

3. $\quad \dfrac{a}{b} + \dfrac{c}{b} = \dfrac{a+c}{b}$ $\qquad$ Para sumar fracciones que poseen el mismo denominador, sumar los numeradores.

4. $\dfrac{a}{b}+\dfrac{c}{d}=\dfrac{ad+bc}{bd}$ Para sumar fracciones que poseen distintos denominadores, se halla un denominador en común y se suman los numeradores.

5. $\dfrac{ac}{bc}=\dfrac{a}{b},\ c\neq 0$ Simplificación.

6. $\dfrac{a}{b}=\dfrac{c}{d}\Rightarrow ad=bc$ Si dos fracciones son iguales, los productos cruzados son iguales.

7. $\dfrac{-a}{b}=\dfrac{a}{-b}=-\dfrac{a}{b}$ En una fracción se puede cambiar 2 de los tres signos sin alterar la fracción.

Demostración

Las demostraciones de 1, 2, 3, y 4 las presentamos en el problema resuelto 1.2.2. Las demostraciones de las otras propiedades las dejamos a cargo del lector (problema propuesto 53).

$\boxed{\textbf{Ejemplo 1.2.3}}$ Efectuar y simplificar considerando el teorema 1.2.5:

$$\textbf{1.}\ \frac{6}{5}\cdot\frac{-35}{36}\qquad\qquad\textbf{2.}\ \frac{-9}{10}\div\frac{-3}{5}$$

Solución

1.

$$\frac{6}{5}\cdot\frac{-35}{36}=\frac{6(-35)}{5\times 36}=\frac{-6(35)}{5\times 36}\qquad\text{(por 1)}$$

$$=\frac{-2\times 3\times 5\times 7}{5\times 2\times 2\times 3\times 3}\qquad\text{(factorizando)}$$

$$=\frac{-7}{2\times 3}=\frac{-7}{6}=-\frac{7}{6}\qquad\text{(cancelando y aplicando 7)}$$

2.

$$\frac{-9}{10}\div\frac{3}{-5}=\frac{-9}{10}\cdot\frac{-5}{3}=\frac{(-9)(-5)}{10\times 3}\qquad\text{(por 2 y por 1)}$$

$$=\frac{(9)(5)}{10\times 3}$$

$$=\frac{3\times 3\times 5}{2\times 5\times 3}=\frac{3}{2}\qquad\text{(factorizando y cancelando)}$$

EXPONENTES ENTEROS

Definición | **Exponente entero positivo.**

Si a es un número real y n un entero positivo, se llama **potencia de grado n de a** al número:

$$a^n = \underbrace{aa\ldots a}_{n\ \text{factores}}$$

El número a es la **base** y el número n es el **exponente**.

Ejemplo 1.2.4 | Resolver:

$$\textbf{1. } 3^1 \qquad \textbf{2. } 5^4 \qquad \textbf{3. } (-2)^2 \qquad \textbf{4. } (-4)^3 \qquad \textbf{5. } \left(-\frac{2}{5}\right)^3$$

Solución

$$\textbf{1. } 3^1 = 3 \qquad\qquad\qquad \textbf{2. } 5^4 = 5\cdot 5\cdot 5\cdot 5 = 625$$

$$\textbf{3. } (-2)^2 = (-2)(-2) = 4 \qquad\qquad \textbf{4. } (-4)^3 = (-4)(-4)(-4) = -64$$

$$\textbf{5. } \left(-\frac{2}{5}\right)^3 = \left(\frac{-2}{5}\right)^3 = \left(\frac{-2}{5}\right)\left(\frac{-2}{5}\right)\left(\frac{-2}{5}\right) = \frac{(-2)(-2)(-2)}{5\times 5\times 5} = \frac{-8}{125}$$
$$= -\frac{8}{125}$$

Definición | **Exponente cero y exponente negativo.**

Si $a \neq 0$ es un número real y n un entero positivo, entonces:

$$a^0 = 1 \quad \text{y} \quad a^{-n} = \frac{1}{a^n}$$

Observar que hemos evitado establecer que $0^0 = 1$, ya que implicaría incurrir en una inconsistencia (vea el problema resuelto 1.2.4.).

Ejemplo 1.2.5 | Resolver:

$$\textbf{1. } 3^0 \quad \textbf{2. } \left(-\frac{2}{5}\right)^0 \quad \textbf{3. } 5^{-3} \quad \textbf{4. } (-5)^{-3} \quad \textbf{5. } 3x^{-2} \quad \textbf{6. } (3x)^{-2}$$

Solución

$$\textbf{1. } 3^0 = 1 \qquad\qquad\qquad \textbf{2. } \left(-\frac{2}{5}\right)^0 = 1$$

$$\textbf{3. } 5^{-3} = \frac{1}{5^3} = \frac{1}{125} \qquad\qquad \textbf{4. } (-5)^{-3} = \frac{1}{(-5)^3} = \frac{1}{-125} = -\frac{1}{125}$$

5. $3x^{-2} = 3\left(\dfrac{1}{x^2}\right) = \dfrac{3}{x^2}$ **6.** $(3x)^{-2} = \dfrac{1}{(3x)^2} = \dfrac{1}{(3x)(3x)} = \dfrac{1}{9x^2}$

Teorema 1.2.6 **Leyes de los exponentes.**

Si a y b son números reales, y m y n son números enteros, entonces:

1. $a^n a^m = a^{n+m}$ **2.** $\dfrac{a^n}{a^m} = a^{n-m}$ **3.** $(a^n)^m = a^{nm}$

4. $(ab)^n = a^n b^n$ **5.** $\left(\dfrac{a}{b}\right)^n = \dfrac{a^n}{b^n}, b \neq 0$

6. $\left(\dfrac{a}{b}\right)^{-n} = \left(\dfrac{b}{a}\right)^n, a \neq 0$ y $b \neq 0$

Demostración

Ver los problemas resueltos 1.2.3, 1.2.4 y el problema propuesto 54.

Ejemplo 1.2.6 Resolver:

    1. $(-2)^3(-2)^4$ **2.** $\dfrac{3^7}{3^5}$ **3.** $(4^{-3})^{-1}$

    4. $\left((-2)x^2\right)^4$ **5.** $\left(\dfrac{2x^3}{y^2 z}\right)^4$ **6.** $\left(\dfrac{-2x}{z^2}\right)^{-3}$

Solución

   1.

$$(-2)^3(-2)^4 = (-2)^{3+4} = (-2)^7 = -128 \qquad \text{(ley 1)}$$

   2.

$$\frac{3^7}{3^5} = 3^{7-5} = 3^2 = 9 \qquad \text{(ley 2)}$$

   3.

$$(4^{-3})^{-1} = 4^{(-3)(-1)} = 4^3 = 64 \qquad \text{(ley 3)}$$

   4.

$$\left((-2)x^2\right)^4 = (-2)^4 \left(x^2\right)^4 = 16x^{2\times 4} = 16x^8 \qquad \text{(leyes 4 y 3)}$$

   5.

$$\left(\frac{2x^3}{y^2 z}\right)^4 = \frac{\left(2x^3\right)^4}{(y^2 z)^4} = \frac{2^4 x^{3\times 4}}{y^{2\times 4} z^4} = \frac{16x^{12}}{y^8 z^4} \qquad \text{(leyes 5, 3 y 4)}$$

6.

$$\left(\frac{-2x}{z^2}\right)^{-3} = \left(\frac{z^2}{-2x}\right)^3 = \frac{\left(z^2\right)^3}{(-2x)^3} = \frac{z^{2\times 3}}{(-2)^3 x^3} \qquad \text{(leyes 6, 3 y 4)}$$

$$= \frac{z^6}{-8x^3} = -\frac{z^6}{8x^3}$$

Ejemplo 1.2.7 Simplificar: $\left(\dfrac{4}{5b^3}\right)\left(\dfrac{2}{b}\right)^{-3}$

Solución

Aplicando la ley 6, tenemos:

$$\left(\frac{4}{5b^3}\right)\left(\frac{2}{b}\right)^{-3} = \left(\frac{4}{5b^3}\right)\left(\frac{b}{2}\right)^3 = \left(\frac{4}{5b^3}\right)\left(\frac{b^3}{2^3}\right) = \frac{(2)^2 b^3}{5(2)^3 b^3} = \frac{1}{5(2)} = \frac{1}{10}$$

Ejemplo 1.2.8 Expresar con exponentes positivos y simplificar:

$$\frac{12x^4 y^{-5}}{-3x^{-2} y^3}$$

Solución

$$\frac{12x^4 y^{-5}}{-3x^{-2} y^3} = \frac{12x^4 x^2}{-3y^3 y^5} = \frac{12x^{4+2}}{-3y^{3+5}} = \frac{12x^6}{-3y^8} = -4\frac{x^6}{y^8} \qquad \text{(leyes 6 y 1)}$$

NOTACIÓN CIENTÍFICA

En el ámbito científico aparecen con frecuencia números muy grandes o muy pequeños, cuya escritura puede tornarse un poco incomoda. Estos números se pueden simplificar con *notación científica* usando exponentes.

Si un número x está expresado en notación científica, entonces x debe tener la siguiente forma:

$$x = a \times 10^n,$$

donde:

$$1 \leq a < 10 \quad \text{y} \quad n \text{ es un } \textbf{entero}$$

Ejemplo 1.2.9 Expresar los siguientes números en notación científica:

$$\textbf{a. } 534,000,000 \qquad \textbf{b. } 0.000000672$$

Solución

$$\textbf{a. } 5\underbrace{34,000,000}_{\text{8 lugares a la izquierda}} = 5.34 \times 10^8 \qquad \textbf{b. } 0.\underbrace{000000672}_{\text{7 lugares a la derecha}} = 6.72 \times 10^{-7}$$

Observe que el exponente n, en 10^n, indica el número de cifras que debe recorrer el punto decimal. Si se corre a la izquierda, n es positivo. Si se corre a la derecha, n es negativo.

Ejemplo 1.2.10 **Distancia.**

La estrella más próxima a nuestro sistema solar es la estrella **alfa del Centauro**. Esta se encuentra a una distancia de 4.22 años-luz. Un año-luz es la distancia que recorre la luz en un año, que es 5.88×10^{12} millas. Hallar la distancia en millas entre la estrella y nuestro sistema solar. Expresarla en notación científica.

Solución

La distancia d a la estrella en millas es:

$$d = 4.22 \times 5.88 \times 10^{12} = 24.8126 \times 10^{12} \text{ millas} = 2.48126 \times 10^{13} \text{ millas.}$$

¿Sabías esto?

Edgard Kasner, un matemático americano de la Universidad de Columbia, dedicó parte de su vida a estudiar las diferencias entre números inmensamente grandes y el infinito. En 1938 vino a su mente un número que comienza con 1, seguido de 100 ceros. En nuestra notación científica sería 10^{100}.

Kasner sintió la necesidad de darle un nombre a este gigantesco número, y le concedió este honor a su sobrino, Milton Sirotta; quien tenía tan solo nueve años de edad.

-¡Milton! le dijo.

-¿Qué nombre le pongo a este número?

-Milton replicó en voz alta:

¡GOOGOL!

Y así fue bautizado este número.

Pero ¿qué tan grande es un googol? Invocamos al legendario "Hombre que Calculaba" (obra de Malba Tahan, 1938) quien tuvo el ingenio de calcular el número de hojas que tienen todos los árboles del mundo, o el número de granos de arena que hay en todas las playas del planeta; ambos, inferiores a un googol. En efecto, estos números son inferiores al número de átomos que existe en el universo, el cual se aproxima a 10^{80} que, evidentemente, es menor que un googol.

Otros matemáticos, no satisfechos con la inmensidad del googol, crearon el googolplex, que es un 1 seguido de un googol de ceros, es decir:

$$\text{Un googolplex} = 10^{10^{10}}$$

Si se tratara de escribir el googolplex en hojas de papel, no existiría suficiente papel en el mundo para contenerlo. Es más, sí existiese semejante cantidad de papel, el universo no tendría espacio suficiente albergarlo.

Se cuenta que **Larry Page** y **Sergey Brin**, creadores del famoso motor de búsqueda **Google**, mientras eran estudiantes en la Universidad de Stanford, se reunieron en septiembre de 1997 para darle nombre a su recién creado motor de búsqueda. En primera instancia decidieron llamarlo **Googol**, pero optaron por el nombre de **Google**, luego de haber cometido un error tipográfico.

¿Qué tan cerca del infinito están estos majestuosos números?

Para sorpresa de muchos, estos están tan apartados del infinito como lo está el número 1. Para mayor sorpresa, no sólo existe un infinito, sino que hay infinitos infinitos, siendo unos mayores que otros. El menor de ellos es el que corresponde al número (cardinal) de elementos que tiene el conjunto $\mathbb{N}$ de los números naturales. El siguiente infinito, inmediatamente mayor que el anterior, es el infinito que corresponde al número de elementos que tiene el conjunto $\mathbb{R}$ de los números reales. Estas peculiares afirmaciones sobre el infinito fueron formuladas por el matemático alemán *Georg Cantor*.

PROBLEMAS RESUELTOS 1.2

Problema 1.2.1 Escribir con exponentes positivos y simplificar:

a. $\left(\dfrac{9^{-1}a^{-2}b^{-8}c^{-12}}{3^{-2}ab^{-5}c^{-10}}\right)^{-3}$ **b.** $\left(a^{-1}-b^{-1}\right)^{-2}$ **c.** $\left(\dfrac{y}{2x^{-3}}\right) \div \left(\dfrac{3}{x} \div \dfrac{2}{y^3}\right)$

Solución

a.

$$\left(\frac{9^{-1}a^{-2}b^{-8}c^{-12}}{3^{-2}ab^{-5}c^{-10}}\right)^{-3} = \left(\frac{3^2 b^5 c^{10}}{9aa^2 b^8 c^{12}}\right)^{-3} = \left(\frac{9}{9a^3 b^3 c^2}\right)^{-3}$$

$$= \left(\frac{1}{a^3 b^3 c^2}\right)^{-3} = \left(a^3 b^3 c^2\right)^3 = a^9 b^9 c^6$$

b.

$$\left(a^{-1} - b^{-1}\right)^{-2} = \left(\frac{1}{a} - \frac{1}{b}\right)^{-2} = \left(\frac{b-a}{ab}\right)^{-2} = \left(\frac{ab}{b-a}\right)^2 = \frac{a^2 b^2}{(b-a)^2}$$

c.

$$\left(\frac{y}{2x^{-3}}\right) \div \left(\frac{3}{x} \div \frac{2}{y^3}\right) = \left(\frac{x^3 y}{2}\right) \div \left(\frac{3}{x} \times \frac{y^3}{2}\right) = \left(\frac{x^3 y}{2}\right) \div \left(\frac{3y^3}{2x}\right)$$

$$= \left(\frac{x^3 y}{2}\right)\left(\frac{2x}{3y^3}\right) = \frac{2x^4 y}{6y^3} = \frac{x^4}{3y^2}$$

$\boxed{\textbf{Problema 1.2.2}}$ Probar las propiedades 1, 2, 3, y 4 del teorema 1.2.5:

Sean $a, b, c, d \in \mathbb{R}, b \neq 0$ y $d \neq 0$. Entonces:

1. $\dfrac{a}{b} \cdot \dfrac{c}{d} = \dfrac{ac}{bd}$ **2.** $\dfrac{a}{b} \div \dfrac{c}{d} = \dfrac{a}{b} \cdot \dfrac{d}{c}$

3. $\dfrac{a}{b} + \dfrac{c}{b} = \dfrac{a+c}{b}$ **4.** $\dfrac{a}{b} + \dfrac{c}{d} = \dfrac{ad + bc}{bd}$

Solución

1.

$$\begin{aligned}
\frac{a}{b} \cdot \frac{c}{d} &= \left(ab^{-1}\right)\left(cd^{-1}\right) && \text{(definición de cociente)} \\
&= (ac)\left(b^{-1}d^{-1}\right) && (\text{M}_2 \text{ y } \text{M}_1) \\
&= (ac)(bd)^{-1} && \text{(Teorema 1.2.4, parte 2)} \\
&= \frac{ac}{bd} && \text{(definición de cociente)}
\end{aligned}$$

2.

$$\begin{aligned}
\frac{a}{b} \div \frac{c}{d} &= \frac{a}{b} \div \left(cd^{-1}\right) = \frac{a}{b}\left(cd^{-1}\right)^{-1} && \text{(definición de cociente)} \\
&= \frac{a}{b}\left(c^{-1}\left(d^{-1}\right)^{-1}\right) && \text{(Teorema 1.2.4, parte 2)} \\
&= \frac{a}{b}\left(dc^{-1}\right) && (\text{Teorema 1.2.4, parte 1 y } \text{M}_1) \\
&= \frac{a}{b}\left(\frac{d}{c}\right) = \frac{a}{b} \cdot \frac{d}{c} && \text{(definición de cociente)}
\end{aligned}$$

3.

$$\frac{a}{b} + \frac{c}{b} = \left(ab^{-1}\right) + \left(cb^{-1}\right) = (a+c)\,b^{-1} \quad \text{(definición de cociente y } D_1)$$

$$= \frac{a+c}{b} \qquad\qquad\qquad \text{(definición de cociente)}$$

4.

$$\frac{a}{b} + \frac{c}{d} = \left(ab^{-1}\right) + \left(cd^{-1}\right) \qquad\qquad \text{(definición de cociente)}$$

$$= \left(ab^{-1}\right)(1) + \left(cd^{-1}\right)(1) \qquad\qquad (M_3)$$

$$= \left(ab^{-1}\right)\left(dd^{-1}\right) + \left(cd^{-1}\right)\left(bb^{-1}\right) \qquad\qquad (M_4)$$

$$= (ad)\left(b^{-1}d^{-1}\right) + (bc)\left(b^{-1}d^{-1}\right) \qquad (M_2 \text{ y } M_1)$$

$$= (ad)(bd)^{-1} + (cb)(bd)^{-1} \qquad \text{(Teorema 1.2.4 parte 2)}$$

$$= \frac{ad}{bd} + \frac{bc}{bd} = \frac{ad+bc}{bd} \qquad\qquad \text{(parte 3 anterior)}$$

Problema 1.2.3 Probar las siguientes leyes de los exponentes:

Si a y b son números reales, $b \neq 0$, y m y n son números enteros, entonces:

$$\textbf{1. } a^n a^m = a^{n+m} \qquad\qquad \textbf{2. } \left(\frac{a}{b}\right)^n = \frac{a^n}{b^n}$$

Solución

1. **Caso 1.** $n > 0$ y $m > 0$.

$$a^n a^m = \underbrace{aa\cdots a}_{n \text{ factores}} \times \underbrace{aa\cdots a}_{m \text{ factores}} = \underbrace{aa\cdots a}_{n+m \text{ factores}} = a^{n+m}$$

Caso 2. $n < 0$ y $m < 0$.

Sean: $j = -n$, y $k = -m$; entonces $j > 0$ y $k > 0$.

$$a^n a^m = a^{-j}a^{-k} = \frac{1}{a^j}\frac{1}{a^k} = \frac{1}{a^j a^k} = \frac{1}{a^{j+k}} = a^{-(j+k)} = a^{-j-k} = a^{n+m}$$

Caso 3. $n = 0$.

$$a^n a^m = a^0 a^m = (1)a^m = a^m = a^{0+m} = a^{n+m}$$

En los otros casos se procede en forma similar.

2. **Caso 1.** $n > 0$.

$$\frac{a^n}{b^n} = \frac{\overbrace{aa\cdots a}^{n \text{ factores}}}{\underbrace{bb\cdots b}_{n \text{ factores}}} = \underbrace{\frac{a}{b}\,\frac{a}{b}\cdots\frac{a}{b}}_{n \text{ factores}} = \left(\frac{a}{b}\right)^n$$

Caso 2. n es negativo. Si $k = -n$, entonces $k > 0$.

$$\left(\frac{a}{b}\right)^n = \left(\frac{a}{b}\right)^{-k} = \frac{1}{\left(\frac{a}{b}\right)^k} = \frac{1}{\frac{a^k}{b^k}} = \frac{b^k}{a^k} = \frac{a^{-k}}{b^{-k}} = \frac{a^n}{b^n}$$

Caso 3. $n = 0$.

$$\left(\frac{a}{b}\right)^n = \left(\frac{a}{b}\right)^0 = 1 \ \text{ y } \ \frac{a^n}{b^n} = \frac{a^0}{b^0} = \frac{1}{1} = 1 \ . \text{ Luego, } \ \left(\frac{a}{b}\right)^n = \frac{a^n}{b^n}$$

$\boxed{\textbf{Problema 1.2.4}}$ Probar la siguiente ley de los exponentes:

Si a y b son números reales, $a \neq 0$, $b \neq 0$ y n es un número entero, entonces:

$$\left(\frac{a}{b}\right)^{-n} = \left(\frac{b}{a}\right)^n$$

Solución

Caso 1. $n > 0$.

$$\left(\frac{a}{b}\right)^{-n} = \frac{1}{\left(\frac{a}{b}\right)^n} = \frac{1}{\frac{a^n}{b^n}} = \frac{b^n}{a^n} = \left(\frac{b}{a}\right)^n$$

Caso 2. $n < 0$. Si $k = -n$, entonces $k > 0$ y $n = -k$.

$$\left(\frac{a}{b}\right)^{-n} = \left(\frac{a}{b}\right)^k = \frac{a^k}{b^k} = a^k \frac{1}{b^k} = a^{-(-k)}\frac{1}{b^{-(-k)}} = \frac{1}{a^{-k}}b^{-k} = \frac{1}{a^n}b^n = \frac{b^n}{a^n}$$

Caso 3. $n = 0$.

$$\left(\frac{a}{b}\right)^{-n} = \left(\frac{a}{b}\right)^{-0} = \left(\frac{a}{b}\right)^0 = 1, \ \left(\frac{b}{a}\right)^n = \left(\frac{b}{a}\right)^0 = 1$$

$$\text{Luego, } \left(\frac{a}{b}\right)^{-n} = \left(\frac{b}{a}\right)^n$$

$\boxed{\textbf{Problema 1.2.5}}$ **Inconsistencia.**

Mostrar que si establecemos que $0^0 = 1$, entonces $\left(\frac{1}{0}\right)^0 = 1$.

Solución

$$1 = \frac{1}{1} = \frac{1^0}{0^0} = \left(\frac{1}{0}\right)^0$$

Este resultado es inconsistente. La división entre cero no está definida.

PROBLEMAS PROPUESTOS 1.2

Respuestas

En los problemas del 1 al 28, llevar a cabo las operaciones indicadas dando la respuesta más simplificada posible.

1. $3(x-1) - x(x-5)$ 2. $a[5(a-3) - 3(a+1)]$ 3. $a^{-1}(a+3)$

4. $(2b)^{-1}(2b-8)$ 5. $(ab)^{-1}(b-a)$ 6. $(-2ab)^{-1}(4a - 10b)$

7. $\left(\frac{8}{15} \times \frac{6}{7}\right) \div \frac{4}{7}$ 8. $\left(\frac{5a}{12} \times 3b\right) \div \frac{10ab}{4}$ 9. $12ab \div \left(\frac{3a}{2} \times \frac{4}{3b}\right)$

10. $\left(\frac{8a}{5b} \times \frac{a}{10b}\right) \div \frac{2a}{15b}$ 11. $\frac{x}{8y} - \frac{x}{3y}$ 12. $\frac{3}{5x^2} + \frac{1}{2x}$

13. $\frac{x}{a} + \frac{x}{ab}$ 14. $3\left(\frac{b}{3a} - \frac{2a}{b}\right) - \frac{a^2 + b^2}{ab}$ 15. $-\frac{5}{21} + 1 - \frac{3}{7}$

16. $1 - \left(-\frac{3}{8} + \frac{2}{3}\right)$ 17. $\left(\frac{1}{5} - 2\right) - \left(\frac{1}{7} - 2\right)$ 18. $\frac{9}{10}\left(-\frac{5}{6}\right)$

19. $\left(-\frac{3}{4}\right)\left(-\frac{5}{27}\right)\left(-\frac{2}{25}\right)$ 20. $(-5)\left(-\frac{1}{5}\right)\left(\frac{-3}{4} + \frac{-2}{-3}\right)$ 21. $\left(\frac{1}{5} - \frac{2}{3}\right) \div \frac{1}{15}$

22. $\left(4 \div \frac{8}{5}\right) - \left(\frac{9}{10} \div \frac{3}{2}\right)$ 23. $\left(\frac{1}{3} + \frac{2}{5} + \frac{1}{30}\right) \div \frac{23}{30}$

24. $\dfrac{\frac{1}{2} - \frac{3}{4}}{\frac{1}{2} + \frac{3}{4}}$ 25. $\left(\frac{1}{8} + \frac{3}{4}\right)\left(1 - \frac{5}{12}\right)^{-1}$ 26. $\dfrac{\frac{4a}{5} - 2a}{\frac{3a}{10} - 3a}$

27. $\dfrac{\frac{1}{5a} - \frac{1}{6a}}{\frac{1}{6b} - \frac{1}{7b}}$ 28. $\left[\frac{5}{9a} \div \frac{10}{3a} - \frac{1}{4}\right] \div \left[\frac{4y}{5x} - \frac{y}{2x}\right]$

En los problemas del 29 al 50, simplificar y expresar la respuesta con exponentes positivos.

29. $(2^2 \times 2^3)^2$ 30. $\left(\frac{3}{4}\right)^0$ 31. $\left(\frac{3}{4}\right)^{-1}$ 32. $5^{-1} \times \left(\frac{5}{6}\right)^2$

33. $\left(\frac{2}{3}\right)^{-4} \div 3^{-3}$ 34. $\left[\left(\frac{2}{3}\right)^2\right]^3$ 35. $\left(\frac{4}{5}\right)^1 + \left(\frac{4}{5}\right)^0$ 36. $\frac{3^{-2} \times 3^3}{2^{-3}}$

37. $\left(\frac{2}{3}\right)^{-2} + \left(\frac{2}{3}\right)^{-1}$ 38. $\frac{2^3 \times 3^{-4} \times 4^5}{2^5 \times 3^{-5} \times 4^2}$ 39. $(5^{-2} \times 2^5) \times (2^{-2} \times 5^4)^{-2}$

40. $\left(3 - 3a^3 b^{-2}\right)\left(9a^{-4} b^{-5}\right)$ 41. $\left(5x^2 y\right)^0 \left(4^2 x^{-2} y^{-5}\right)$

42. $\left(4x^0\right)^2 \div \left(-2x^{-1}y^4\right)^{-3}$ **43.** $\left(\frac{3a^{-3}b^2}{9ab^{-1}}\right)^{-2}$ **44.** $\left(\frac{4xy^{-2}}{2x^{-1}y^2}\right)^{-3}$

45. $\left(\frac{5^3 m^0 n^{-2}}{4^3 m^3 n^{-5}}\right)\left(\frac{5^3 m^{-1} n}{4^2 m^2 n^{-2}}\right)^{-1}$ **46.** $\left(a^{-2} - b^{-2}\right)^{-1}$ **47.** $\frac{3}{7x^{-3}} - \frac{2}{21x^{-1}}$

48. $\left(\frac{x}{2y}\right)^3 \div \left(\frac{4y}{x} \div \frac{2}{3y^3}\right)^{-1}$ **49.** $\left(\frac{2}{x} + 8x^{-1}\right)^{-1} \div 5^{-1}x$

50. $\left(\frac{3}{x^2} - 5x^{-2}\right)^{-1} \div \left(\frac{x^3}{9} + \frac{1}{6x^{-3}}\right)$

51. Escribir los siguientes números en notación científica:

    a. un año luz, la distancia que recorre la luz en un año, es aproximadamente, $9{,}440{,}000{,}000.000$ km.

    b. el diámetro de un electrón: 0.0000000000004 cm.

    c. la población de la tierra en el año 2002: $6{,}251{,}000{,}000$ habitantes.

    d. la masa de un neutrón: $0.0000000000000000000000167$ kg.

52. Escribir los siguientes números en el sistema decimal ordinario.

    a. La distancia de la tierra a la luna es 4.624×10^5 km.

    b. La longitud de onda de los rayos X: 4.92×10^{-11} m.

53. Propiedades de las fracciones. Probar que:

    a. $\dfrac{ac}{bc} = \dfrac{a}{b}, c \neq 0$ **b.** $\dfrac{a}{b} = \dfrac{c}{d} \Rightarrow ad = bc$ **c.** $\dfrac{-a}{b} = \dfrac{a}{-b} = -\dfrac{a}{b}$

54. Leyes de los exponentes. Si a y b son números reales, y m y n son enteros, probar que:

    a. $\dfrac{a^n}{a^m} = a^{n-m}$ **b.** $\left(a^n\right)^m = a^{nm}$ **c.** $(ab)^n = a^n b^n$ **d.** $\dfrac{a^n}{b^n} = \dfrac{b^{-n}}{a^{-n}}$

Humor en tiempos de ciencia

SECCIÓN 1.3

RADICALES Y EXPONENTES RACIONALES

RADICALES

Si $b^2 = a$, decimos que b es una **raíz cuadrada de a**. Además, si $a > 0$, entonces a tiene dos raíces cuadradas, una positiva y otra negativa. A la positiva se le llama *raíz cuadrada principal de a*, y se la denota por $\sqrt{a}$. A la negativa se la denota por $-\sqrt{a}$. Así, si $a = 9$, tenemos que $3^2 = 9$ y $(-3)^2 = 9$. Luego, las dos raíces cuadradas de 9 son -3 y 3, donde la raíz principal es $\sqrt{9} = 3$ y la otra raíz es $-\sqrt{9} = -3$.

Un número negativo no tiene raíz cuadrada real, ya que, si $a < 0$, no existe un número real b, tal que $b^2 = a$, dado que el cuadrado de todo número real debe ser positivo.

Si se cumple que $b^3 = a$, decimos que b es una **raíz cúbica de a**. Todo número real a tiene una única raíz cúbica real, a la cual llamaremos *raíz cúbica principal*, o simplemente *raíz cúbica*, y se denota: $\sqrt[3]{a}$. Si $a > 0$, entonces $\sqrt[3]{a} > 0$, y si $a < 0$, entonces $\sqrt[3]{a} < 0$. Así, $\sqrt[3]{8} = 2$ y $\sqrt[3]{-8} = -2$.

Definición   Sea a un número real y n un entero positivo, tal que $n > 1$.

La **raíz n-ésima principal de a** es el número $\sqrt[n]{a}$, tal que:

1. $\sqrt[n]{a} = 0$, si $a = 0$.   Esto es, $\sqrt[n]{0} = 0$

2. $\sqrt[n]{a} = b$, si $b^n = a$,   donde $a > 0$, $b > 0$,   y n **es par.**

3. $\sqrt[n]{a} = b$, si $b^n = a$,   donde $a < 0$, $b < 0$ y n **es impar.**

A la expresión $\sqrt[n]{a}$ se le llama **radical**. "$\sqrt{\ }$" es el *signo de radical*, n es el *índice*, y a es el *radicando* o *cantidad subradical*. Cuando tratamos con raíces cuadradas, es costumbre obviar el índice y escribir $\sqrt{a}$ en lugar de $\sqrt[2]{a}$.

Si $a < 0$ y n es par, $\sqrt[n]{a}$ no es número real, es un **número complejo**.

¿Sabías esto?

Los números complejos son el conjunto compuesto por los números reales y los números imaginarios, representados por el elemento i, la unidad imaginaria. Esta última es la raíz cuadrada de -1, es decir, $i = \sqrt{-1}$. Una simple operación con números complejos se ve así:

$$2 + \sqrt{-16} = 2 + \sqrt{-(4)^2} = 2 + 4\sqrt{-1} = 2 + 4i$$

Gerolamo Cardano (1501-1576) y *Rafael Bombelli* (1956-1572) son los pioneros en el estudio del *análisis complejo*.

Ejemplo 1.3.1 Evalúe las siguientes expresiones:

$$\text{a.}\ \sqrt[6]{64} \qquad\qquad \text{b.}\ \sqrt[3]{-125} \qquad\qquad \text{c.}\ \sqrt[4]{-16}$$

Solución

a. $\sqrt[6]{64} = 2$, ya que $2^6 = 64$.

b. $\sqrt[3]{-125} = -5$, ya que $(-5)^3 = -125$.

c. $\sqrt[4]{-16}$ no es un número real, ya que $n = 4$ es par y $a = -16 < 0$.

Teorema 1.3.1 **Leyes de los radicales.**

$$\textbf{1.}\ \sqrt[n]{ab} = \sqrt[n]{a}\,\sqrt[n]{b} \qquad\qquad \textbf{2.}\ \sqrt[n]{\tfrac{a}{b}} = \frac{\sqrt[n]{a}}{\sqrt[n]{b}},\ b \neq 0 \qquad\qquad \textbf{3.}\ \sqrt[m]{\sqrt[n]{a}} = \sqrt[mn]{a}$$

$$\textbf{4.}\ \left(\sqrt[n]{a}\right)^n = a \qquad\qquad\qquad \textbf{5.}\ \sqrt[n]{a^n} = a,\ \text{si } n \text{ es impar}$$

$$\textbf{6.}\ \sqrt[n]{a^n} = \begin{cases} a, & \text{si } a \geq 0 \\ -a, & \text{si } a < 0 \end{cases},\ \text{si } n \text{ es par}$$

Demostración

Haremos una demostración parcial en el problema resuelto 1.3.5. El lector tendrá la tarea de hacer otra demostración en el problema propuesto 28.

Ejemplo 1.3.2 Simplificar las expresiones usando las leyes de los radicales:

$$\text{a.}\ \sqrt[4]{8}\,\sqrt[4]{2} \qquad\qquad \text{b.}\ \sqrt[3]{-256} \qquad\qquad \text{c.}\ \frac{\sqrt[4]{128}}{\sqrt[4]{8}}$$

$$\text{d.}\ \sqrt[2]{\sqrt[3]{64}} \qquad\qquad \text{e.}\ \sqrt[5]{-1024} \qquad\qquad \text{f.}\ \sqrt[4]{(-8)^4}$$

Solución

a. $\quad \sqrt[4]{8}\,\sqrt[4]{2} = \sqrt[4]{8 \times 2} = \sqrt[4]{16} = 2$ $\hfill$ (ley 1)

b. $\quad \sqrt[3]{-256} = \sqrt[3]{(-64)4} = \sqrt[3]{(-64)}\,\sqrt[3]{4} = -4\sqrt[3]{4}$ $\hfill$ (ley 1)

c. $\quad \dfrac{\sqrt[4]{128}}{\sqrt[4]{8}} = \sqrt[4]{\dfrac{128}{8}} = \sqrt[4]{16} = 2$ $\hfill$ (ley 2)

d. $\quad \sqrt[2]{\sqrt[3]{64}} = \sqrt[6]{64} = \sqrt[6]{2^6} = 2$ $\hfill$ (leyes 3 y 6)

$$\textbf{e.} \qquad \sqrt[5]{-1024} = \sqrt[5]{(-4)^5} = -4 \qquad\qquad \text{(ley 5)}$$

$$\textbf{f.} \qquad \sqrt[4]{(-8)^4} = -(-8) = 8 \qquad\qquad \text{(ley 6)}$$

Ejemplo 1.3.3 Simplificar:

$$\textbf{a.}\ \sqrt{18} - \sqrt{50} + \sqrt{72} \qquad\qquad \textbf{b.}\ x\sqrt[4]{16x^3} - \sqrt[4]{81x^7},\ x > 0$$

$$\textbf{c.}\ \frac{\sqrt[3]{-54x^7}}{\sqrt[3]{2x^5}},\ x \neq 0$$

Solución

$$\textbf{a.}\ \sqrt{18} - \sqrt{50} + \sqrt{72} = \sqrt{9 \times 2} - \sqrt{25 \times 2} + \sqrt{36 \times 2}$$

$$= 3\sqrt{2} - 5\sqrt{2} + 6\sqrt{2} = 4\sqrt{2}$$

$$\textbf{b.}\ x\sqrt[4]{16x^3} - \sqrt[4]{81x^7} = x\sqrt[4]{(16)(x^3)} - \sqrt[4]{(81x^4)(x^3)}$$

$$= x\sqrt[4]{16}\,\sqrt[4]{x^3} - \sqrt[4]{81x^4}\,\sqrt[4]{x^3}$$

$$= 2x\sqrt[4]{x^3} - 3x\sqrt[4]{x^3} = -x\sqrt[4]{x^3}$$

$$\textbf{c.}\ \frac{\sqrt[3]{-54x^7}}{\sqrt[3]{2x^5}} = \sqrt[3]{\frac{-54x^7}{2x^5}} = \sqrt[3]{-27x^2} = \sqrt[3]{(-27)}\,\sqrt[3]{x^2} = -3\sqrt[3]{x^2}$$

RACIONALIZACIÓN

La *racionalización* del denominador es la transformación de una fracción, con radicales en el denominador, en otra fracción equivalente que no los tenga.

Para lograr esto, se multiplican el numerador y el denominador por una expresión adecuada llamada *expresión racionalizante*. En esta parte veremos dos casos sencillos; más adelante veremos más casos.

Caso 1. El denominador es una raíz cuadrada $\sqrt{a}$.

Se multiplican el numerador y el denominador por el mismo radical $\sqrt{a}$:

$$\frac{b}{\sqrt{a}} = \frac{b\sqrt{a}}{\sqrt{a}\sqrt{a}} = \frac{b\sqrt{a}}{a}$$

Caso 2. El denominador es un radical de la forma $\sqrt[n]{a^m}$, con $m < n$ y $a > 0$.

Se multiplica el numerador y el denominador por el radical $\sqrt[n]{a^{n-m}}$:

$$\frac{b}{\sqrt[n]{a^m}} = \frac{b\sqrt[n]{a^{n-m}}}{\sqrt[n]{a^m}\,\sqrt[n]{a^{n-m}}} = \frac{b\sqrt[n]{a^{n-m}}}{\sqrt[n]{a^{m+n-m}}} = \frac{b\sqrt[n]{a^{n-m}}}{\sqrt[n]{a^n}} = \frac{b\sqrt[n]{a^{n-m}}}{a}$$

Ejemplo 1.3.4 Racionalizar el denominador de:

$$\text{a. } \frac{5}{\sqrt{3}} \qquad\qquad \text{b. } \frac{8}{\sqrt[3]{4}} \qquad\qquad \text{c. } \frac{18}{\sqrt[7]{2^3 \times 3^5}}$$

Solución

$$\text{a. } \frac{5}{\sqrt{3}} = \frac{5\sqrt{3}}{\sqrt{3}\sqrt{3}} = \frac{5\sqrt{3}}{3}$$

$$\text{b. } \frac{8}{\sqrt[3]{4}} = \frac{8\sqrt[3]{4^2}}{\sqrt[3]{4}\,\sqrt[3]{4^2}} = \frac{8\sqrt[3]{4^2}}{\sqrt[3]{4^3}} = \frac{8\sqrt[3]{4^2}}{4} = 2\sqrt[3]{4^2} = 2\sqrt[3]{2^4} = 2\sqrt[3]{2^3 \times 2}$$

$$= 4\sqrt[3]{2}$$

$$\text{c. } \frac{18}{\sqrt[7]{2^3 \times 3^5}} = \frac{18\sqrt[7]{2^4 \times 3^2}}{\sqrt[7]{2^3 \times 3^5}\,\sqrt[7]{2^4 \times 3^2}} = \frac{18\sqrt[7]{2^4 \times 3^2}}{\sqrt[7]{2^7 \times 3^7}} = \frac{18\sqrt[7]{2^4 \times 3^2}}{2 \times 3}$$

$$= 3\sqrt[7]{2^4 \times 3^2}$$

En forma análoga, también se puede **racionalizar un numerador**.

Ejemplo 1.3.5 Racionalizar el numerador de $\frac{\sqrt{5}}{5}$

Solución

$$\frac{\sqrt{5}}{5} = \frac{\sqrt{5}\sqrt{5}}{5\sqrt{5}} = \frac{5}{5\sqrt{5}} = \frac{1}{\sqrt{5}}$$

EXPONENTES RACIONALES

Culminaremos esta sección unificando los conceptos de exponentes enteros y radicales para definir exponentes racionales.

Definición Sean m y n dos enteros, donde $n > 1$ y a es un número real, tal que existe $\sqrt[n]{a}$:

1. $a^{\frac{1}{n}} = \sqrt[n]{a}$

2. $a^{\frac{m}{n}} = \left(\sqrt[n]{a}\right)^m = \sqrt[n]{a^m}$

Las leyes para exponentes enteros enunciadas en el teorema 1.2.6 (leyes de los exponentes) también se cumplen para exponentes racionales.

$\boxed{\text{NOTA}}$

Las expresiones con la forma $a^{\frac{m}{n}}$ también se pueden expresar de la siguiente manera: $a^{m/n}$. En otras palabras, las expresiones $a^{\frac{m}{n}}$ y $a^{m/n}$ son equivalentes.

$\boxed{\text{Ejemplo 1.3.6}}$ Simplificar:

1. $(-27)^{1/3} = \sqrt[3]{(-27)} = -3$

2. $(-64)^{\frac{2}{3}} = \left(\sqrt[3]{(-64)}\right)^2 = (-4)^2 = 16$, o bien

$$(-64)^{\frac{2}{3}} = \sqrt[3]{(-64)^2} = \sqrt[3]{4096} = 16$$

$\boxed{\text{Ejemplo 1.3.7}}$ Expresar los radicales como exponentes fraccionarios.

$$\textbf{a.}\ \sqrt{x^{-3}} \qquad\qquad \textbf{b.}\ \frac{1}{\sqrt[5]{z^4}} \qquad\qquad \textbf{c.}\ \sqrt[3]{(xy)^6}$$

Solución

$$\textbf{a.}\ \sqrt{x^{-3}} = x^{-\frac{3}{2}} \qquad\qquad\qquad \textbf{b.}\ \frac{1}{\sqrt[5]{z^4}} = \frac{1}{z^{4/5}} = z^{-4/5}$$

$$\textbf{c.}\ \sqrt[3]{(xy)^6} = (xy)^{\frac{6}{3}} = (xy)^2$$

$\boxed{\text{Ejemplo 1.3.8}}$ Simplificar:

$$\textbf{a.}\ \left(-216x^6 y\right)^{\frac{1}{3}} \qquad\qquad \textbf{b.}\ \left(\frac{27}{8}\right)^{-\frac{2}{3}} + \left(-\frac{32}{243}\right)^{\frac{2}{5}}$$

Solución

$$\textbf{a.}\ \left(-216x^6 y\right)^{\frac{1}{3}} = (-216)^{\frac{1}{3}} \left(x^6\right)^{\frac{1}{3}} y^{\frac{1}{3}} = \left((-6)^3\right)^{\frac{1}{3}} \left(x^6\right)^{\frac{1}{3}} y^{\frac{1}{3}}$$

$$= (-6)^{\frac{3}{3}} x^{\frac{6}{3}} y^{\frac{1}{3}} = -6x^2 y^{\frac{1}{3}}$$

b. $\left(\dfrac{27}{8}\right)^{-\frac{2}{3}} + \left(-\dfrac{32}{243}\right)^{\frac{2}{5}} = \dfrac{8^{\frac{2}{3}}}{(27)^{\frac{2}{3}}} + \dfrac{(-32)^{\frac{2}{5}}}{243^{\frac{2}{5}}}$

$$= \dfrac{\left(8^{\frac{1}{3}}\right)^{2}}{\left((27)^{\frac{1}{3}}\right)^{2}} + \dfrac{\left((-32)^{\frac{1}{5}}\right)^{2}}{\left((243)^{\frac{1}{5}}\right)^{2}}$$

$$= \dfrac{\left(\sqrt[3]{8}\right)^{2}}{\left(\sqrt[3]{27}\right)^{2}} + \dfrac{\left(\sqrt[5]{(-32)}\right)^{2}}{\left(\sqrt[5]{243}\right)^{2}}$$

$$= \dfrac{2^{2}}{3^{2}} + \dfrac{(-2)^{2}}{3^{2}} = \dfrac{4}{9} + \dfrac{4}{9} = \dfrac{8}{9}$$

$\boxed{\text{Ejemplo 1.3.9}}$ Simplificar: $\sqrt[4]{\dfrac{a^8}{81b^4c^{-12}}}$

Solución

$$\sqrt[4]{\dfrac{a^8}{81b^4c^{-12}}} = \left(\dfrac{a^8}{81b^4c^{-12}}\right)^{\frac{1}{4}} = \dfrac{\left(a^8\right)^{\frac{1}{4}}}{(81b^4c^{-12})^{\frac{1}{4}}} = \dfrac{a^{\frac{8}{4}}}{(81)^{\frac{1}{4}}b^{\frac{4}{4}}c^{-\frac{12}{4}}}$$

$$= \dfrac{a^2}{3b^1c^{-3}} = \dfrac{a^2c^3}{3b}$$

Humor en tiempos de ciencia

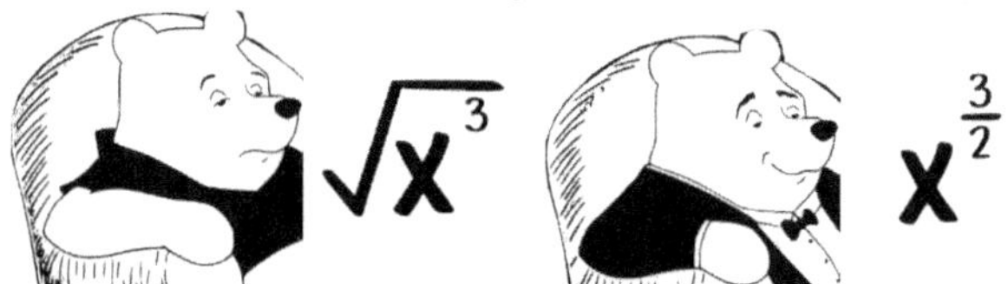

PROBLEMAS RESUELTOS 1.3

$\boxed{\text{Problema 1.3.1}}$ Simplificar: $\dfrac{(64)^{\frac{n}{6}}(49)^{-\frac{n}{2}}}{(27)^{-\frac{n}{3}}}$

Solución

$$\frac{(64)^{\frac{n}{6}}(49)^{-\frac{n}{2}}}{(27)^{-\frac{n}{3}}} = \frac{(64)^{\frac{n}{6}}(27)^{\frac{n}{3}}}{(49)^{\frac{n}{2}}} = \frac{\left(2^6\right)^{\frac{n}{6}}\left(3^3\right)^{\frac{n}{3}}}{\left(7^2\right)^{\frac{n}{2}}} = \frac{2^n 3^n}{7^n}$$

$$= \frac{(2 \times 3)^n}{7^n} = \frac{6^n}{7^n} = \left(\frac{6}{7}\right)^n$$

$\boxed{\textbf{Problema 1.3.2}}$ Simplificar: $\quad \dfrac{\sqrt{18} - \sqrt{50}}{\sqrt{72} + \sqrt{2}}$

Solución

$$\frac{\sqrt{18} - \sqrt{50}}{\sqrt{72} + \sqrt{2}} = \frac{\sqrt{9 \times 2} - \sqrt{25 \times 2}}{\sqrt{36 \times 2} + \sqrt{2}} = \frac{3\sqrt{2} - 5\sqrt{2}}{6\sqrt{2} + \sqrt{2}} = \frac{-2\sqrt{2}}{7\sqrt{2}} = -\frac{2}{7}$$

$\boxed{\textbf{Problema 1.3.3}}$ Simplificar: $\quad \dfrac{18}{\sqrt{27}} - 5\sqrt{3} + \dfrac{12}{\sqrt{3}} - \dfrac{2}{\sqrt{2}}$

Solución

En primer lugar racionalizamos los denominadores:

$$\frac{18}{\sqrt{27}} = \frac{18}{\sqrt{9 \times 3}} = \frac{18}{3\sqrt{3}} = \frac{6}{\sqrt{3}} = \frac{6\sqrt{3}}{\sqrt{3}\sqrt{3}} = \frac{6\sqrt{3}}{3} = 2\sqrt{3}$$

$$\frac{12}{\sqrt{3}} = \frac{12\sqrt{3}}{\sqrt{3}\sqrt{3}} = \frac{12\sqrt{3}}{3} = 4\sqrt{3}$$

$$\frac{2}{\sqrt{2}} = \frac{2\sqrt{2}}{\sqrt{2}\sqrt{2}} = \frac{2\sqrt{2}}{2} = \sqrt{2}$$

Ahora:

$$\frac{18}{\sqrt{27}} - 5\sqrt{3} + \frac{12}{\sqrt{3}} - \frac{2}{\sqrt{2}} = 2\sqrt{3} - 5\sqrt{3} + 4\sqrt{3} - \sqrt{2} = \sqrt{3} - \sqrt{2}$$

$\boxed{\textbf{Problema 1.3.4}}$ Hallar n, tal que $\quad 5^n = \dfrac{\sqrt[3]{25}}{\sqrt[3]{\sqrt{5}}}$

Solución

Dado que el término de la izquierda es una potencia de 5, también expresamos los radicales de la derecha como una potencia de 5.

$$5^n = \frac{\sqrt[3]{25}}{\sqrt[3]{\sqrt{5}}} = \frac{\sqrt[3]{5^2}}{\sqrt[3 \times 2]{5}} = \frac{\sqrt[3]{5^2}}{\sqrt[6]{5}} = \frac{5^{\frac{2}{3}}}{5^{\frac{1}{6}}} = 5^{\frac{2}{3} - \frac{1}{6}}$$

$$= 5^{\frac{1}{2}} \Rightarrow 5^n = 5^{\frac{1}{2}} \Rightarrow n = \frac{1}{2}$$

Problema 1.3.5   Probar las siguientes leyes de los radicales:

$$\textbf{1.}\quad \sqrt[n]{a}\,\sqrt[n]{b} = \sqrt[n]{ab} \qquad\qquad \textbf{2.}\quad \sqrt[m]{\sqrt[n]{a}} = \sqrt[mn]{a}$$

Solución

1. Sea $\quad \sqrt[n]{a} = c \quad$ y $\quad \sqrt[n]{b} = d$

     Luego $\quad a = c^n,\ b = d^n \quad$ y $\quad ab = c^n d^n = (cd)^n$

     Por lo tanto $\quad \sqrt[n]{ab} = cd = \sqrt[n]{a}\,\sqrt[n]{b}$

2. Sea $\quad \sqrt[m]{\sqrt[n]{a}} = b$. Luego, $\sqrt[n]{a} = b^m \ $ y $\ a = (b^m)^n$

$$= b^{mn} \Rightarrow \sqrt[mn]{a} = b = \sqrt[m]{\sqrt[n]{a}}$$

Respuestas

PROBLEMAS PROPUESTOS 1.3

En los problemas del 1 al 9, evaluar las expresiones dadas.

1. $\sqrt{(-5)^2}$ **2.** $\sqrt[3]{-0.027}$ **3.** $(0.16)^{-\frac{1}{2}}$

4. $(32)^{-\frac{2}{5}}$ **5.** $\left(-\dfrac{8}{27}\right)^{-\frac{1}{3}}$ **6.** $(0.0016)^{-3.4}$

7. $5^{\frac{2}{7}}5^{\frac{5}{7}}$ **8.** $(125)^{-\frac{2}{3}} \div (81)^{\frac{1}{4}}$ **9.** $\left[(243)^{-\frac{4}{5}}(64)^{\frac{2}{3}}\right]^{\frac{1}{4}}$

En los problemas del 10 al 14, simplifique las expresiones dadas en una respuesta sin exponentes negativos.

10. $\left(-2a^{-3}b\right)^2\left(3a^2b^{-1}\right)^3$ **11.** $\left(\dfrac{3x^2}{y^3}\right)^2\left(\dfrac{-2x^2}{3y}\right)^{-2}$ **12.** $\dfrac{\left(x^{-3}y^2\right)^3}{\left(x^3y^{-2}\right)^2}$

13. $\dfrac{\left(32a^{15}c^{-5}\right)^{\frac{1}{5}}}{\left(-27a^6c^{-3}\right)^{\frac{1}{3}}}$ **14.** $\left(\dfrac{x^{-2}y^3}{x^4y^{-3}}\right)^{-\frac{1}{2}}\left(\dfrac{x^4y^{-4}}{xy^2}\right)^{-\frac{1}{3}}$

En los problemas del 15 al 25, simplificar las expresiones dadas. Si es necesario, racionalice los denominadores.

15. $5\sqrt{20} - 3\sqrt{45} + \dfrac{\sqrt{80}}{2}$ **16.** $\sqrt{243} - \sqrt{63} + \sqrt{175} - 2\sqrt{75}$

17. $\dfrac{\sqrt{48} + \sqrt{75}}{-\sqrt{81}}$ **18.** $\dfrac{\sqrt{2}}{\sqrt{72} - \sqrt{8} + \sqrt{50}}$

19. $\sqrt[3]{1,080} - \sqrt[3]{625} + \sqrt[3]{40}$ **20.** $\sqrt[3]{-375} - 3\sqrt[3]{-24} - 4\sqrt[3]{-81}$

21. $\dfrac{56}{\sqrt{7}} - 6\sqrt{28} + \dfrac{\sqrt{343}}{7}$

22. $\sqrt{75} - 3\sqrt{\frac{4}{3}} + \sqrt{48}$

23. $\sqrt{\frac{3}{8}} - \sqrt{\frac{2}{3}} - \dfrac{\sqrt{24}}{3}$

24. $\sqrt{\frac{1}{12}} - \sqrt{\frac{1}{3}} + \sqrt{\frac{3}{4}}$

25. $\sqrt[3]{\frac{1}{4}} + \sqrt[3]{\frac{1}{32}} - \sqrt[3]{\frac{2}{27}}$

En los problemas del 26 y 27, simplificar las expresiones dadas.

26. $\dfrac{2^{n-2} - 2^{n-1} + 2^{n}}{2^{n+2} - 2^{n+1} + 2^{n}}$

27. $\dfrac{2^{n} \times 225^{\frac{n}{2}} \times 35^{2n}}{49^{n} \times 16^{\frac{n}{4}} \times 27^{\frac{2n}{3}}}$

En los problemas del 28 al 30, hallar el valor de n.

28. $5\sqrt{5}\,\sqrt[3]{25} = 5^{n}$

29. $\sqrt{\sqrt[5]{3}} = 3^{n}$

30. $\sqrt[n]{\sqrt[n]{5}} = 5^{\frac{1}{9}}$

31. Probar las siguientes leyes de los radicales:

a. $\sqrt[n]{\dfrac{a}{b}} = \dfrac{\sqrt[n]{a}}{\sqrt[n]{b}},\ b \neq 0$

b. $\left(\sqrt[n]{a}\right)^{n} = a$

c. $\sqrt[n]{a^{n}} = a$, si n es impar.

d. $\sqrt[n]{a^{n}} = \begin{cases} a, & \text{si } a \geq 0 \\ -a, & \text{si } a \leq 0 \end{cases}$, si n es par.

ALGO DE ÁLGEBRA

PRODUCTOS NOTABLES

Al hacer cálculos algebraicos, es conveniente memorizar ciertos productos que aparecen con mucha frecuencia; estos se conocen con el nombre de **productos notables**. La veracidad de estos productos se puede comprobar efectuando las multiplicaciones contenidas en ellos. Los principales productos notables son los siguientes:

1. Producto de la Suma por la Diferencia

$$(a + b)(a - b) = a^{2} - b^{2}$$

2. Cuadrado de una Suma

$$(a + b)^{2} = a^{2} + 2ab + b^{2}$$

3. Cuadrado de una Diferencia

$$(a - b)^{2} = a^{2} - 2ab + b^{2}$$

4. Cubo de una Suma

$$(a + b)^3 = a^3 + 3a^2b + 3ab^2 + b^3$$

5. Cubo de una Diferencia

$$(a - b)^3 = a^3 - 3a^2b + 3ab^2 - b^3$$

$\boxed{\textbf{Ejemplo 1.4.1}}$ Aplicando los productos notables, hallar:

$$\textbf{a.} \ \left(2x^3 + \sqrt{5}\right)\left(2x^3 - \sqrt{5}\right) \qquad \textbf{b.} \ \left(4a^2 - \frac{3}{b}\right)^2 \qquad \textbf{c.} \ \left(4x^2 - 3y\right)^3$$

Solución

a. Aplicando la fórmula 1:

$$\left(2x^3 + \sqrt{5}\right)\left(2x^3 - \sqrt{5}\right) = \left(2x^3\right)^2 - \left(\sqrt{5}\right)^2 = 4x^6 - 5$$

b. Aplicando la fórmula 3:

$$\left(4a^2 - \frac{3}{b}\right)^2 = \left(4a^2\right)^2 - 2\left(4a^2\right)\left(\frac{3}{b}\right) + \left(\frac{3}{b}\right)^2 = 16a^4 - \frac{24a^2}{b} + \frac{9}{b^2}$$

c. Aplicando la fórmula 5:

$$\left(4x^2 - 3y\right)^3 = \left(4x^2\right)^3 - 3\left(4x^2\right)^2(3y) + 3\left(4x^2\right)(3y)^2 - (3y)^3$$

$$= 64x^6 - 3\left(16x^4\right)(3y) + 3\left(4x^2\right)\left(9y^2\right) - 27y^3$$

$$= 64x^6 - 144x^4y + 108x^2y^2 - 27y^3$$

FACTORIZACIÓN

Si podemos escribir una expresión algebraica como el producto de dos o más expresiones algebraicas, entonces cada una de estas sub-expresiones es un **factor** de la expresión original.

Al proceso de convertir una expresión algebraica en el producto de sus factores se le denomina **factorización**.

FACTORIZACIÓN POR FACTOR COMÚN

El caso más usual de factorización es el de extraer el *factor común* a dos
o más expresiones algebraicas. Esta técnica se fundamenta en la propiedad
distributiva, leyéndola de izquierda a derecha:

$$ab \pm ac = a(b \pm c)$$

Ejemplo 1.4.2 Factorizar:

$$\textbf{a. } 12x^3yz + 18x^2y^2 \qquad \textbf{b. } 10a^5 - 15a^4 + 20a^2$$

Solución

a. Los coeficientes 12 y 18 tienen como factores a 2, 3 y 6. Tomamos el de
mayor valor, que es 6.

En la parte literal aparecen las variables x e y en dos de los términos.
Tomamos estas dos variables con el menor exponente: x^2 e y.

El factor común es $6x^2y$. Luego:

$$12x^3yz + 18x^2y^2 = \left(6x^2y\right)(2xz) + \left(6x^2y\right)(3y) = 6x^2y(2xz + 3y)$$

b. El factor común de los tres términos es $5a^2$. Luego:

$$10a^5 - 15a^4 + 20a^2 = \left(5a^2\right)\left(2a^3\right) - \left(5a^2\right)\left(3a^2\right) + \left(5a^2\right)(4)$$

$$= 5a^2\left(2a^3 - 3a^2 + 4\right)$$

Ejemplo 1.4.3 **Factor común por agrupación de términos.**

$$\text{Factorizar:} \quad 3x^3 - 2xy - 6x^2 + 4y$$

Solución

Los cuatro términos no tienen un factor común distinto de 1, pero podemos
agruparlos en parejas de dos términos que compartan factores comunes. De
esta manera, obtenemos:

$$3x^3 - 2xy - 6x^2 + 4y = \left(3x^3 - 6x^2\right) + \left(-2xy^2 + 4y^2\right)$$

$$= 3x^2(x - 2) - 2y^2(x - 2) = \left(3x^2 - 2y^2\right)(x - 2)$$

FACTORIZACIÓN DEL TRINOMIO $x^2 + bx + c$

Este método consiste en hallar dos números r y s, tales que:

$$x^2 + bx + c = (x + r)(x + s)$$

Pero $(x + r)(x + s) = x^2 + (r + s)x + rs$. En consecuencia, los números r y s que buscamos deben cumplir las siguientes condiciones:

$$rs = c \qquad \textbf{y} \qquad r + s = b$$

$\boxed{\textbf{Ejemplo 1.4.4}}$ Factorizar: $x^2 - 2x - 8$

Solución

Tenemos que $c = -8$ y $b = -2$. Buscamos dos números r y s, tales que:

$$rs = -8 \qquad \textbf{y} \qquad r + s = -2$$

Presentamos todos los factores de -8 con su respectiva suma algebraica:

$r = -1$	$s = 8$	$r + s = 7$
$r = 1$	$s = -8$	$r + s = -7$
$r = -2$	$s = 4$	$r + s = 2$
$r = 2$	$s = -4$	$r + s = -2$

Los números que satisfacen los requerimientos son $r = 2$ y $s = -4$

En consecuencia, $x^2 - 2x - 8 = (x + 2)(x - 4)$

$\boxed{\textbf{Ejemplo 1.4.5}}$ Factorizar: $x^2 - 7x + 12$

Solución

Necesitamos dos números r y s cuyo producto sea 12 y cuya suma sea -7. Los factores de 12 son:

$$(1)(12),\ (-1)(-12),\ (2)(6),\ (-2)(-6),\ (3)(4)\ \ y\ \ (-3)(-4)$$

De todos los pares, el último es el único que suma -7. Esto es, $r = -3$ y $s = -4$. En consecuencia:

$$x^2 - 7x + 12 = (x - 3)(x - 4)$$

FACTORIZACIÓN DEL TRINOMIO $ax^2 + bx + c$

Debemos reducir la factorización del trinomio $ax^2 + bx + c$ al ya conocido caso $x^2 + bx + c$. Para esto debemos multiplicar y dividir al polinomio por el coeficiente a, y luego hacemos el cambio de variable $y = ax$:

$$\frac{a\left(ax^2 + bx + c\right)}{a} = \frac{(ax)^2 + b(ax) + ac}{a} = \frac{y^2 + by + ac}{a}$$

El numerador de este último trinomio tiene la forma $x^2 + bx + c$. Así que ahora podemos resolverlo por el procedimiento habitual.

Ejemplo 1.4.6   Factorizar: $5x^2 - 7x - 6$

Solución

Multiplicamos y dividimos el trinomio por el coeficiente 5.

$$\frac{5\left(5x^2 - 7x - 6\right)}{5} = \frac{(5x)^2 - 7(5x) - 30}{5} = \frac{(5x - 10)(5x + 3)}{5}$$
$$= \left(\frac{5x - 10}{5}\right)(5x + 3) = (x - 2)(5x + 3)$$

Ejemplo 1.4.7   Factorizar: $12x^2 - 5ax - 2a^2$

Solución

Multiplicamos y dividimos el trinomio por el coeficiente 12:

$$\frac{12\left(12x^2 - 5ax - 2a^2\right)}{12} = \frac{(12x)^2 - 5a(12x) - 24a^2}{12} = \frac{(12x - 8a)(12x + 3a)}{4 \times 3}$$
$$= \left(\frac{12x - 8a}{4}\right)\left(\frac{12x + 3a}{3}\right) = (3x - 2a)(4x + a)$$

A continuación presentamos las fórmulas factorización más habituales.

FÓRMULAS DE FACTORIZACIÓN

1. Diferencia de cuadrados

$$a^2 - b^2 = (a + b)(a - b)$$

2. Cuadrado perfecto(Suma)

$$a^2 + 2ab + b^2 = (a + b)^2$$

3. Cuadrado perfecto(Diferencia)

$$a^2 - 2ab + b^2 = (a - b)^2$$

4. Diferencia de cubos

$$a^3 - b^3 = (a - b)(a^2 + ab + b^2)$$

5. Suma de cubos

$$a^3 + b^3 = (a + b)(a^2 - ab + b^2)$$

6. Diferencia de n-ésimas potencias

$$a^n - b^n = (a - b)(a^{n-1} + a^{n-2}b + a^{n-3}b^2 + \cdots + ab^{n-2} + b^{n-1})$$

Las fórmulas 2, 3 y 4 son los productos notables 1, 2 y 3, escritos de izquierda a derecha. Las fórmulas 4, 5 y 6 se comprueban efectuando la multiplicación.

$\boxed{\textbf{Ejemplo 1.4.8}}$ **Diferencia de cuadrados y diferencia de cubos.**

Factorizar: **a.** $x^2 - 36$ **b.** $16x^4 - 81y^2$ **c.** $8x^3 - 27$

Solución

  a. De acuerdo a la fórmula 1:

$$x^2 - 36 = x^2 - 6^2 = (x + 6)(x - 6)$$

  b. De acuerdo a la fórmula 1:

$$16x^4 - 81y^2 = (4x^2)^2 - (9y)^2 = (4x^2 + 9y)(4x^2 - 9y)$$

  c. De acuerdo a la fórmula 4:

$$8x^3 - 27 = (2x)^3 - (3)^3 = (2x - 3)\left((2x)^2 + (2x)(3) + 3^2\right)$$

$$= (2x - 3)\left(4x^2 + 6x + 9\right)$$

$\boxed{\textbf{Ejemplo 1.4.9}}$ **Cuadrados Perfectos.**

Factorizar: **a.** $40x^2 + 25x^4 + 16$ **b.** $9x^2 - 3xy + \frac{y^2}{4}$

Solución

Para aplicar las fórmulas 2 o 3, primero debemos verificar que el trinomio dado es un cuadrado perfecto. Para esto debemos ordenar el trinomio de acuerdo al grado de la variable, o de una de las variables si hay más de una. Luego:

1. se verifica que el primer y el tercer término, tienen raíz cuadrada.

2. se verifica el signo del segundo término ($\pm$).

3. se verifica que el segundo término sea el doble del producto de las raíces cuadradas del primer y tercer término.

a. Ordenamos $40x^2 + 25x^4 + 16 : \quad 25x^4 + 40x^2 + 16$

$$\text{Raíz cuadrada de } 25x^4 : \qquad 5x^2$$

$$\text{Raíz cuadrada de } 16 : \qquad 4$$

Doble producto de las raíces:

$$2(5x^2)(4) = 40x^2 = \text{segundo término}$$

Entonces, $\quad 25x^4 + 40x^2 + 16 = (5x^2 + 4)^2$

b. $9x^2 - 3xy + \frac{y^2}{4}$ ya está ordenado de acuerdo a la variable x.

$$\text{Raíz cuadrada de } 9x^2 : \qquad 3x$$

$$\text{Raíz cuadrada de } \frac{y^2}{4} : \qquad \frac{y}{2}$$

Doble producto de las raíces con signo negativo:

$$-2(3x)\left(\frac{y}{2}\right) = -3xy$$

Entonces, $\quad 9x^2 - 3xy + \frac{y^2}{4} = \left(3x - \frac{y}{2}\right)^2$

Ejemplo 1.4.10 **Diferencia de n-ésimas potencias**

$$\text{Factorizar:} \quad 2x^5 - 64a^5$$

Solución

En primer lugar sacamos factor común 2, luego aplicamos la fórmula 6:

$$2\left(x^5 - 32a^5\right) = 2\left(x^5 - (2a)^5\right)$$

$$= 2(x - 2a)\left(x^4 + x^3(2a) + x^2(2a)^2 + x(2a)^3 + (2a)^4\right)$$

$$= 2(x - 2a)\left(x^4 + 2ax^3 + 4a^2x^2 + 8a^3x + 16a^4\right)$$

OPERACIONES CON FRACCIONES ALGEBRAICAS

Una *fracción algebraica* es un cociente (o razón) de dos expresiones algebraicas. En particular, una fracción racional es una fracción algebraica que, a su vez, es cociente de dos polinomios. Así, las tres siguientes expresiones son fracciones algebraicas, donde sólo la primera es una fracción racional:

$$\textbf{1. } \frac{2x^3 - 3x^2 + 5}{x^2 - 4x + 3} \qquad \textbf{2. } \frac{3x + 1}{x - \sqrt{2x}} \qquad \textbf{3. } \frac{\sqrt{2x - 3}}{x + 5}$$

Las variables que aparecen en una fracción algebraica representan números reales; por lo tanto, las fracciones algebraicas son gobernadas por las mismas propiedades de las fracciones de números reales del teorema 1.2.5.

SIMPLIFICACIÓN DE FRACCIONES

La simplificación de fracciones algebraicas se basa en la siguiente propiedad de las fracciones:

$$\frac{ac}{bc} = \frac{a}{b}, \quad c \neq 0$$

Para simplificar una fracción algebraica se debe factorizar el numerador y el denominador. Luego se simplifican los factores comunes.

$\boxed{\textbf{Ejemplo 1.4.11}}$ Simplificar:

$$\textbf{a. } \frac{6x^2 - 3xy}{4x^2 - y^2} \qquad \textbf{b. } \frac{2x^3 - 54}{4x^2 - 32x + 60}$$

Solución

$$\textbf{a. } \frac{6x^2 - 3xy}{4x^2 - y^2} = \frac{3x(2x - y)}{(2x - y)(2x + y)} = \frac{3x}{2x + y}$$

$$\textbf{b. } \frac{2x^3 - 54}{4x^2 - 32x + 60} = \frac{2\left(x^3 - 27\right)}{4\left(x^2 - 8x + 15\right)} = \frac{2\left(x^3 - 3^3\right)}{4\left(x^2 - 8x + 15\right)}$$

$$= \frac{2(x - 3)\left(x^2 + 3x + 9\right)}{4(x - 3)(x - 5)} = \frac{x^2 + 3x + 9}{2(x - 5)}$$

MÁS SOBRE RACIONALIZACIÓN

Ocuparemos esta subsección en racionalizar denominadores o numeradores que posean dos términos, también conocidos como *binomios*. Veremos dos casos en particular, binomios con raíces cuadradas y binomios con raíces cúbicas

Denominador o numerador de la forma $\sqrt{a} \pm \sqrt{b}$

Si el denominador o numerador de una fracción es de la forma $\sqrt{a} \pm \sqrt{b}$, la fracción se multiplica por su conjugada, que es $\sqrt{a} \mp \sqrt{b}$. Esta estrategia se basa en la identidad $(a+b)(a-b) = a^2 - b^2$.

Ejemplo 1.4.12   Racionalizar los denominadores:

$$\frac{5}{\sqrt{2} + 3\sqrt{3}}$$

Solución

$$\frac{5}{\sqrt{2} + 3\sqrt{3}} = \frac{5}{\sqrt{2} + 3\sqrt{3}} \frac{\sqrt{2} - 3\sqrt{3}}{\sqrt{2} - 3\sqrt{3}} = \frac{5\left(\sqrt{2} - 3\sqrt{3}\right)}{\left(\sqrt{2}\right)^2 - \left(3\sqrt{3}\right)^2}$$

$$= \frac{5\left(\sqrt{2} - 3\sqrt{3}\right)}{2 - 27} = \frac{5\left(\sqrt{2} - 3\sqrt{3}\right)}{-25} = \frac{\sqrt{2} - 3\sqrt{3}}{-5} = \frac{3\sqrt{3} - \sqrt{2}}{5}$$

Ejemplo 1.4.13   Racionalizar el numerador:

$$\frac{\sqrt{x+h} - \sqrt{x}}{h}$$

Solución

$$\frac{\sqrt{x+h} - \sqrt{x}}{h} = \frac{\sqrt{x+h} - \sqrt{x}}{h} \frac{\sqrt{x+h} + \sqrt{x}}{\sqrt{x+h} + \sqrt{x}} = \frac{\left(\sqrt{x+h}\right)^2 - \left(\sqrt{x}\right)^2}{h\left(\sqrt{x+h} + \sqrt{x}\right)}$$

$$= \frac{x + h - x}{h\left(\sqrt{x+h} + \sqrt{x}\right)} = \frac{h}{h\left(\sqrt{x+h} + \sqrt{x}\right)} = \frac{1}{\left(\sqrt{x+h} + \sqrt{x}\right)}$$

Denominador o numerador de la Forma $\sqrt[3]{a} \pm \sqrt[3]{b}$

Consideremos la identidad:

$$a^3 + b^3 = (a+b)(a^2 - ab + b^2)$$

Si el denominador o numerador es de la forma $\sqrt[3]{a} + \sqrt[3]{b}$, se multiplica y divide por la siguiente expresión:

$$\sqrt[3]{a^2} - \sqrt[3]{a}\sqrt[3]{b} + \sqrt[3]{b^2}$$

En este caso se tiene que:

$$\left(\sqrt[3]{a} + \sqrt[3]{b}\right)\left(\sqrt[3]{a^2} - \sqrt[3]{a}\sqrt[3]{b} + \sqrt[3]{b^2}\right) = \left(\sqrt[3]{a}\right)^3 + \left(\sqrt[3]{b}\right)^3 = a + b$$

Análogamente, considerando la identidad:

$$a^3 - b^3 = (a - b)(a^2 + ab + b^2)$$

Si el denominador o numerador es de la forma $\sqrt[3]{a} - \sqrt[3]{b}$, se multiplica y divide por la siguiente expresión:

$$\sqrt[3]{a^2} + \sqrt[3]{a}\,\sqrt[3]{b} + \sqrt[3]{b^2}$$

En este caso se tiene que:

$$\left(\sqrt[3]{a} - \sqrt[3]{b}\right)\left(\sqrt[3]{a^2} + \sqrt[3]{a}\,\sqrt[3]{b} + \sqrt[3]{b^2}\right) = \left(\sqrt[3]{a}\right)^3 - \left(\sqrt[3]{b}\right)^3 = a - b$$

Ejemplo 1.4.14 Racionalizar el denominador:

$$\frac{16}{\sqrt[3]{5} + \sqrt[3]{3}}$$

Solución

$$\frac{16}{\sqrt[3]{5} + \sqrt[3]{3}} = \frac{16\left(\sqrt[3]{5^2} - \sqrt[3]{5}\,\sqrt[3]{3} + \sqrt[3]{3^2}\right)}{\left(\sqrt[3]{5} + \sqrt[3]{3}\right)\left(\sqrt[3]{5^2} - \sqrt[3]{5}\,\sqrt[3]{3} + \sqrt[3]{3^2}\right)} = \frac{16\left(\sqrt[3]{5^2} - \sqrt[3]{5}\,\sqrt[3]{3} + \sqrt[3]{3^2}\right)}{\left(\sqrt[3]{5}\right)^3 + \left(\sqrt[3]{3}\right)^3}$$

$$= \frac{16\left(\sqrt[3]{5^2} - \sqrt[3]{5}\,\sqrt[3]{3} + \sqrt[3]{3^2}\right)}{5 + 3} = 2\left(\sqrt[3]{25} - \sqrt[3]{15} + \sqrt[3]{9}\right)$$

Ejemplo 1.4.15 Racionalizar el denominador de:

$$\frac{6}{3 - \sqrt[3]{3}}$$

Solución

$$\frac{6}{3 - \sqrt[3]{3}} = \frac{6\left(3^2 + 3\sqrt[3]{3} + \sqrt[3]{3^2}\right)}{\left(3 - \sqrt[3]{3}\right)\left(3^2 + 3\sqrt[3]{3} + \sqrt[3]{3^2}\right)} = \frac{6\left(9 + 3\sqrt[3]{3} + \sqrt[3]{9}\right)}{(3)^3 - \left(\sqrt[3]{3}\right)^3}$$

$$= \frac{6\left(9 + 3\sqrt[3]{3} + \sqrt[3]{9}\right)}{27 - 3} = \frac{6\left(9 + 3\sqrt[3]{3} + \sqrt[3]{9}\right)}{24}$$

$$= \frac{9 + 3\sqrt[3]{3} + \sqrt[3]{9}}{4}$$

ADICIÓN DE FRACCIONES

Para sumar o restar fracciones que tienen el mismo denominador, solo se suman o restan los numeradores y se coloca el mismo denominador.

Ejemplo 1.4.16 Hallar:

$$\frac{5}{x^2+1} + \frac{x}{x^2+1} - \frac{x-3}{x^2+1}$$

Solución

$$\frac{5}{x^2+1} + \frac{x}{x^2+1} - \frac{x-3}{x^2+1} = \frac{5+x-(x-3)}{x^2+1}$$

$$= \frac{8}{x^2+1}$$

Para sumar o restar fracciones que tienen distinto denominador, se deben transformar en otras equivalentes que tengan, por denominador, al mínimo común denominador.

Para hallar el mínimo común denominador (M.C.D.) tenemos que factorizar completamente los denominadores. El M.C.D. es igual al producto de los factores comunes y no comunes tomados con el mayor exponente. El proceso empleado es igual al de la suma y resta de números racionales.

Ejemplo 1.4.17 Hallar: $\quad \dfrac{2}{x-2} + \dfrac{3x}{x^2-7x+10}$

Solución

Tenemos que:

$$x - 2 = x - 2, \; x^2 - 7x + 10 = (x-2)(x-5)$$

El M.C.D. es $(x-2)(x-5)$. Luego:

$$\frac{2}{x-2} + \frac{3x}{x^2-7x+10} = \frac{2(x-5)}{(x-2)(x-5)} + \frac{3x}{(x-2)(x-5)} = \frac{2x-10+3x}{(x-2)(x-5)}$$

$$= \frac{5x-10}{(x-2)(x-5)} = \frac{5(x-2)}{(x-2)(x-5)}$$

$$= \frac{5}{x-5}$$

Ejemplo 1.4.18   Hallar: $\dfrac{2x^2 + 12}{x^2 - 9} - \dfrac{x + 2}{x - 3} - \dfrac{x - 3}{x + 3}$

Solución

$x^2 - 9 = (x - 3)(x + 3)$. El M.C.D. es $(x - 3)(x + 3)$. Luego:

$$\dfrac{2x^2 + 12}{x^2 - 9} - \dfrac{x + 2}{x - 3} - \dfrac{x - 3}{x + 3}$$

$$= \dfrac{2x^2 + 12}{(x - 3)(x + 3)} - \dfrac{(x + 2)(x + 3)}{(x - 3)(x + 3)} - \dfrac{(x - 3)(x - 3)}{(x - 3)(x + 3)}$$

$$= \dfrac{2x^2 + 12 - x^2 - 5x - 6 - x^2 + 6x - 9}{(x - 3)(x + 3)}$$

$$= \dfrac{x - 3}{(x - 3)(x + 3)}$$

$$= \dfrac{1}{x + 3}$$

MULTIPLICACIÓN Y DIVISIÓN DE FRACCIONES

La multiplicación y la división de fracciones se llevan a cabo de acuerdo a las propiedades de las fracciones del teorema 1.2.5:

1. $\dfrac{a}{b} \cdot \dfrac{c}{d} = \dfrac{ac}{bd}$ **2.** $\dfrac{a}{b} \div \dfrac{c}{d} = \dfrac{a}{b} \cdot \dfrac{d}{c} = \dfrac{ad}{bc}$

Ejemplo 1.4.19   Efectuar: $\dfrac{2x - 2}{3x + 6} \cdot \dfrac{x^2 - x - 6}{6x^2 - 6}$

Solución

$$\dfrac{2x - 2}{3x + 6} \cdot \dfrac{x^2 - x - 6}{6x^2 - 6} = \dfrac{2(x - 1)}{3(x + 2)} \cdot \dfrac{(x + 2)(x - 3)}{6\,(x^2 - 1)}$$

$$= \dfrac{2(x - 1)}{3(x + 2)} \cdot \dfrac{(x + 2)(x - 3)}{6(x - 1)(x + 1)}$$

$$= \dfrac{2(x - 1)(x + 2)(x - 3)}{(6)(3)(x + 2)(x - 1)(x + 1)}$$

$$= \dfrac{(x - 3)}{(3)(3)(x + 1)}$$

$$= \dfrac{x - 3}{9(x + 1)}$$

$\boxed{\textbf{Ejemplo 1.4.20}}$ Efectuar: $\dfrac{3x+3}{x^2-49} \div \dfrac{x^2-3x-4}{x^2-14x+49}$

Solución

$$\frac{3x+3}{x^2-49} \div \frac{x^2-3x-4}{x^2-14x+49} = \frac{3(x+1)}{(x-7)(x+7)} \div \frac{(x+1)(x-4)}{(x-7)^2}$$

$$= \frac{3(x+1)}{(x-7)(x+7)} \cdot \frac{(x-7)^2}{(x+1)(x-4)}$$

$$= \frac{3(x+1)(x-7)^2}{(x-7)(x+7)(x+1)(x-4)}$$

$$= \frac{3(x-7)}{(x+7)(x-4)}$$

FRACCIONES COMPUESTAS

Una *fracción compuesta* es una fracción algebraica cuyo numerador, denominador, o ambos a la vez, son fracciones algebraicas. Podemos decir que una fracción compuesta es una fracción de fracciones.

Teniendo en cuenta que una fracción es una división entre el numerador y el denominador, para simplificar una fracción compuesta, se procede a dividir el numerador entre el denominador.

$\boxed{\textbf{Ejemplo 1.4.21}}$ Simplificar: $\dfrac{\dfrac{x}{y}-\dfrac{y}{x}}{\dfrac{1}{x}-\dfrac{1}{y}}$

Solución

$$\frac{\dfrac{x}{y}-\dfrac{y}{x}}{\dfrac{1}{x}-\dfrac{1}{y}} = \left(\frac{x}{y}-\frac{y}{x}\right) \div \left(\frac{1}{x}-\frac{1}{y}\right) = \left(\frac{x^2-y^2}{xy}\right) \div \left(\frac{y-x}{xy}\right)$$

$$= \left(\frac{(x-y)(x+y)}{xy}\right) \left(\frac{xy}{y-x}\right) = -(x+y) = -x-y$$

PROBLEMAS RESUELTOS 1.4

$\boxed{\textbf{Problema 1.4.1}}$ Efectuar usando productos notables:

$$(a+b)^2(a-b)^2$$

Solución

$$(a+b)^2(a-b)^2 = [(a+b)(a-b)]^2 = [a^2-b^2]^2$$

$$= a^4 - 2a^2b^2 + b^4$$

Problema 1.4.2 Factorizar:

$$\textbf{a. } x^2 - y^2 - 6y - 9 \qquad\qquad \textbf{b. } x^2 - y^2 + 2x - 2y$$

Solución

a. $x^2 - y^2 - 6y - 9 = x^2 - \left(y^2 + 6y + 9\right) = x^2 - (y+3)^2$

$$= (x+y+3)(x-y-3)$$

b. $x^2 - y^2 + 2x - 2y = \left(x^2 - y^2\right) + (2x - 2y) = (x-y)(x+y) + 2(x-y)$

$$= (x-y)\left[(x+y) + 2\right] = (x-y)(x+y+2)$$

Problema 1.4.3 Simplificar:

$$\left(\frac{x^2 - 9}{2x + 14} \times \frac{x^2 + 10x + 21}{6x - 18} \right) \div \frac{x^2 + 5x + 6}{4x}$$

Solución

$$\left(\frac{x^2 - 9}{2x + 14} \times \frac{x^2 + 10x + 21}{6x - 18} \right) \div \frac{x^2 + 5x + 6}{4x}$$

$$= \frac{x^2 - 9}{2x + 14} \times \frac{x^2 + 10x + 21}{6x - 18} \times \frac{4x}{x^2 + 5x + 6}$$

$$= \frac{(x-3)(x+3)}{2(x+7)} \times \frac{(x+7)(x+3)}{6(x-3)} \times \frac{4x}{(x+3)(x+2)} = \frac{x(x+3)}{3(x+2)}$$

Problema 1.4.4 Racionalizar los denominadores:

$$\textbf{a. } \frac{9 - a}{\sqrt[3]{\sqrt{a} - \sqrt{3}}} \qquad\qquad \textbf{b. } \frac{x + y}{\sqrt[3]{x^2} - \sqrt[3]{xy} + \sqrt[3]{y^2}}$$

Solución

a.

$$\frac{9-a}{\sqrt[3]{\sqrt{a}-\sqrt{3}}} = \frac{(9-a)\sqrt[3]{\left(\sqrt{a}-3\right)^2}}{\left(\sqrt[3]{\sqrt{a}-3}\right)\left(\sqrt[3]{\left(\sqrt{a}-3\right)^2}\right)}$$

$$= \frac{(9-a)\sqrt[3]{\left(\sqrt{a}-3\right)^2}}{\sqrt{a}-3} = \frac{(9-a)\sqrt[3]{\left(\sqrt{a}-3\right)^2}\left(\sqrt{a}+3\right)}{\left(\sqrt{a}-3\right)\left(\sqrt{a}+3\right)}$$

$$= \frac{(9-a)\sqrt[3]{\left(\sqrt{a}-3\right)^2}\left(\sqrt{a}+3\right)}{a-9} = -\left(\sqrt{a}+3\right)\sqrt[3]{\left(\sqrt{a}-3\right)^2}$$

b.

$$\frac{x+y}{\sqrt[3]{x^2}-\sqrt[3]{xy}+\sqrt[3]{y^2}} = \frac{(x+y)\left(\sqrt[3]{x}+\sqrt[3]{y}\right)}{\left(\sqrt[3]{x^2}-\sqrt[3]{xy}+\sqrt[3]{y^2}\right)\left(\sqrt[3]{x}+\sqrt[3]{y}\right)}$$

$$= \frac{(x+y)\left(\sqrt[3]{x}+\sqrt[3]{y}\right)}{\left(\sqrt[3]{x}\right)^3+\left(\sqrt[3]{y}\right)^3} = \frac{(x+y)\left(\sqrt[3]{x}+\sqrt[3]{y}\right)}{x+y}$$

$$= \sqrt[3]{x}+\sqrt[3]{y}$$

Problema 1.4.5 Simplificar: $1 - \dfrac{x}{1 - \dfrac{1}{1+\dfrac{x}{y}}}$

Solución

$$\frac{x}{1-\dfrac{1}{1+\dfrac{x}{y}}} = \frac{x}{1-\dfrac{1}{\dfrac{y+x}{y}}} = \frac{x}{1-\dfrac{y}{y+x}} = \frac{x}{\dfrac{y+x-y}{y+x}}$$

$$= \frac{x}{\dfrac{x}{y+x}} = \frac{x(y+x)}{x}$$

$$= y+x$$

Problema 1.4.6   Simplificar: $\dfrac{\dfrac{1}{x+1}+\dfrac{1}{x-1}}{\dfrac{x+1}{x-1}-\dfrac{x-1}{x+1}}$

Solución

$$\frac{\dfrac{1}{x+1}+\dfrac{1}{x-1}}{\dfrac{x+1}{x-1}-\dfrac{x-1}{x+1}} = \left(\frac{1}{x+1}+\frac{1}{x-1}\right) \div \left(\frac{x+1}{x-1}-\frac{x-1}{x+1}\right)$$

$$= \left(\frac{x-1+x+1}{(x+1)(x-1)}\right) \div \left(\frac{(x+1)(x+1)-(x-1)(x-1)}{(x-1)(x+1)}\right)$$

$$= \left(\frac{2x}{(x+1)(x-1)}\right) \div \left(\frac{(x^2+2x+1)-(x^2-2x+1)}{(x-1)(x+1)}\right)$$

$$= \left(\frac{2x}{(x+1)(x-1)}\right) \div \left(\frac{4x}{(x-1)(x+1)}\right)$$

$$= \frac{2x}{(x+1)(x-1)} \cdot \frac{(x-1)(x+1)}{4x} = \frac{1}{2}$$

PROBLEMAS PROPUESTOS 1.4

En los problemas del 1 al 16, efectuar los productos indicados usando las fórmulas de productos notables.

1. $\left(2x+\sqrt{5}\right)\left(2x-\sqrt{5}\right)$ **2.** $\left(2\sqrt{x}+\sqrt{y}\right)\left(2\sqrt{x}-\sqrt{y}\right)$

3. $\left(3x^2+4y^3\right)\left(3x^2-4y^3\right)$ **4.** $\left(\sqrt{h+1}+1\right)\left(\sqrt{h+1}-1\right)$

5. $\left(\sqrt{x}+\dfrac{1}{y}\right)\left(\sqrt{x}-\dfrac{1}{y}\right)$ **6.** $(a+b+c)(a+b-c)$

7. $(4x+5)^2$ **8.** $(2x-5y)^2$ **9.** $\left(x-x^{-1}\right)^2$

10. $\left(x^3-x^{-3}\right)^2$ **11.** $(4x+y)^3$ **12.** $\left(a^2+b^2\right)^3$

13. $\left(x^2-y\right)^3$ **14.** $\left(\sqrt[3]{x}+\sqrt[3]{y}\right)^3$ **15.** $(x-5)^2(x+5)^2$

16. $(2x-y)(2x+y)\left(4x^2+y^2\right)$

En los problemas del 17 al 56, factorizar las expresiones dadas.

17. $7x^3-63x^2$ **18.** $8x^2y^2z^3-24xy^3z^2-4x^3y^4z^3$

19. x^3-2x^2-4x+8 **20.** $4y^2+16y+12xy+48x$

21. $x^2y^2-y^2-4x+4$ **22.** $2a^2x-5a^2y+15by-6bx$

23. $x^2 + 2x - 48$ **24.** $x^2 - 4x - 5$ **25.** $y^2 + 28y - 29$

26. $x^2 + 15x - 216$ **27.** $x^4 - 2x^2 - 80$ **28.** $a^2b^2 + ab - 12$

29. $3x^2 + 7x + 4$ **30.** $5y^2 + 10y - 75$ **31.** $5a^2x^2 + 4ax - 12$

32. $9x^2 - 15x - 50$ **33.** $4x^2y^2 + 11xy^2 + 6y^2$ **34.** $25x^4 - 10x^2 + 1$

35. $25x^2 - 36y^4$ **36.** $63x^4 - 7x^2$ **37.** $45x^2y^2 - 5x^4$

38. $\frac{x^2}{36} - \frac{y^2}{25}$ **39.** $16x^{2n} - \frac{1}{49}$ **40.** $(a - b)^2 - 9$

41. $(a + b)^2 - (a - b)^2$ **42.** $(x - 1)^2 - (y - 2)^2$ **43.** $x^2 - y^2 - 6y - 9$

44. $9(a - b)^2 - 4(a + b)^2$ **45.** $a^4 - 2a^2 + 1$ **46.** $16x^2 - 24xy + 9y^2$

47. $400x^4 + 40x^2 + 1$ **48.** $\frac{x^2}{9} + \frac{2x}{3} + 1$ **49.** $\frac{4x^2}{25} - \frac{x}{5} + \frac{1}{16}$

50. $8x^3 - y^3$ **51.** $27a^3 + 64b^3$ **52.** $5x^3y^3 + 5$

53. $x^5 - 125x^2$ **54.** $(x + y)^3 - 1$ **55.** $(x - y)^3 - 8$

56. $(x + 1)^3 - (x - 2)^3$

En los problemas del 57 al 68, simplificar las fracciones dadas.

57. $\frac{60a^3b^2 - 45a^2b}{15a^2b}$ **58.** $\frac{x^2 - 3x}{3 - x}$ **59.** $\frac{a^2 - 1}{a + 1}$

60. $\frac{x^2 - x - 20}{x^2 + 2x - 8}$ **61.** $\frac{2x^2 + x - 6}{2x - 3}$ **62.** $\frac{x^2 + x - 2}{2x^2 + 6x + 4}$

63. $\frac{x^2 - y^2}{x^2 + 2xy + y^2}$ **64.** $\frac{x^2 - 4xy + 4y^2}{x^3 - 8y^3}$ **65.** $\frac{(3 - a)^2}{27 - a^3}$

66. $\frac{x^3 + 1}{x^4 - x^3 + x - 1}$ **67.** $\frac{y + 8y^2 + 16y^3}{6y^2 + 25y^3 + 4y^4}$ **68.** $\frac{x^2 - y^2}{x^2 - 6y - xy + 6x}$

En los problemas del 69 al 80, racionalizar el denominador.

69. $\frac{2}{1 - \sqrt{2}}$ **70.** $\frac{h}{\sqrt{3 + h} - \sqrt{3}}$ **71.** $\frac{2a}{\sqrt{a + 1} - \sqrt{a - 1}}$

72. $\frac{3\sqrt{2}}{7\sqrt{2} - 6\sqrt{3}}$ **73.** $\frac{\sqrt{x} + \sqrt{a}}{\sqrt{x} + 2\sqrt{a}}$ **74.** $\frac{5}{\sqrt{x - 3} - \sqrt{x - 13}}$

75. $\frac{3}{\sqrt[3]{7} + \sqrt[3]{2}}$ **76.** $\frac{16x - 2}{2\sqrt[3]{x} - 1}$ **77.** $\frac{70x - 16}{2\sqrt[3]{x - 1} + 3\sqrt[3]{x}}$

78. $\frac{3x - 9y}{\sqrt[3]{x^2} + \sqrt[3]{3xy} + \sqrt[3]{9y^2}}$ **79.** $\frac{8 - x}{\sqrt{2 - \sqrt[3]{x}}}$ **80.** $\frac{2x - 1}{\sqrt{2\sqrt{x} + \sqrt{2}}}$

En los problemas del 81 al 83, racionalizar el numerador.

81. $\frac{3 + \sqrt{5}}{4}$ **82.** $\frac{\sqrt{a + 2} - \sqrt{a}}{2}$ **83.** $\frac{\sqrt{a - 1 + h} - \sqrt{a - 1}}{h}$

En los problemas del 84 al 104, efectuar las operaciones.

84. $\frac{3a}{a + 1} + \frac{2a}{a - 1}$ **85.** $\frac{x + y}{x - y} - \frac{x - y}{x + y}$ **86.** $\frac{12}{x^2 - 9} - \frac{2}{x - 3} + 1$

87. $\dfrac{x-2}{x^2-x-2} - \dfrac{2}{x^2-1}$

88. $\dfrac{1}{x+1} + \dfrac{2}{x-1} - \dfrac{1}{x^2-1}$

89. $\dfrac{x+5}{x^2+2x+1} + \dfrac{x}{x^2-4x-5} + \dfrac{1}{x-5}$

90. $\dfrac{x}{x^2-x-2} - \dfrac{6}{x^2+5x-14} - \dfrac{1}{x^2+8x+7}$

91. $\dfrac{x^2}{y^2-x^2} \times \dfrac{xy-x^2}{xy}$

92. $\dfrac{x^2+4x}{3x-2} \times \dfrac{9x^2-4}{x^2-16}$

93. $\dfrac{x^3-8}{a^3-1} \times \dfrac{a^2+a+1}{x^2+2x+4}$

94. $\dfrac{x^2+xy-2y^2}{x^2-2xy-8y^2} \times \dfrac{x^2+2xy}{x^2+4xy} \times \dfrac{x^2-16y^2}{x+2y}$

95. $\dfrac{a^2-ab-6b^2}{b^2+ab} \div \dfrac{a^2-4b^2}{a^2+ab}$

96. $\dfrac{x^4-x}{x^2+6x+8} \div \dfrac{2x^2-x-1}{2x^2+9x+4}$

97. $\dfrac{25x^3-x}{25x^2-10x+1} \div \dfrac{6x^2+13x+6}{15x^2+7x-2}$

98. $\left(\dfrac{x+1}{3x-3} \times \dfrac{6x-6}{2x+4}\right) \div \dfrac{x^2+x}{x^2+x-2}$

99. $\dfrac{3x^2+3}{2x-4} \div \left(\dfrac{3x+6}{2x-6} \times \dfrac{x^3+x}{3x-6}\right)$

100. $\left(1 - \dfrac{a^3}{b^3}\right)\left(b + \dfrac{ab}{b-a}\right)$

101. $\left(x + \dfrac{4x^2+20x}{x^2-25}\right)\left(x+2 - \dfrac{28}{x-1}\right)$

102. $\left(\dfrac{x^2}{x^2-y^2} - 1\right)\left(\dfrac{x}{y} - 1\right)\left(\dfrac{y}{x} + 1\right)$

103. $\left(\dfrac{x^2}{x+1} - x + 1\right) \div \left(\dfrac{2}{x^2-1} + 1\right)$

104. $\left(\dfrac{2a+1}{a^2+2} - a\right) \div \left(\dfrac{a+1}{a} - a^2 - 1\right)$

En los problemas del 105 al 109, simplificar las fracciones compuestas dadas.

105. $\dfrac{\dfrac{1}{x} - x^2}{\dfrac{1}{x} - 1}$

106. $\dfrac{\dfrac{a}{b^2} - \dfrac{b}{a^2}}{\dfrac{1}{b^2} - \dfrac{1}{a^2}}$

107. $a - \dfrac{b}{\dfrac{a}{b} + \dfrac{b}{a}}$

108. $1 - \dfrac{1}{1 - \dfrac{1}{1 - \dfrac{1}{x^2}}}$

109. $\dfrac{1 - \dfrac{1}{a-2}}{a+3 - \dfrac{24}{a+1}}$

Humor en tiempos de ciencia

ECUACIONES POLINÓMICAS

Un **polinomio de grado n** es una expresión de la forma:

$$p(x) = a_n x^n + a_{n-1} x^{n-1} + \cdots + a_1 x + a_0 \qquad (1)$$

en donde se cumple que:

- n es un número natural.

- $a_n, a_{n-1}, \ldots, a_1$ y a_0 son números reales.

- $a_n \neq 0$.

Los números $a_n, a_{n-1}, \ldots, a_1$ y a_0 son los coeficientes del polinomio, donde a_n es el coeficiente principal y a_0 es el coeficiente constante. Una **ecuación polinómica de grado n** es una ecuación con la forma:

$$a_n x^n + a_{n-1} x^{n-1} + \cdots + a_1 x + a_0 = 0 \qquad (2)$$

Un **cero** del polinomio $p(x)$ es un número c, tal que $p(c) = 0$; es decir, c es una **raíz** o **solución** de la *ecuación polinómica (2)*.

ECUACIÓN LINEAL

La ecuación polinómica más simple es la **ecuación lineal**, que no es más que una ecuación polinómica de grado 1: $ax + b = 0$, cuya solución es $x = -\frac{b}{a}$.

Nuestro primer ejemplo es el **epitafio** escrito en la tumba de **Diofanto** por uno de sus discípulos.

$\boxed{\text{Ejemplo 1.5.1}}$ **El Epitafio de Diofanto**

¡Caminante!

Aquí yacen los restos de Diofanto. Los números pueden mostrar, ¡oh maravilla! , la duración de su vida, cuya sexta parte constituyó la hermosa infancia. Había transcurrido además una duodécima parte de su vida cuando se cubrió de vello su barba. A partir de ahí, la séptima parte de su existencia transcurrió en un matrimonio estéril. Pasó, además, un quinquenio y entonces le hizo dichoso el nacimiento de su primogénito. Este entregó su cuerpo y su hermosa existencia a la tierra, habiendo vivido la mitad de lo que su padre llegó a vivir. Por su parte, Diofanto descendió a la sepultura con profunda pena, habiendo sobrevivido cuatro años a su hijo.

Dime, caminante, ¿cuántos años vivió Diofanto hasta que le llegó la muerte?

Solución

Si x es el número de años que vivió Diofanto, traduciendo el epitafio a lenguaje matemático, tenemos que:

$$\frac{x}{6} + \frac{x}{12} + \frac{x}{7} + 5 + \frac{x}{2} + 4 = x$$

Resolvamos esta ecuación. Los denominadores son 6, 12, 7 y 2, así que el M.C.D. es 84. Luego, multiplicando cada término de la ecuación por 84, obtenemos:

$$84\left(\frac{x}{6}\right) + 84\left(\frac{x}{12}\right) + 84\left(\frac{x}{7}\right) + 84(5) + 84\left(\frac{x}{2}\right) + 84(4) = 84x$$

$$\Leftrightarrow 14x + 7x + 12x + 420 + 42x + 336 = 84x$$

$$\Leftrightarrow 14x + 7x + 12x + 42x - 84x = -336 - 420$$

$$\Leftrightarrow -9x = -756$$

$$\Leftrightarrow x = \frac{-756}{-9} = 84$$

El caminante respondió: *"Diofanto vivió 84 años"*

¿Sabías esto?

Diofanto (200 - 284 d.C.) fue un matemático griego de la escuela de Alejandría, conocido como el padre del álgebra. Hay pocos registros sobre su vida personal, contrario al caso de su obra **Aritmética**, que está constituida por 13 libros y es considerada como el trabajo más prominente sobre álgebra en las matemáticas griegas.

Esta obra influenció la matemática por muchos siglos. Incluso contiene indicios de lo que siglos más tarde sería la *Teoría de Números*.

ECUACIÓN CUADRÁTICA

Una **ecuación cuadrática** es una ecuación polinómica de grado 2:

$$ax^2 + bx + c = 0,$$

donde a, b y c son números reales, y $a \neq 0$.

Hay muchos métodos para resolver ecuaciones cuadráticas, pero los dos más comunes son:

I. Por factorización.   **II. Mediante la fórmula cuadrática.**

I. RESOLUCIÓN POR FACTORIZACIÓN

Este método se fundamenta en el teorema 1.2.2, que señala lo siguiente:

$$ab = 0 \Leftrightarrow a = 0 \vee b = 0$$

Ejemplo 1.5.2 Resolver la ecuación:

$$2x^2 - 3x - 20 = 0$$

Solución

Factorizamos empleando el método para el trinomio $ax^2 + bx + c$, visto en la sección 1.4. Posteriormente, aplicamos el teorema 1.2.2:

$$2x^2 - 3x - 20 = 0 \Leftrightarrow (2x + 5)(x - 4) = 0$$

$$\text{(factorización del trinomio } ax^2 + bx + c)$$

$$\Leftrightarrow 2x + 5 = 0 \vee x - 4 = 0 \qquad \text{(teorema 1.2.2)}$$

$$\Leftrightarrow 2x = -5 \vee x = 4$$

$$\Leftrightarrow x = -\frac{5}{2} \vee x = 4$$

II. RESOLUCIÓN MEDIANTE FÓRMULA CUADRÁTICA

La siguiente fórmula es conocida desde los tiempos babilónicos, esta es la famosa **fórmula cuadrática**:

$$x = \frac{-b \pm \sqrt{b^2 - 4ac}}{2a} \tag{3}$$

La expresión subradical $b^2 - 4ac$ es el **discriminante** de la ecuación cuadrática. De este discriminante, que denotaremos con el símbolo Δ, se puede afirmar lo siguiente:

Si $\Delta = b^2 - 4ac > 0$: la ecuación tiene **2 raíces reales distintas.**

Si $\Delta = b^2 - 4ac = 0$: la ecuación tiene **2 raíces reales iguales.**

Si $\Delta = b^2 - 4ac < 0$: la ecuación **no tiene raíces reales** (tiene 2 raíces complejas distintas).

$\boxed{\textbf{Ejemplo 1.5.3}}$ Resolver la ecuación: $\dfrac{x(x+4)}{2} - \dfrac{x^2}{4} = \dfrac{3x}{2} - \dfrac{1}{12}$

Solución

El M.C.D. es 12. Luego, multiplicando cada término de la ecuación por 12:

$$\frac{x(x+4)}{2} - \frac{x^2}{4} = \frac{3x}{2} - \frac{1}{12} \Leftrightarrow 12\frac{x(x+4)}{2} - 12\frac{x^2}{4} = 12\frac{3x}{2} - 12\frac{1}{12}$$

$$\Leftrightarrow 6x(x+4) - 3x^2 = 18x - 1$$

$$\Leftrightarrow 6x(x+4) - 3x^2 - 18x + 1 = 0$$

$$\Leftrightarrow 6x^2 + 24x - 3x^2 - 18x + 1 = 0$$

$$\Leftrightarrow 3x^2 + 6x + 1 = 0$$

Aplicando la fórmula cuadrática, con $a = 3, b = 6$ y $c = 1$:

$$x = \frac{-b \pm \sqrt{b^2 - 4ac}}{2a} = \frac{-6 \pm \sqrt{6^2 - 4(3)(1)}}{2(3)} = \frac{-6 \pm \sqrt{24}}{6} = \frac{-6 \pm 2\sqrt{6}}{6}$$

$$= -1 \pm \frac{\sqrt{6}}{3}$$

Las raíces son: $x_1 = -1 + \dfrac{\sqrt{6}}{3}$ y $x_2 = -1 - \dfrac{\sqrt{6}}{3}$

$\boxed{\textbf{Ejemplo 1.5.4}}$ **Una ecuación literal.**

$$\text{Resolver la ecuación:} \quad \frac{x^2}{2m} - \frac{3x}{4} = \frac{m}{2}$$

Solución

El M.C.D. es $4m$. Luego, multiplicando cada término de la ecuación por $4m$:

$$\frac{x^2}{2m} - \frac{3x}{4} = \frac{m}{2} \Leftrightarrow (4m)\left(\frac{x^2}{2m}\right) - (4m)\left(\frac{3x}{4}\right) = (4m)\left(\frac{m}{2}\right)$$

$$\Leftrightarrow 2x^2 - 3mx = 2m^2 \Leftrightarrow 2x^2 - 3mx - 2m^2 = 0$$

Ahora aplicamos la fórmula cuadrática tomando $a = 2, b = -3m$ y $c = -2m^2$:

$$x = \frac{-b \pm \sqrt{b^2 - 4ac}}{2a} = \frac{-(-3m) \pm \sqrt{(-3m)^2 - 4(2)(-2m^2)}}{2(2)}$$

$$= \frac{3m \pm \sqrt{9m^2 + 16m^2}}{4} = \frac{3m \pm \sqrt{25m^2}}{4}$$

$$= \frac{3m \pm 5m}{4}$$

Las raíces son:

$$x_1 = \frac{3m + 5m}{4} = \frac{8m}{4} = 2m \quad \text{y} \quad x_2 = \frac{3m - 5m}{4} = \frac{-2m}{4} = -\frac{m}{2}$$

$\boxed{\text{Ejemplo 1.5.5}}$ **Una ecuación con fracciones algebraicas.**

$$\text{Resolver:} \quad \frac{x + 3}{x^2 + 3x + 2} + \frac{4}{x + 2} = 2$$

Solución

Tenemos que $x^2 + 3x + 2 = (x + 2)(x + 1)$, por lo tanto:

$$\frac{x + 3}{x^2 + 3x + 2} + \frac{4}{x + 2} = 2 \Leftrightarrow \frac{x + 3}{(x + 2)(x + 1)} + \frac{4}{x + 2} = 2$$

El M.C.D. es $(x + 2)(x + 1)$. Luego, multiplicando por $(x + 2)(x + 1)$:

$$(x + 3) + 4(x + 1) = 2(x + 2)(x + 1) \Leftrightarrow x + 3 + 4x + 4 = 2x^2 + 6x + 4$$

$$\Leftrightarrow 2x^2 + x - 3 = 0$$

$$\Leftrightarrow x = \frac{-1 \pm \sqrt{1^2 - 4(2)(-3)}}{2(2)}$$

$$\Leftrightarrow x = \frac{-1 \pm 5}{4}$$

Las raíces son: $x_1 = \dfrac{-1 + 5}{4} = 1 \quad$ y $\quad x_2 = \dfrac{-1 - 5}{4} = -\dfrac{3}{2}$

ECUACIONES QUE SE REDUCEN A CUADRÁTICAS

Existen ecuaciones que no son cuadráticas, pero que se pueden transformar en cuadráticas mediante un simple cambio de variable.

$\boxed{\text{Ejemplo 1.5.6}}$ Resolver:

$$3x^4 - 2x^2\left(x^2 + 4\right) + x^2 = -12$$

Solución

$$3x^4 - 2x^2\left(x^2 + 4\right) + x^2 = -12 \Leftrightarrow 3x^4 - 2x^4 - 8x^2 + x^2 = -12$$

$$\Leftrightarrow x^4 - 7x^2 + 12 = 0$$

La ecuación $x^4 - 7x^2 + 12 = 0$ es de grado 4, pero se puede transformar en una ecuación cuadrática haciendo el cambio de variable $z = x^2$. En efecto:

$$x^4 - 7x^2 + 12 = 0 = z^2 - 7z + 12 = 0$$

Resolvemos la ecuación $z^2 - 7z + 12 = 0$:

$$z = \frac{-b \pm \sqrt{b^2 - 4ac}}{2a} = \frac{-(-7) \pm \sqrt{(-7)^2 - 4(1)(12)}}{2(1)} = \frac{7 \pm 1}{2}$$

Entonces: $z_1 = 4$ y $z_2 = 3$. Ahora, recordando el cambio de variable $z = x^2$, se tiene:

$$x^2 = 4 \Rightarrow x = \pm 2. \quad x^2 = 3 \Rightarrow x = \pm\sqrt{3}$$

Luego, la ecuación inicial tiene 4 soluciones:

$$x_1 = 2, \quad x_2 = -2, \quad x_3 = \sqrt{3}, \quad x_4 = -\sqrt{3}$$

$\boxed{\textbf{Ejemplo 1.5.7}}$ Resolver:

$$\frac{x^2 - 12}{x} - \frac{4x}{x^2 - 12} = 3$$

Solución

$$\frac{x^2 - 12}{x} - \frac{4x}{x^2 - 12} = 3 \Leftrightarrow \frac{x^2 - 12}{x} - 4\frac{x}{x^2 - 12} = 3$$

Sea $y = \dfrac{x^2 - 12}{x}$. Entonces

$$\frac{x^2 - 12}{x} - 4\frac{x}{x^2 - 12} = 3 \Leftrightarrow y - \frac{4}{y} = 3 \Leftrightarrow y^2 - 3y - 4 = 0$$

$$\Leftrightarrow (y + 1)(y - 4) = 0$$
$$\Leftrightarrow y = -1 \quad \text{o} \quad y = 4$$

Reemplazando $y = -1$ en el cambio de variable,

$$-1 = \frac{x^2 - 12}{x} \Leftrightarrow x^2 + x - 12 = 0 \Leftrightarrow (x + 4)(x - 3) = 0$$
$$\Leftrightarrow x = -4 \quad \text{o} \quad x = 3$$

Reemplazando $y = 4$ en el cambio de variable,

$$4 = \frac{x^2 - 12}{x} \Leftrightarrow x^2 - 4x - 12 = 0 \Leftrightarrow (x + 2)(x - 6) = 0$$
$$\Leftrightarrow x = -2 \quad \text{o} \quad x = 6$$

En conclusión, la ecuación inicial tiene 4 raíces:

$$x_1 = -4, \quad x_2 = -2, \quad x_3 = 3, \quad x_4 = 6$$

ECUACIONES RADICALES QUE SE REDUCEN A CUADRÁTICAS

Una ecuación radical es una ecuación que contiene variables dentro de uno o más radicales. Estas se pueden resolver siguiendo los pasos a continuación:

1. Apartar en un lado de la ecuación al radical con el índice más alto.

2. Elevar ambos miembros de la ecuación a la potencia del índice del radical apartado.

3. Repetir el proceso hasta que no quede ningún radical.

4. Verificar que las soluciones satisfagan la ecuación inicial.

Puede ocurrir que al elevar ambos lados de una ecuación a una potencia, se produzcan soluciones que no satisfacen la ecuación inicial. Estas soluciones son llamadas *soluciones extrañas*.

$\boxed{\textbf{Ejemplo 1.5.8}}$ Resolver la ecuación: $\sqrt{\sqrt{x}+2} = \sqrt{2x-4}$

Solución

$$\sqrt{\sqrt{x}+2} = \sqrt{2x-4} \Leftrightarrow \sqrt{x}+2 = 2x-4 \qquad \text{(elevando al cuadrado)}$$

$$\Leftrightarrow \sqrt{x} = 2x-6$$

$$\Leftrightarrow x = 4x^2 - 24x + 36 \qquad \text{(elevando al cuadrado)}$$

$$\Leftrightarrow 4x^2 - 25x + 36 = 0$$

$$\Leftrightarrow (x-4)(4x-9) = 0$$

$$\Leftrightarrow x = 4 \quad \text{o} \quad x = \frac{9}{4}$$

El procedimiento aún no está completo, ya que no hay garantía de que ambas soluciones satisfagan la ecuación inicial. Debemos efectuar el último paso, que es la verificación de las soluciones:

$$x = 4 : \quad \sqrt{\sqrt{4}+2} = \sqrt{2(4)-4} \qquad \Rightarrow 2 = 2 \quad \Rightarrow \quad 4 \text{ es una solución}$$

$$x = \frac{9}{4} : \quad \sqrt{\sqrt{\frac{9}{4}}+2} = \sqrt{2\left(\frac{9}{4}\right)-4} \quad \Rightarrow \frac{7}{2} = \frac{1}{2} \quad \Rightarrow \quad \frac{9}{4} \text{ es una solución extraña}$$

En conclusión, la ecuación inicial solo tiene una solución, que es $x = 4$.

ECUACIONES POLINÓMICAS DE GRADO MAYOR QUE DOS

Actualmente se conocen fórmulas para resolver ecuaciones de tercer y cuarto grado; no obstante, éstas fórmulas no son tan fáciles de manejar, así que aquí no las abordaremos. El brillante matemático noruego, Neil Abel (1802-1829), demostró que no existe una fórmula, similar a la cuadrática, para resolver la ecuación de grado 5.

Nuestro objetivo en esta parte es mostrar un camino práctico para hallar las raíces de algunas ecuaciones de grados mayores o iguales a 3. Recordemos el algoritmo de la división.

ALGORITMO DE LA DIVISIÓN

Si $p(x)$ y $d(x)$ son dos polinomios, y si $d(x)$ no es un polinomio cero o nulo, entonces existen dos únicos polinomios $q(x)$ y $r(x)$, tales que:

$$p(x) = d(x)q(x) + r(x),$$

donde $r(x)$ es *cero* o un *polinomio de grado menor* que el de $d(x)$. Aquí, $p(x)$ es el *dividendo*, $d(x)$ es el *divisor*, $q(x)$ es el *cociente* y $r(x)$ es el *residuo*.

Nuestro interés se concentra en el caso especial donde $d(x) = x - c$. En este caso, el residuo $r(x)$ debe ser una constante, ya que $r(x)$ es de grado inferior al grado de $x - c$. En ese sentido, denotaremos a $r(x)$ simplemente con r. El valor de esta constante lo proporciona el siguiente teorema.

$\boxed{\textbf{Teorema 1.5.1}}$ **Teorema del Residuo.**

Si el polinomio $p(x)$ es dividido por $x - c$, entonces el valor del residuo es $p(c)$. Esto es:

$$p(x) = (x - c)q(x) + p(c)$$

Demostración

De acuerdo al algoritmo de la división, tenemos:

$$p(x) = (x - c)q(x) + r$$

Evaluando la igualdad en $x = c$:

$$p(c) = (c - c)q(c) + r = (0)q(c) + r \Rightarrow r = p(c)$$

$\boxed{\textbf{Ejemplo 1.5.9}}$ Hallar el residuo al dividir;

$$p(x) = x^3 - 7x^2 + 3x + 9 \quad \text{entre} \quad x - 2$$

Solución

Por el teorema anterior:

$$r = p(2) = (2)^3 - 7(2)^2 + 3(2) + 9 = 8 - 28 + 6 + 9 = -5$$

Teorema 1.5.2   **Teorema del factor.**

$$x - c \text{ es un factor del polinomio } p(x) \Leftrightarrow p(c) = 0$$

Demostración

($\Rightarrow$) Si $x - c$ es un factor de $p(x)$, entonces $p(x) = (x - c)q(x)$.

Evaluando en c:

$$p(c) = (c - c)q(c) = (0)q(c) = 0$$

($\Leftarrow$) Sabemos, por el teorema anterior:

$$p(x) = (x - c)q(x) + p(c) = (x - c)q(x) + 0 = (x - c)q(x)$$

Luego, $x - c$ es un factor de $p(x)$.

Observación

De acuerdo al teorema anterior, las siguientes proposiciones tienen el mismo significado:

1. $x - c$ es un factor de $p(x)$
2. $p(c) = 0$
3. c es un cero de $p(x)$
4. c es una raíz de $p(x)$
5. c es una solución de la ecuación $p(x) = 0$

Ejemplo 1.5.10   Factorizar un polinomio mediante el teorema del factor.

Dado el polinomio: $p(x) = x^3 - 4x^2 - 11x + 30$,

   a. probar que -3 es un cero del polinomio $p(x)$.

   b. usar la parte **a** para factorizar el polinomio $p(x)$.

Solución

a. Tenemos que:

$$p(-3) = (-3)^3 - 4(-3)^2 - 11(-3) + 30 = -27 - 36 + 33 + 30 = 0$$

b. Dividimos el polinomio $p(x)$ entre $x - (-3) = x + 3$. Para esto, procedemos por el **método abreviado o regla de Ruffini**:

$$x^3 - 4x^2 - 11x + 30 = (x - (-3))\left(x^2 - 7x + 10\right)$$

$$= (x + 3)\left(x^2 - 7x + 10\right)$$

	1	-4	-11	30
-3		-3	21	-30
	1	-7	10	0

Pero $x^2 - 7x + 10 = (x - 2)(x - 5)$. Luego:

$$x^3 - 4x^2 - 11x + 30 = (x + 3)(x - 2)(x - 5)$$

TEOREMA FUNDAMENTAL DEL ÁLGEBRA

¿Toda ecuación polinómica tiene raíz? Pues, el *Teorema Fundamental del Álgebra*, demostrado por Gauss en 1799, afirma que sí. Su demostración no es para nada simple, y se requieren conocimientos avanzados para comprenderla, así que será omitida en la presentación del teorema en cuestión.

$\boxed{\textbf{Teorema 1.5.3}}$ **Teorema Fundamental del Álgebra.**

Todo polinomio $p(x)$ de grado $n > 0$ tiene al menos una raíz.

Si $p(x)$ es un polinomio de grado $n > 0$, el Teorema Fundamental del Álgebra nos dice que existe un c_1, que es una raíz de $p(x)$. Luego, por el teorema del factor:

$$p(x) = (x - c_1)q_1(x),$$

donde el grado de $q_1(x)$ es $n - 1$. Volviendo a aplicar el Teorema Fundamental del Álgebra a $q_1(x)$, tenemos que existe c_2, que es una raíz de $q_1(x)$. Luego:

$$p(x) = (x - c_1)(x - c_2)q_2(x),$$

donde el grado de $q_2(x)$ es $n - 2$. Siguiendo el proceso, después de n pasos, tendremos n ceros de $p(x), c_1, c_2, \ldots c_n$, y un polinomio $q_n(x)$ de grado 0:

$$p(x) = (x - c_1)(x - c_2) \cdots (x - c_n)q_n(x) \tag{4}$$

El polinomio $q_n(x)$, por ser de grado 0, es una constante. El siguiente teorema resume estos resultados.

$\boxed{\textbf{Teorema 1.5.4}}$ **Teorema de factorización completa.**

Si $p(x)$ es un polinomio de grado n, con coeficiente principal a_n, entonces existen n números complejos, $c_1, c_2, \ldots c_n$, que son ceros de $p(x)$, y se cumple:

$$p(x) = a_n(x - c_1)(x - c_2) \cdots (x - c_n) \tag{5}$$

Demostración

Sólo necesitamos probar que $q_n(x) = a_n$ en (4). Si efectuamos la multiplicación indicada a la derecha de (4), conseguimos un solo término de grado n, que es $q_n(x)x^n$. Similarmente, si efectuamos la multiplicación indicada a la derecha de (5), conseguimos un solo término de grado n, que es $a_n x^n$. En consecuencia,

$$q_n(x) = a_n$$

Las n raíces $c_1, c_2, \ldots c_n$ no son distintas necesariamente. Si una raíz se repite k veces, se dice que esa raíz tiene **multiplicidad k**.

LOS CEROS RACIONALES DE UN POLINOMIO

Nuestro interés en este curso son las funciones reales. En particular, sólo nos interesan los ceros reales de un polinomio.

El siguiente teorema nos proporciona un camino para hallar los ceros racionales de un polinomio (las raíces reales de una ecuación polinomial).

$\boxed{\textbf{Teorema 1.5.5}}$ **Los ceros racionales de un polinomio.**

Si son enteros los coeficientes del siguiente polinomio:

$$p(x) = a_n x^n + a_{n-1} x^{n-1} + \cdots + a_1 x + a_0,$$

y si el racional $\frac{h}{k}$, reducido a su mínima expresión, es un cero del polinomio, entonces se cumplen las siguientes premisas:

1. h es un divisor del coeficiente constante a_0.

2. k es un divisor del coeficiente principal a_n.

Demostración

Ver el problema resuelto 1.5.2.

> **COROLARIO** Si $a_n = 1$ es el coeficiente principal del polinomio:
> $$p(x) = x^n + a_{n-1}x^{n-1} + \cdots + a_1x + a_0,$$
> entonces, todo cero racional de $p(x)$ es un **entero** que divide a a_0.

Demostración

Si $\frac{h}{k}$ es un cero de $p(x)$, entonces, por el teorema 1.5.5, k divide a $a_n = 1$; por consiguiente, $k = 1$ o $k = -1$. Luego, $\frac{h}{k} = h$ o $\frac{h}{k} = -h$. Esto es, el cero racional $\frac{h}{k}$ es el entero h o el entero $-h$.

ESTRATEGIA PARA HALLAR LOS CEROS RACIONALES

Paso 1. Haga un listado de todos los racionales que son candidatos a ceros de acuerdo al teorema de los ceros racionales de un polinomio. De este listado, identifique cuáles son realmente ceros, verificando que $p(c) = 0$, donde c es un candidato.

Paso 2. Tome un cero obtenido en el paso anterior; digamos, c. Divida el polinomio $p(x)$, dado en la ecuación, entre $x - c$ (puede ser mediante la regla de Ruffini) y halle el polinomio cociente $q(x)$:

$$p(x) = (x - c)q(x)$$

Paso 3. Repita los pasos 1 y 2 con el cociente $q(x)$ para conseguir otro cociente. Siga repitiendo el proceso hasta conseguir un cociente que sea cuadrático o fácil de factorizar. Factorice este último cociente utilizando la fórmula cuadrática de ser necesario.

> **Ejemplo 1.5.11** Resuelva la siguiente ecuación y factorice el polinomio:
> $$x^3 - 3x^2 - 5x + 15 = 0$$

Solución

Paso 1. Las raíces de esta ecuación son los ceros de $p(x) = x^3 - 3x^2 - 5x + 15$.

Como el coeficiente principal es 1, de acuerdo al último corolario, los candidatos a ser ceros racionales son los enteros que dividen a 15:

$$1, \ -1, \ 3, \ -3, \ 5, \ -5, \ 15 \ \text{y} \ -15$$

Aplicamos el teorema del factor a estos candidatos.

$$p(1) = 8 \qquad p(-1) = 16 \qquad p(3) = 0 \qquad p(-3) = -24$$
$$p(5) = 40 \qquad p(-5) = -150 \qquad p(15) = 2,640 \qquad p(-15) = -3,960$$

Luego, tenemos un sólo cero racional que es el entero 3.

Paso 2. Dividimos el polinomio mediante la regla de Ruffini:

$p(x) = x^3 - 3x^2 - 5x + 15$ entre $x - 3$.

Luego,

$x^3 - 3x^2 - 5x + 15 = (x - 3)(x^2 - 5) = 0$

$$
\begin{array}{r|rrrr}
 & 1 & -3 & -5 & 15 \\
3 & & 3 & 0 & -15 \\
\hline
 & 1 & 0 & -5 & 0
\end{array}
$$

Paso 3. El cociente $q(x) = x^2 - 5$ ya es un polinomio cuadrático que puede ser factorizado sin problemas como una diferencia de cuadrados:

$$x^2 - 5 = \left(x - \sqrt{5}\right)\left(x + \sqrt{5}\right)$$

Luego,

$$x^3 - 3x^2 - 5x + 15 = (x - 3)\left(x - \sqrt{5}\right)\left(x + \sqrt{5}\right) = 0$$

Las raíces son: 3, $\sqrt{5}$ y $-\sqrt{5}$. Una es entera y las otras son irracionales.

Ejemplo 1.5.12 Resuelva la siguiente ecuación y factorice el polinomio:

$$2x^4 + x^3 - 9x^2 + 16x - 6 = 0$$

Solución

Paso 1. Los numeradores posibles son los factores de -6: $\pm 1, \pm 2, \pm 3, \pm 6$.

Los denominadores posibles son los factores de 2: $\pm 1, \pm 2$

Racionales candidatos a raíces:

$$\pm 1, \quad \pm 2, \quad \pm 3, \quad \pm 6, \quad \pm\frac{1}{2}, \quad \pm\frac{2}{2}, \quad \pm\frac{3}{2}, \quad \pm\frac{6}{2}$$

Simplificando y eliminando los candidatos iguales:

$$\pm 1, \quad \pm 2, \quad \pm 3, \quad \pm 6, \quad \pm\frac{1}{2}, \quad \pm\frac{3}{2}$$

Si $p(x) = 2x^4 + x^3 - 9x^2 + 16x - 6$, se tiene:

$$p(1) = 4, \qquad p(-1) = -30, \qquad p(2) = 30, \qquad p(-2) = -50$$

$$p(3) = 150, \qquad p(-3) = 0, \qquad p\left(\frac{1}{2}\right) = 0, \quad p\left(-\frac{1}{2}\right) = -\frac{65}{4}$$

$$p\left(\frac{3}{2}\right) = \frac{45}{4}, \quad p\left(-\frac{3}{2}\right) = -\frac{87}{2}$$

Vemos que $p(x)$ tiene sólo dos ceros racionales: -3 y $\frac{1}{2}$.

Pasos 2 y 3. Dividimos el polinomio $p(x) = 2x^4 + x^3 - 9x^2 + 16x - 6$ entre $(x + 3)$, y el cociente entre $\left(x - \frac{1}{2}\right)$:

$$
\begin{array}{r|rrrrr}
 & 2 & 1 & -9 & 16 & -6 \\
-3 & & -6 & 15 & -18 & 6 \\
\hline
 & 2 & -5 & 6 & -2 & 0
\end{array}
\qquad
\begin{array}{r|rrrr}
 & 2 & -5 & 6 & -2 \\
\frac{1}{2} & & 1 & -2 & 2 \\
\hline
 & 2 & -4 & 4 & 0
\end{array}
$$

$$p(x) = (x + 3)(2x^3 - 5x^2 + 6x - 2); \quad 2x^3 - 5x^2 + 6x - 2$$
$$= \left(x - \frac{1}{2}\right)(2x^2 - 4x + 4)$$

Tenemos que:

$$p(x) = (x + 3)\left(x - \frac{1}{2}\right)(2x^2 - 4x + 4)$$

El polinomio $2x^2 - 4x + 4$ es de segundo grado. Hallamos sus ceros mediante la fórmula cuadrática:

$$x = \frac{-(-4) \pm \sqrt{(-4)^2 - 4(2)(4)}}{2(2)} = \frac{4 \pm 4\sqrt{-1}}{4} = 1 \pm i$$

Luego, por el teorema de factorización completa:

$$2x^2 - 4x + 4 = 2(x - (1 + i))(x - (1 - i)) = 2(x - 1 - i)(x - 1 + i)$$

Finalmente, tenemos que:

$$2x^4 + x^3 - 9x^2 + 16x - 6 = 2(x + 3)\left(x - \frac{1}{2}\right)(x - 1 - i)(x - 1 + i)$$

La ecuación tiene cuatro raíces, dos racionales y dos complejas. Las racionales son -3 y $\frac{1}{2}$. Las complejas son $1 + i$ y $1 - i$.

Ejemplo 1.5.13 Resuelva la siguiente ecuación y factorice el polinomio:

$$4x^3 - 16x^2 + 11x + 10 = 0$$

Solución

Paso 1.

Numeradores posibles (factores de 10): $\pm 1, \pm 2, \pm 5, \pm 10$.

Denominadores posibles (factores de 4): $\pm 1, \pm 2, \pm 4$.

Racionales candidatos a raíces:

$$\pm 1, \ \pm 2, \ \pm 5, \ \pm 10, \ \pm\frac{1}{2}, \ \pm\frac{2}{2}, \ \pm\frac{5}{2}, \ \pm\frac{10}{2}, \ \pm\frac{1}{4}, \ \pm\frac{2}{4}, \ \pm\frac{5}{4}, \ \pm\frac{10}{4}$$

Simplificando y eliminando los candidatos iguales:

$$\pm 1, \ \pm 2, \ \pm 5, \ \pm 10, \ \pm\frac{1}{2}, \ \pm\frac{5}{2}, \ \pm\frac{1}{4}, \ \pm\frac{5}{4},$$

Sustituyendo estos candidatos en $p(x) = 4x^3 - 16x^2 + 11x + 10$, se tiene:

$$p(1) = 9, \qquad p(-1) = 21, \qquad p(2) = 0, \qquad p(-2) = -108$$

$$p(5) = 165, \quad p(-5) = -945, \qquad p(10) = 2,520, \quad p(-10) = -2,500$$

$$p\left(\frac{1}{2}\right) = 12, \quad p\left(-\frac{1}{2}\right) = 0, \qquad p\left(\frac{1}{4}\right) = \frac{189}{16}, \quad p\left(-\frac{1}{4}\right) = \frac{99}{16}$$

$$p\left(\frac{5}{2}\right) = 0, \quad p\left(-\frac{5}{2}\right) = -125, \quad p\left(\frac{5}{4}\right) = \frac{105}{16}, \quad p\left(-\frac{5}{4}\right) = -\frac{805}{16}$$

La ecuación tiene 3 raíces racionales: $-\frac{1}{2}$, 2 y $\frac{5}{2}$.

Debido a que la ecuación dada es de grado 3, y que ya conocemos 3 raíces de ella, el teorema 1.5.4 (factorización completa) nos ahorra los pasos 2 y 3:

$$4x^3 - 16x^2 + 11x + 10 = 4\left(x + \frac{1}{2}\right)(x - 2)\left(x - \frac{5}{2}\right)$$

$$= (2x + 1)(x - 2)(2x - 5)$$

Humor en tiempos de ciencia

Usando: $\dfrac{-b \pm \sqrt{b^2 - 4ac}}{2a}$

para calcular las raíces de $x^2 - 1 = 0$

PROBLEMAS RESUELTOS 1.5

$\boxed{\textbf{Problema 1.5.1}}$ Resuelva la siguiente ecuación, factorice el polinomio y señale la multiplicidad de cada raíz.

$$x^5 + x^4 - 2x^3 - 2x^2 + x + 1 = 0$$

Solución

Sea $p(x) = x^5 + x^4 - 2x^3 - 2x^2 + x + 1$

Como el coeficiente principal es 1, los racionales candidatos a raíces son los enteros divisores del coeficiente constante 1. Estos son: 1 y -1.

$$p(1) = 1 + 1 - 2 - 2 + 1 + 1 = 0 \quad p(-1) = -1 + 1 + 2 - 2 - 1 + 1 = 0$$

Tanto 1, como -1 son raíces.

Dividimos $p(x)$ entre $(x - 1)$, y el cociente $q_1(x)$ entre $(x + 1)$:

$$
\begin{array}{r|rrrrrr}
 & 1 & 1 & -2 & -2 & 1 & 1 \\
1 & & 1 & 2 & 0 & -2 & -1 \\
\hline
 & 1 & 2 & 0 & -2 & -1 & 0 \\
-1 & & -1 & -1 & 1 & 1 & \\
\hline
 & 1 & 1 & -1 & -1 & 0 &
\end{array}
$$

$$x^5 + x^4 - 2x^3 - 2x^2 + x + 1 = (x - 1)(x + 1)(x^3 + x^2 - x - 1)$$

Si 1 es una raíz múltiple, esta también debe ser raíz del cociente:

$$q_2(x) = x^3 + x^2 - x - 1$$

Afirmamos lo mismo de la raíz -1. Veamos:

$$q_2(1) = 1 + 1 - 1 - 1 = 0 \qquad q_2(-1) = -1 + 1 + 1 - 1 = 0$$

Estos resultados nos indican que 1 y -1 son raíces de $q_2(x)$. Procedemos a dividir este cociente entre $(x - 1)$, y el cociente resultante $q_3(x)$ entre $(x + 1)$:

$$x^3 + x^2 - x - 1 = (x - 1)(x + 1)(x + 1)$$

$$
\begin{array}{r|rrrr}
 & 1 & 1 & -1 & -1 \\
1 & & 1 & 2 & 1 \\
\hline
 & 1 & 2 & 1 & 0 \\
-1 & & -1 & -1 & \\
\hline
 & 1 & 1 & 0 &
\end{array}
$$

Luego:

$$x^5 + x^4 - 2x^3 - 2x^2 + x + 1 = (x - 1)(x + 1)(x - 1)(x + 1)(x + 1)$$
$$= (x - 1)^2(x + 1)^3$$

Las raíces son 1 y -1, con multiplicidades 2 y 3, respectivamente.

$\boxed{\textbf{Problema 1.5.2}}$ Demostrar el teorema 1.5.5:

Dado el siguiente polinomio:

$$p(x) = a_n x^n + a_{n-1} x^{n-1} + \cdots + a_1 x + a_0,$$

Si sus coeficientes son enteros y si $\frac{h}{k}$, reducido a su mínima expresión, es un cero del polinomio, entonces se cumplen las siguientes premisas:

1. h es un divisor del coeficiente constante a_0

2. k es un divisor del coeficiente principal a_n

Solución

Si $\frac{h}{k}$ es un cero de $p(x)$, entonces:

$$a_n \left(\frac{h}{k}\right)^n + a_{n-1} \left(\frac{h}{k}\right)^{n-1} + \cdots + a_1 \left(\frac{h}{k}\right) + a_0 = 0$$

Multiplicando por k^n:

$$a_n h^n + a_{n-1} h^{n-1} k + \cdots + a_1 h k^{n-1} + a_0 k^n = 0 \qquad \text{(i)}$$

1. Transponiendo $a_0 k^n$ en (i) y factorizando:

$$h\left(a_n h^{n-1} + a_{n-1} h^{n-2} k + \cdots + a_1 k^{n-1}\right) = -a_0 k^n$$

Esta igualdad nos dice que h divide a $a_0 k^n$. Como h no divide a k, tampoco divide a k^n y, por lo tanto, h divide a a_0.

2. Transponiendo $a_n h^n$ en (i) y factorizando:

$$k\left(a_{n-1} h^{n-1} + \cdots + a_1 h k^{n-2} + a_0 k^{n-1}\right) = -a_n h^n$$

Esta igualdad nos dice que k divide a $a_n h^n$. Como k no divide a h, tampoco divide a h^n y, por lo tanto, k divide a a_n.

Respuestas

PROBLEMAS PROPUESTOS 1.5

En los problemas del 1 al 14, resolver las ecuaciones dadas.

1. $5(x-3) = 3(x+7) + x$ $\hspace{3cm}$ **2.** $y - (6 - 2y) = 8(y-2)$

3. $\frac{1}{2}(2x-1) = 3\left(x + \frac{1}{4}\right)$ $\hspace{3cm}$ **4.** $\frac{x}{4} - \frac{x}{3} = \frac{7}{6} - \frac{4x}{3}$

5. $\dfrac{2x-1}{5} = \dfrac{2+x}{3}$ **6.** $\dfrac{7z+1}{6} + \dfrac{3}{2} = \dfrac{3z}{4}$

7. $\dfrac{x-1}{3} - \dfrac{2-3x}{14} = \dfrac{4x-3}{7}$ **8.** $\dfrac{x-3}{6} - \dfrac{2x-1}{5} = -1$

9. $\dfrac{x+1}{5} + \dfrac{x+2}{6} = \dfrac{x-1}{4} + \dfrac{x+7}{10}$ **10.** $\dfrac{5x-2}{3} - \dfrac{1}{2}(3x-1) = \dfrac{9x+7}{6} - \dfrac{2}{9}(5x-1)$

11. $(x-3)^2 = (x-1)^2$ **12.** $(x-5)(x+1) = (x+2)(x-3)+13$

13. $(2x-5)(x-1) + x^2 = (3x-1)(x+2) + 1$

14. $8x(x+2)(x-1) = (2x+1)^3 - (2x+3)^2$

En los problemas del 15 al 22, resolver las ecuaciones (despejar x).

15. $5(5x - a) = a^2(x - 1)$ **16.** $a(x+b) + x(b-a) = 2b(2a - x)$

17. $x^2 + b^2 + b(b-1) = (x+b)^2$ **18.** $(x+a)^3 - 2x^3 = 12a^3 - (x-a)$

19. $\dfrac{x-a}{b} + \dfrac{x-b}{a} = 2$ **20.** $\dfrac{x-3m}{m^2} + \dfrac{x-2m}{mn} = -\dfrac{1}{m}$

21. $\dfrac{a-x}{a} - \dfrac{b-x}{b} = \dfrac{2(a-b)}{ab}$ **22.** $\dfrac{x-a}{a+b} + \dfrac{a+b}{a-b} = \dfrac{x+b}{a+b} + \dfrac{x-b}{a-b}$

En los problemas del 23 al 26, despejar la variable indicada en términos de las otras.

23. $A = \pi(r^2 + rs)$, s **24.** $S = a\dfrac{1-r^n}{1-r}$, a

25. $S = \dfrac{f}{H-h}$, h **26.** $\dfrac{1}{x} + \dfrac{1}{y} = \dfrac{1}{a}$, x

En los problemas del 27 al 40, resolver las ecuaciones factorizando.

27. $x^2 - 4x - 12 = 0$ **28.** $x^2 - 6x + 9 = 0$ **29.** $x^2 + 24 = -11x$

30. $2x^2 - 3x + 1 = 0$ **31.** $9x^2 - 17x - 2 = 0$

32. $(2x-1)^2 - (x+5)^2 = -19$ **33.** $(x-5)^2 - (x-4)^2 = (2x+3)^2 + 12$

34. $(x-2)^3 - (x+1)^3 = -x(3x+4) - 24$

35. $6x^2 - \dfrac{5x}{2} = -\dfrac{1}{4}$ **36.** $\dfrac{2(x+5)}{5} + \dfrac{x-4}{4} = \dfrac{x^2-53}{5}$

37. $x^4 - 17x^2 + 16 = 0$ **38.** $6y^4 = \dfrac{y^2}{2} + \dfrac{1}{4}$

39. $x^{\frac{2}{3}} + x^{\frac{1}{3}} - 6 = 0$ **40.** $2x^{\frac{2}{3}} + 3x^{\frac{1}{3}} - 2 = 0$

En los problemas del 41 al 46, resolver las ecuaciones dadas mediante la fórmula cuadrática.

41. $9(x-1)^2 = 5$ **42.** $4\sqrt{3}x - 3 = 4x^2$

43. $2x(2x-3) = -1$

44. $(x+15)^2 = 6x(x+5)$

45. $x^2 - 2x - (a^2 + 2a) = 0$

46. $\frac{x^2}{2a} - \frac{a+2}{2a}x + 1 = 0$

En los problemas del 47 al 60, resolver las ecuaciones fraccionarias.

47. $\frac{x-6}{x} = \frac{x+6}{x-6} + \frac{6}{x}$

48. $\frac{x}{x+2} - \frac{x}{x-2} = \frac{x-15}{x^2-4}$

49. $\frac{1}{3x-3} + \frac{1}{4x+4} = \frac{1}{12x-12}$

50. $\frac{4x+1}{4x-1} = \frac{4x-1}{4x+1} + \frac{6}{16x^2-1}$

51. $\frac{1}{x} + \frac{1}{4-x} = 1$

52. $\frac{x}{1+x} + \frac{1}{1-x} = 0$

53. $\frac{3y-2}{3y+2} = \frac{2y+3}{4y-1}$

54. $\frac{x+5}{(x-1)(x+2)} = \frac{2x}{x+2}$

55. $\frac{1}{x-1} - \frac{1}{x-2} = \frac{1}{x-3}$

56. $\frac{3x}{x-2} - \frac{1}{x^2-4} = 2$

57. $\frac{1}{x^2} + \frac{2}{x} - 15 = 0$

58. $\frac{12}{x-1} + \frac{12}{x} = 10$

59. $\frac{2x}{x-1} = \frac{8}{x-1} - \frac{5}{x}$

60. $\frac{1}{x^2-4} + \frac{2x+3}{x+2} + \frac{x+3}{x-2} = 0$

En los problemas del 61 al 76, resolver las ecuaciones radicales. Eliminar las soluciones extrañas.

61. $5 - \sqrt{2x+3} = 0$

62. $\sqrt{\frac{x}{18} + 1} = \frac{2}{3}$

63. $(5x-1)^{\frac{1}{2}} = 7$

64. $(y+9)^{\frac{3}{2}} = 4^3$

65. $\sqrt{x^2 - 5} = 5 - x$

66. $\sqrt{z+7} - \sqrt{z} = 1$

67. $\sqrt{9x^2 - 10x} = 3x - 2$

68. $\sqrt{\frac{1}{x}} - \sqrt{\frac{8}{4x+1}} = 0$

69. $\sqrt{4x+1} + 1 = 2x$

70. $\sqrt{x^2 + 5} = 2x - 1$

71. $\sqrt{x+5} = 2\sqrt{x} - 1$

72. $\sqrt{x} + \sqrt{x-3} = \sqrt{x+5}$

73. $\sqrt{x + \sqrt{x+8}} = 2\sqrt{x}$

74. $\sqrt{3x-2} = \sqrt{2x-3} + \sqrt{x-1}$

75. $\sqrt{x+1} + \sqrt{x} + \frac{1}{\sqrt{x+1}-\sqrt{x}} = 4$

76. $\frac{x}{2} = \frac{\sqrt{x+2}-\sqrt{x-2}}{\sqrt{x+2}+\sqrt{x-2}}$

En los problemas 77 y 78, resolver la ecuación efectuando un cambio de variable.

77. $\left(\frac{3x}{x+1}\right)^2 - \frac{6x}{x+1} = 8$

78. $\sqrt[3]{\frac{5x+4}{x-1}} + \sqrt[3]{\frac{x-1}{5x+4}} = \frac{5}{2}$

En los problemas 79 y 80, usando el teorema del residuo, hallar el residuo cuando se divide:

79. $3x^4 - 5x^3 - 4x^2 + 3x - 2$, entre $(x-2)$

80. $x^3 - 6x^2 + 11x - 6$, entre $(x+2)$

En los problemas del 81 al 88, hallar las raíces de la ecuación dada y factorice el polinomio correspondiente.

81. $x^3 + 2x^2 - x - 2 = 0$ **82.** $x^3 - 3x^2 + 2 = 0$

83. $4x^3 - 7x^2 + 3 = 0$ **84.** $2x^3 - 2x^2 - 11x + 2 = 0$

85. $x^4 - x^3 - 5x^2 + 3x + 6 = 0$ **86.** $3x^4 + 5x^3 - 5x^2 - 5x + 2 = 0$

87. $x^5 - 3x^4 - 5x^3 + 15x^2 + 4x - 12 = 0$

88. $x^5 + 4x^4 - 4x^3 - 34x^2 - 45x - 18 = 0$

En los problemas del 89 al 91, usar el teorema del factor para probar:

89. $x - a$ es un factor de $x^n - a^n$, para todo entero positivo n.

90. $x + a$ es un factor de $x^n - a^n$, para todo entero positivo par n.

91. $x + a$ es un factor de $x^n + a^n$, para todo entero positivo impar n.

¿Sabías esto?

Por varios siglos se buscó una fórmula similar a la cuadrática para resolver la ecuación de tercer grado $\boldsymbol{ax^3 + bx^2 + cx + d = 0}$. Esta fue descubierta en el siglo XVI por **Nicolo Fontana (1500-1557)**.

Nicolo, más conocido como **Tartaglia** (tartamudo), nació en Brescia, Italia. En 1512 los franceses invadieron Brescia y ejecutaron una masacre en un templo donde se encontraba refugiado Nicolo, cuando apenas tenía doce años de edad. En el asalto, recibió un golpe de espada al que logró sobrevivir; sin embargo, el arma se hundió en su rostro y mandíbulas, dejándolo tartamudo de por vida.

Tartaglia

En 1535, Nicolo declaró públicamente haber descubierto una fórmula para resolver la ecuación de tercer grado.

En Bologna, **Antonio Del Fiore**, un discípulo de **Scipione del Ferro (1465-1526)**, acusó a Tartaglia de impostor, sosteniendo que su maestro descubrió la fórmula en 1515. Desafió a Tartaglia a un concurso público, cuya victoria obtuvo Tartaglia, haciéndose de una gran fama en toda Italia.

La fórmula en cuestión requiere el cambio de variable $x = z - \frac{b}{3a}$ para transformar la ecuación de tercer grado en una de la forma $x^3 + qx + r = 0$. Luego, la solución se obtiene con la fórmula:

$$x = \left[-\frac{r}{2} + \sqrt{\frac{r^2}{4} + \frac{q^3}{27}} \right]^{\frac{1}{3}} + \left[-\frac{r}{2} - \sqrt{\frac{r^2}{4} + \frac{q^3}{27}} \right]^{\frac{1}{3}}$$

SECCIÓN 1.6

AXIOMAS DE ORDEN. INECUACIONES

AXIOMAS DE ORDEN

O$_1$. Ley de la tricotomía: todo par de elementos, a y b de $\mathbb{R}$, cumplen una y sólo una de las tres siguientes relaciones:

$$a = b, \quad a < b, \quad \text{o} \quad b < a$$

O$_2$. Ley transitiva.

$$a < b \,\wedge\, b < c \Rightarrow a < c$$

O$_3$. Ley aditiva.

$$a < b \Rightarrow a + c < b + c, \; \forall\, c \in \mathbb{R}$$

O$_4$. Ley multiplicativa.

$$a < b \,\wedge\, c > 0 \Rightarrow ac < bc$$

El **Sistema de los Números Reales** es el conjunto $\mathbb{R}$ provisto de las operaciones de adición y multiplicación, además de la relación de orden "$<$". Estas satisfacen los trece axiomas enunciados en secciones anteriores.

ALGUNAS PROPIEDADES DE LAS DESIGUALDADES

A partir de la relación "menor", establecemos tres relaciones más.

$\boxed{\text{Definición}}$ Diremos que:

1. a **es mayor que** b, y escribiremos $a > b$ si $b < a$.

2. a **es menor o igual a** b, y escribiremos $a \leq b$ si $a < b \vee a = b$.

3. a **es mayor o igual a** b, y escribiremos $a \geq b$ si $a > b \vee a = b$.

$\boxed{\text{Definición}}$ Diremos que:

1. un número a es **negativo** si $a < 0$, y es **positivo** si $a > 0$.

2. dos números tienen el **mismo signo** si ambos son negativos o positivos, y tienen **signo contrario** si uno es negativo y el otro es positivo.

Seguidamente presentamos algunos teoremas que describen las propiedades más importantes de las desigualdades.

$\boxed{\textbf{Teorema 1.6.1}}\quad a < b \,\wedge\, c < d \Rightarrow a + c < b + d$

Demostración

$$a < b \Rightarrow a + c < b + c \qquad\qquad (O_3)$$
$$c < d \Rightarrow b + c < b + d \qquad\qquad (O_3)$$

Aplicando O_2 a las conclusiones de los pasos 1 y 2, obtenemos que:

$$a < b \,\wedge\, c < d \Rightarrow a + c < b + d$$

$\boxed{\textbf{COROLARIO}}$

La suma de dos números positivos es positiva y la suma de dos números negativos es negativa.

Demostración

Sean a y b positivos. Eso es,

$$0 < a \,\wedge\, 0 < b$$

De acuerdo al teorema anterior:

$$0 + 0 < a + b \ \text{ y, por lo tanto, }\ 0 < a + b.$$

Luego, $a + b$ es positiva. En forma análoga, se procede con números negativos.

$\boxed{\textbf{Teorema 1.6.2}}\quad a < b \Rightarrow -a > -b$

Demostración

$$a < b \Rightarrow a + [(-a) + (-b)] < b + [(-a) + (-b)] \qquad (O_3)$$

$$\Rightarrow [a + (-a)] + (-b) < [b + (-b)] + (-a) \qquad (A_1 \text{ y } A_2)$$

$$\Rightarrow 0 + (-b) < 0 + (-a) \qquad (A_4)$$

$$\Rightarrow -b < -a \qquad (A_3)$$

$$\Rightarrow -a > -b \qquad (\text{Definición de ">"})$$

$\boxed{\textbf{Teorema 1.6.3}}\quad a < b \wedge c < 0 \Rightarrow ac > bc$

Demostración

$$c < 0 \Rightarrow -c > 0 \hspace{4cm} \text{(Teorema 1.6.2)}$$
$$a < b \wedge -c > 0 \Rightarrow a(-c) < b(-c) \hspace{3cm} (O_4)$$
$$\Rightarrow -(ac) < -(bc) \hspace{2cm} \text{(Teorema 1.2.3 parte 3)}$$
$$\Rightarrow -(-(ac)) > -(-(bc)) \hspace{2cm} \text{(Teorema 1.6.2)}$$
$$\Rightarrow ac > bc \hspace{3cm} \text{(Teorema 1.2.3 parte 1)}$$

INTERVALOS

Con respecto a la recta numérica, la expresión $a < b$ significa que el punto correspondiente a a, se ubica a la izquierda del punto correspondiente a b.

En las próximas secciones será frecuente tratar con conjuntos de números reales llamados *intervalos*, cuya definición, en términos de las relaciones de desigualdad anteriores, es la siguiente.

Si a y b son números reales, entonces se denomina:

- **Intervalo cerrado** de extremos a y b al conjunto:

$$[a, b] = \{x \in \mathbb{R} / a \leq x \leq b\}$$

- **Intervalo abierto** de extremos a y b al conjunto:

$$(a, b) = \{x \in \mathbb{R} / a < x < b\}$$

Observe que los extremos de un intervalo cerrado pertenecen al intervalo, mientras que en un intervalo abierto se excluyen estos extremos.

Intervalos Semiabiertos

$$[a, b) = \{x \in \mathbb{R} / a \leq x < b\}$$

$$(a, b] = \{x \in \mathbb{R} / a < x \leq b\}$$

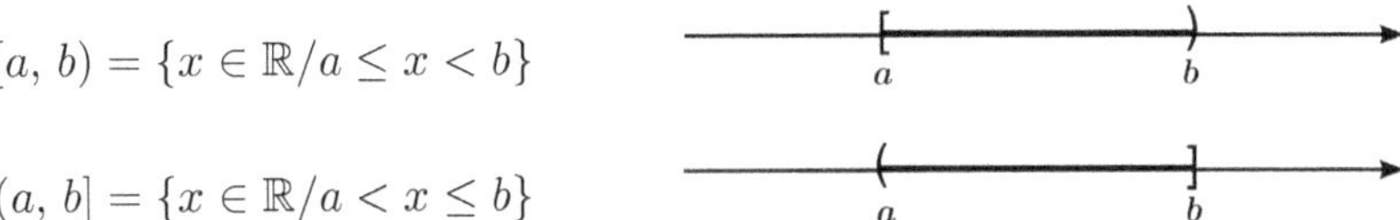

Intervalos Infinitos

Los símbolos $"+\infty"$ y $"-\infty"$ indican la inexistencia de fronteras en sentido positivo o negativo, respectivamente. Sin embargo, es importante destacar que ∞ no es un número real.

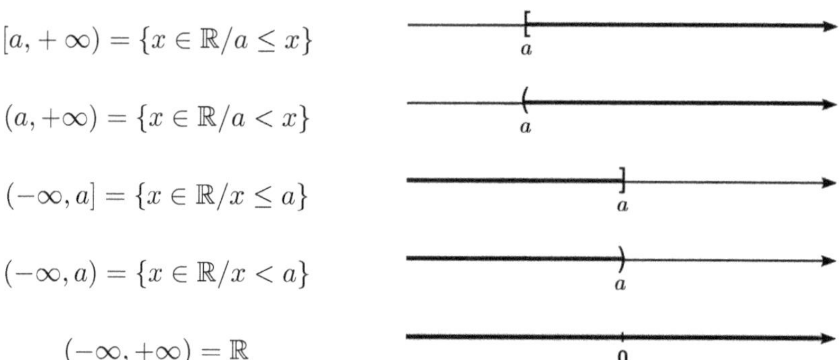

$$[a, +\infty) = \{x \in \mathbb{R} / a \le x\}$$

$$(a, +\infty) = \{x \in \mathbb{R} / a < x\}$$

$$(-\infty, a] = \{x \in \mathbb{R} / x \le a\}$$

$$(-\infty, a) = \{x \in \mathbb{R} / x < a\}$$

$$(-\infty, +\infty) = \mathbb{R}$$

Desde el punto de vista geométrico, los intervalos anteriores son *semirrectas*, a excepción del último, el intervalo infinito que representa a toda la recta de números reales.

RESOLUCIÓN DE INECUACIONES

Una desigualdad donde aparecen una o más variables es una **inecuación**; de estas, nos interesan las que poseen *una sola variable*. El conjunto de todos los números reales que generan proposiciones verdaderas al reemplazar a una variable en una inecuación se llama *solución* o *conjunto solución* de una inecuación de una variable.

Las inecuaciones más simples son las inecuaciones *lineales*, que son las inecuaciones en las que sólo aparecen polinomios de primer grado. Estas se resuelven con relativa facilidad si aprovechamos las propiedades básicas de las desigualdades. Para resolver inecuaciones en términos de polinomios de mayor grado, o en términos de cocientes de polinomios (funciones racionales), emplearemos el **método de Sturm**.

INECUACIONES LINEALES

Una inecuación es lineal si la máxima potencia de la variable es 1. Estas se resuelven despejando la variable y acogiéndonos a las propiedades básicas de las desigualdades.

$\boxed{\textbf{Ejemplo 1.6.1}}$ Resolver la inecuación:

$$5x - 15 < 2x$$

Solución

$$5x - 15 < 2x \Leftrightarrow 5x < 2x + 15 \qquad (\text{O}_3, \text{ sumando } 15 \text{ a ambos lados})$$
$$\Leftrightarrow 3x < 15 \qquad (\text{O}_3, \text{ sumando } -2x \text{ a ambos lados})$$
$$\Leftrightarrow x < \frac{15}{3} \qquad (\text{O}_4, \text{ multiplicando por } \tfrac{1}{3} \text{ a ambos lados})$$
$$\Leftrightarrow x < 5$$

Luego, el conjunto solución de esta desigualdad es el intervalo $(-\infty, 5)$

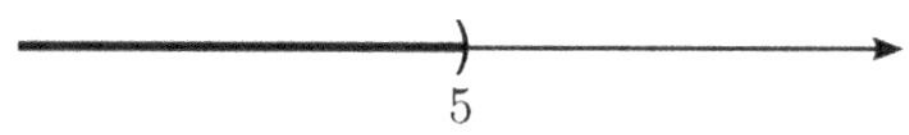

$\boxed{\text{NOTA}}$

Desde este punto omitiremos las referencias a las transposiciones.

$\boxed{\textbf{Ejemplo 1.6.2}}$ Resolver: $\dfrac{x-1}{6} + 2 \leq \dfrac{x-3}{2} + \dfrac{x}{3}$

Solución

Eliminamos los denominadores. M.C.D. es 6. Luego:

$$6\left(\frac{x-1}{6} + 2\right) \leq 6\left(\frac{x-3}{2} + \frac{x}{3}\right) \Leftrightarrow (x-1) + 12 \leq 3(x-3) + 2x$$
$$\Leftrightarrow x - 1 + 12 \leq 3x - 9 + 2x$$
$$\Leftrightarrow -4x \leq 1 - 12 - 9$$
$$\Leftrightarrow -4x \leq -20$$
$$\Leftrightarrow x \geq \frac{-20}{-4} = 5$$

Luego, el conjunto solución de esta desigualdad es el intervalo $[5, +\infty)$

$\boxed{\textbf{Ejemplo 1.6.3}}$ Resolver: $4 \leq \dfrac{5x+1}{4} < 9$

Solución

En esta expresión realmente tenemos dos inecuaciones:

$$4 \leq \frac{5x+1}{4} \quad \wedge \quad \frac{5x+1}{4} < 9$$

Procedemos a resolverlas por separado.

1. $4 \leq \dfrac{5x+1}{4}$

$$4 \leq \frac{5x+1}{4} \Leftrightarrow 16 \leq 5x+1 \Leftrightarrow 16-1 \leq 5x \Leftrightarrow 15 \leq 5x \Leftrightarrow 3 \leq x$$

El conjunto solución de esta inecuación es el intervalo $[3, +\infty)$.

2. $\dfrac{5x+1}{4} < 9$

$$\frac{5x+1}{4} < 9 \Leftrightarrow 5x+1 < 36 \Leftrightarrow 5x < 35 \Leftrightarrow x < 7$$

El conjunto solución de esta inecuación es el intervalo $(-\infty, 7)$.

Dado que cada solución del problema inicial debe ser también una solución para ambas inecuaciones, el conjunto solución del problema inicial es la intersección de los dos conjuntos de soluciones parciales. Esto es:

$$[3, +\infty) \cap (-\infty, 7) = [3, 7)$$

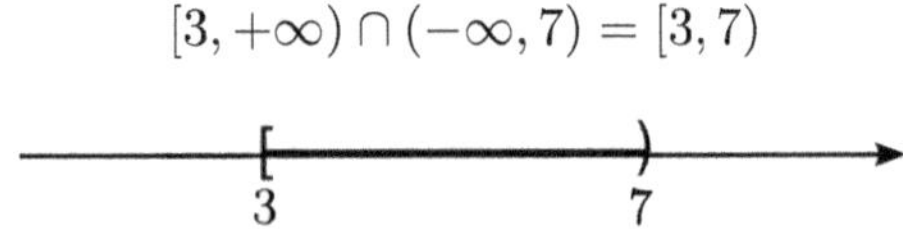

MÉTODO DE STURM

Ante todo, veamos cómo funciona este método para el caso de una inecuación expresada en términos de polinomios de **grados mayores que 1**. El primer paso es transformar la inecuación transponiendo términos, hasta darle una de las siguientes formas:

    1. $p(x) < 0$ **2.** $p(x) > 0$ **3.** $p(x) \leq 0$ **4.** $p(x) \geq 0,$

donde $p(x)$ es un polinomio de grado 2 o más.

En esencia, este método se fundamenta en el hecho de que *el signo de un polinomio es constante en un intervalo formado por dos raíces consecutivas.*

Dividimos a la recta real en intervalos que llamaremos **intervalos de prueba**, determinados por las raíces del polinomio. En estos intervalos de prueba, el polinomio no cambia de signo. Para determinar el signo en uno de estos intervalos de prueba, se toma un valor cualquiera de dicho intervalo, en el que se evalúa el polinomio. A este valor escogido lo llamaremos **valor de prueba**. Los intervalos de prueba se obtienen factorizando el polinomio.

Esto es:

Si $p(x) = (x - r_1)(x - r_2)(x - r_3) \cdots (x - r_n)$, donde $r_1 < r_2 < r_3 < \cdots < r_n$

entonces, los intervalos de prueba son:

$$(-\infty, r_1), (r_1, r_2), (r_2, r_3), \ldots, (r_{n-1}, r_n), (r_n, +\infty)$$

Marcamos los signos para cada intervalo en la recta numérica. Esta recta nos da la solución inmediatamente. Si la desigualdad está expresada en los términos (relaciones) $<$ o $>$, entonces todos los intervalos que conforman la solución son abiertos. En cambio, si la desigualdad se expresa en términos de $\leq$ o $\geq$, entonces los intervalos que conforman la solución son cerrados.

$\boxed{\textbf{Ejemplo 1.6.4}}$ Resolver la desigualdad: $x^2 - 2 < 3x + 8$

Solución

Paso 1. Transponemos y factorizamos:

$$x^2 - 2 < 3x + 8 \Leftrightarrow x^2 - 3x - 10 < 0 \Leftrightarrow (x+2)(x-5) < 0$$

Paso 2. Las raíces de $p(x) = (x+2)(x-5)$ son -2 y 5, y los intervalos de prueba son los siguientes:

$$(-\infty, -2), \quad (-2, 5) \quad \text{y} \quad (5, +\infty)$$

Determinamos el signo de $p(x) = (x+2)(x-5)$ en cada intervalo de prueba.

En $(-\infty, -2)$, tomamos a $x = -3$ como valor de prueba y obtenemos:

$$p(-3) = (-3+2)(-3-5) = +8 \Rightarrow \text{ signo de } p(x) \text{ en } (-\infty, -2) \text{ es } (+)$$

En $(-2, 5)$, tomamos a $x = 0$ como valor de prueba y obtenemos:

$$p(0) = (0+2)(0-5) = -10 \Rightarrow \text{ signo de } p(x) \text{ en } (-2, 5) \text{ es } (-)$$

En $(5, +\infty)$, tomamos a $x = 6$ como valor de prueba y obtenemos:

$$p(6) = (6+2)(6-5) = +12 \Rightarrow \text{ signo de } p(x) \text{ en } (5, +\infty) \text{ es } (+)$$

Ahora, consignamos las raíces y signos de los intervalos de prueba en la recta numérica de la siguiente manera:

Paso 3. La figura nos dice que $p(x)$ es negativo; es decir, $p(x) < 0$ en el intervalo $(-2, 5)$.

Luego, el conjunto solución es el intervalo $(-2, 5)$.

Convención

En los próximos ejemplos no especificaremos los pasos. Además, los cálculos y la figura del paso 3 serán sintetizados en una figura similar a la siguiente:

$$p(x) = (x + 2)(x - 5) < 0$$

$$
\begin{array}{ccc}
+\ +\ +\ +\ +\ + & -\ -\ -\ -\ -\ - & +\ +\ +\ +\ + \\
\hline
x = -3 & x = 0 & x = 7 \\
p(-3) = (-3+2)(-3-5) & p(0) = (0+2)(0-5) & p(7) = (7+2)(7-5) \\
= +8 & = -10 & = +18
\end{array}
$$

con puntos -2 y 5.

Ejemplo 1.6.5   Resolver: $(x - 1)(2 - 3x) \leq (2x + 7)(x - 2) - 4$

Solución

$(x - 1)(2 - 3x) \leq (2x + 7)(x - 2) - 4$

$$\Leftrightarrow 2x - 3x^2 - 2 + 3x \leq 2x^2 - 4x + 7x - 14 - 4$$

$$\Leftrightarrow -3x^2 + 5x - 2 \leq 2x^2 + 3x - 18$$

$$\Leftrightarrow -5x^2 + 2x + 16 \leq 0$$

$$\Leftrightarrow 5x^2 - 2x - 16 \geq 0$$

$$\Leftrightarrow (5x + 8)(x - 2) \geq 0$$

Hallemos las raíces de $p(x) = (5x + 8)(x - 2)$:

$$(5x + 8)(x - 2) = 0 \Leftrightarrow 5x + 8 = 0 \ \text{o} \ x - 2 = 0 \Leftrightarrow x = -\frac{8}{5} \ \text{o} \ x = 2$$

Luego, los intervalos de prueba son: $\left(-\infty, -\frac{8}{5}\right)$, $\left(-\frac{8}{5}, 2\right)$, y $(2, +\infty)$

$$p(x) = (5x + 8)(x - 2) \geq 0$$

$$
\begin{array}{ccc}
& -\frac{8}{5} & 2 \\
+\ +\ +\ +\ +\ + & -\ -\ -\ -\ -\ - & +\ +\ +\ +\ + \\
x=-3 & x=0 & x=3 \\
p(-3)=(5(-3)+8)(-3-2) & p(0)=(5(0)+8)(0-2) & p(3)=(5(3)+8)(3-2) \\
=+35 & =-16 & =+23
\end{array}
$$

El conjunto solución es $\left(-\infty,\ -\frac{8}{5}\right] \cup [2,+\infty)$.

$\boxed{\textbf{Ejemplo 1.6.6}}$ Resolver: $3x^3 - 6x > 7x^2$

Solución

$$3x^3 - 6x > 7x^2 \Leftrightarrow 3x^3 - 7x^2 - 6x > 0$$
$$\Leftrightarrow x(3x^2 - 7x - 6) > 0 \Leftrightarrow x(3x+2)(x-3) > 0$$

Debemos hallar las raíces de $p(x) = x(3x+2)(x-3)$:

$$x(3x+2)(x-3) = 0 \Leftrightarrow x = 0,\ 3x+2 = 0 \ \text{o}\ x - 3 = 0$$
$$\Leftrightarrow x = 0,\ x = -\frac{2}{3}\ \text{o}\ x = 3$$

Luego, los intervalos de prueba son:

$$\left(-\infty,\ -\frac{2}{3}\right),\ \left(-\frac{2}{3},\ 0\right),\ (0,\ 3)\ \text{y}\ (3,\ +\infty)$$

$$p(x) = x(3x+2)(x-3) > 0$$

$$
\begin{array}{cccc}
-\frac{2}{3} & 0 & 3 & \\
-\ -\ -\ -\ - & +\ +\ +\ +\ + & -\ -\ -\ -\ - & +\ +\ +\ + \\
x=-1 & x=-\frac{1}{3} & x=1 & x=4 \\
p(-1)=(-1)[3(-1)+2] & p\left(-\frac{1}{3}\right)=\left(-\frac{1}{3}\right)\left[3\left(-\frac{1}{3}\right)+2\right] & p(1)=(1)[3(1)+2] & p(4)=(4)[3(4)+2] \\
\times[(-1)-3] & \times\left[\left(-\frac{1}{3}\right)-3\right] & \times[(1)-3] & \times[(4)-3] \\
p(-1)=-4 & p\left(-\frac{1}{3}\right)=+\frac{10}{9} & p(1)=-10 & p(4)=+56
\end{array}
$$

El conjunto solución es $\left(-\frac{2}{3},\ 0\right) \cup (3,+\infty)$.

INECUACIONES RACIONALES

Una **inecuación racional** no es más que un cociente de polinomios. Para la resolución de estas inecuaciones, mediante el método de Sturm, se siguen los tres pasos ya descritos anteriormente para la resolución de inecuaciones polinómicas, con el agregado de que ahora se trabaja con dos polinomios, el numerador y el denominador. El procedimiento es el siguiente:

Paso 1. Se transforma algebraicamente la inecuación hasta obtener una expresión donde los polinomios $p(x)$ y $q(x)$ estén factorizados:

$$\frac{p(x)}{q(x)} > 0, \quad \frac{p(x)}{q(x)} \geq 0, \quad \frac{p(x)}{q(x)} < 0, \quad \frac{p(x)}{q(x)} \leq 0$$

Paso 2. Se hallan las raíces de $p(x) = 0$ y de $q(x) = 0$.

Paso 3. Marcamos, en la recta numérica, las raíces halladas en el paso 2, así como el signo de $\frac{p(x)}{q(x)}$ en cada intervalo en que ha quedado dividida la recta. Para hallar el signo se puede usar valores de prueba.

Determinamos el conjunto solución, observando los signos de la recta numérica. Si la desigualdad viene expresada mediante las relaciones "$<$" o "$>$", todos los intervalos que conforman la solución son abiertos.

Si la desigualdad se expresa en términos de "$\leq$" o "$\geq$", entonces los intervalos que conforman la solución son:

- **Cerrados** en los extremos correspondientes a las raíces del **numerador**.

- **Abiertos** en los extremos correspondientes a las raíces del **denominador**.

$\boxed{\textbf{Ejemplo 1.6.7}}$ Resolver la desigualdad: $\dfrac{x+3}{1-x} \geq -3$

Solución

Paso 1. Transponemos y factorizamos:

$$\frac{x+3}{1-x} \geq -3 \Leftrightarrow \frac{x+3}{1-x} + 3 \geq 0 \Leftrightarrow \frac{x+3+3(1-x)}{1-x} \geq 0 \Leftrightarrow \frac{2(x-3)}{x-1} \geq 0$$

Paso 2. Buscamos las raíces del numerador y del denominador.

$$2(x-3) = 0 \ \wedge \ x-1 = 0 \Leftrightarrow x = 3 \ \wedge \ x = 1$$

Paso 3. Los intervalos de prueba son: $(-\infty, 1)$, $(1, 3)$ y $(3, +\infty)$.

En cada uno de los intervalos anteriores, el signo de $p(x) = \frac{2(x-3)}{x-1}$ es:

<table>
<tr><td></td><td align="center">1</td><td></td><td align="center">3</td><td></td></tr>
<tr><td align="center">+ + + + + +</td><td></td><td align="center">− − − − − −</td><td></td><td align="center">+ + + + +</td></tr>
<tr><td align="center">$x = 0$</td><td></td><td align="center">$x = 2$</td><td></td><td align="center">$x = 5$</td></tr>
<tr><td align="center">$p(0) = \frac{2[(0)-3]}{(0)-1} = +6$</td><td></td><td align="center">$p(2) = \frac{2[(2)-3]}{(2)-1} = -2$</td><td></td><td align="center">$p(5) = \frac{2[(5)-3]}{(5)-1} = +1$</td></tr>
</table>

El conjunto solución es $(-\infty, 1) \cup [3, +\infty)$.

Observe que, en la solución, tomamos el intervalo cerrado en el extremo correspondiente a 3, debido a que la desigualdad viene expresada en términos de la relación $\geq$. Además, 3 es una raíz del numerador.

$\boxed{\textbf{Ejemplo 1.6.8}}$ Resolver: $\dfrac{3x+1}{x-1} \leq \dfrac{2x+7}{x+2}$

Solución

En busca de brevedad, los pasos requeridos para resolver la desigualdad se presentarán de forma implícita.

$$\frac{3x+1}{x-1} \leq \frac{2x+7}{x+2} \Leftrightarrow \frac{3x+1}{x-1} - \frac{2x+7}{x+2} \leq 0$$

$$\Leftrightarrow \frac{(x+2)(3x+1) - (x-1)(2x+7)}{(x-1)(x+2)} \leq 0$$

$$\Leftrightarrow \frac{x^2 + 2x + 9}{(x-1)(x+2)} \leq 0$$

El numerador de la última fracción es un polinomio de segundo grado con raíces complejas, ya que su discriminante es negativa ($b^2 - 4ac < 0$). Esto significa que este polinomio no tiene raíces reales; por lo tanto, no se puede factorizar en términos de reales. Las raíces del denominador son -2 y 1.

Estas raíces (-2 y 1) determinan los intervalos: $(-\infty, -2)$, $(-2, 1)$ y $(1, -\infty)$.

$$f(x) = \frac{x^2 + 2x + 9}{(x-1)(x+2)} \leq 0$$

$$f(-3) = \frac{(-3)^2 + 2(-3) + 9}{[(-3)-1][(-3)+2]} = +3$$

$$f(0) = \frac{(0)^2 + 2(0) + 9}{[(0)-1][(0)+2]} = -\frac{9}{2}$$

$$f(2) = \frac{(2)^2 + 2(2) + 9}{[(2)-1][(2)+2]} = +\frac{17}{4}$$

El conjunto solución es $(-2, 1)$.

$\boxed{\textbf{Ejemplo 1.6.9}}$ Resolver: $\dfrac{4}{x} < x \leq \dfrac{20}{x-1}$

Solución

En esta expresión tenemos dos inecuaciones: $\dfrac{4}{x} < x$ y $x \leq \dfrac{20}{x-1}$

1. $\dfrac{4}{x} < x$

$$\frac{4}{x} < x \Leftrightarrow \frac{4}{x} - x < 0 \Leftrightarrow \frac{4 - x^2}{x} < 0 \Leftrightarrow \frac{(2-x)(2+x)}{x} < 0$$

Las raíces son: -2, 0 y 2. Mediante valores de prueba, hallamos que:

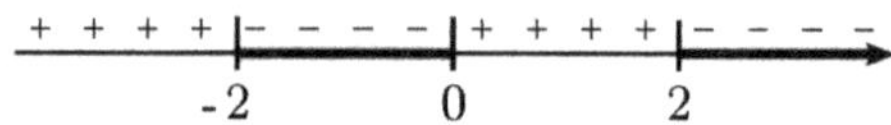

Luego, la solución de esta desigualdad es $(-2, 0) \cup (2, +\infty)$.

2. $x \le \dfrac{20}{x - 1}$

$$x \le \frac{20}{x-1} \Leftrightarrow x - \frac{20}{x-1} \le 0 \Leftrightarrow \frac{x(x-1) - 20}{x-1} \le 0$$

$$\Leftrightarrow \frac{x^2 - x - 20}{x-1} \le 0 \Leftrightarrow \frac{(x-5)(x+4)}{x-1} \le 0$$

Las raíces son: -4, 1 y 5. Mediante valores de prueba, hallamos que:

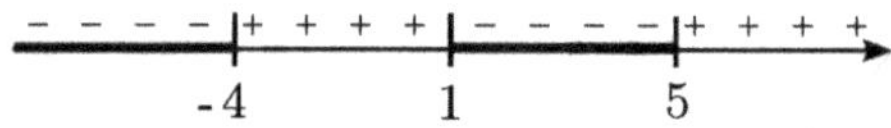

Luego, la solución de esta desigualdad es $(-\infty, -4] \cup (1, 5]$.

Solución total

La solución total es la intersección de las soluciones parciales:

$$\left[(-2, 0) \cup (2, +\infty)\right] \cap \left[(-\infty, -4] \cup (1, 5]\right] = \mathbf{(2, 5]}$$

$\boxed{\textbf{Ejemplo 1.6.10}}$ Temperatura.

Cierto día, la temperatura en grados Celsius de una ciudad presentó cambios dentro del intervalo $25 \le C \le 40$ ¿En qué intervalo, en grados Fahrenheit (F), cambió la temperatura ese día? Considerar la siguiente fórmula:

$$C = \frac{5}{9}(F - 32)$$

Solución

$$25 \leq C \leq 40 \quad \Rightarrow \quad 25 \leq \frac{5}{9}(F - 32) \leq 40$$

$$\Rightarrow \quad 25(9) \leq 5(F - 32) \leq 40(9) \quad \Rightarrow \quad 225 \leq 5F - 160 \leq 360$$

$$\Rightarrow \quad 225 + 160 \leq 5F \leq 360 + 160 \quad \Rightarrow \quad 385 \leq 5F \leq 520$$

$$\Rightarrow \quad \frac{385}{5} \leq F \leq \frac{520}{5} \quad\quad\quad \Rightarrow \quad 77 \leq F \leq 104$$

¿Sabías esto?

Jacques Charles François Sturm (1803-1855), originario de Ginebra, Suiza, ingresó a la escuela de matemáticas de la Academia de Ginebra en el año 1803.

En 1833 se hizo ciudadano francés, y en 1836 pasó a formar parte de la Academia de Ciencias de París, donde estrechó vínculos con científicos de gran renombre, como *Laplace*, *Poisson*, *Fourier* y *Ampère*.

Jacques Sturm

En el año 1829 publicó su trabajo más conocido, *Mémoires sur la résolution des equations numériques*, donde describe el método visto en esta sección, para determinar las raíces reales de una ecuación.

PROBLEMAS RESUELTOS 1.6

Problema 1.6.1 Resolver:

$$x^3 - 5x^2 + 3x + 9 > 0$$

Solución

Factoricemos $p(x) = x^3 - 5x^2 + 3x + 9$.

Las posibles raíces enteras de este polinomio son los divisores de 9:

$$\pm 1; \quad\quad\quad \pm 3; \quad\quad\quad \pm 9$$

Luego:

$$P(-1) = 0 \quad\quad P(1) = 8 \quad\quad\quad P(-3) = -72$$

$$P(3) = 0 \quad\quad P(-9) = -1,152 \quad\quad P(9) = 360$$

Vemos que $p(x) = x^3 - 5x^2 + 3x + 9$ tiene dos raíces enteras: -1 y 3.

Dividimos $x^3 - 5x^2 + 3x + 9$ entre $x - (-1) = x + 1$:

$$\begin{array}{r|rrrr} & 1 & -5 & 3 & 9 \\ -1 & & -1 & 6 & -9 \\ \hline & 1 & -6 & 9 & 0 \end{array}$$

Ahora, tenemos que:

$$p(x) = x^3 - 5x^2 + 3x + 9 = (x+1)(x^2 - 6x + 9) = (x+1)(x-3)^2$$

Esto es:

$$p(x) = (x+1)(x-3)^2$$

Vemos que $x = 3$ es una raíz de multiplicidad 2. Apliquemos Sturm:

Los intervalos de prueba son: $(-\infty, -1)$, $(-1, 3)$ y $(3, +\infty)$

$$p(x) = (x+1)(x-3)^2 > 0$$

-1 3

$-\ -\ -\ -\ -\ -\ |\ +\ +\ +\ +\ +\ +\ |\ +\ +\ +\ +\ +\ \longrightarrow$

$x = -2$ $x = 0$ $x = 4$

$p(-2) = (-2+1)(-2-3)^2 \quad p(0) = (0+1)(0-3)^2 \quad p(4) = (4+1)(4-3)^2$

$= -25 \qquad\qquad = +9 \qquad\qquad = +5$

El conjunto solución es $(-1, 3) \cup (3, +\infty)$.

$\boxed{\textbf{Problema 1.6.2}}$ Se quiere construir una caja sin tapa.

Se empleará, como materia prima, una lámina rectangular de $40\,cm$ de largo por $30\,cm$ de ancho. Se debe recortar, de cada esquina de la lámina, un cuadrado de lado $x\,cm$ para poder doblar las aletas después.

Hallar la máxima longitud x del cuadrado si se quiere que el área de la base de la caja tenga por lo menos $600\,cm^2$.

Solución

Si x es el lado del cuadrado que se corta, entonces:

- Largo de la base: $= 40 - 2x$

- Ancho de la base: $= 30 - 2x$

- Área de la base: $= (40 - 2x)(30 - 2x)$

Se debe cumplir que:

$$(40 - 2x)(30 - 2x) \geq 600$$

Resolvamos la inecuación:

$$(40 - 2x)(30 - 2x) \geq 600 \Leftrightarrow 1,200 - 140x + 4x^2 \geq 600$$
$$\Leftrightarrow 4x^2 - 140x + 600 \geq 0$$
$$\Leftrightarrow x^2 - 35x + 150 \geq 0$$
$$\Leftrightarrow (x - 5)(x - 30) \geq 0$$

Las raíces de $(x - 5)(x - 30) = 0$ son $x = 5$ y $x = 30$. Tomando valores de prueba, obtenemos la siguiente gráfica:

Luego, el conjunto solución es $(-\infty, 5] \cup [30, +\infty)$.

Para este problema ignoramos las soluciones del intervalo $[30, +\infty)$, ya que éstas nos darían longitudes negativas para la base. Así, para $x = 30$, el ancho sería $30 - 2(30) = -30$.

En consecuencia, el conjunto solución es $(\mathbf{0}, \mathbf{5}]$, del cual es evidente que 5 es el máximo posible; por lo tanto, la máxima longitud del lado del cuadrado que se debe recortar es $5\,cm$.

PROBLEMAS PROPUESTOS 1.6

En los problemas del 1 al 21, resolver la desigualdad dada. Ilustre la gráfica del conjunto solución.

1. $4x - 5 < 2x + 3$

2. $2(x - 5) - 3 > 5(x + 4) - 1$

3. $\frac{2x-5}{3} - 3 > 1$

4. $\frac{5x-1}{4} - \frac{x+1}{3} \leq \frac{3x-13}{10}$

5. $8 \geq \frac{2x-5}{3} - 3 > 1 - x$

6. $5 < \frac{x-1}{-2} < 10$

7. $(x - 3)(x + 2) < 0$

8. $x^2 - 1 < 0$

9. $x^2 + 2x - 20 \geq 0$

10. $2x^2 + 5x - 3 > 0$

11. $9x - 2 < 9x^2$

12. $(x-2)(x-5) < -2$

13. $(x + 2)(x - 1)(x + 3) \geq 0$

14. $\frac{x-2}{x+2} \leq 0$

15. $\frac{2}{x} \leq -\frac{3}{5}$

16. $\frac{2}{x-1} \leq -3$

17. $\frac{x}{2} + \frac{1}{x} \leq \frac{3}{x}$

18. $\frac{1}{x+1} - \frac{x-2}{3} \geq 1$

19. $\frac{x-1}{x+3} < \frac{x+2}{x}$

20. $\frac{x+1}{1-x} < \frac{x}{2+x}$

21. $\frac{4-2x}{x^2+2} > 2 - \frac{x}{x-3}$

22. Cierto día, la temperatura, en grados Celsius, de una ciudad presentó variaciones dentro del intervalo $5 \leq C \leq 20$ ¿En qué intervalo cambió la temperatura ese día en grados Fahrenheit?

23. Cierto día, la temperatura, en grados Fahrenheit, de una ciudad presentó variaciones dentro del intervalo $59 \leq F \leq 95$ ¿En qué intervalo cambió la temperatura ese día en grados Celsius?

24. **(Longitud máxima)** Se quiere construir una caja sin tapa, a partir de una lámina rectangular de $52\ cm$ de largo por $42\ cm$ de ancho. Para este fin se debe cortar, de cada esquina de la lámina, un cuadrado de lado $x\ cm$ para luego, doblar las aletas. Hallar la máxima longitud x del cuadrado si se quiere que el área de la base tenga, por lo menos, $1,200$ cm^2.

En los problemas del 25 al 30, probar la proposición dada.

25. $a < b \wedge c > d \Rightarrow a - c < b - d$ **26.** $a \neq 0 \Rightarrow a^2 > 0$

27. $a > 1 \Rightarrow a^2 > a$ **28.** $0 < a < 1 \Rightarrow a^2 < a$

                                         29. $0 < a < b \wedge 0 < c < d \Rightarrow ac < bd$

30. $a \neq 0 \Rightarrow a$ y a^{-1} tienen el mismo signo (ambos son positivos o ambos negativos).

31. El número $\frac{a+b}{2}$ es la **media aritmética** de dos números a y b. Probar que la media aritmética de dos números está entre los números.

Esto es, probar: $a < b \Rightarrow a < \dfrac{a+b}{2} < b$

32. Se llama **media geométrica** de dos números positivos a y b al número $\sqrt{ab}$. Probar que la media geométrica de dos números está entre los números. Esto es, probar: $0 < a < b \Rightarrow a < \sqrt{ab} < b$.

33. Probar que $\sqrt{ab} \leq \frac{a+b}{2}$, donde $a \geq 0$ y $b \geq 0$. Sugerencia: $0 \leq (a - b)^2$.

VALOR ABSOLUTO

Definición El **valor absoluto** de un número real x es el número real:

$$| x | = \begin{cases} x, & \text{si } x \geq 0 \\ -x, & \text{si } x < 0 \end{cases}$$

Quiere decir que el valor absoluto de un número real es igual al mismo número si éste es 0 o positivo, y es igual a su inverso aditivo si es negativo.

Considerando que $\sqrt{x^2}$ es la raíz cuadrada positiva de x^2, tenemos que:

$$\sqrt{x^2} = \mid x \mid$$

$\boxed{\textbf{Ejemplo 1.7.1}}$ Resolver:

    1. $\mid 0 \mid$ **2.** $\mid 8 \mid$ **3.** $\mid -5 \mid$ **4.** $\mid \sqrt{2} - 3 \mid$

Solución:

1. $\mid 0 \mid = 0$ **2.** $\mid 8 \mid = 8$ **3.** $\mid -5 \mid = -(-5) = 5$

4. $\mid \sqrt{2} - 3 \mid = -\left(\sqrt{2} - 3\right) = 3 - \sqrt{2}$,   ya que $\sqrt{2} - 3 < 0$

$\boxed{\textbf{Teorema 1.7.1}}$ De la definición, obtenemos las siguientes propiedades:

    1. $\mid x \mid \geq 0, \forall x \in \mathbb{R}$ **2.** $\mid x \mid = 0 \Leftrightarrow x = 0$

    3. $- \mid x \mid \leq x \leq \mid x \mid, \forall x \in \mathbb{R}$

    4. Si $a \geq 0$, entonces $\mid x \mid = a \Leftrightarrow x = a$ o $x = -a$

$\boxed{\textbf{Ejemplo 1.7.2}}$ Resolver la ecuación: $\mid x - 3 \mid = 1$

Solución

De acuerdo a la propiedad 4 del teorema 1.7.1, tenemos que:

$$\mid x - 3 \mid = 1 \Leftrightarrow x - 3 = 1 \quad \text{o} \quad x - 3 = -1 \Leftrightarrow x = 4 \quad \text{o} \quad x = 2$$

$\boxed{\textbf{Ejemplo 1.7.3}}$ Resolver las ecuaciones:

    a. $\mid 2x - 3 \mid = 3x - 6$ **b.** $\mid 2x - 3 \mid = 6 - 3x$

Solución

a. En primer lugar, como el valor absoluto no es negativo, la expresión $3x - 6$ también tiene que ser positiva. Debemos tener que:

$$3x - 6 \geq 0 \Leftrightarrow 3x \geq 6 \Leftrightarrow x \geq 2$$

Ahora, de acuerdo a la propiedad 4 del teorema 1.7.1, tenemos:

$$2x - 3 = 3x - 6 \quad \text{o} \quad 2x - 3 = -(3x - 6) \Leftrightarrow -x = -3 \quad \text{o} \quad 5x = 9$$

$$\Leftrightarrow \quad x = 3 \quad \text{o} \quad x = \frac{9}{5}$$

De estas dos posibles soluciones, desechamos $x = \frac{9}{5}$, dado que esta no cumple la condición $x \geq 2$.

Luego, la ecuación tiene una sola solución, que es $x = 3$.

b. En primer lugar, debemos tener en cuenta que:

$$6 - 3x \geq 0 \Leftrightarrow 6 \geq 3x \Leftrightarrow 2 \geq x \Leftrightarrow x \leq 2$$

Ahora, de acuerdo a la propiedad 4 del teorema 1.7.1, tenemos:

$$2x - 3 = 6 - 3x \quad \text{o} \quad 2x - 3 = -(6 - 3x) \Leftrightarrow \quad 5x = 9 \quad \text{o} \quad -x = -3$$

$$\Leftrightarrow \quad x = \frac{9}{5} \quad \text{o} \quad x = 3$$

De estas dos posibles soluciones, desechamos a $x = 3$, debido a que no cumple la condición $x \leq 2$. Luego, la única solución es $x = \frac{9}{5}$.

$\boxed{\textbf{Teorema 1.7.2}}$ Propiedades del valor absoluto.

1. Si $a > 0$, entonces $\mid x \mid < a \Leftrightarrow -a < x < a$

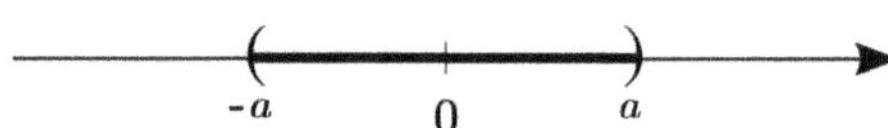

2. Si $a \geq 0$, entonces $\mid x \mid \leq a \Leftrightarrow -a \leq x \leq a$

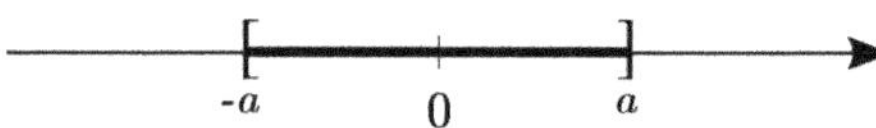

3. $\mid x \mid > a \Leftrightarrow x < -a \quad \text{o} \quad x > a$

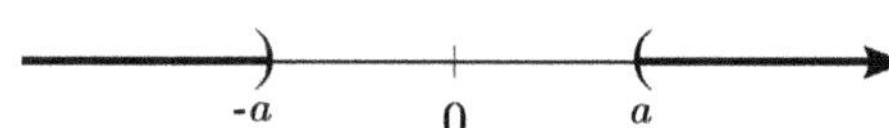

4. $\mid x \mid \geq a \Leftrightarrow x \leq -a \quad \text{o} \quad x \geq a$

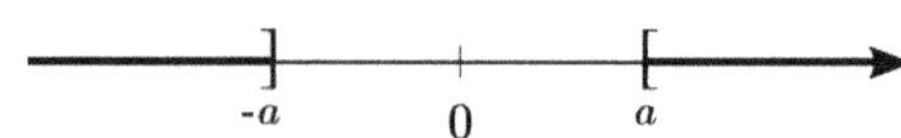

Demostración

Ver el problema resuelto 1.7.3.

Ejemplo 1.7.4 Resolver la inecuación: $\mid 2x - 3 \mid < 5$

Solución

De acuerdo a la propiedad 1 del teorema 1.7.2, tenemos:

$$\mid 2x - 3 \mid < 5 \Leftrightarrow -5 < 2x - 3 < 5 \Leftrightarrow -2 < 2x < 8 \Leftrightarrow -1 < x < 4$$

Es decir que el conjunto solución es el intervalo $(-1, 4)$.

Ejemplo 1.7.5 Resolver la inecuación: $\left|\dfrac{x}{3} - 2\right| > 4$

Solución

De acuerdo a la propiedad 3 del teorema 1.7.2, tenemos:

$$\left|\frac{x}{3} - 2\right| > 4 \Leftrightarrow \frac{x}{3} - 2 < -4 \quad \text{o} \quad \frac{x}{3} - 2 > 4 \Leftrightarrow \frac{x}{3} < -2 \quad \text{o} \quad \frac{x}{3} > 6$$

$$\Leftrightarrow x < -6 \quad \text{o} \quad x > 18$$

Luego, el conjunto solución es $(-\infty, -6) \cup (18, +\infty)$.

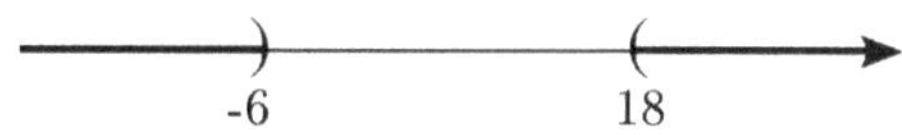

Ejemplo 1.7.6 Resolver la inecuación: $\mid 7x - 2 \mid \leq 3x + 6$

Solución

Aplicamos la propiedad 2 del teorema 1.7.2. En primer lugar, debemos tener en cuenta que:

$$3x + 6 \geq 0 \Rightarrow x \geq -2 \tag{1}$$

Ahora,

$$\mid 7x - 2 \mid \leq 3x + 6 \Leftrightarrow -(3x + 6) \leq 7x - 2 \leq 3x + 6$$

$$\Leftrightarrow -3x - 6 \leq 7x - 2 \quad \wedge \quad 7x - 2 \leq 3x + 6$$

$$\Leftrightarrow -10x \leq 4 \quad \wedge \quad 4x \leq 8$$

$$\Leftrightarrow x \geq -\frac{2}{5} \quad \wedge \quad x \leq 2 \tag{2}$$

Las soluciones de la inecuación inicial deben satisfacer las tres condiciones:

$$x > -2, \quad x \geq -\frac{2}{5} \quad \text{y} \quad x \leq 2$$

En consecuencia, el conjunto solución es el intervalo $\left[-\frac{2}{5},\, 2\right]$.

OTRAS PROPIEDADES IMPORTANTES DEL VALOR ABSOLUTO

Teorema 1.7.3

Si x y y son números reales y n es un número natural, entonces:

1. $|xy| = |x|\,|y|$ **2.** $\left|\dfrac{x}{y}\right| = \dfrac{|x|}{|y|}$, $y \neq 0$

3. $|x^n| = |x|^n$ **4.** $|x| < |y| \Leftrightarrow x^2 < y^2$

5. Desigualdad triangular: $|x + y| \leq |x| + |y|$

Demostración

Ver el problema resuelto 1.7.4.

Ejemplo 1.7.7   Resolver la inecuación: $\left|\dfrac{x+4}{x-3}\right| < 1$

Solución

Aplicando la propiedad 2 del teorema 1.7.3:

$$\left|\frac{x+4}{x-3}\right| < 1 \Leftrightarrow \frac{|x+4|}{|x-3|} < 1 \Leftrightarrow |x+4| < |x-3|$$

Ahora, aplicando la propiedad 4 del teorema 1.7.3:

$$|x+4| < |x-3| \Leftrightarrow (x+4)^2 < (x-3)^2 \qquad \text{(propiedad 4)}$$

$$\Leftrightarrow x^2 + 8x + 16 < x^2 - 6x + 9$$

$$\Leftrightarrow 14x < -7 \Leftrightarrow x < -\frac{1}{2}$$

El conjunto solución es $\left(-\infty,\, -\frac{1}{2}\right)$.

DIVIDE Y CONQUISTARÁS

Este método nos permitirá deshacernos del símbolo del valor absoluto para poder resolver inecuaciones un poco más complicadas. Le hemos conferido este nombre por la simplicidad de su formulación, que es la siguiente:

1. dividir la recta numérica en intervalos determinados por las raíces de las expresiones encerradas en valores absolutos.

2. resolver la inecuación en cada intervalo.

3. la solución de la inecuación inicial es la unión de las soluciones en los intervalos.

$\boxed{\textbf{Ejemplo 1.7.8}}$ Resolver la inecuación: $\mid x+3 \mid < 1+ \mid x-4 \mid$

Solución

Dividimos a la recta en intervalos. Las raíces de las expresiones encerradas en valores absolutos son:

$$x+3=0 \ \wedge \ x-4=0 \Leftrightarrow x=-3 \ \wedge \ x=4$$

Estas raíces dividen a la recta en los intervalos: $(-\infty, -3)$, $[-3, 4)$ y $[4, +\infty)$.

Resolvemos la desigualdad en cada uno de estos intervalos.

En el intervalo $(-\infty, -3) : x+3 < 0 \ \wedge \ x-4 < 0$. Luego,

$$\mid x+3 \mid < 1+ \mid x-4 \mid \Leftrightarrow \ -(x+3) < 1 - (x-4)$$

$$\Leftrightarrow -x-3 < 1-x+4$$

$$\Leftrightarrow -3 < 5 \Leftrightarrow x \in (-\infty, +\infty)$$

El conjunto solución, en el intervalo $(-\infty, -3)$, es:

$$(-\infty, -3) \cap (-\infty, +\infty) = \mathbf{(-\infty, -3)}$$

En el intervalo $[-3, \ 4) : x+3 \geq 0 \ \wedge \ x-4 < 0$. Luego:

$$\mid x+3 \mid < 1+ \mid x-4 \mid \Leftrightarrow x+3 < 1 - (x-4) \Leftrightarrow x+3 < 1-x+4$$

$$\Leftrightarrow 2x < 2 \Leftrightarrow x < 1$$

$$\Leftrightarrow x \in (-\infty, 1)$$

El conjunto solución, en el intervalo $[-3, 4)$, es:

$$[-3, 4) \cap (-\infty, 1) = [\mathbf{-3, 1})$$

En el intervalo $[\mathbf{4, +\infty})$ $: x + 3 > 0 \;\wedge\; x - 4 \geq 0$. Luego:

$$\mid x + 3 \mid\; < 1+ \mid x - 4 \mid \;\Leftrightarrow x + 3 < 1 + x - 4 \Leftrightarrow 3 < -3$$

$$\Leftrightarrow x \in \varnothing$$

El conjunto solución, en el intervalo $[4, +\infty)$, es:

$$[4, +\infty) \cap \varnothing = \varnothing$$

Solución Total

La solución total es la unión de las soluciones parciales. Es decir, la solución de la inecuación inicial es:

$$(-\infty, -3) \cup [-3, 1) \cup \varnothing = (\mathbf{-\infty, 1})$$

$\boxed{\textbf{Ejemplo 1.7.9}}$ Hallar un número M, tal que:

$$\mid x - 2 \mid\; < 1 \;\Rightarrow\; \mid x^2 + 4x - 6 \mid\; < M$$

Solución

Aplicando la desigualdad triangular, tenemos que:

$$\mid x^2 + 4x - 6 \mid\; <\; \mid x^2 \mid + \mid 4x - 6 \mid$$
$$<\; \mid x^2 \mid + \mid 4x \mid + \mid -6 \mid\; =\; \mid x \mid^2 + 4 \mid x \mid + 6$$

es decir:

$$\mid x^2 + 4x - 6 \mid\; <\; \mid x \mid^2 + 4 \mid x \mid + 6 \tag{1}$$

Por otro lado:

$$\mid x - 2 \mid\; < 1 \Rightarrow -1 < x - 2 < 1 \Rightarrow 1 < x < 3 \Rightarrow \mid x \mid\; < 3$$
$$\Rightarrow \mid x \mid^2 < 9 \quad \wedge \quad 4 \mid x \mid\; < 12$$

De estas desigualdades, y de la desigualdad (1), se tiene:

$$\mid x - 2 \mid\; < 1 \Rightarrow \mid x^2 + 4x - 6 \mid\; < 9 + 12 + 6 = 27$$

El número $M = 27$ satisface la condición solicitada.

PROBLEMAS RESUELTOS 1.7

$\boxed{\textbf{Problema 1.7.1}}$ Resolver la ecuación:

$$\left|\frac{3x-2}{x-2}\right| = 2$$

Solución

Aplicamos la propiedad 4 del teorema 1.7.1:

$$\left|\frac{3x-2}{x-2}\right| = 2 \quad\Leftrightarrow\quad \frac{3x-2}{x-2} = 2 \qquad \text{o} \qquad \frac{3x-2}{x-2} = -2$$

$$\Leftrightarrow\quad 3x-2 = 2(x-2) \qquad \text{o} \qquad 3x-2 = -2(x-2)$$

$$\Leftrightarrow\quad 3x-2 = 2x-4 \qquad \text{o} \qquad 3x-2 = -2x+4$$

$$\Leftrightarrow\quad x = -2 \qquad\qquad\quad \text{o} \qquad 5x = 6$$

$$\Leftrightarrow\quad x = -2 \qquad\qquad\quad \text{o} \qquad x = \frac{6}{5}$$

$\boxed{\textbf{Problema 1.7.2}}$ Resolver la inecuación: $\;|\,3x-2\,| > 2x+12$

Solución

Aplicamos la propiedad 3 del teorema 1.7.2:

$$|\,3x-2\,| > 2x+12 \quad\Leftrightarrow\quad 3x-2 < -(2x+12) \qquad \text{o} \qquad 3x-2 > 2x+12$$

$$\Leftrightarrow\quad 5x < -10 \qquad\qquad\qquad \text{o} \qquad x > 14$$

$$\Leftrightarrow\quad x < -2 \qquad\qquad\qquad\;\; \text{o} \qquad x > 14$$

Luego, la solución es $(-\infty, -2) \cup (14, +\infty)$.

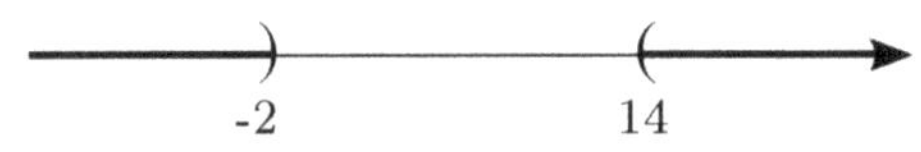

$\boxed{\textbf{Problema 1.7.3}}$ Probar el teorema 1.7.2:

1. Si $a > 0$, entonces, $|\,x\,| < a \Leftrightarrow -a < x < a$

2. Si $a > 0$, entonces, $|\,x\,| \leq a \Leftrightarrow -a \leq x \leq a$

3. Si $|\,x\,| > a \Leftrightarrow x < -a \;\text{o}\; x > a$

4. Si $|\,x\,| \geq a \Leftrightarrow x \leq -a \;\text{o}\; x \geq a$

Solución

1. Como $-x \leq \mid x \mid \ \wedge \ x \leq \mid x \mid$, tenemos que:

$$\mid x \mid < a \Leftrightarrow -x < a \wedge x < a$$

$$\Leftrightarrow -a < x \wedge x < a$$

$$\Leftrightarrow -a < x < a$$

2. Similar a 1.

3. Como $\mid x \mid = -x \ \vee \ \mid x \mid = x$, tenemos que:

$$\mid x \mid > a \Leftrightarrow -x > a \quad \text{o} \quad x > a$$

$$\Leftrightarrow x < -a \quad \text{o} \quad x > a$$

4. Similar a 3.

$\boxed{\textbf{Problema 1.7.4}}$ Probar el teorema 1.7.3:

Si x y y son números reales y n es un número natural, entonces:

1. $\mid xy \mid = \mid x \mid \mid y \mid$ **2.** $\left| \dfrac{x}{y} \right| = \dfrac{|x|}{|y|}$, $y \neq 0$

3. $\mid x^n \mid = \mid x \mid^n$ **4.** $\mid x \mid < \mid y \mid \Leftrightarrow x^2 < y^2$

5. Desigualdad triangular: $\mid x + y \mid \leq \mid x \mid + \mid y \mid$

Solución

1. $\mid xy \mid = \sqrt{(xy)^2} = \sqrt{x^2 y^2} = \sqrt{x^2}\sqrt{y^2} = \mid x \mid \mid y \mid$

2. Sea $\dfrac{x}{y} = z$. Luego:

$$x = yz \Rightarrow \mid x \mid = \mid yz \mid \Rightarrow \mid x \mid = \mid y \mid \mid z \mid \Rightarrow \frac{\mid x \mid}{\mid y \mid} = \mid z \mid = \left| \frac{x}{y} \right|$$

3. Si $n = 0$, entonces $\mid x^0 \mid = \mid 1 \mid = 1$ y $\mid x \mid^0 = 1$. Luego, $\mid x^0 \mid = \mid x \mid^0$

Si $n > 0$, $\mid x^n \mid = \mid \underbrace{xxx \cdots x}_{n} \mid = \underbrace{\mid x \mid \mid x \mid \mid x \mid \cdots \mid x \mid}_{n} = \mid x \mid^n$

4. $(\Rightarrow)$
$$\mid x \mid < \mid y \mid \Rightarrow \mid x \mid\mid x \mid < \mid x \mid\mid y \mid \quad \text{y} \quad \mid x \mid\mid y \mid < \mid y \mid\mid y \mid \qquad (O_4)$$
$$\Rightarrow \mid x \mid^2 < \mid y \mid^2 \Rightarrow x^2 < y^2$$

$(\Leftarrow)$
$$x^2 < y^2 \Rightarrow \mid x \mid^2 < \mid y \mid^2 \Rightarrow \mid x \mid^2 - \mid y \mid^2 < 0$$
$$\Rightarrow (\mid x \mid - \mid y \mid)(\mid x \mid + \mid y \mid) < 0$$
$$\Rightarrow \mid x \mid - \mid y \mid < 0 \Rightarrow \mid x \mid < \mid y \mid$$

5. Tenemos que:
$$-\mid x \mid \leq x \leq \mid x \mid \quad \text{y} \quad -\mid y \mid \leq y \leq \mid y \mid$$

Sumando estas desigualdades:
$$-(\mid x \mid + \mid y \mid) \leq x + y \leq \mid x \mid + \mid y \mid$$

Aplicando la parte 2 del teorema 1.7.2, obtenemos:
$$\mid x + y \mid \leq \mid x \mid + \mid y \mid$$

$\boxed{\textbf{Problema 1.7.5}}$ Hallar un número M, tal que:
$$\mid x - 1 \mid < \frac{1}{4} \Rightarrow \frac{\mid x + 3 \mid}{\left| x - \frac{1}{4} \right|} < M$$

Solución
$$\mid x - 1 \mid < \frac{1}{4} \Rightarrow -\frac{1}{4} < x - 1 < \frac{1}{4} \Rightarrow \frac{3}{4} < x < \frac{5}{4}$$

Pero,
$$\frac{3}{4} < x < \frac{5}{4} \quad \Rightarrow \quad \frac{3}{4} + 3 < x + 3 < \frac{5}{4} + 3 \quad \wedge \quad \frac{3}{4} - \frac{1}{4} < x - \frac{1}{4} < \frac{5}{4} - \frac{1}{4}$$
$$\Rightarrow \quad \frac{15}{4} < x + 3 < \frac{17}{4} \quad \wedge \quad \frac{1}{2} < x - \frac{1}{4} < 1$$
$$\Rightarrow \quad \mid x + 3 \mid < \frac{17}{4} \quad \wedge \quad \frac{1}{2} < \left| x - \frac{1}{4} \right|$$

Por consiguiente:
$$\mid x - 1 \mid < \frac{1}{4} \Rightarrow \frac{\mid x + 3 \mid}{\left| x - \frac{1}{4} \right|} < \frac{\frac{17}{4}}{\frac{1}{2}} = \frac{17}{2} = M$$

PROBLEMAS PROPUESTOS 1.7

1. $|\, x - 5 \,| = 4$ **2.** $|\, 2x + 1 \,| = x + 3$ **3.** $|\, x - 2 \,| = 3x - 9$

4. $|\, x - 2 \,| = 9 - 3x$ **5.** $|\, x + 4 \,| = |\, 2 - x \,|$ **6.** $|\, x - 1 \,| = |\, 2x - 4 \,|$

7. $\left|\, \frac{3x-2}{2} \,\right| = |\, x - 4 \,|$ **8.** $\left|\, 5 - \frac{2}{x} \,\right| = 3$ **9.** $\left|\, \frac{x-5}{2x-3} \,\right| = 1$

En los problemas del 10 al 26, resolver la inecuación dada.

10. $|\, x - 4 \,| < 3$ **11.** $|\, 3x + 1 \,| < 15$ **12.** $\left|\, \frac{2x}{3} - 1 \,\right| < 2$

13. $|\, -3x - 2 \,| \le 4$ **14.** $|\, 5x + 2 \,| \ge 1$ **15.** $|\, -4x - 3 \,| > 1$

16. $\left|\, \frac{2x}{5} - 2 \,\right| \ge 3$ **17.** $|\, x^2 - 5 \,| \ge 4$ **18.** $1 < |\, x \,| \le 4$

19. $0 < |\, x - 3 \,| < 1$ **20.** $|\, x - 1 \,| < |\, x \,|$ **21.** $\left|\, \frac{3-2x}{1+x} \,\right| \le 1$

22. $\left|\, \frac{1}{1-2x} \,\right| \ge \frac{1}{3}$ **23.** $|\, x - 1 \,| + |\, x - 2 \,| > 1$ **24.** $|\, x - 1 \,| + |\, x + 1 \,| \le 4$

25. $\left|\, \frac{1}{2+x} \,\right| < \frac{1}{|x|}$ **26.** $|\, 3x - 5 \,| \le |\, 2x - 1 \,| + |\, 2x + 3 \,|$

En los problemas del 27 al 29, hallar un número M que satisfaga la proposición dada.

27. $|\, x + 2 \,| < 1 \Rightarrow |\, x^3 - x^2 + 2x + 1 \,| < M$

28. $|\, x - 3 \,| < \dfrac{1}{2} \Rightarrow \dfrac{|\, x + 2 \,|}{|\, x - 2 \,|} < M$

29. $|\, x - \dfrac{1}{4} \,| < \dfrac{1}{8} \Rightarrow \dfrac{|\, 16x + 4 \,|}{1 + x^2} < M$

30. Probar las siguientes expresiones:

     a. $|\, x - y \,| \ge |\, x \,| - |\, y \,|$.

     Sugerencia: Aplicar la desigualdad triangular en: $x = (x - y) + y$.

     b. $|\, x - y \,| \ge |\, y \,| - |\, x \,|$ **c.** $\big|\, |\, x \,| - |\, y \,| \,\big| \le |\, x - y \,|$

Humor en tiempos de ciencia

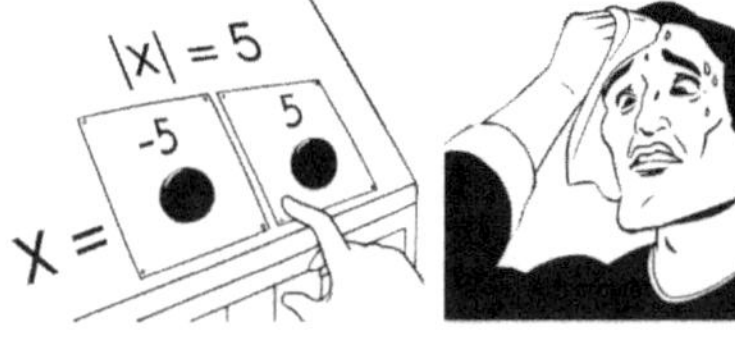

2

EL PLANO CARTESIANO Y LA RECTA

René Descartes
(1596 - 1650)

René Descartes nació en La Haye, Francia. Fue filósofo, matemático y físico, y es reconocido como el padre de la filosofía moderna. También es el autor de la célebre frase "*Cogito, ergo sum*" (Pienso, luego existo).

Aunque fue un niño prodigio, su salud era muy delicada. Para protegerlo del frío, el Colegio Jesuita de La Flèche le concedió el inusual privilegio de permanecer en cama durante las mañanas. Fue precisamente en esas horas de reposo reflexivo donde Descartes concibió los cimientos de la *Geometría Analítica*. Cabe destacar que, de forma independiente, su compatriota *Pierre de Fermat* también desarrollaría los principios fundamentales de este campo.

En 1628, se trasladó a Holanda, donde vivió los 21 años más fructíferos de su carrera. En este período de tiempo escribió sus obras cumbre: *Principios de Filosofía, Meditaciones Metafísicas* y el *Discurso del Método* (1637), texto que incluía el ensayo *La Géométrie*, dando origen formal a la geometría analítica.

Su vida dio un giro fatal en 1649, cuando la joven y enérgica reina Cristina de Suecia lo invitó a Estocolmo para ser su tutor de filosofía. Las clases se programaron a las cinco de la madrugada, un cambio de rutina devastador para alguien con amplio historial de enfermedades respiratorias. Incapaz de soportar el riguroso invierno sueco, Descartes contrajo neumonía y falleció al año siguiente de su llegada.

ACONTECIMIENTOS PARALELOS IMPORTANTES

El cronista peruano *Inca Garcilaso de la Vega*, hijo de un conquistador y de una princesa india, publica *Los Comentarios Reales* en 1609, que cuenta la historia del Imperio Incaico. El 17 de septiembre de 1630, algunos colonos ingleses fundan la ciudad de Boston en la desembocadura del río Charles.

En 1636, en Cambridge, ciudad contigua a Boston, abre sus puertas la Universidad de Harvard. Para ese entonces, la América española ya contaba con la Universidad Mayor de San Marcos (Lima, Perú, 1551) y la Universidad de Santo Domingo (Santo Domingo, República Dominicana, 1538).

SECCIÓN 2.1

EL PLANO CARTESIANO

El mayor éxito de Descartes fue conceder una representación geométrica al conjunto $\mathbb{R}^2$, conformado por todos los pares ordenados (a, b) de números reales. Esto puede considerarse piedra angular de la **Geometría Analítica**.

El conjunto $\mathbb{R}^2$ se define así:

$$\mathbb{R}^2 = \{(a, b)/a, b \in \mathbb{R}\}$$

Podemos ver la representación geométrica de este conjunto en la figura adjunta. Para obtenerla, el primer requisito es un plano vacío cualquiera.

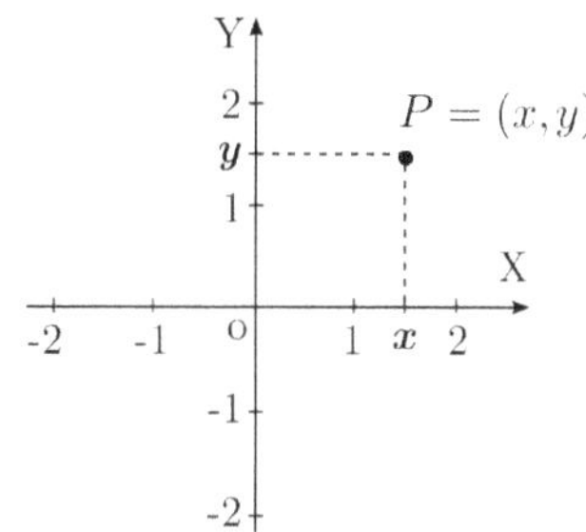

- Fijaremos, sobre este plano vacío, dos rectas numéricas perpendiculares que tengan la misma escala, y cuyos orígenes coincidan.

- Optativamente, estas rectas tendrán la misma longitud.

Una vez cumplidos los requerimientos anteriores, habremos construido un **Plano Coordenado**.

Las dos rectas numéricas nos permiten establecer una correspondencia biunívoca entre los puntos P del plano y los pares ordenados (x, y) de números reales, como se muestra en la figura adjunta. A la recta X se le llama **eje X** o eje de las **abscisas**. **La recta Y** es el eje Y o eje de las **ordenadas**.

El punto de intersección de ambos ejes, **O**, es el origen. Si al punto P le corresponde el par (x, y), diremos que x e y son las **coordenadas** de P, siendo x su abscisa e y su ordenada. Para identificar el punto P con el par (x, y) escribiremos $P = (x, y)$. Así, tenemos que $\mathbf{O} = (0, 0)$.

La correspondencia también nos permite identificar al plano con $\mathbb{R}^2$. Este sistema de coordenadas tiene por nombre *Sistema de Coordenadas Rectangulares* o *Sistema de Coordenadas Cartesianas* del plano.

Se ha adoptado el nombre de *"cartesianas"*, evidentemente, en honor al célebre matemático y filósofo *René Descartes* (1596 - 1650). El plano provisto con este sistema de coordenadas recibe el nombre de **Plano Cartesiano**.

$\boxed{\text{Ejemplo 2.1.1}}$ Sea $P_1 = (3, 2)$:

   a. Hallar el punto P_2 que es simétrico, respecto al eje X, al punto P_1.

   b. Hallar el punto P_3 que es simétrico, respecto al eje Y, al punto P_1.

c. Hallar el punto P_4 que es simétrico, respecto al origen, al punto P_1.

Solución

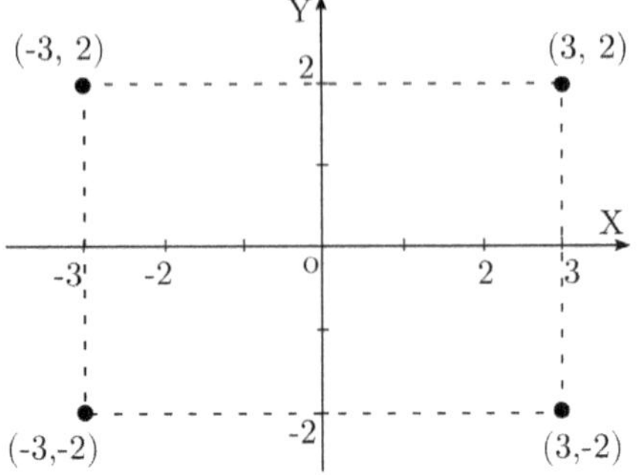

a. $P_2 = (3, -2)$

b. $P_3 = (-3, 2)$

c. $P_4 = (-3, -2)$

DISTANCIA

$\boxed{\textbf{Teorema 2.1.1}}$ Dados dos puntos: $P_1 = (x_1, y_1)$ y $P_2 = (x_2, y_2)$,

la distancia entre P_1 y P_2 es:

$$d(P_1, P_2) = \sqrt{(x_2 - x_1)^2 + (y_2 - y_1)^2}$$

Demostración

Tomemos el triángulo rectángulo que tiene por hipotenusa al segmento que une $P_1 = (x_1, y_1)$ y $P_2 = (x_2, y_2)$, y por catetos, los segmentos paralelos a los ejes X y Y, indicados en la figura.

Las longitudes de los catetos son:

$$\mid x_2 - x_1 \mid \ y \ \mid y_2 - y_1 \mid$$

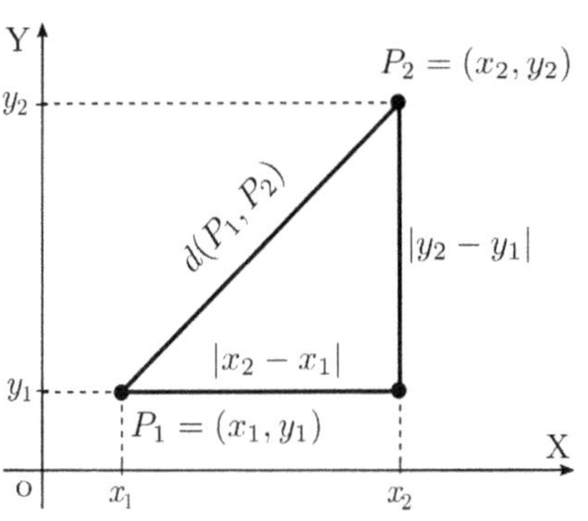

La distancia $d(P_1, P_2)$ equivale a la longitud de la hipotenusa. Aplicando el teorema de Pitágoras, tenemos que:

$$(d(P_1, P_2))^2 = \mid x_2 - x_1 \mid^2 + \mid y_2 - y_1 \mid^2,$$

de donde obtenemos:

$$d(P_1, P_2) = \sqrt{(x_2 - x_1)^2 + (y_2 - y_1)^2}$$

$\boxed{\textbf{Ejemplo 2.1.2}}$ Dados tres puntos:

$$A = (1, 1) \quad B = (3, 0) \quad y \quad C = (4, 7),$$

mediante la fórmula de la distancia, probar que estos puntos corresponden a los vértices de un triángulo rectángulo.

Solución

$$d(A,B) = \sqrt{(3-1)^2 + (0-1)^2} = \sqrt{2^2 + 1^2} = \sqrt{5}$$

$$d(A,C) = \sqrt{(4-1)^2 + (7-1)^2} = \sqrt{3^2 + 6^2} = \sqrt{45}$$

$$d(B,C) = \sqrt{(4-3)^2 + (7-0)^2} = \sqrt{1^2 + 7^2} = \sqrt{50}$$

Como se cumple que:

$$d(A,B)^2 + d(A,C)^2 = 5 + 45 = 50 = d(B,C)^2,$$

Por el recíproco del teorema de Pitágoras, el triángulo debe ser rectángulo.

PUNTO MEDIO

Teorema 2.1.2 El punto medio del segmento de recta de extremos:

$$P_1 = (x_1, y_1) \quad \text{y} \quad P_2 = (x_2, y_2),$$

es el punto: $\quad M = \left(\dfrac{x_1 + x_2}{2}, \dfrac{y_1 + y_2}{2} \right)$

Demostración

Supongamos que $x_2 > x_1$ y que $y_2 > y_1$.

Sea $M = (x, y)$ el punto medio de $\overline{P_1 P_2}$.

Proyectamos $\overline{P_1 P_2}$ sobre los ejes.

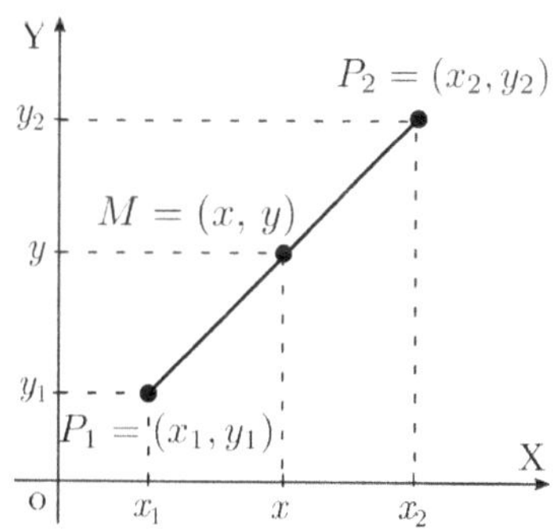

Por ser $M = (x, y)$ el punto medio, x e y deben ser los puntos medios de los intervalos $[x_1, x_2]$ y $[y_1, y_2]$ respectivamente. Luego:

$$x - x_1 = x_2 - x \qquad \wedge \qquad y - y_1 = y_2 - y$$

$$\Rightarrow \quad 2x = x_1 + x_2 \qquad \wedge \qquad 2y = y_1 + y_2$$

$$\Rightarrow \quad x = \frac{x_1 + x_2}{2} \qquad \wedge \qquad y = \frac{y_1 + y_2}{2}$$

Ejemplo 2.1.3

Hallar el punto medio del segmento de recta de extremos $(-3, 0)$ y $(1, 2)$.

Solución

$$M = \left(\frac{-3+1}{2}, \frac{0+2}{2} \right) = (-1, 1)$$

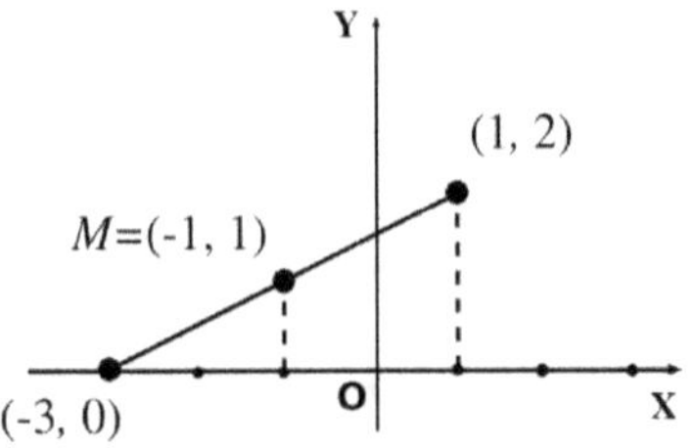

$\boxed{\textbf{Ejemplo 2.1.4}}$

Demostrar que el punto medio de la hipotenusa equidista de los tres vértices.

Solución

Tomamos un triángulo rectángulo cualquiera que instalaremos en el plano coordenado, de forma que el vértice que corresponde al ángulo recto coincida con el origen, y un cateto caiga sobre el semieje positivo de las X. Por ser un triángulo rectángulo, el otro cateto debe caer sobre el eje Y. Así, lo colocamos en la parte positiva, como indica la figura.

- Un vértice es **O**$= (0,0)$.

- Sean $A = (a, 0)$ y $B = (0, b)$ los otros dos vértices.

- El punto medio de la hipotenusa es:

$$M = \left(\frac{a+0}{2}, \frac{0+b}{2} \right) = \left(\frac{a}{2}, \frac{b}{2} \right)$$

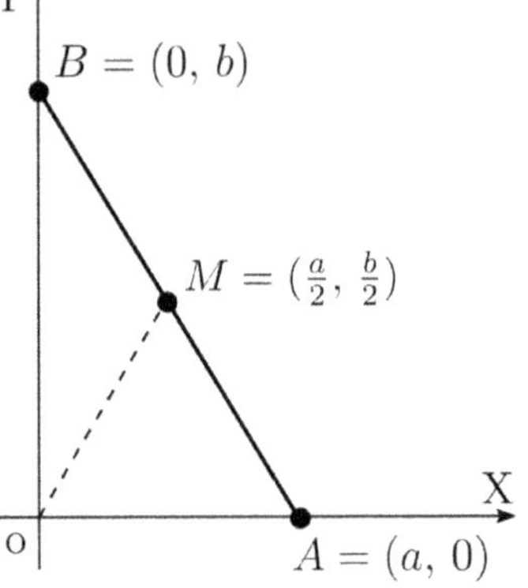

Ahora calculamos las distancias entre M y los tres vértices:

$$d(M, A) = \sqrt{ \left(a - \frac{a}{2} \right)^2 + \left(0 - \frac{b}{2} \right)^2 } \quad = \quad \sqrt{ \left(\frac{a}{2} \right)^2 + \left(-\frac{b}{2} \right)^2 }$$

$$= \quad \frac{1}{2}\sqrt{a^2 + b^2}$$

$$d(M, B) = \sqrt{ \left(0 - \frac{a}{2} \right)^2 + \left(b - \frac{b}{2} \right)^2 } \quad = \quad \sqrt{ \left(-\frac{a}{2} \right)^2 + \left(\frac{b}{2} \right)^2 }$$

$$= \quad \frac{1}{2}\sqrt{a^2 + b^2}$$

$$d(M, \mathbf{O}) = \sqrt{\left(0 - \frac{a}{2}\right)^2 + \left(0 - \frac{b}{2}\right)^2} \;\; = \;\; \sqrt{\left(-\frac{a}{2}\right)^2 + \left(-\frac{b}{2}\right)^2}$$

$$= \;\; \frac{1}{2}\sqrt{a^2 + b^2}$$

Claramente, las distancias son iguales, quedando demostrado que el punto medio de la hipotenusa de un triángulo rectángulo equidista de los vértices.

¿Sabías esto?

Si bien, *René Descartes* es la referencia más notable en lo que respecta a geometría analítica, fue **Pierre de Fermat** el primero en descubrir los principios de este campo. Para Fermat, un abogado de oficio y padre de familia, la matemática representaba un ameno pasatiempo, pero sus hallazgos eran divulgados por la comunidad científica francesa, pese a que sus investigaciones no eran publicadas formalmente.

Fermat

Descartes

En contraste, Descartes era un laureado miembro de la comunidad científica que se dedicaba de forma exclusiva a la investigación, en materia de filosofía y matemáticas.

Descartes descubrió los principios de la geometría analítica sin conocer el trabajo de Fermat, presentándolos formalmente en su obra *La Géométrie*, publicada en 1637; casi 8 años después que Fermat culminara su propia investigación. Se dice que Descartes sintió un gran recelo por Fermat al conocer sus obras, pese a que Pierre no manifestó intenciones de entablar alguna disputa.

PROBLEMAS RESUELTOS 2.1

Problema 2.1.1

Probar que los puntos $A = (-1, 1)$, $B = (3, 9)$ y $C = (5, 13)$ son colineales (están sobre una recta), empleando la fórmula de la distancia.

Solución

$$d(A,B) = \sqrt{(3+1)^2 + (9-1)^2} = \sqrt{80} = 4\sqrt{5}$$

$$d(B,C) = \sqrt{(5-3)^2 + (13-9)^2} = \sqrt{20} = 2\sqrt{5}$$

$$d(A,C) = \sqrt{(5+1)^2 + (13-1)^2} = \sqrt{180} = 6\sqrt{5}$$

Observamos que: $d(A,B) + d(B,C) = d(A,C)$.

Luego, los tres puntos A, B y C son colineales.

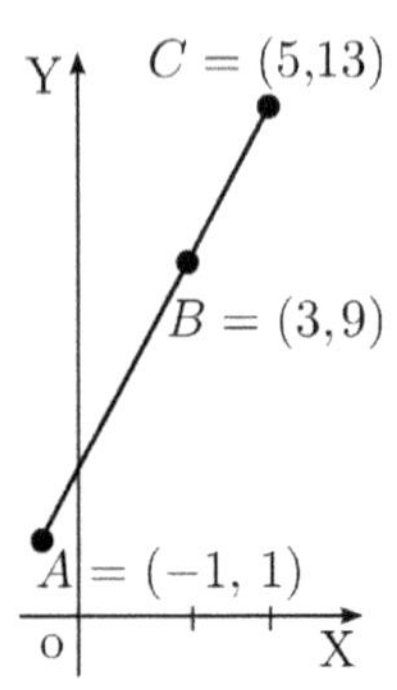

$\boxed{\textbf{Problema 2.1.2}}$ Sean x e y dos variables.

Hallar una ecuación que las relacione y que exprese el hecho de que el punto $P = (x,y)$ equidista de los puntos $A = (1,2)$ y $B = (5,-1)$.

Solución

Se debe cumplir que:

$$d(P,A) = d(P,B)$$

Luego, $d(P,A)^2 = d(P,B)^2$.

Esto es:

$$(1-x)^2 + (y-2)^2 = (5-x)^2 + (1+y)^2$$
$$\Leftrightarrow \quad 1 - 2x + x^2 + y^2 - 4y + 4 = 25 - 10x + x^2 + 1 + 2y + y^2$$
$$\Leftrightarrow \quad -2x + 1 - 4y + 4 = -10x + 25 + 2y + 1$$
$$\Leftrightarrow \quad 8x - 6y - 21 = 0$$

Luego, la ecuación buscada es $8x - 6y - 21 = 0$. Más adelante, veremos que esta ecuación representa una recta (la mediatriz del segmento $\overline{AB}$).

$\boxed{\textbf{Problema 2.1.3}}$

Dos vértices adyacentes de un paralelogramo son $A = (-4,3)$ y $B = (1,5)$.

Si el punto medio de las diagonales es $M = (2,1)$, hallar:

a. los otros dos vértices.

b. la longitud de dos lados adyacentes a vértice A.

Solución

a. Sean $C = (c_1, c_2)$ y $G = (g_1, g_2)$ los otros dos vértices.

Por ser $M = (2, 1)$ el punto medio de la diagonal $\overline{BC}$:

$$2 = \frac{c_1 + 1}{2}, \ 1 = \frac{c_2 + 5}{2}$$

$$\Rightarrow \quad c_1 = 3, \ c_2 = -3$$

$$\Rightarrow \quad \boldsymbol{C = (3, -3)}$$

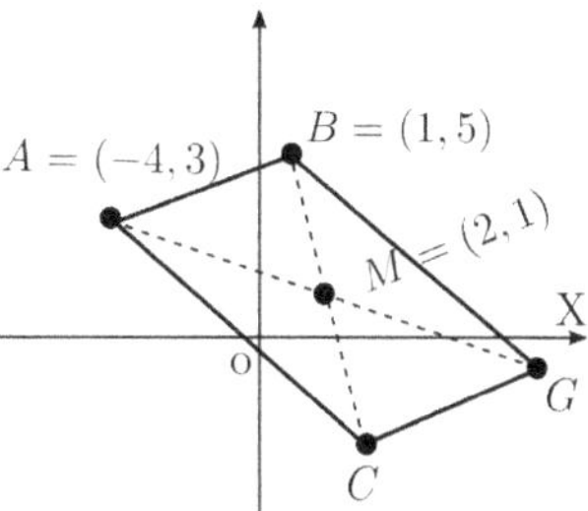

Por ser $M = (2, 1)$ el punto medio de la diagonal $\overline{AG}$:

$$2 = \frac{-4 + g_1}{2}, \ 1 = \frac{3 + g_2}{2} \Rightarrow g_1 = 8, \ g_2 = -1 \Rightarrow \boldsymbol{G = (8, -1)}$$

b. $d(A, B) = \sqrt{(1 - (-4))^2 + (5 - 3)^2} = \sqrt{5^2 + 2^2} = \sqrt{29}$

$d(A, C) = \sqrt{(3 - (-4))^2 + (-3 - 3)^2} = \sqrt{7^2 + (-6)^2} = \sqrt{85}$

Problema 2.1.4

Probar que los segmentos que unen los puntos medios de los lados opuestos de un cuadrilátero se bisecan. En otras palabras, probar que los segmentos tienen el mismo punto medio.

Solución

Tomemos un cuadrilátero cualquiera. Puesto que la distancia entre puntos es invariante por traslaciones o reflexiones, podemos suponer que un vértice del cuadrilátero coincide con el origen, y que uno de los lados cae sobre el semieje positivo de las X.

Sean $A = (a_1, a_2), B = (b_1, b_2)$ y $C = (c, 0)$ los otros vértices.

Si M, N, R y S son puntos medios de los lados del cuadrilátero, usando la fórmula del punto medio, tenemos que:

$$M = \left(\frac{a_1}{2}, \frac{a_2}{2}\right), \ N = \left(\frac{c + b_1}{2}, \frac{b_2}{2}\right),$$

$$S = \left(\frac{c}{2}, 0\right), \ R = \left(\frac{a_1 + b_2}{2}, \frac{a_2 + b_2}{2}\right)$$

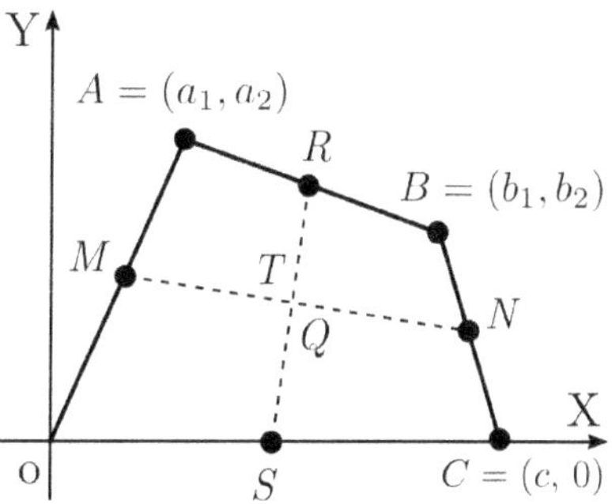

Ahora, si $T = (t_1, t_2)$ es el punto medio del segmento $\overline{NM}$, entonces:

$$t_1 = \frac{1}{2}\left[\frac{a_1}{2} + \frac{c+b_1}{2}\right] = \frac{a_1+c+b_1}{4}, \quad t_2 = \frac{1}{2}\left[\frac{a_2}{2} + \frac{b_2}{2}\right] = \frac{a_2+b_2}{4}$$

Luego,

$$T = \left(\frac{a_1+c+b_1}{4}, \frac{a_2+b_2}{4}\right)$$

Por otro lado, si $Q = (q_1, q_2)$ es el punto medio del segmento $\overline{SR}$, entonces:

$$q_1 = \frac{1}{2}\left[\frac{c}{2} + \frac{a_1+b_1}{2}\right] = \frac{c+a_1+b_1}{4}, \quad q_2 = \frac{1}{2}\left[0 + \frac{a_2+b_2}{2}\right] = \frac{a_2+b_2}{4}$$

Luego,

$$Q = \left(\frac{c+a_1+b_1}{4}, \frac{a_2+b_2}{4}\right)$$

Comparando T y Q, vemos que $T = Q$; por lo tanto, los segmentos que unen los lados opuestos del cuadrilátero efectivamente se bisecan.

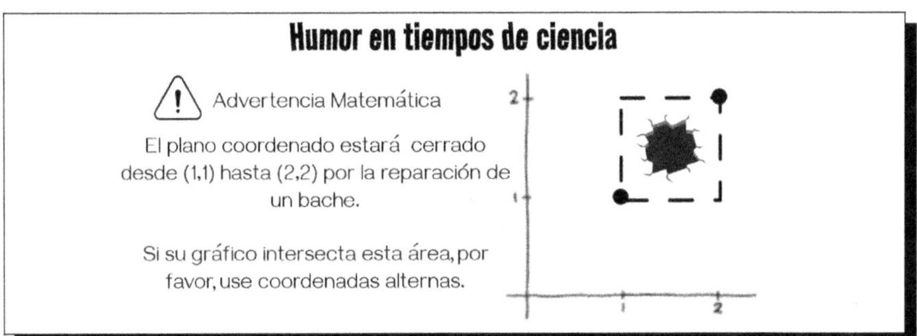

PROBLEMAS PROPUESTOS 2.1

En los problemas 1, 2 y 3, hallar la distancia entre los siguientes pares de puntos P y Q, y encontrar el punto medio del segmento que los une.

1. $P = (0,0)$, $Q = (1,2)$ 2. $P = (1,3)$, $Q = (3,5)$

     3. $P = (-1,1)$, $Q = (1,\sqrt{2})$

4. Probar que los puntos $A = (-2,4)$, $B = (-1,3)$ y $C = (2,-1)$ son colineales.

5. Si $A = (-3,-5)$ y $M = (0,2)$, hallar B sabiendo que M es el punto medio del segmento $\overline{AB}$.

6. Si $B = (8, -12)$ y $M = (7/2, 3)$, hallar A sabiendo que M es el punto medio del segmento $\overline{AB}$.

7. Probar que los puntos $A = (2, -3)$, $B = (4, 2)$ y $C = (-1, 4)$ son los vértices de un triángulo isósceles.

8. Probar que el triángulo con vértices $A = (4, 1)$, $B = (2, 2)$ y $C = (-1, -4)$ es rectángulo.

9. Probar que los puntos $A = (1, 2)$, $B = (4, 8)$, $C = (5, 5)$ y $D = (2, -1)$ son los vértices de un paralelogramo.

10. Probar que los puntos $A = (0, 2)$, $B = (1, 1)$, $C = (2, 3)$ y $D = (-1, 0)$ son los vértices de un rombo.

11. Probar que los puntos $A = (1, 1)$, $B = (11, 3)$, $C = (10, 8)$ y $D = (0, 6)$ son los vértices de un rectángulo.

12. Probar que los puntos $A = (-4, 1)$, $B = (1, 3)$, $C = (3, -2)$ y $D = (-2, -4)$ son los vértices de un cuadrado.

13. Hallar los puntos $P = (x, 2)$ que distan 5 unidades del punto $(-1, -2)$.

14. Hallar los puntos $P = (1, y)$ que distan 13 unidades del punto $(-4, 1)$.

15. Hallar una ecuación que relacione las variables x e y, y que describa el hecho de que el punto $P = (x, y)$ equidista de los puntos $A = (6, 1)$ y $B = (-4, -3)$.

16. Hallar una ecuación que relacione a las variables x e y, y que describa el hecho de que el punto $P = (x, y)$ dista 3 unidades del origen.

17. Los puntos medios de los lados de un triángulo son $M = (2, -1)$, $N = (-1, 4)$ y $Q = (-2, 2)$. Hallar los vértices.

18. Dos vértices adyacentes de un paralelogramo son $A = (2, 3)$ y $B = (4, -1)$. Si las diagonales se bisecan en el punto $M = (1, -3)$, hallar los otros dos vértices.

19. Los vértices de un cuadrilátero son $A = (-2, 14)$, $B = (3, -4)$, $C = (6, -2)$ y $D = (6, 6)$. Hallar el punto donde las diagonales se intersectan.

SECCIÓN 2.2

GRÁFICAS DE ECUACIONES. SIMETRÍA Y TRASLACIÓN

Definición Dada una ecuación en dos variables $F(x, y) = 0$.

Al conjunto formado por todos los puntos $P = (x, y)$ del plano, cuyas coordenadas satisfacen la ecuación, se le llama **gráfico** o **gráfica**. En otros términos, la gráfica de la ecuación $F(x, y) = 0$ es el conjunto:

$$G = \{(x, y) \in \mathbb{R}^2 / F(x, y) = 0\}$$

Dos ecuaciones son **equivalentes** si ambas tienen las mismas soluciones; así, las ecuaciones $y = \frac{x}{2}$ y $2y = x$ son equivalentes. Los gráficos de las ecuaciones equivalentes son iguales.

Trazar el gráfico de una ecuación no es simple y demanda conocimientos que desarrollaremos más adelante, después de estudiar el concepto de *derivada* en *Cálculo Diferencial*. Sin embargo, si la ecuación no es complicada, se puede graficar localizando algunos puntos.

En la elección de los puntos a representar se deben tratar de escoger los más adecuados. Entre estos están los puntos donde la gráfica intersecta a los ejes coordenados. Las abscisas de los puntos donde la gráfica intersecta al eje X se llaman **abscisas en el origen**. Estas se encuentran haciendo $y = 0$ en la ecuación. Similarmente, las ordenadas de los puntos donde la gráfica intersecta al eje Y se llaman **ordenadas en el origen**, y se encuentran haciendo $x = 0$.

Ejemplo 2.2.1 Graficar la ecuación: $y = x^2$

Solución

Intersección con el eje X:

$$y = 0 \Rightarrow x^2 = 0 \Rightarrow x = 0$$

La gráfica intersecta al eje X en el punto $(0, 0)$.

Intersección con el eje Y:

$$x = 0 \Rightarrow y = 0^2 = 0$$

La gráfica intersecta al eje Y en el punto $(0, 0)$.

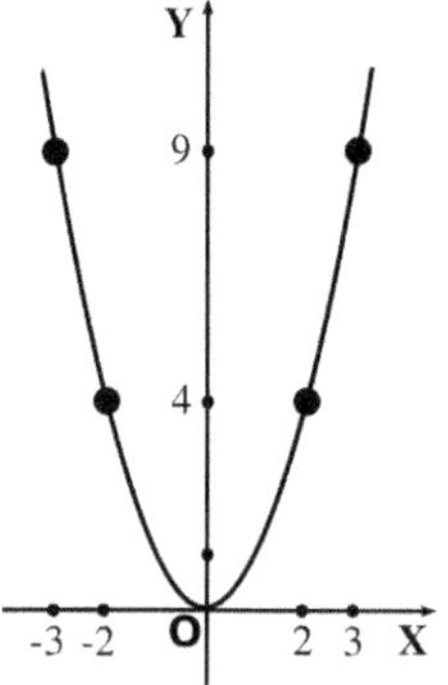

La siguiente tabla nos proporciona otros puntos.

x	-3	-2	0	1	2	3
y	9	4	0	1	4	9

Esta curva es una parábola con vértice en el origen, cuyo eje coincide con el eje Y. En el capítulo 3 estudiaremos esta curva con más detenimiento.

Ejemplo 2.2.2   Trazar el gráfico de la ecuación: $x^2 + 4y^2 = 4$.

Solución

Confeccionaremos una tabla que nos proporcione algunos puntos donde las coordenadas satisfagan esta ecuación.

En primer lugar hallamos las intersecciones con los ejes.

Intersección con el eje X:

$$y = 0 \Rightarrow x^2 + 4(0)^2 = 4$$

$$\Rightarrow x = 2 \quad \text{o} \quad x = -2$$

Luego, la gráfica intersecta al eje X en los puntos: $(2,0)$ y $(-2,0)$.

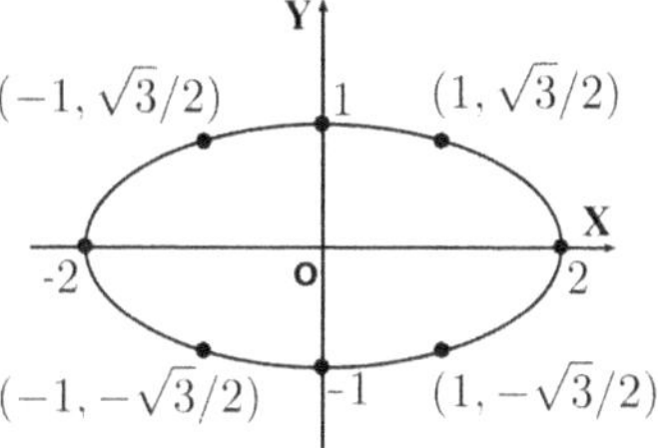

Intersección con el eje Y:

$$x = 0 \Rightarrow (0)^2 + 4y^2 = 4$$

$$\Rightarrow y = 1 \quad \text{o} \quad y = -1$$

Luego, la gráfica intersecta al eje Y en los puntos $(0,1)$ y $(0,-1)$.

Para obtener otros puntos le damos algunos valores a x o a y. En la ecuación resultante despejamos los valores correspondientes de x o de y. La siguiente tabla nos proporciona algunos de estos puntos.

x	-2	-1	0	1	2
y	0	$\pm\sqrt{3}/2$	± 1	$\pm\sqrt{3}/2$	0

Esta curva es una **elipse**. La volveremos a encontrar en el capítulo 3.

SIMETRÍAS Y REFLEXIONES

Dos puntos A y B son **simétricos** respecto a la recta L si L corta perpendicularmente al segmento $\overline{AB}$ en su punto medio. En este caso, la recta L es el **eje de simetría**.

En la figura adjunta, M es el punto medio del segmento $\overline{AB}$.

Si asumimos que L es un espejo, entonces el punto B es la reflexión del punto A en el espejo.

Dos puntos A y B son *simétricos respecto a un punto* O si O es el punto medio del segmento $\overline{AB}$. En este caso, O es el **centro de simetría**.

$\boxed{\text{Definición}}$ **Simetría.**

a. Un gráfico es **simétrico respecto a un eje de simetría** si, para cada punto de la curva, existe otro punto de la curva tal que estos dos puntos son simétricos respecto al eje de simetría.

b. Un gráfico es **simétrico respecto a un centro de simetría** si, para cada punto de la curva, existe otro punto de la curva tal que estos dos puntos son simétricos respecto al centro de simetría.

Las simetrías más notables son las siguientes:

1. **Simetría respecto al eje Y.**

   Un gráfico G es simétrico respecto al eje Y si se cumple:

   $$(x, y) \in G \Rightarrow (-x, y) \in G$$

2. **Simetría respecto al eje X.**

   Un gráfico G es simétrico respecto al eje X si se cumple:

   $$(x, y) \in G \Rightarrow (x, -y) \in G$$

3. **Simetría respecto al origen.**

   Un gráfico G es simétrico respecto al origen si se cumple:

   $$(x, y) \in G \Rightarrow (-x, -y) \in G$$

A continuación presentamos tres criterios que derivan de esta definición.

CRITERIOS DE SIMETRÍA

La gráfica de una ecuación $F(x, y) = 0$ es simétrica respecto al:

eje Y: si al sustituir x por $-x$ se obtiene una ecuación equivalente.

eje X: si al sustituir y por $-y$ se obtiene una ecuación equivalente.

origen: si al sustituir x por $-x$, e y por $-y$, se obtiene una ecuación equivalente.

Ejemplo 2.2.3 Probar que:

a. la *bruja de Agnesi* es simétrica respecto al eje Y.

b. la *parábola semicúbica* es simétrica respecto al eje X.

c. la *parábola cúbica* es simétrica respecto al origen.

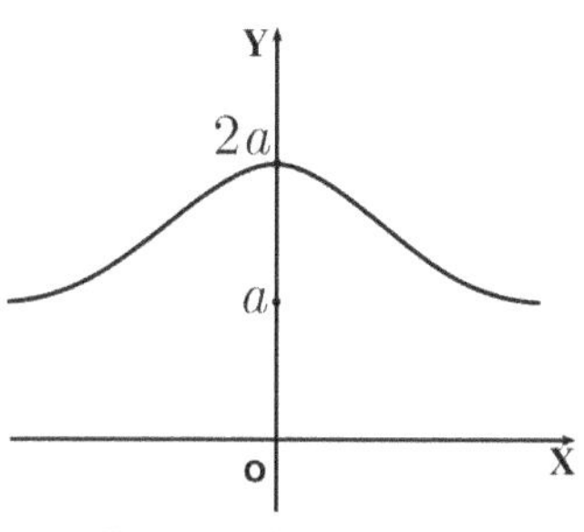

Bruja de Agnesi

$$yx^2 = 4a^2(2a - y),\ a > 0$$

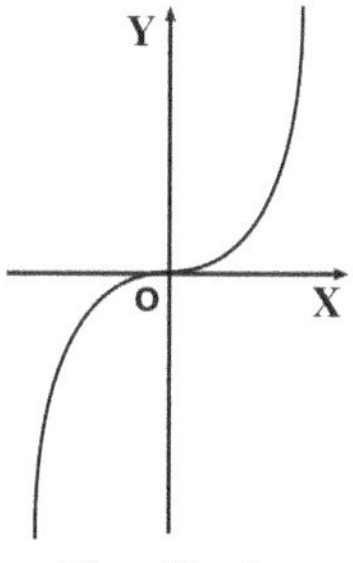

**Parábola
semicúbica**

$$y^2 = x^3$$

**Parábola
cúbica**

$$y = x^3$$

Solución

a. Reemplazando x por $-x$ en la ecuación de la Bruja:

$$(-x)^2 y = 4a^2(2a - y) \Rightarrow x^2 y = 4a^2(2a - y) \quad \text{(es la ecuación de la Bruja)}$$

b. Reemplazando y por $-y$ en la ecuación de la parábola semicúbica:

$$(-y)^2 = x^3 \Rightarrow y^2 = x^3 \quad \text{(es la ecuación de la parábola semicúbica)}$$

c. Reemplazando x por $-x$, e y por $-y$ en la ecuación de la parábola cúbica:

$$-y = (-x)^3 \Rightarrow -y = -x^3$$

$$\Rightarrow y = x^3 \quad \text{(es la ecuación de la parábola cúbica)}$$

¿Sabías esto?

María Gaetana Agnesi (1718-1779) nació en Milán, Italia, en el seno de una familia acaudalada e ilustrada. Nunca demostró talento alguno para la "hechicería", pero sí, desde muy joven, para la Matemática.

María Agnesi

Escribió un libro de Cálculo Diferencial titulado *Instituzioni Analitiche al uso della Gioventu Italiana* (Instituciones Analíticas para la Juventud Italiana), en el que describió la *Bruja de Agnesi*, cuyo nombre inicial fue "versiera", que significa "voltear" en latín. En una traducción del libro, se confundió esta palabra con "avversiera", que significa "bruja" en italiano, dando origen al peculiar nombre de esta curva.

REFLEXIÓN EN LA DIAGONAL PRINCIPAL

Si invertimos las coordenadas de un punto $A = (a, b)$, obtenemos el punto $B = (b, a)$ ¿Qué propiedad geométrica relaciona a estos puntos? Grafiquemos algunas de estas parejas de puntos para hallar esta relación.

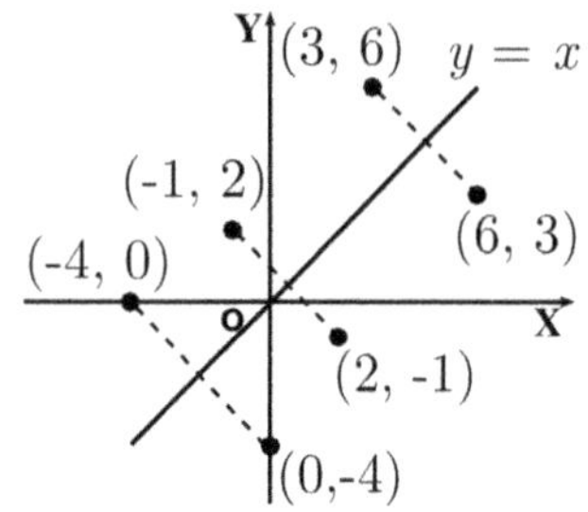

Grafiquemos también la diagonal $L : y = x$, a la que llamaremos desde ahora *Diagonal Principal*. Es evidente que estos pares de puntos son simétricos respecto a la diagonal L. Vamos a probar este resultado.

El punto medio del segmento de recta, con extremos $A = (a, b)$ y $B = (b, a)$, es:

$$M = \left(\frac{a + b}{2}, \frac{b + a}{2} \right),$$

que está en la diagonal principal L.

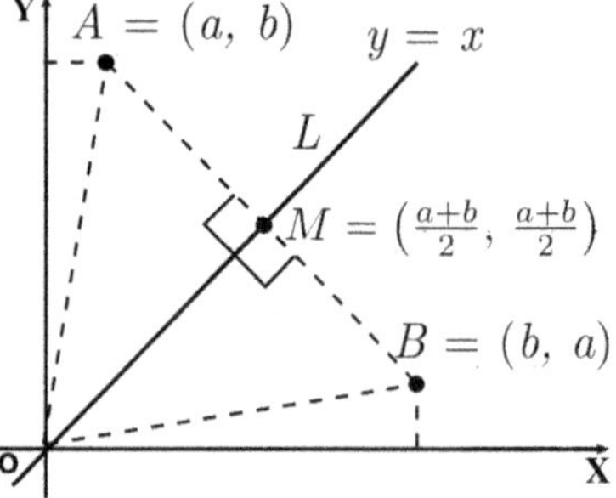

Se evidencia que los dos triángulos de la figura son rectángulos; por lo tanto, la diagonal principal es perpendicular a $\overline{AB}$.

Luego, estos puntos son *simétricos respecto a la diagonal principal*.

El resultado anterior nos permite establecer el siguiente criterio, al que llamaremos *Criterio de Reflexión en la Diagonal Principal* o *Criterio de Inversión*. Le damos esta segunda denominación ya que este criterio nos servirá más adelante para construir las gráficas de las funciones inversas.

CRITERIO DE REFLEXIÓN
EN LA DIAGONAL PRINCIPAL
o
CRITERIO DE INVERSIÓN

La gráfica de la ecuación $F(y, x) = 0$ se obtiene reflejando, en la **diagonal principal** $y = x$, la gráfica de:

$$F(x, y) = 0$$

$\boxed{\textbf{Ejemplo 2.2.4}}$ Haciendo uso de la gráfica de $y = x^2$ (ejemplo 2.2.1) y del criterio de inversión, graficar la ecuación:

$$x = y^2$$

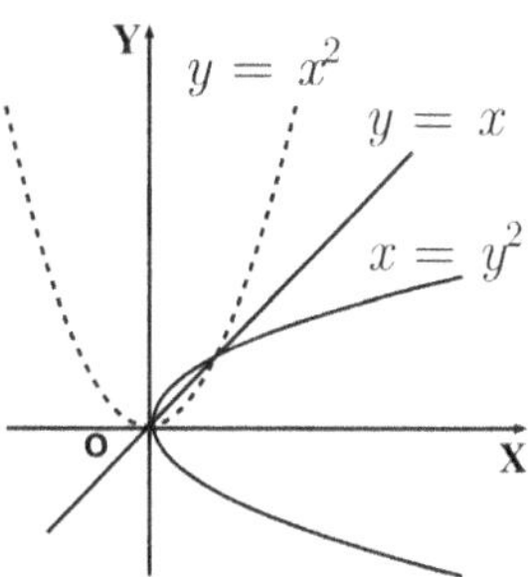

Solución

La ecuación $x = y^2$ se obtiene intercambiando las variables x e y de la ecuación $y = x^2$.

Luego, por el criterio de inversión, la gráfica de $x = y^2$ se obtiene reflejando la gráfica de $y = x^2$ en la diagonal principal.

ECUACIÓN DE UNA CURVA

El disponer de un sistema de coordenadas para el plano nos ha permitido traducir conceptos algebraicos, como las ecuaciones, a conceptos geométricos, como los gráficos, pero también nos permite tomar el camino inverso de traducir conceptos geométricos a conceptos algebraicos.

$\boxed{\textbf{Definición}}$

Una *ecuación de una curva* es una ecuación satisfecha por las coordenadas de todos los puntos de la curva y sólo éstos.

Un gráfico puede tener muchas ecuaciones. Por esta razón, decimos *una* ecuación y no *la* ecuación del gráfico.

LA CIRCUNFERENCIA

En geometría elemental, la circunferencia es la figura que tiene centro C y radio $r > 0$. En Geometría Analítica, es el conjunto de puntos del plano cuya distancia al punto C es r.

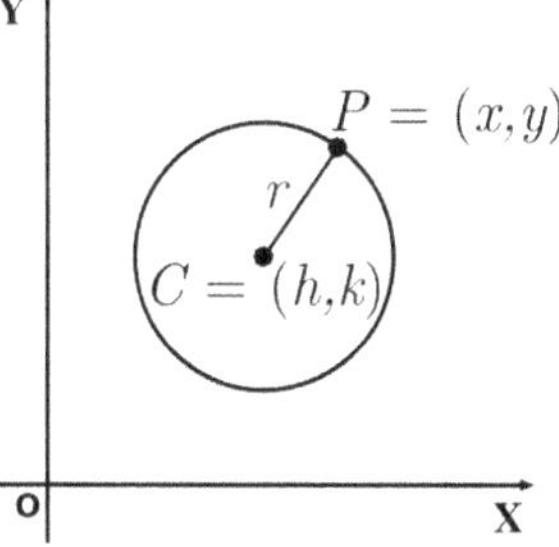

Es decir:

$$\{P \in \mathbb{R}^2 / d(P, C) = r\}$$

Hallemos una ecuación para la circunferencia.

$\boxed{\textbf{Teorema 2.2.1}}$

Una ecuación de la **circunferencia** de centro $C = (h, k)$ y radio r es:

$$(x - h)^2 + (y - k)^2 = r^2$$

En particular, si el centro es el origen $(0, 0)$ y el radio r, la circunferencia es:

$$x^2 + y^2 = r^2$$

Demostración

$P = (x, y)$ está en la circunferencia si y sólo si:

$$d(P, C) = r \Leftrightarrow \sqrt{(x - h)^2 + (y - h)^2} = r \Leftrightarrow (x - h)^2 + (y - k)^2 = r^2$$

Ejemplo 2.2.5

Hallar una ecuación de la circunferencia con centro $C = (2,\ 1)$ y radio 3.

Solución

Por la proposición anterior, una ecuación de esta circunferencia es:

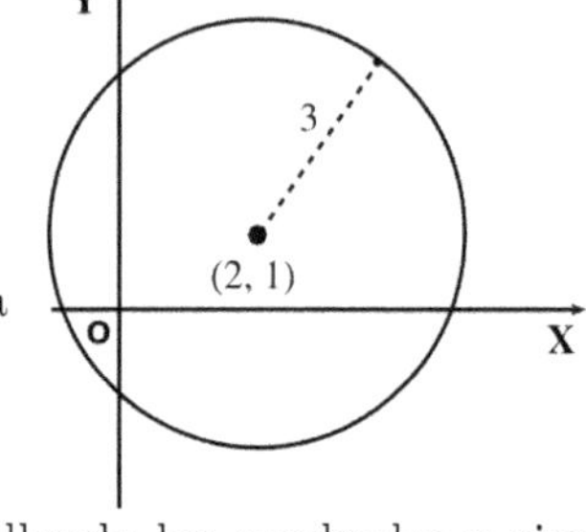

$$(x - 2)^2 + (y - 1)^2 = 3^2$$

Esta ecuación también se puede obtener desarrollando los cuadrados y simplificando:

$$x^2 + y^2 - 4x - 2y - 4 = 0$$

TRASLACIÓN

Observando detenidamente la figura anterior, podemos intuir que la circunferencia $(x - h)^2 + (y - k)^2 = r^2$, con centro en (h, k), se puede obtener mediante una traslación de la circunferencia $x^2 + y^2 = r^2$, con centro en el origen.

Esta traslación lleva el origen $(0, 0)$ al punto (h, k) del modo siguiente:

Si $h > 0$ y $k > 0$: trasladando todo punto del plano, h unidades hacia la derecha y k unidades hacia arriba.

Si $h < 0$ y $k < 0$: trasladando todo punto del plano, $\mid h \mid$ unidades a la izquierda y $\mid k \mid$ hacia abajo.

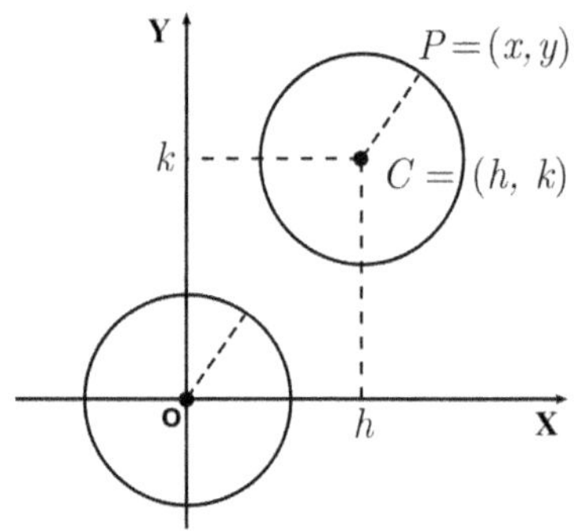

Generalizamos esta observación en el siguiente criterio.

CRITERIO DE TRASLACIÓN

La gráfica de la ecuación:

$$F(x - h,\ y - k) = 0,$$

se obtiene trasladando la gráfica de la ecuación

$$F(x,\ y) = 0,$$

mediante la traslación que lleva el **origen** al punto $(h,\ k)$.

$\boxed{\textbf{Ejemplo 2.2.6}}$ Graficar la ecuación: $x^2 - 2x + 4y^2 + 16y + 13 = 0$.

Solución

Completamos cuadrados en la ecuación dada:

$$x^2 - 2x + 4y^2 + 16y + 13 = 0$$

$$\Leftrightarrow \quad (x^2 - 2x + \quad) + (4y^2 + 16y + \quad) = -13$$

$$\Leftrightarrow \quad (x^2 - 2x + \quad) + 4(y^2 + 4y + \quad) = -13$$

$$\Leftrightarrow \quad (x^2 - 2x + 1) + 4(y^2 + 4y + 4) = -13 + 1 + 16$$

$$\Leftrightarrow \quad (x - 1)^2 + 4(y + 2)^2 = 4$$

$$\Leftrightarrow \quad (x - 1)^2 + 4(y - (-2))^2 = 4$$

Vemos que la ecuación dada se obtiene trasladando la ecuación del ejemplo 2.2.2, $x^2 + 4y^2 = 4$, desde el origen hasta el punto $(h, k) = (1, -2)$.

PROBLEMAS RESUELTOS 2.2

$\boxed{\textbf{Problema 2.2.1}}$

Hallar una ecuación de la circunferencia cuyo diámetro es el segmento de extremos $A = (-2, 1)$ y $B = (4, 7)$.

Solución

El centro de la circunferencia es el punto medio del segmento $\overline{AB}$. Este es:

$$M = \left(\frac{-2 + 4}{2}, \frac{1 + 7}{2} \right) = (1,\ 4)$$

El radio de la circunferencia debe ser igual a la mitad del diámetro, o bien, igual a la distancia del punto medio M a cualquiera de los extremos A o B. Esto es:

$$r = d(M, B)$$

$$= \sqrt{(4 - 1)^2 + (7 - 4)^2}$$

$$= \sqrt{18}$$

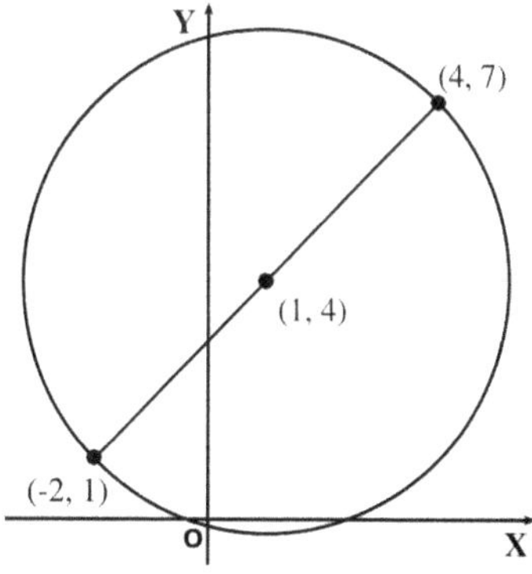

Luego, una ecuación para esta circunferencia es:

$$(x-1)^2 + (y-4)^2 = 18 \quad \text{o bien} \quad x^2 + y^2 - 2x - 8y - 1 = 0$$

Problema 2.2.2

Hallar una ecuación de la circunferencia que tiene un radio de $\sqrt{10}$, y pasa por los puntos $Q = (2, -2)$ y $S = (6, -4)$.

Solución

Hallemos el centro $C = (h, k)$ de la circunferencia. Como Q y S están en la circunferencia, debemos tener que:

$$d(C, Q) = r \qquad \text{y} \qquad d(C, S) = r$$
$$\Rightarrow \quad d(C, Q)^2 = r^2 \qquad \text{y} \qquad d(C, S)^2 = r^2$$

$\Rightarrow$

$$(h-2)^2 + (k+2)^2 = 10$$
$$\text{y}$$
$$(h-6)^2 + (k+4)^2 = 10$$

$\Rightarrow$

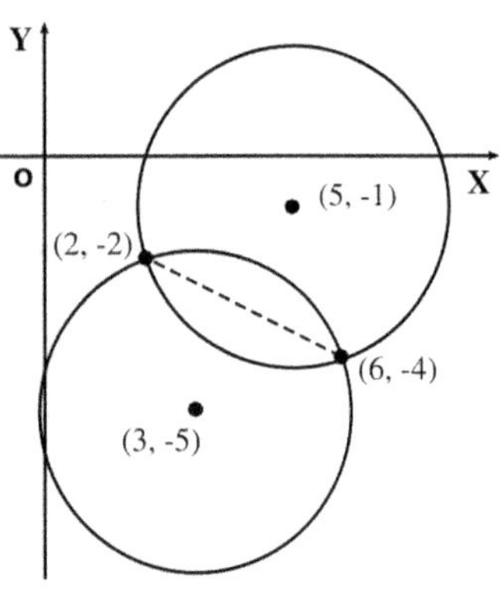

$$h^2 + k^2 - 4h + 4k - 2 = 0 \qquad \textbf{(a)}$$
$$\text{y}$$
$$h^2 + k^2 - 12h + 8k + 42 = 0 \qquad \textbf{(b)}$$

Restando la primera ecuación de la segunda, se tiene:

$$-8h + 4k + 44 = 0 \Rightarrow -2h + k + 11 = 0 \Rightarrow k = 2h - 11$$

Reemplazando el valor de k en (a):

$$h^2 + (2h - 11)^2 - 4h + 4(2h - 11) - 2 = 0 \quad \Rightarrow \quad 5h^2 - 40h + 75 = 0$$
$$\Rightarrow \quad h^2 - 8h + 15 = 0 \quad \Rightarrow \quad (h - 5)(h - 3) = 0$$
$$\Rightarrow \quad h = 5 \quad \text{o} \quad h = 3$$

Si tomamos $h = 5$, entonces $k = 2(5) - 11 = -1$ y $C = (5, -1)$.

Si tomamos $h = 3$, entonces $k = 2(3) - 11 = -5$ y $C = (3, -5)$.

Tenemos dos soluciones, una para cada centro C hallado. Estas son:

$$(x - 5)^2 + (y + 1)^2 = 10 \qquad \text{y} \qquad (x - 3)^2 + (y + 5)^2 = 10$$

Problema 2.2.3 Haciendo uso de los criterios de traslación o de inversión, graficar las siguientes ecuaciones:

a. $xy^2 = 4a^2(2a - x)$ b. $x = -y^2$ c. $x - 3 = -(y - 2)^2$

Solución

a. $xy^2 = 4a^2(2a - x)$ se obtiene de la ecuación de la Bruja de Agnesi, ejemplo 2.2.3 (Parte a):

$$yx^2 = 4a^2(2a - y)$$

b. En el ejemplo 2.2.4 se obtuvo a gráfica de $x = y^2$ reflejando la gráfica de $y = x^2$ en la diagonal principal. Tenemos que $x = -y^2 \Rightarrow -x = y^2$.

Esta última ecuación se obtiene de $x = y^2$, cambiando x por $-x$.

Luego, la gráfica de $x = -y^2$ o la de $-x = y^2$ se obtiene reflejando la gráfica de $x = y^2$ en el eje Y.

c. La gráfica de $x - 3 = -(y - 2)^2$ se obtiene de la gráfica de $\boldsymbol{x = -y^2}$, mediante la traslación que lleva el origen a $(3, 2)$.

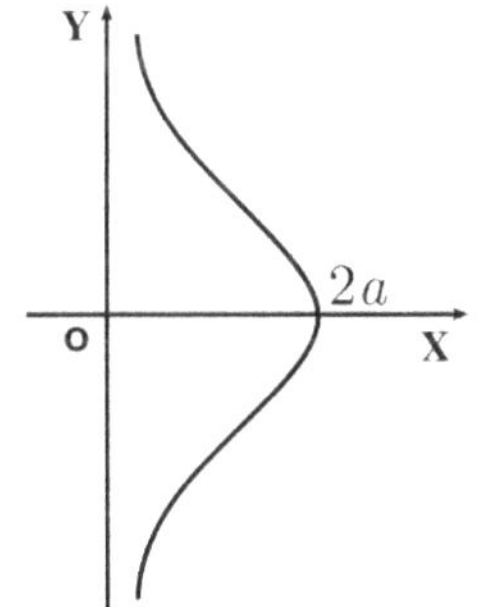

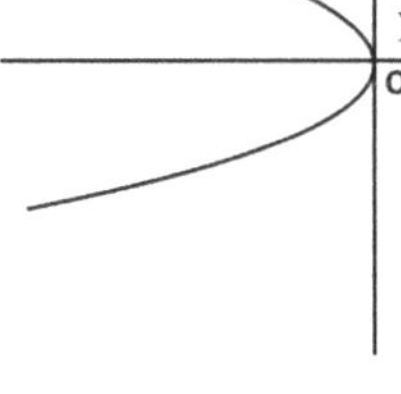

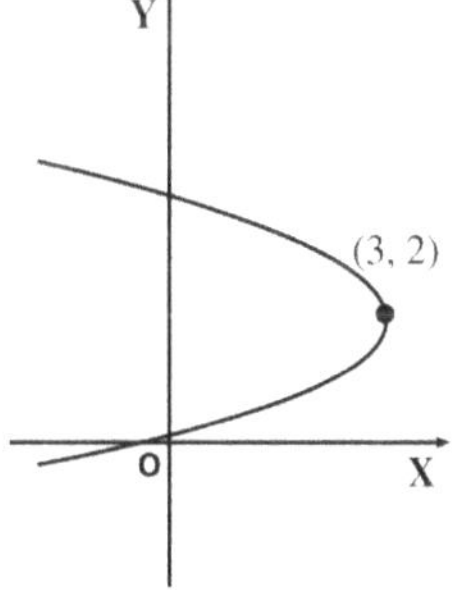

a. $xy^2 = 4a^2(2a - x)$ b. $x = -y^2$ c. $x - 3 = -(y - 2)^2$

PROBLEMAS PROPUESTOS 2.2

En los problemas del 1 al 7, aplicar los criterios de simetría para determinar si el gráfico de la ecuación dada es simétrico respecto al eje X, eje Y o al origen.

1. $y = x^2$ **2.** $xy = 1$ **3.** $\frac{x^2}{4} + \frac{y^2}{9} = 1$ **4.** $\frac{x^2}{4} - \frac{y^2}{9} = 1$

5. $y^2(2 - x) = x^3$ **6.** $x^2 + y^2 + x = \sqrt{x^2 + y^2}$ **7.** $(x^2 + y^2)^2 = x^2 - y^2$

En los problemas del 8 al 16, hallar una ecuación de la circunferencia que satisface las condiciones dadas.

8. Centro $(2, -1)$; $r = 5$

9. Centro $(-3, 2)$; $r = \sqrt{5}$

10. Centro en el origen, pasa por $(-3, 4)$

11. Centro $(1, -1)$, pasa por $(6, 4)$

12. Centro $(1, -3)$, es tangente al eje X

13. Centro $(-4, 1)$, es tangente al eje Y

14. Tiene un diámetro de extremos: $(2, 4)$ y $(4, -2)$

15. Radio $r = 1$ pasa por: $(1, 1)$ y $(1, -1)$

16. Pasa por los puntos $(0, 0)$, $(0, 8)$ y $(6, 0)$

En los problemas del 17 al 22, probar que la ecuación dada representa una circunferencia, hallando su centro y su radio.

17. $x^2 + y^2 - 2x - 3 = 0$

18. $x^2 + y^2 + 4y - 4 = 0$

19. $x^2 + y^2 + y = 0$

20. $x^2 + y^2 - 2x + 4y - 4 = 0$

21. $2x^2 + 2y^2 - x + y - 1 = 0$

22. $16x^2 + 16y^2 - 48x - 16y - 41 = 0$

En los problemas **23, 24 y 25**, aplicando los criterios de traslación a la gráfica de la parábola semicúbica (ejemplo **2.2.6-b**), graficar las siguientes ecuaciones.

23. $(y - 1)^2 = (x + 1)^3$ **24.** $(x - 1)^2 = (y + 1)^3$ **25.** $(y + 1)^2 = (x - 1)^3$

En los problemas del **26 al 28**, aplicando los criterios de traslación y de reflexión a la gráfica de la Bruja de Agnesi (ejemplo **2.2.6-a**), graficar las siguientes ecuaciones.

26. $(x - 3)^2(y - 2) = 4(4 - y)$

27. $(y - 3)^2(x - 2) = 4(4 - x)$

28. $(x + 3)^2(y + 2) = 4(-y)$

SECCIÓN 2.3

LA RECTA Y LA ECUACIÓN DE PRIMER GRADO

Una *ecuación de primer grado* en dos variables, x e y, es una ecuación que posee la forma:

$$Ax + By + C = 0, \text{ donde } A \neq 0 \ \text{ o } \ B \neq 0$$

Comprobaremos que la gráfica de esta ecuación es una recta y que, a su vez, toda recta representa una ecuación de primer grado. Ante todo, exploraremos las distintas formas que puede tomar esta ecuación.

PENDIENTE DE UNA RECTA

Introducimos el concepto de **pendiente** de una recta para medir la razón de elevación o inclinación de una recta. Este concepto capta el sentido intuitivo de la palabra "*pendiente*" que usamos en frases como "*la pendiente de una carretera*" o "*la pendiente de una colina*".

Definición

Sea L una recta no vertical que pasa por los puntos $P_1 = (x_1,\, y_1)$ y $P_2 = (x_2,\, y_2)$.

Su pendiente es el cociente:

$$m = \frac{y_2 - y_1}{x_2 - x_1}$$

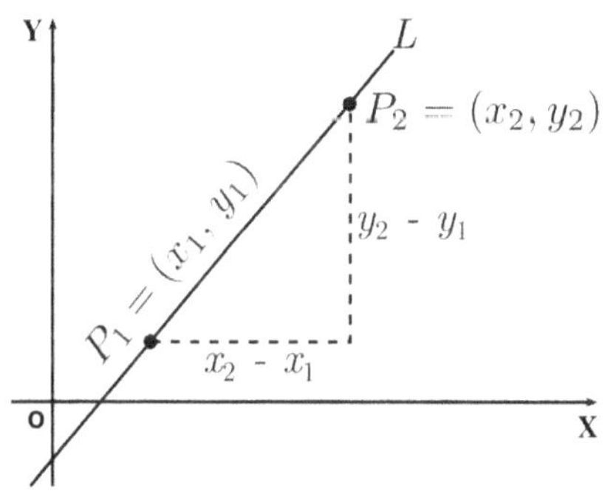

Observación

- También se tiene que:

$$m = \frac{y_1 - y_2}{x_1 - x_2} \qquad \text{ya que,} \qquad \frac{y_1 - y_2}{x_1 - x_2} = \frac{y_2 - y_1}{x_2 - x_1}$$

Sin embargo: $m \neq \dfrac{y_2 - y_1}{x_1 - x_2} \quad \wedge \quad m \neq \dfrac{y_1 - y_2}{x_2 - x_1}$

- La pendiente de una recta es independiente de los puntos que se toman para definirla. Es decir, si $P_1' = (x_1', y_1')$ y $P_2' = (x_2', y_2')$ son otros puntos de la recta, entonces tenemos que:

$$m = \frac{y_2 - y_1}{x_2 - x_1} = \frac{y_2' - y_1'}{x_2' - x_1'}$$

- La recta de una pendiente **positiva** es **ascendente** y la de una pendiente **negativa** es **descendente**.

- La pendiente m indica el número de unidades que la recta sube (si $m > 0$) o baja (si $m < 0$), por cada unidad horizontal que se avance a la derecha.

Si $m = 0$, la recta es horizontal.

Si $m \neq 0$, la recta es oblicua.

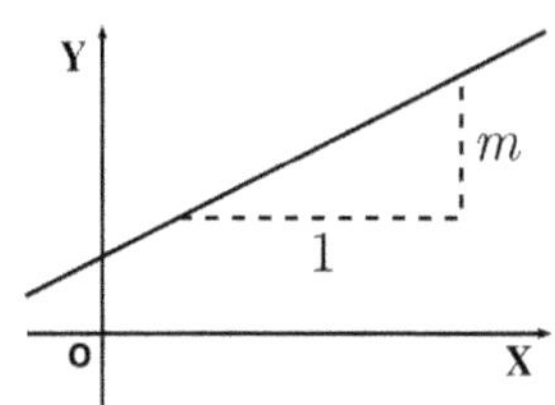

Ejemplo 2.3.1

Hallar la pendiente de la recta que pasa por los puntos $P_1 = (1, -2)$ y $P_2 = (3, 4)$.

Solución

$$m = \frac{4 - (-2)}{3 - 1} = \frac{6}{2} = 3, \quad \text{o bien} \quad m = \frac{-2 - 4}{1 - 3} = \frac{-6}{-2} = 3$$

Teorema 2.3.1 **Ecuación punto-pendiente.**

La siguiente es una ecuación de una recta que pasa por el punto $\boldsymbol{P_0} = (\boldsymbol{x_0}, \boldsymbol{y_0})$ y tiene pendiente $\boldsymbol{m}$:

$$\boldsymbol{y - y_0 = m(x - x_0)}$$

Demostración

Sea $P = (x, y)$ un punto cualquiera de la recta. De acuerdo a la definición de pendiente, tenemos que:

$$\frac{y - y_0}{x - x_0} = m \Rightarrow y - y_0 = m(x - x_0)$$

Ejemplo 2.3.2

Hallar una ecuación de la recta L que pasa por los puntos $(-2, 5)$ y $(1, -1)$.

Solución

En primer lugar, hallemos la pendiente de la recta:

$$m = \frac{-1 - 5}{1 - (-2)} = \frac{-6}{3} = -2$$

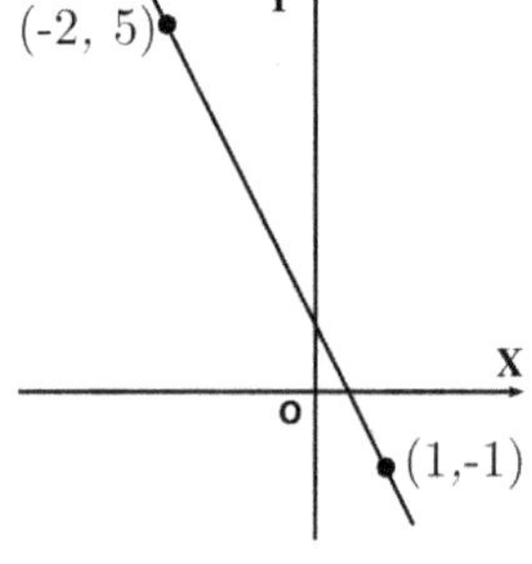

Procedemos a construir la ecuación punto-pendiente de L. Podemos tomar cualquiera de los dos puntos dados como P_0, ya sea $(-2, 5)$ o $(1, -1)$. Así, si $P_0 = (1, -1)$, tenemos:

$$y - (-1) = -2(x - 1) \Rightarrow y + 1 = -2x + 2$$

$$\Rightarrow y + 2x - 1 = 0$$

Si tomamos el punto $P_0 = (0, b)$ de la ecuación punto-pendiente, donde la recta corta al eje Y, se tiene que:

$$y - b = m(x - 0) \Rightarrow y = mx + b$$

Esta nueva ecuación de la recta se llama ecuación **pendiente-intersección**.

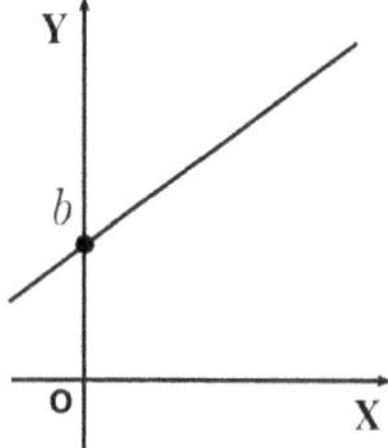

$\boxed{\textbf{Teorema 2.3.2}}$ **Ecuación pendiente-intersección con eje Y.**

Una ecuación de la recta que pasa por el punto $(\mathbf{0}, \mathbf{b})$, y tiene pendiente $\boldsymbol{m}$, tiene la forma:

$$\boldsymbol{y = mx + b}$$

RECTAS VERTICALES Y HORIZONTALES

Ninguna de las ecuaciones de la recta presentadas anteriormente describe a las rectas verticales, ya que éstas no tienen pendiente. Veamos la razón.

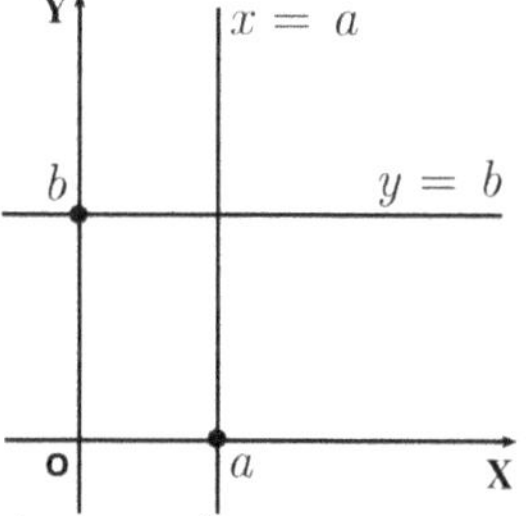

Supongamos que una recta vertical L corta al eje X en el punto $(a, 0)$, su **abscisa** en el **origen**.

Un punto cualquiera (x, y) está en L si y sólo si su abscisa es a; es decir, si $x = a$. Por lo tanto, una ecuación para esta recta vertical es: $\boldsymbol{x = a}$

Por otro lado, una recta horizontal tiene pendiente $m = 0$, ya que, para cualquier par de puntos, la ordenada será la misma. Luego, reemplazando $m = 0$ en la ecuación punto-intersección, se obtiene la ecuación $\boldsymbol{y = b}$ para la recta horizontal.

El siguiente teorema resume las proposiciones anteriores.

$\boxed{\textbf{Teorema 2.3.3}}$ **Ecuación de una recta.**

1. Una ecuación de la **recta vertical** con abscisa en el origen $\boldsymbol{a}$ es:

$$\boldsymbol{x = a}$$

2. Una ecuación de la **recta horizontal** con ordenada en el origen b es:

$$y = b$$

Ejemplo 2.3.3 Hallar una ecuación de la recta:

1. vertical que pasa por el punto (-2, 3).

2. horizontal que pasa por el punto (-2, 3).

Solución

$$1.\ x = -2 \qquad\qquad 2.\ y = 3$$

LA ECUACIÓN LINEAL

Una **ecuación lineal** en dos variables, x e y, es una ecuación de la forma:

$$Ax + By + C = 0, \text{ donde } A \neq 0 \text{ o } B \neq 0$$

Las distintas ecuaciones que hemos hallado anteriormente para las rectas, ya sean oblicuas, horizontales o verticales, son todas ecuaciones lineales.

Probaremos ahora que lo recíproco también es cierto; es decir, el gráfico de una ecuación lineal es una recta. De hecho, el término "*lineal*" se debe a este resultado.

Teorema 2.3.4

El gráfico de la ecuación lineal $Ax + By + C = 0$, con $A \neq 0$ o $B \neq 0$, es una **recta**. Además:

1. Si $A \neq 0$ y $B \neq 0$, la recta es **oblicua**.

2. Si $A = 0$ y $B \neq 0$, la recta es **horizontal**.

3. Si $A \neq 0$ y $B = 0$, la recta es **vertical**.

Demostración

Caso 1. Si $A \neq 0$ y $B \neq 0$, despejamos y:

$$y = -\frac{A}{B}x - \frac{C}{B}$$

Su gráfica es una recta oblicua, ya que su pendiente es $m = -\frac{A}{B} \neq 0$.

Caso 2. Si $A = 0$, la ecuación lineal se convierte en $By + C = 0$ donde, al despejar y, obtenemos $y = -\frac{C}{B}$, la cual tiene una recta horizontal por gráfica.

Caso 3. Si $B = 0$, la ecuación se convierte en $Ax + C = 0$; donde $x = -\frac{C}{A}$, cuya gráfica es una recta vertical.

$\boxed{\textbf{Convención}}$

Con el fin de resumir, de ahora en adelante haremos referencia a "*la recta del gráfico de $Ax + By + C = 0$*" como "*la recta $Ax + By + C = 0$*"

$\boxed{\textbf{Ejemplo 2.3.4}}$

Dada la recta $L : 2x - 3y + 12 = 0$, hallar su pendiente, ordenada en el origen, abscisa en el origen y gráfica.

Solución

Despejamos y:

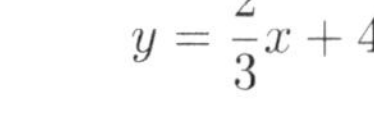

$$y = \frac{2}{3}x + 4$$

Luego, la pendiente es $m = \frac{2}{3}$

Si hacemos $x = 0$ en $2x - 3y + 12 = 0$, obtenemos $y = 4$. Luego, la ordenada en el origen es 4.

Si hacemos $y = 0$ en $2x - 3y + 12 = 0$, obtenemos $x = -6$. Luego, la abscisa en el origen es -6.

Para graficar una recta basta con conocer dos de sus puntos. Ya conocemos dos puntos de esta recta, (0, 4) y (-6, 0), obtenidos a partir de la ordenada y la abscisa en el origen. El gráfico se obtiene uniendo ambos puntos.

$\boxed{\textbf{Ejemplo 2.3.5}}$

Sea L_1 la recta que pasa por $P_1 = (4, 6)$ y $P_2 = (5, 8)$. Hallar el punto donde L_1 intersecta a la recta L_2: $x + y - 7 = 0$.

Solución

En primer lugar, hallemos una ecuación de L_1.

Dado que L_1 pasa por $P_1 = (4, 6)$, al igual que por $P_2 = (5, 8)$, tenemos que:

$$y - 6 = \frac{8 - 6}{5 - 4}(x - 4) \Leftrightarrow y - 6 = 2(x - 4)$$

$$\Leftrightarrow 2x - y - 2 = 0$$

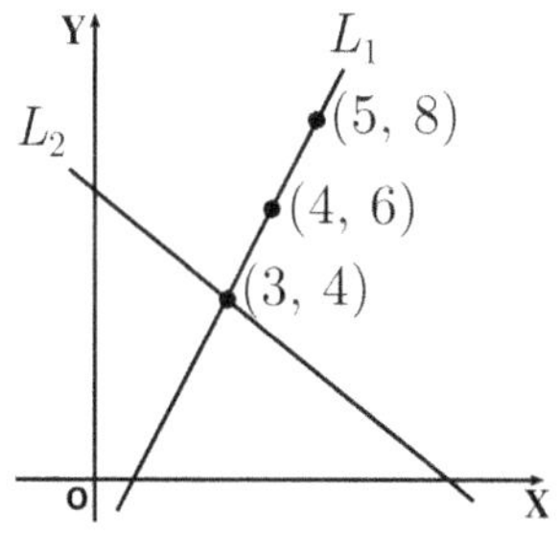

Luego, $L_1 : 2x - y - 2 = 0$. El punto donde se intersectan L_1 y L_2 debe tener, por coordenadas, la solución común a ambas ecuaciones. Debemos resolver el siguiente sistema:

$$L_1\colon 2x - y - 2 = 0$$
$$L_2\colon\ x + y - 7 = 0$$

La solución es: $x = 3$ e $y = 4$.

Luego, las rectas se intersectan en el punto $(3, 4)$.

RECTAS PARALELAS

Dos rectas del plano, L_1 y L_2, son **paralelas** si no se intersectan o si son coincidentes; es decir, L_1 y L_2 son paralelas $\Leftrightarrow L_1 \cap L_2 = \varnothing$ o $L_1 = L_2$.

El siguiente teorema traduce el paralelismo en términos de pendientes.

$\boxed{\textbf{Teorema 2.3.5}}$ Sean L_1 y L_2 dos rectas del plano.

Si L_1 y L_2 no son verticales y tienen pendientes m_1 y m_2 respectivamente:

$$\boldsymbol{L_1 \text{ y } L_2 \text{ son paralelas} \Leftrightarrow m_1 = m_2}$$

Demostración

Sean $\triangle_1$ y $\triangle_2$ los triángulos rectángulos de la figura adjunta. Se tiene que:

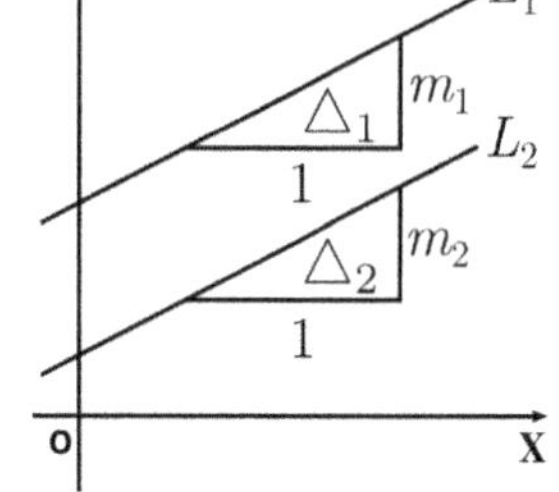

L_1 y L_2 son paralelas

$\qquad \Leftrightarrow \triangle_1$ y $\triangle_2$ son congruentes

$\qquad \Leftrightarrow m_1 = m_2$

$\boxed{\textbf{Ejemplo 2.3.6}}$

Hallar una ecuación de la recta L_1 que pasa por el punto $P_1 = (-1, 1)$ y es paralela a la recta $L_2\colon 2x + 3y - 8 = 0$.

Solución

Tenemos que:

$$2x + 3y - 8 = 0 \Leftrightarrow y = -\frac{2}{3}x + \frac{8}{3}$$

Luego, la pendiente de L_2 es:

$$m = -\frac{2}{3}$$

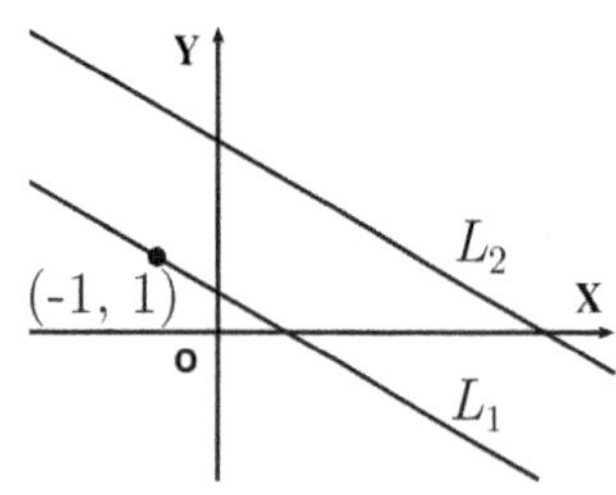

De acuerdo al teorema 2.3.5, si L_1 y L_2 son paralelas, entonces la pendiente de L_1 también es $m = -\frac{2}{3}$.

Además, como L_1 pasa por $P_1 = (-1, 1)$, tenemos que:

$$L_1:\ y - 1 = -\frac{2}{3}(x + 1) \Leftrightarrow L_1:\ 2x + 3y - 1 = 0$$

RECTAS PERPENDICULARES

Dos rectas en el plano son *perpendiculares* si éstas se cortan formando un ángulo recto. El siguiente teorema define la perpendicularidad entre rectas en términos de las pendientes.

$\boxed{\textbf{Teorema 2.3.6}}$

Si L_1 y L_2 son dos rectas no verticales, con sus respectivas pendientes m_1 y m_2, entonces:

$$\textbf{\textit{L}}_1 \textbf{ y } \textbf{\textit{L}}_2 \textbf{ son perpendiculares} \Leftrightarrow m_1 m_2 = -1$$

Demostración

Ver el problema resuelto 2.3.9.

$\boxed{\textbf{Ejemplo 2.3.7}}$ **Hallar:**

a. una ecuación de la recta L_1 que pasa por el punto $P_1 = \left(\frac{15}{8}, 7\right)$ y es perpendicular a la recta $L_2 : 3x - 4y - 12 = 0$.

b. el punto donde L_1 corta a L_2.

Solución

a. Sean m_1 y m_2 las pendientes de L_1 y L_2, respectivamente.

Por la proposición anterior, tenemos que:

$$m_1 = -\frac{1}{m_2}$$

Pero,

$$L_2\text{: } 3x - 4y - 12 = 0 \Leftrightarrow L_2\text{: } y = \frac{3}{4}x - 3$$

Luego, $m_2 = \frac{3}{4}$. Por lo tanto,

$$m_1 = -\frac{1}{3/4} = -\frac{4}{3}$$

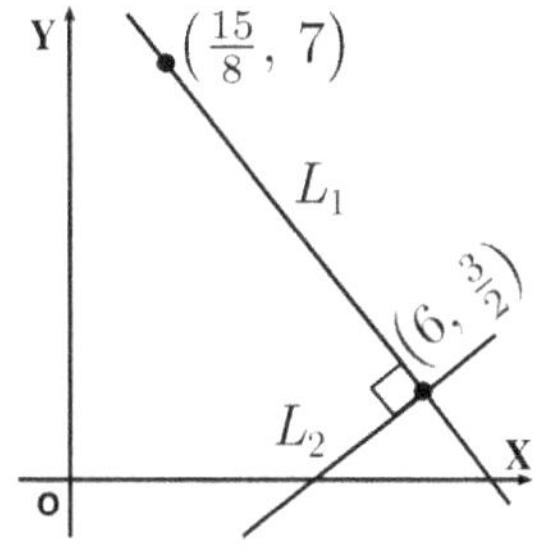

Como L_1 pasa por el punto $P_1 = \left(\frac{15}{8}, 7\right)$ y tiene pendiente $m_1 = -\frac{4}{3}$, aplicando la ecuación punto-pendiente, tenemos:

$$L_1:\ y - 7 = -\frac{4}{3}\left(x - \frac{15}{8}\right) \Leftrightarrow L_1:\ 8x + 6y - 57 = 0$$

b. Resolvemos el sistema determinado por las ecuaciones de L_1 y L_2:

$$L_1:\ 8x + 6y - 57 = 0$$
$$L_2:\ 3x - 4y - 12 = 0$$

Hallamos que $x = 6$ e $y = \frac{3}{2}$. Luego, las rectas se cortan en $\left(6, \frac{3}{2}\right)$.

DISTANCIA DE UN PUNTO A UNA RECTA

Dado un punto P y una recta L, se denomina *distancia del punto P a la recta L* a la distancia de P al punto Q, donde Q es la intersección de L con la recta perpendicular a L que pasa por P. Esto es:

$$d(P, L) = d(P, Q)$$

El siguiente teorema nos proporciona una fórmula simple para calcular la distancia de un punto a una recta. Su demostración se presenta en el problema resuelto 2.3.10.

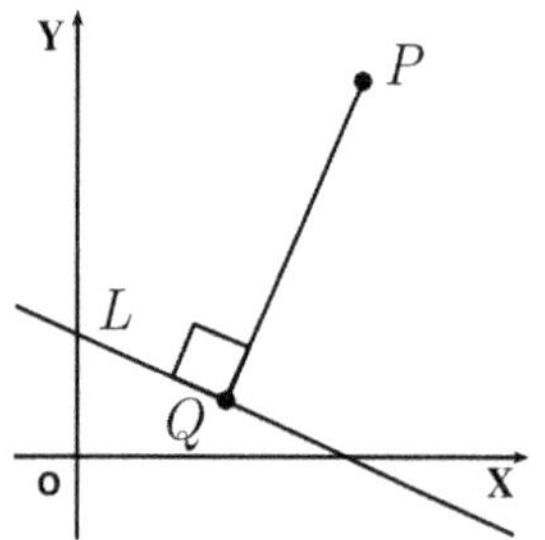

Teorema 2.3.7

La distancia entre el punto $P = (x_0, y_0)$ y la recta $L:\ Ax + By + C = 0$ es:

$$d(\boldsymbol{P}, \boldsymbol{L}) = \frac{|\boldsymbol{A}\boldsymbol{x_0} + \boldsymbol{B}\boldsymbol{y_0} + \boldsymbol{C}|}{\sqrt{\boldsymbol{A^2} + \boldsymbol{B^2}}}$$

Ejemplo 2.3.8

Hallar la distancia del punto $P = (-2, 3)$ a la recta $L:\ 3x - 4y - 2 = 0$.

Solución

$$d(P, L) = \frac{|Ax_0 + By_0 + C|}{\sqrt{A^2 + B^2}} = \frac{|3(-2) + (-4)(3) - 2|}{\sqrt{(3)^2 + (-4)^2}}$$

$$= \frac{20}{5} = 4$$

Ejemplo 2.3.9   Hallar la distancia entre las rectas paralelas:

$$L_1\colon 2y - x - 8 = 0 \quad \text{y} \quad L_2\colon 2y - x + 2 = 0$$

Solución

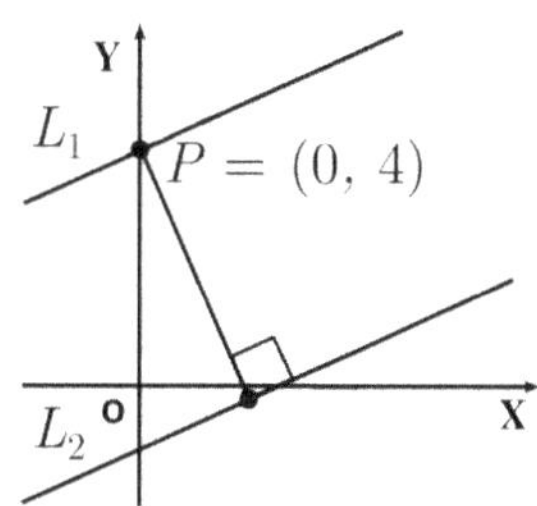

Se entiende que la distancia entre dos rectas paralelas es la distancia de un punto cualquiera en una de ellas, a la otra recta. Consigamos un punto de la recta L_1.

Por ejemplo, tenemos el punto P en el que L_1 corta al eje Y. Si hacemos $x = 0$, entonces $2y - 8 = 0$; por lo tanto $y = 4$.

Luego, $P = (0, 4)$. Así:

$$d(L_1, L_2) = d(P, L_2) = \frac{|(2)(0) + (-1)(4) + (2)|}{\sqrt{(2)^2 + (-1)^2}}$$

$$= \frac{2}{\sqrt{5}} = \frac{2\sqrt{5}}{5}$$

PROBLEMAS RESUELTOS 2.3

Problema 2.3.1

Usando pendientes, probar que los puntos $P_1 = (-3, -3)$, $P_2 = (3, 1)$ y $P_3 = (6, 3)$ son colineales; es decir, yacen sobre una misma recta.

Solución

Si m_1 es la pendiente de la recta que pasa por $P_1 = (-3, -3)$ y $P_2 = (3, 1)$, entonces:

$$m_1 = \frac{1 - (-3)}{3 - (-3)} = \frac{4}{6} = \frac{2}{3}$$

Si m_2 es la pendiente de la recta que pasa por $P_1 = (-3, -3)$ y $P_3 = (6, 3)$, entonces:

$$m_2 = \frac{3 - (-3)}{6 - (-3)} = \frac{6}{9} = \frac{2}{3}$$

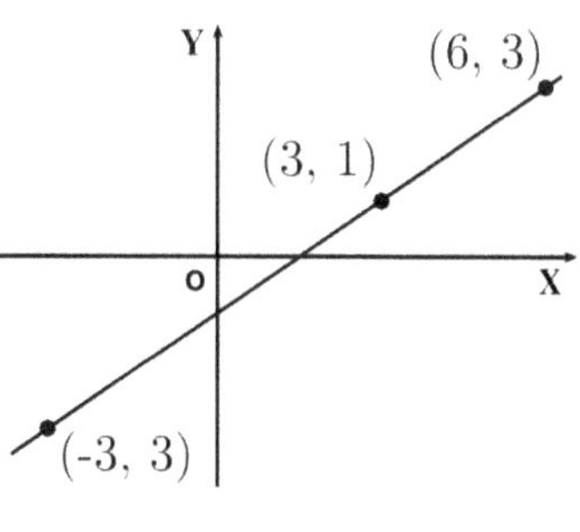

Vemos que $m_1 = m_2$. Esto nos dice que estas dos rectas son paralelas. Además, como ambas pasan por el punto P_1, concluimos que ambas son iguales. Por consiguiente, los tres puntos son colineales.

$\boxed{\textbf{Problema 2.3.2}}$ Dada la recta $L\colon y = 5$, hallar una ecuación de la recta:

a. L_1 que pasa por el punto $P = (-4, 2)$ y es paralela a la recta L.

b. L_2 que pasa por el punto $P = (-4, 2)$ y es perpendicular a la recta L.

Solución

a. La recta $L\colon y = 5$ es una recta horizontal.

La recta L_1 es paralela a L; por lo tanto, L_1 también es horizontal.

Como L_1 pasa por el punto $P = (-4, 2)$, una ecuación para esta es $L_1\colon y = 2$.

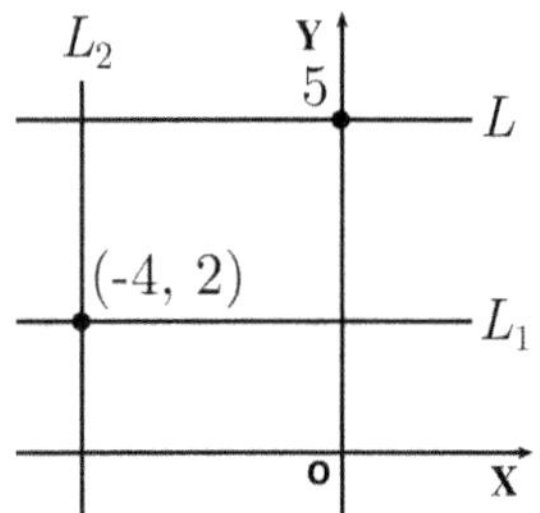

b. La recta L_2 es perpendicular a una recta horizontal, así que L_2 debe ser vertical.

Como L_2 pasa por $P = (-4, 2)$, una ecuación para esta es $L_2 : x = -4$.

$\boxed{\textbf{Problema 2.3.3}}$ Probar que las siguientes rectas son paralelas:

$$L_1 : 8x + 3y - 5 = 0 \quad \text{y} \quad L_2 : 6y + 16x = 7$$

Solución

Las pendientes de L_1 y L_2 son, respectivamente:

$$m_1 = -\frac{8}{3}, \quad m_2 = -\frac{16}{6} = -\frac{8}{3}$$

Como $m_1 = m_2 = -\frac{8}{3}$, por el teorema 2.3.5, L_1 y L_2 son paralelas.

$\boxed{\textbf{Problema 2.3.4}}$ Probar que las siguientes rectas son perpendiculares:

$$L_1 : 3x - \sqrt{2}y - 5 = 0 \quad \text{y} \quad L_2 : \sqrt{2}x + 3y - 6 = 0$$

Solución

Hallemos las pendientes de estas rectas. Despejamos y en cada ecuación:

$$L_1\colon y = \frac{3}{\sqrt{2}}x - 5, \quad L_2\colon y = -\frac{\sqrt{2}}{3}x + 2$$

Las pendientes de L_1 y L_2 son, respectivamente, $m_1 = \dfrac{3}{\sqrt{2}} \wedge m_2 = -\dfrac{\sqrt{2}}{3}$

Tenemos que:

$$m_1 m_2 = \frac{3}{\sqrt{2}}\left(-\frac{\sqrt{2}}{3}\right) = -1$$

En consecuencia, por el teorema 2.3.6, L_1 y L_2 son perpendiculares.

$\boxed{\textbf{Problema 2.3.5}}$

Hallar una ecuación de la recta que es perpendicular a $L : 3y - 4x - 15 = 0$ y, además, forma un triángulo de área 6 con los ejes coordenados.

Solución

La pendiente de la recta $\;L\colon 3y - 4x - 15 = 0\;$ es $\;m = \frac{4}{3}$. Luego, la pendiente de la recta buscada es:

$$m_1 = -\frac{1}{m} = -\frac{1}{\frac{4}{3}} = -\frac{3}{4}$$

Por lo tanto, esta recta tiene por ecuación:

$$y = -\frac{3}{4}x + b \tag{1}$$

Sea $(a, 0)$ el punto donde esta recta corta al eje X. Reemplazando estos valores en la ecuación anterior:

$$0 = -\frac{3}{4}a + b \Rightarrow a = \frac{4}{3}b \tag{2}$$

El área del triángulo formado por la recta y los ejes es:

$$\frac{\mid a \mid\mid b \mid}{2} = 6 \Leftrightarrow \mid ab \mid = 12$$

Reemplazando (2) en esta última igualdad:

$$\mid ab \mid = 12 \Leftrightarrow \left|\frac{4}{3}bb\right| = 12 \Leftrightarrow b^2 = 9$$

$$\Leftrightarrow b = \pm 3$$

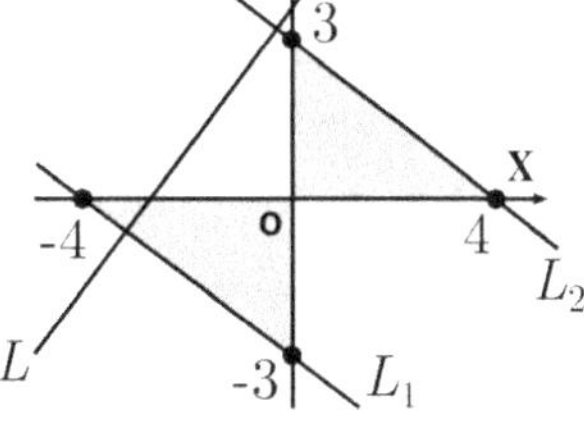

Reemplazando $b = 3$ y $\;b = -3$ en la ecuación (1) obtenemos dos respuestas:

$$L_1\colon y = -\frac{3}{4}x + 3 \quad \text{o} \quad L_2\colon y = -\frac{3}{4}x - 3$$

Problema 2.3.6

Hallar una ecuación de la mediatriz del segmento $\overline{AB}$, donde $A = (1, 2)$ y $B = (5, -1)$. *Tenga presente que la mediatriz de un segmento es la recta que lo corta perpendicularmente en su punto medio.*

Solución

La pendiente de la recta que pasa por los puntos $A = (1, 2)$ y $B = (5, -1)$ es la siguiente:

$$m' = \frac{-1 - 2}{5 - 1} = \frac{-3}{4}$$

Luego, la pendiente de la mediatriz es:

$$m = -\frac{1}{m'} = -\frac{1}{-\frac{3}{4}} = \frac{4}{3}$$

Por otro lado, el punto medio de $\overline{AB}$ es:

$$M = \left(\frac{1 + 5}{2}, \frac{2 + (-1)}{2} \right) = \left(3, \frac{1}{2} \right)$$

Luego, la ecuación punto-pendiente de la mediatriz es:

$$y - \frac{1}{2} = \frac{4}{3}(x - 3) \Leftrightarrow 8x - 6y - 21 = 0$$

Problema 2.3.7

Una circunferencia tiene su centro en $C = (1, -1)$. Hallar una ecuación de esta si la recta $L : 5x - 12y + 9 = 0$ es tangente a la circunferencia.

Solución

El radio de la circunferencia debe ser igual a la distancia desde el centro hasta la recta tangente. Esto es:

$$r = d(C, L) = \frac{|5(1) - 12(-1) + 9|}{\sqrt{(5)^2 + (-12)^2}}$$

$$= \frac{26}{\sqrt{169}} = 2$$

Luego, la ecuación de la circunferencia es:

$$(x - 1)^2 + (y + 1)^2 = 2^2 \qquad \text{o bien} \qquad x^2 + y^2 - 2x + 2y - 2 = 0$$

Problema 2.3.8

Una circunferencia pasa por el punto $Q = (3,6)$. Hallar una ecuación de esta si la recta $L: 3x + y + 1 = 0$ es tangente a la circunferencia en el punto $P = (-1, 2)$.

Solución

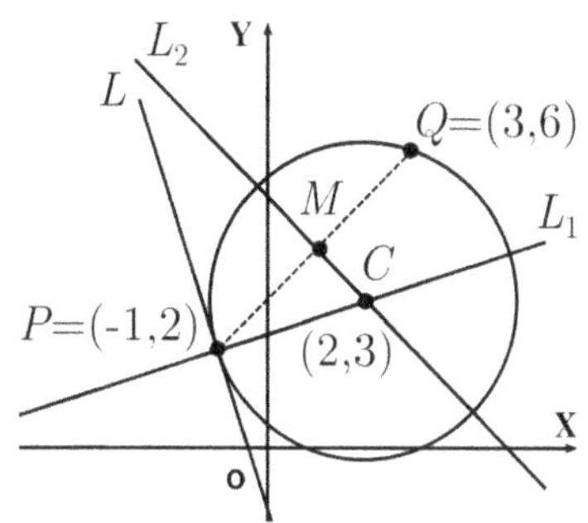

En primer lugar, debemos hallar el centro de la circunferencia.

El centro debe estar localizado en la intersección de las rectas L_1 y L_2, donde L_1 es la recta que pasa por el punto $P = (-1, 2)$. Además, L_1 es perpendicular a la recta L.

L_2 es la mediatriz del segmento $\overline{PQ}$; es decir, la recta perpendicular al segmento $\overline{PQ}$ que pasa por su punto medio M.
Procedemos por pasos.

1. Hallemos una ecuación L_1, perpendicular a L, que pasa por $P = (-1, 2)$.

   La pendiente de L es $m = -3$. Luego, la pendiente de L_1 es $m_1 = \frac{1}{3}$.

   Además:
   $$L_1: y - 2 = \frac{1}{3}(x + 1) \Leftrightarrow L_1: x - 3y + 7 = 0$$

2. Hallemos una ecuación de la recta L_2, la mediatriz del segmento $\overline{PQ}$.

   La pendiente del segmento $\overline{PQ}$ es:
   $$m' = \frac{6 - 2}{3 - (-1)} = 1$$

   La pendiente de L_2 es:
   $$m_2 = \frac{-1}{m'} = \frac{-1}{1} = -1$$

   El punto medio del segmento $\overline{PQ}$ es:
   $$M = \left(\frac{3 + (-1)}{2}, \frac{6 + 2}{2} \right) = (1, 4)$$

   Luego:
   $$L_2: y - 4 = -1(x - 1) \Leftrightarrow L_2: x + y - 5 = 0$$

3. Hallemos el centro C de la circunferencia. Como C es la intersección de las rectas L_1 y L_2, debemos resolver el sistema dado por las ecuaciones de estas rectas:

$$\begin{cases} x - 3y + 7 = 0 \\ x + y - 5 = 0 \end{cases} \Rightarrow C = (2, 3)$$

4. Hallemos el radio de la circunferencia:

$$r = d(C, P) = \sqrt{(-1 - 2)^2 + (2 - 3)^2} = \sqrt{10}$$

5. Finalmente, la ecuación de la circunferencia es:

$$(x - 2)^2 + (y - 3)^2 = 10 \quad \text{o bien} \quad x^2 + y^2 - 4x - 6y + 3 = 0$$

$\boxed{\textbf{Problema 2.3.9}}$　　**Prueba del teorema 2.3.6**

Si L_1 y L_2 son dos rectas no verticales, con respectivas pendientes m_1 y m_2, probar que:

$$L_1 \text{ y } L_2 \text{ son perpendiculares} \Leftrightarrow m_1 m_2 = -1$$

Solución

Dado que la perpendicularidad permanece invariante en las traslaciones, podemos asumir que estas dos rectas se intersectan en el origen.

Las ecuaciones pendiente-intersección de estas rectas son las siguientes:

$$L_1 : y = m_1 x, \quad L_2 : y = m_2 x$$

Sea $P = (x_1, m_1 x_1)$ un punto de L_1 y $Q = (x_2, m_2 x_2)$ un punto de L_2, tales que ninguno de ellos es el origen.

Luego:

$$x_1 \neq 0 \quad \wedge \quad x_2 \neq 0$$

Por lo tanto, $x_1 x_2 \neq 0$

De acuerdo al teorema de Pitágoras:

$$L_1 \text{ y } L_2 \text{ son perpendiculares} \Leftrightarrow \triangle POQ \text{ es rectángulo}$$
$$\Leftrightarrow d(P, Q)^2 = d(O, P)^2 + d(O, Q)^2$$

Pero:

$$d(P,\,Q)^2 = (x_2 - x_1)^2 + (m_2 x_2 - m_1 x_1)^2$$
$$= x_2{}^2 - 2x_2 x_1 + x_1{}^2 + (m_2 x_2)^2 - 2m_2 m_1 x_2 x_1 + (m_1 x_1)^2$$

$$d(\mathrm{O},\,P)^2 = x_1{}^2 + (m_1 x_1)^2 \quad \text{y} \quad d(\mathrm{O},\,Q)^2 = x_2{}^2 + (m_2 x_2)^2$$

Luego, L_1 y L_2 son perpendiculares si y sólo si:

$$x_2{}^2 - 2x_2 x_1 + x_1{}^2 + (m_2 x_2)^2 - 2m_2 m_1 x_2 x_1 + (m_1 x_1)^2$$
$$= x_1{}^2 + (m_1 x_1)^2 + x_2{}^2 + (m_2 x_2)^2$$
$$\Leftrightarrow \quad -2x_2 x_1 - 2m_2 m_1 x_2 x_1 = 0 \quad \Leftrightarrow \quad -2x_2 x_1(1 + m_2 m_1) = 0$$
$$\Leftrightarrow \quad 1 + m_2 m_1 = 0 \quad\quad\quad\quad\quad \Leftrightarrow \quad m_2 m_1 = -1$$

$\boxed{\textbf{Problema 2.3.10}}$ **Prueba del teorema 2.3.7**

Probar que la distancia de $P_0 = (x_0, y_0)$ a $L : Ax + By + C = 0$ es:

$$d(P, L) = \frac{|Ax_0 + By_0 + C|}{\sqrt{A^2 + B^2}}$$

Solución

Sea L_1 la recta perpendicular a L que pasa por el punto $P = (x_0, y_0)$.

La pendiente de L es:

$$m = -\frac{A}{B},$$

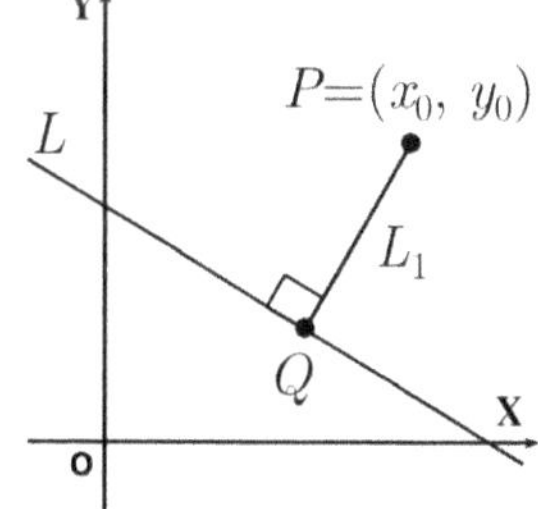

por lo tanto, la pendiente de L_1 es:

$$m_1 = \frac{B}{A}$$

La ecuación punto pendiente de L_1 es:

$$y - y_0 = \frac{B}{A}(x - x_0) \Leftrightarrow Ay - Bx + (Bx_0 - Ay_0) = 0$$

Hallemos el punto Q donde se intersectan las rectas perpendiculares L y L_1. Para esto resolvemos el sistema:

$$Ax + By + C = 0 \tag{1}$$
$$Ay - Bx + (Bx_0 - Ay_0) = 0 \tag{2}$$

El resultado es:

$$Q = \left(\frac{B^2 x_0 - ABy_0 - AC}{A^2 + B^2}, \ \frac{A^2 y_0 - ABx_0 - BC}{A^2 + B^2} \right)$$

Ahora:

$$d(P,L)^2 = d(P,Q)^2 = \left(\frac{B^2 x_0 - ABy_0 - AC}{A^2 + B^2} - x_0 \right)^2$$

$$+ \left(\frac{A^2 y_0 - ABx_0 - BC}{A^2 + B^2} - y_0 \right)^2$$

$$= \left(\frac{-A}{A^2 + B^2} \right)^2 (Ax_0 + By_0 + C)^2$$

$$+ \left(\frac{-B}{A^2 + B^2} \right)^2 (Ax_0 + By_0 + C)^2$$

$$= \frac{A^2 + B^2}{(A^2 + B^2)^2} (Ax_0 + By_0 + C)^2 = \frac{1}{A^2 + B^2} (Ax_0 + By_0 + C)^2$$

Extrayendo la raíz cuadrada, $\ d(P,L) = \dfrac{|Ax_0 + By_0 + C|}{\sqrt{A^2 + B^2}}$

Problema 2.3.11   Dada una recta $L : y - y_0 = m(x - x_0)$ que no es vertical, y tiene pendiente $m \neq 0$.

Demostrar que la pendiente de L es igual a la tangente del ángulo agudo α que se forma en la intersección de L con el eje X. Esto es:

$$m = \tan \alpha$$

Solución

No se pierde generalidad si asumimos que $m > 0$ y que L intersecta al eje X en $P_1 = (x_1, 0)$, y al eje Y en $P_2 = (0, y_2)$, con $x_1 < 0$ y $y_2 > 0$.

De acuerdo a las razones trigonométricas en el triángulo $\triangle P_1 \mathbf{o} P_2$, tenemos:

$$\tan \alpha = \frac{\text{cateto opuesto}}{\text{cateto adyacente}}$$

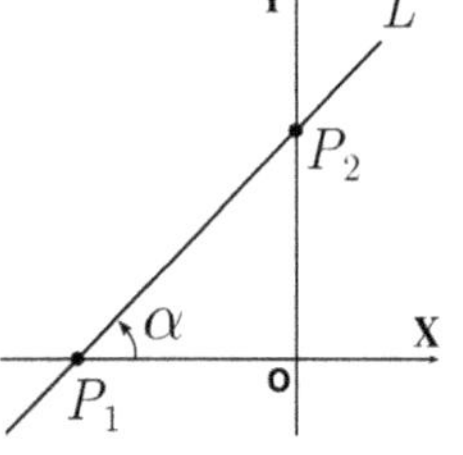

Además:

$$\text{cateto opuesto} = y_2 \qquad\qquad \text{(ya que } y_2 > 0)$$
$$\text{cateto adyacente} = -x_1 \qquad\qquad \text{(ya que } x_1 < 0)$$

Reemplazando valores:

$$\tan\alpha = \frac{y_2}{-x_1} = -\frac{y_2}{x_1} \qquad (1)$$

Ahora recurrimos a la definición de pendiente en L. Considerando ambos puntos, $P_1 = (x_1,\, 0)$ y $P_2 = (0,\, y_2)$, calculamos m con la fórmula de pendiente:

$$m = \frac{y_2 - y_1}{x_2 - x_1} = \frac{y_2 - 0}{0 - x_1} = \frac{y_2}{-x_1} = -\frac{y_2}{x_1} \qquad (2)$$

De (1) y (2) concluimos que:

$$m = \tan\alpha$$

Observe que si L es horizontal ($m = 0$), entonces $\alpha = 0$. De igual forma, si L es vertical, entonces $\alpha = \frac{\pi}{2}$, y $\tan\left(\frac{\pi}{2}\right)$ no existe; por lo tanto, m tampoco.

Respuestas

PROBLEMAS PROPUESTOS 2.3

1. Usando pendientes, probar que los puntos $A = (2,1)$, $B = (-4,-2)$, y $C = (1,\frac{1}{2})$ son colineales.

En los problemas del 2 al 9, hallar una ecuación de la recta que satisface las condiciones dadas y llevarla a la forma $y = mx + b$.

2. Pasa por el punto $(1,\,3)$ y tiene pendiente 5.

3. Tiene pendiente -3 y pasa por el origen.

4. Pasa por los puntos $(1,\,1)$ y $(2,\,3)$.

5. Intersecta al eje X en 5 y al eje Y en 2.

6. Pasa por el punto $(1,\,3)$ y es paralela a la recta $5y + 3x - 6 = 0$.

7. Pasa por el punto $(4,\,3)$ y es perpendicular a la recta $5x + y - 2 = 0$.

8. Es paralela a $2y + 4x - 5 = 0$ y pasa por el punto de intersección de las rectas:
$$5x + y = 4 \quad \text{y} \quad 2x + 5y - 3 = 0$$

9. Intersecta a los ejes coordenados a igual distancia del origen y pasa por $(8, -6)$.

10. Dada la recta L: $2y - 4x - 7 = 0$:

    a. encontrar la recta que pasa por el punto $P = (1, 1)$ y es perpendicular a L.

    b. hallar la distancia del punto $P = (1, 1)$ a la recta L.

11. Usando pendientes, probar que los puntos $A = (3, 1)$, $B = (6, 0)$ y $C = (4, 4)$ son los vértices de un triángulo rectángulo. Hallar el área de dicho triángulo.

12. Determinar cuáles de las siguientes rectas son paralelas y cuáles son perpendiculares:

    a. $L_1 : 2x + 5y - 6 = 0$ **b.** $L_2 : 4x + 3y - 6 = 0$

    c. $L_3 : -5x + 2y - 8 = 0$ **d.** $L_4 : 5x + y - 3 = 0$

    e. $L_5 : 4x + 3y - 9 = 0$ **f.** $L_6 : -x + 5y - 20 = 0$

13. Hallar la mediatriz de cada uno de los siguientes segmentos de extremos:

    a. $(1, 0)$ y $(2, -3)$ **b.** $(-1, 2)$ y $(3, 10)$ **c.** $(-2, 3)$ y $(-2, -1)$

14. Los extremos de una de las diagonales de un rombo son $(2, -1)$ y $(14, 3)$. Hallar una ecuación de la recta que contiene a la otra diagonal. *Sugerencia: las diagonales de un rombo son perpendiculares.*

15. Hallar la distancia del origen a la recta $4x + 3y - 15 = 0$.

16. Hallar la distancia del punto $(0, -3)$ a la recta $5x - 12y - 10 = 0$.

17. Hallar la distancia del punto $(1, -2)$ a la recta $x - 3y = 5$.

18. Hallar la distancia entre las rectas paralelas: $3x - 4y = 0$, $3x - 4y = 10$.

19. Hallar la distancia entre las rectas paralelas: $3x - y + 1 = 0$, $3x - y + 9 = 0$.

20. Hallar la distancia de $Q = (6, -3)$ a la recta que pasa por $P = (-4, 1)$ y es paralela a la recta $4x + 3y = 0$.

21. Determinar el valor de C en la recta L: $4x + 3y + C = 0$ sabiendo que la distancia del punto $Q = (5, 9)$ a L es 4 veces la distancia del punto $P = (-3, 3)$ a L.

22. Hallar las rectas que son paralelas a la recta $5x + 12y - 12 = 0$ y distan 4 unidades de ésta.

23. Hallar la ecuación de la recta que es tangente en el punto (-1, 1) a la circunferencia $x^2 + y^2 - 4x + 6y - 12 = 0$.

24. Hallar las ecuaciones de las dos rectas que pasan por el punto $P = (2, -8)$ y son tangentes a la circunferencia $x^2 + y^2 = 34$

25. En el problema anterior, hallar los puntos de contacto de las tangentes con la circunferencia.

26. Hallar las ecuaciones de las dos rectas que son paralelas a $2x - 2y + 5 = 0$ y tangentes a la circunferencia $x^2 + y^2 = 9$.

27. Hallar la ecuación de la recta que es tangente en el punto (2, 2) a la circunferencia $x^2 + y^2 + 2x + 4y - 20 = 0$.

28. Hallar la ecuación de la circunferencia de centro $C = (1, -1)$ que es tangente a la recta $5x - 12y + 22 = 0$.

29. Hallar la ecuación de la circunferencia que pasa por $Q = (4, 0)$ y es tangente a la recta $3x - 4y + 20 = 0$ en el punto $P = (-\frac{12}{5}, \frac{16}{5})$.

30. Hallar la ecuación de la circunferencia que pasa por los puntos (3, 1) y (-1, 3) y su centro está en la recta $3x - y - 2 = 0$.

31. Hallar la ecuación de la circunferencia que es tangente a las rectas paralelas: $2x + y - 5 = 0$ $\quad$ y $\quad$ $2x + y + 15 = 0$.
Tenga en cuenta que $B = (2, 1)$ es uno de los puntos de tangencia.

32. Hallar la ecuación de la recta que, pasando por el punto $P = (8, 6)$, intersecta a los ejes coordenados formando un triángulo de área 12 unidades cuadradas.

33. Determinar para que valores, k y n, las rectas:

$$kx - 2y - 3 = 0 \quad \text{y} \quad 6x - 4y - n = 0,$$

    a. se intersectan en un único punto.   **b.** son perpendiculares.

    c. son paralelas no coincidentes.   **d.** son coincidentes.

34. Determinar para que valores, k y n, las rectas:

$$kx + 8y + n = 0 \quad \text{y} \quad 2x + ky - 1 = 0,$$

    a. son paralelas no coincidentes.

    b. son coincidentes.

    c. son perpendiculares.

35. Un cuadrado tiene por centro $C = (1, -1)$ y uno de sus lados está en la recta $x - 2y = -12$. Hallar las ecuaciones de las rectas que contienen a los otros lados.

36. Probar que los puntos $A = (1, 4)$, $B = (5, 1)$, $C = (8, 5)$ y $D = (4, 8)$ son los vértices de un rombo (cuadrilátero de lados de igual longitud). Verifique que las diagonales se cortan perpendicularmente.

37. Sean a y b la abscisa en el origen y la ordenada en el origen de una recta. Si $a \neq 0$ y $b \neq 0$, probar que una ecuación de esta recta es $\dfrac{x}{a} + \dfrac{y}{b} = 1$.

38. Roberto defiende los colores de su club en un campeonato de billar.

En determinado momento, él debe golpear la bola ocho con una bola blanca, ejecutando un tiro sin efecto, y usando 2 bandas (como indica la figura).

Si la bola blanca está en el punto $P = (2, 6)$ y la bola ocho en $Q = (3, 2)$, hallar los puntos, A y B, en los extremos de la mesa donde la bola debe impactar para ganar la jugada.

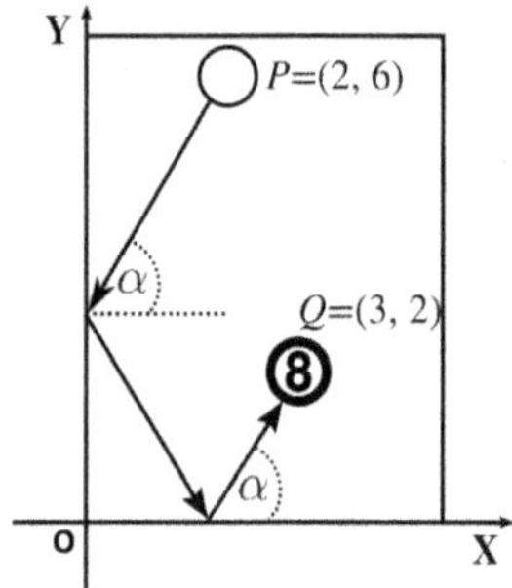

¡Sabías esto?

La Geometría y el Álgebra fueron, alguna vez, dos corrientes aisladas en el espacio y en el tiempo. La Geometría brilló en la Antigua Grecia con *Euclides* (300 a.C.), pero se estancó tras la adhesión de Grecia al Imperio Romano en el año 146 a.C. Por otro lado, el Álgebra maduró en Oriente Medio, gracias a sabios como *Diofanto, Brahmagupta* y, sobre todo, *Al-Juarismi* en Bagdad, con su obra: *Compendio de Cálculo por Reintegración y Comparación* (813 d.C.). De aquí procede la palabra "Álgebra", que resulta de la latinización de "reintegración" en idioma árabe (al-ĵyabr).

La Geometría Analítica permitió unificar ambas ramas, haciendo posible la representación gráfica (en el plano cartesiano) de las ecuaciones de los matemáticos del Medio Oriente; sin embargo, lo más sorprendente es que las curvas descubiertas por los sabios de la Antigua Grecia, muchos siglos atrás, y con sus asombrosas propiedades geométricas, también adquirieron representación algebraica, permitiendo a los matemáticos modernos continuar el trabajo inconcluso de los académicos de la Antigua Grecia. Estas curvas son las protagonistas del siguiente capítulo, las **Cónicas**.

3

LAS CÓNICAS

Apolonio de Perga
(262 - 190 a.C.)

Apolonio de Perga, conocido como "El Gran Geómetra", nació alrededor del año 262 a.C. en Perga, una antigua ciudad griega ubicada en la actual Turquía (cerca de Murtana). Para dimensionar la antigüedad de su legado, basta una referencia bíblica: el libro de *Los Hechos* narra que el apóstol Pablo visitó esta ciudad en su primer viaje misionero, casi tres siglos después de que Apolonio escribiera *Las Cónicas*; una obra tan trascendental, que definió la geometría por más de dos milenios.

Esta obra está constituida por ocho volúmenes (el último se ha perdido), y fue en sus páginas donde surgieron los términos que usamos hoy: Parábola, Elipse e Hipérbola.

Pero Apolonio no se limitó a estudiar curvas, también estudió la luz. En su *Tratado sobre los espejos incendiarios*, describió una propiedad fascinante de los reflectores parabólicos:

Todos los rayos paralelos al eje, al reflejarse en el espejo, convergen en un único punto llamado foco.

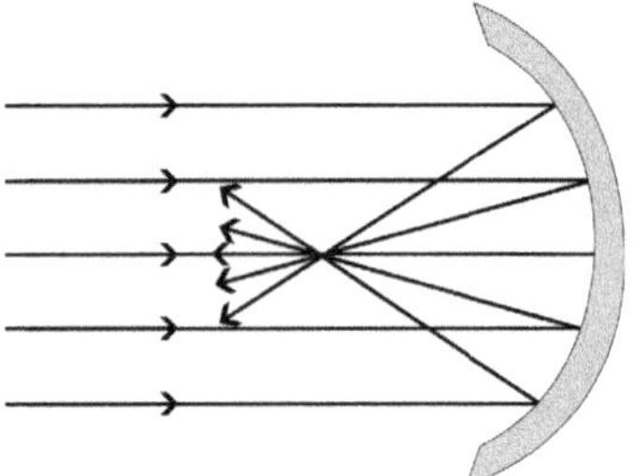

Espejo cóncavo

Una famosa leyenda cuenta que Arquímedes utilizó esta misma propiedad geométrica para defender su tierra natal.

Durante el asedio romano a Siracusa (213-212 a.C.), se dice que el sabio construyó varias armas letales. Entre estas, habían unos espejos parabólicos gigantes para concentrar los rayos del sol, e incendiar las naves enemigas a distancia.

Gracias al ingenio de sus matemáticos, los griegos lograron resistir durante tres años a un ejército romano inmensamente superior.

Junto a Euclides y Arquímedes, Apolonio completa la tríada de matemáticos más ilustres de la Antigua Grecia.

INTRODUCCIÓN

Las cónicas juegan un rol fundamental en el estudio del Cálculo. Estas curvas han sido estudiadas por más de 2300 años, y se distinguen por su amplio rango de aplicaciones, como el estudio del movimiento planetario, la arquitectura, el diseño de telescopios y antenas, y muchas cosas más.

Para obtener una representación visual de una cónica es preciso comprender el origen de un **Doble Cono Circular Recto**.

Esta figura se genera con la revolución de una recta (generatriz) sobre un eje, donde ambos no son paralelos ni perpendiculares. La revolución forma dos conos (mantos) unidos por un **vértice**.

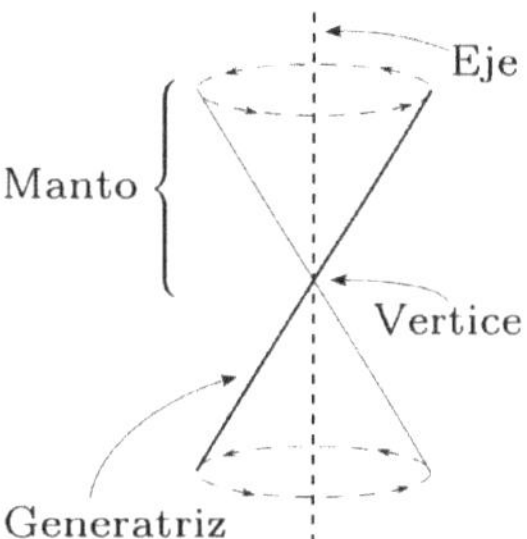

Existen tres cónicas: la **Parábola**, la **Elipse** y la **Hipérbola**. Estas tres curvas reciben el nombre **Secciones Cónicas**, debido a que se obtienen al intersectar un plano con un Doble Cono Circular Recto. Las cónicas pueden ser **degeneradas** o **no degeneradas** dependiendo de la posición del plano al intersectar el cono. Las no degeneradas se producen sin tocar el vértice.

- Si el plano es perpendicular al eje del cono, se produce una circunferencia.

- Si el plano no es perpendicular al eje, y este intersecta a un solo manto, se produce una parábola o una elipse.

- Si el plano no es perpendicular al eje, y este intersecta a ambos mantos del cono, se produce una hipérbola.

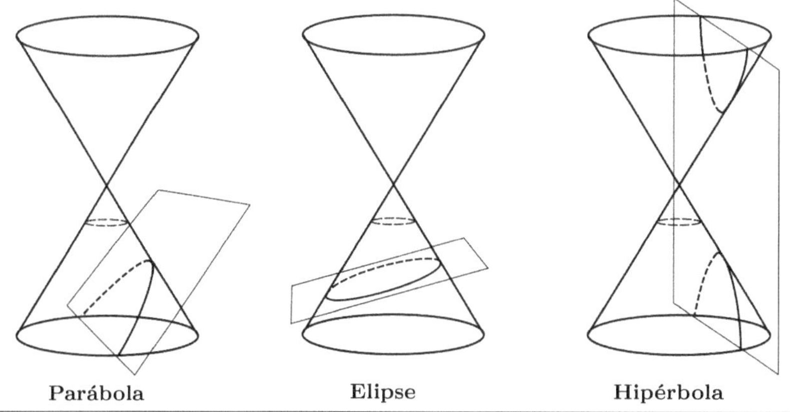

Parábola   **Elipse**   **Hipérbola**

Dedicaremos una sección a cada una de estas curvas.

LA PARÁBOLA

Definición

En la geometría griega, la **Parábola** se produce cuando un plano intersecta a un manto del cono circular recto, tal como vimos en la introducción del capítulo, mientras que en la geometría analítica una Parábola se define como el conjunto de todos los puntos del plano que equidistan, tanto de un punto fijo F, como de una recta fija D, que no contiene a F. Se cumple que:

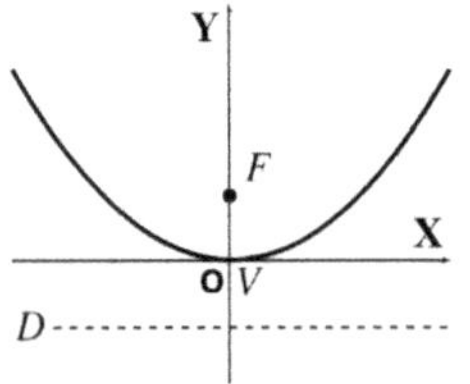

- El punto fijo F es el **foco**.

- La recta fija D es la **directriz**.

- La recta perpendicular a la directriz que pasa por el foco es el **eje de la parábola**.

- El punto del eje V que está situado a la mitad de la distancia del foco y la directriz es el **vértice**.

ECUACIÓN CANÓNICA DE LA PARÁBOLA

Para obtener una ecuación de la parábola, con la mayor simpleza, haremos coincidir el vértice con el origen, y al eje de la parábola con uno de los ejes coordenados. La directriz será perpendicular a este eje.

Caso 1. Ecuación de la parábola con vértice en el origen, cuyo eje es el eje Y.

Sean $F = (0,\, p)$ el foco, $P = (x, y)$ un punto de la parábola y $D : y = -p$ la directriz.

Tenemos que:

$$d(P, F) = \sqrt{x^2 + (y - p)^2} \quad y \quad d(P, D) = |\, y + p\, |$$

Luego, si $P = (x, y)$ es un punto de la parábola, entonces, por definición:

$$\begin{aligned} d(P, F) = d(P, D) &\Leftrightarrow \sqrt{x^2 + (y - p)^2} = |\, y + p\, | \\ &\Leftrightarrow x^2 + (y - p)^2 = (y + p)^2 \\ &\Leftrightarrow x^2 = 4py \end{aligned} \tag{1}$$

Si $p > 0$: la parábola se abre hacia arriba.

Si $p < 0$: la parábola se abre hacia abajo.

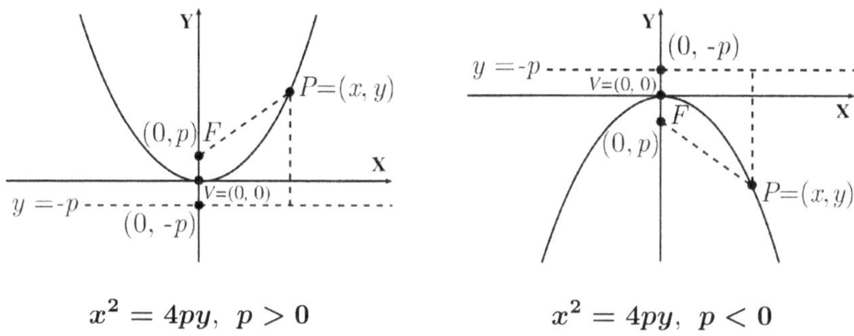

$$x^2 = 4py, \ p > 0 \qquad\qquad x^2 = 4py, \ p < 0$$

Caso 2. Ecuación de la parábola con vértice en el origen, cuyo eje es el eje X.

Sean $F = (p, 0)$ el foco, $P = (x, y)$ un punto de la parábola, y la directriz $D : x = -p$; tenemos que:

$$d(P, F) = \sqrt{(x - p)^2 + y^2} \quad y \quad d(P, D) = \mid x + p \mid$$

Luego, si $P = (x, y)$ es un punto de la parábola, entonces, por definición:

$$d(P, F) = d(P, D) \Leftrightarrow \sqrt{(x - p)^2 + y^2} = \mid x + p \mid$$
$$\Leftrightarrow (x - p)^2 + y^2 = (x + p)^2$$
$$\Leftrightarrow y^2 = 4px \qquad\qquad (2)$$

Si $p > 0$: la parábola abre hacia la derecha.

Si $p < 0$: la parábola abre hacia la izquierda.

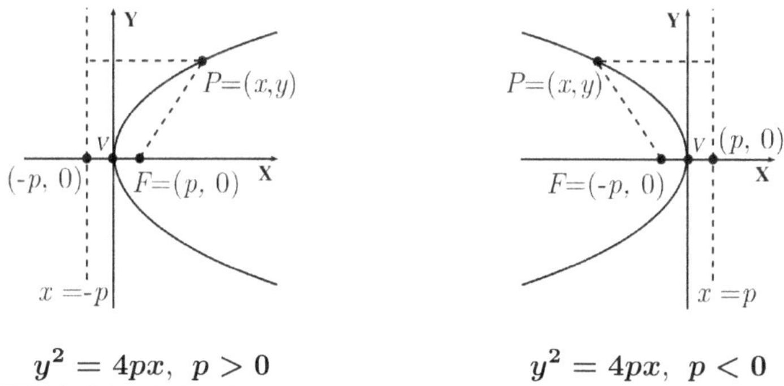

$$y^2 = 4px, \ p > 0 \qquad\qquad y^2 = 4px, \ p < 0$$

Resumimos los resultados anteriores en el siguiente teorema.

Teorema 3.2.1 **Ecuaciones canónicas o estándar de la parábola.**

1. Ecuación de la parábola de **vértice en el origen** y cuyo eje coincide con el eje Y:

$$\boxed{x^2 = 4py}$$

El **foco** es $F = (0, p)$ y la **directriz** $y = -p$. Si $p > 0$, la parábola se abre hacia **arriba**. Si $p < 0$, la parábola se abre hacia **abajo**.

2. Ecuación de la parábola de **vértice en el origen** y cuyo eje coincide con el eje X:

$$y^2 = 4px$$

El **foco** es $F = (p, 0)$ y la **directriz** $x = -p$. Si $p > 0$, la parábola se abre hacia la **derecha**. Si $p < 0$, la parábola se abre hacia la **izquierda**.

Ejemplo 3.2.1 Hallar el foco y la directriz de la parábola $x^2 = -16y$.

Solución

Tenemos que:
$$x^2 = -16y \Rightarrow 4p = -16 \Rightarrow p = -4$$

Luego, el foco es $F = (0, -4)$ y la directriz es $y = 4$.

Definición

El **Lado Recto** de una parábola es la cuerda que pasa por el foco y es perpendicular al eje. Su longitud se denomina **diámetro focal**. Este es:

$$L = 4 \mid p \mid$$

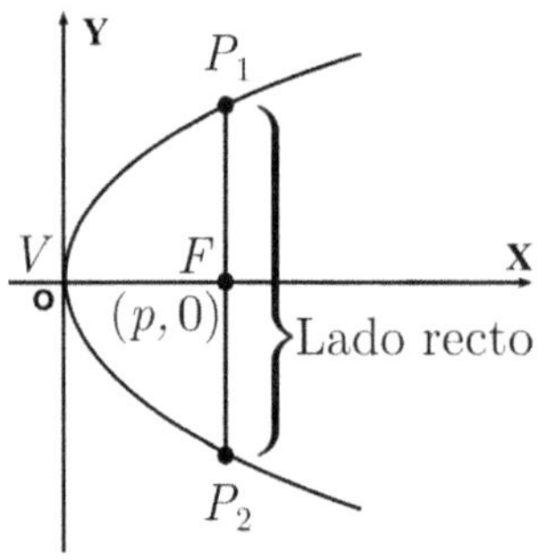

En efecto; consideremos la parábola:

$$y^2 = 4px$$

Si y_1 es la ordenada del punto P_1, entonces:

$$P_1 = (p, y_1)$$

Por estar este punto en la parábola, se tiene:

$$(y_1)^2 = 4p(p) = 4p^2 \Rightarrow y_1 = \sqrt{4p^2} = 2 \mid p \mid$$

Luego, la longitud del lado recto es $2y_1 = 4 \mid p \mid$.

Ejemplo 3.2.2 Una parábola tiene su vértice en el origen, su eje coincide con el eje X y pasa por el punto $(-1, 2\sqrt{2})$. Hallar:

a. la ecuación canónica de la parábola.

b. el foco y la directriz.

c. la longitud del lado recto.

Solución

a. La ecuación que buscamos es de la forma:

$$y^2 = 4px$$

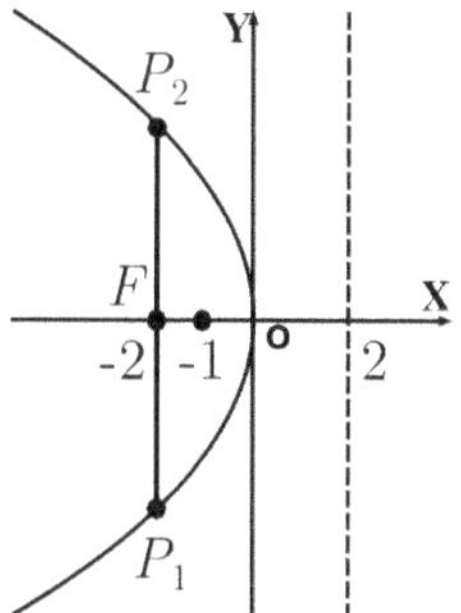

Dado que la parábola pasa por el punto $(-1, 2\sqrt{2})$, tenemos que:

$$\left(2\sqrt{2}\right)^2 = 4p(-1) \Rightarrow 8 = -4p \Rightarrow p = -2$$

Luego, la ecuación de la parábola es $y^2 = -8x$

b. $F = (p, 0) = (-2, 0)$. Directriz: $x = 2$.

c. El lado recto es el segmento $\overline{P_1 P_2}$ y su longitud es:

$$L = 4 \mid p \mid = 4 \mid -2 \mid = 8$$

ECUACIÓN CANÓNICA DE LA PARÁBOLA TRASLADADA

Si al vértice de las parábolas del teorema 3.2.1 lo trasladamos, desde el origen, hasta el punto (h, k), manteniendo el eje paralelo a uno de los ejes coordenados, obtenemos el siguiente resultado:

1. La ecuación de la parábola de vértice (h, k) y eje paralelo al eje Y es:

$$(x - h)^2 = 4p(y - k)$$

El **foco** es $F = (h, (p + k))$ y la **directriz** es $y = -p + k$.

Si $p > 0$: la parábola abre hacia **arriba**.

Si $p < 0$: la parábola abre hacia **abajo**.

2. La ecuación de la parábola de vértice (h, k) y eje paralelo al eje X es:

$$(y - k)^2 = 4p(x - h)$$

El **foco** es $F = ((p + h), k)$ y la **directriz** es $x = -p + h$.

Si $p > 0$: la parábola abre hacia la **derecha**.

Si $p < 0$: la parábola abre a la **izquierda**.

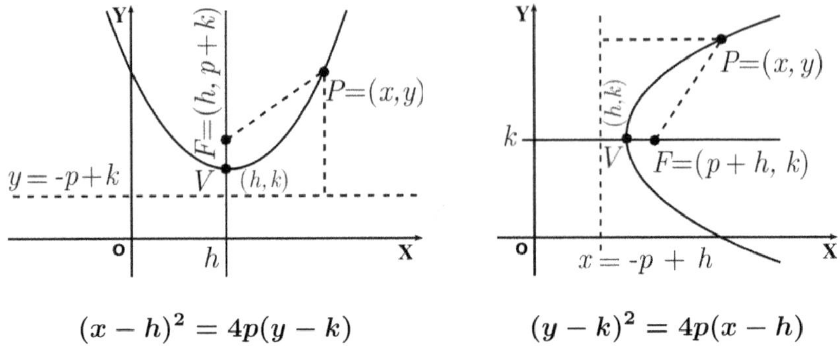

$$(x - h)^2 = 4p(y - k) \qquad\qquad (y - k)^2 = 4p(x - h)$$

Ejemplo 3.2.3

Hallar la ecuación canónica de la parábola que tiene por foco a $F = (2, -2)$, y por directriz a $x = 8$.

Solución

Buscamos una ecuación de la forma:

$$(y - k)^2 = 4p(x - h)$$

Debemos hallar los valores de h y k. Para este caso sabemos que:

$$F = ((p + h),\, k)$$

y la directriz es: $x = -p + h$.

Luego:

$$F = ((p + h), k)) = (2, -2) \quad \text{y} \quad x = -p + h = 8$$
$$\Rightarrow p + h = 2,\ k = -2,\ -p + h = 8$$
$$\Rightarrow p = -3,\ h = 5,\ k = -2$$

En consecuencia, la ecuación de la parábola es:

$$(y - (-2))^2 = 4(-3)(x - 5), \text{ es decir: } (y + 2)^2 = -12(x - 5)$$

Ejemplo 3.2.4   Probar que la siguiente ecuación es una parábola:

$$3x^2 - 12x + 4y + 8 = 0$$

Hallar su vértice, su eje, su foco y su directriz.

Solución

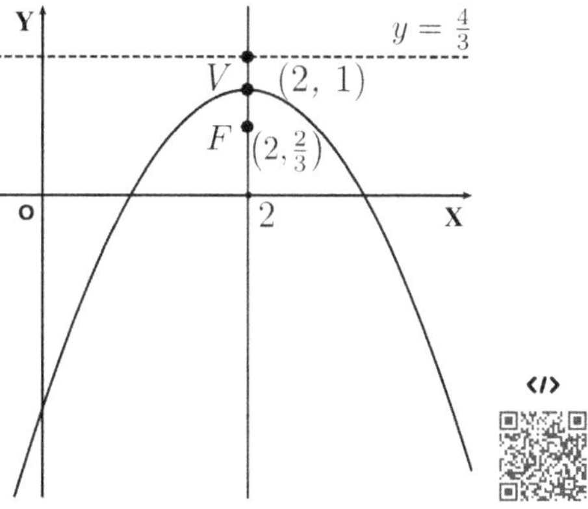

Completando cuadrados:

$3x^2 - 12x + 4y + 8 = 0$

$$\Leftrightarrow 3x^2 - 12x = -4y - 8$$

$$\Leftrightarrow 3(x^2 - 4x \quad\;) = -4y - 8$$

$$\Leftrightarrow 3(x^2 - 4x + 4) = -4y - 8 + 12$$

$$\Leftrightarrow 3(x - 2)^2 = -4(y - 1)$$

$$\Leftrightarrow (x - 2)^2 = -\frac{4}{3}(y - 1)$$

Esta última ecuación es la ecuación estándar de una parábola con vértice $V = (h, k) = (2, 1)$, y eje $x = 2$.

Por otro lado,

$$4p = -\frac{4}{3} \Rightarrow p = -\frac{1}{3}$$

Luego:

$$F = (h, (p + k)) = \left(2, \left(-\frac{1}{3} + 1\right)\right) = \left(2, -\frac{2}{3}\right)$$

La directriz es:

$$y = -p + k = -\left(-\frac{1}{3}\right) + 1 \Rightarrow y = \frac{4}{3}$$

PROPIEDAD REFLEXIVA DE LA PARÁBOLA

Una de las aplicaciones más importantes de la parábola es la construcción de reflectores de luz, presente en los faros de los automóviles, por ejemplo.

Estos faros capitalizan la propiedad reflexiva de la parábola para optimizar la iluminación. Dicha propiedad señala que:

> *Los rayos de luz que se originan en el foco,*
> *se reflejan en la parábola*
> *siguiendo trayectorias paralelas al eje*

Demostraremos esta propiedad en el problema resuelto 3.2.7.

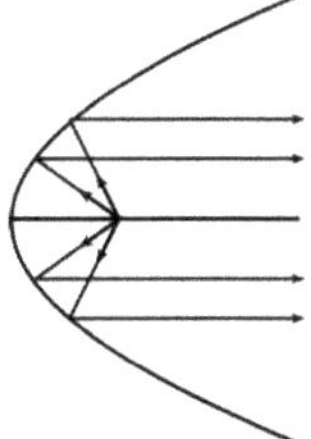

Los rayos salen del foco

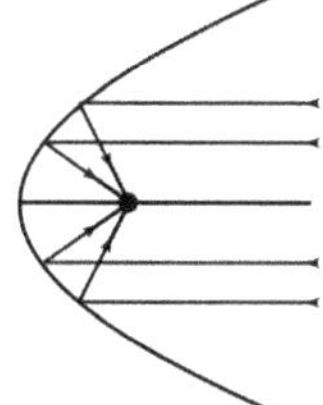

Los rayos llegan al foco

En la segunda figura usamos la propiedad reflexiva en sentido inverso. Todos los rayos de luz que llegan a la parábola, con trayectorias paralelas al eje, se reflejan en la parábola y pasan por el foco. Los mecanismos de los telescopios y radares se basan en este principio.

Los faros de automóviles y los telescopios emplean *espejos parabólicos*, que son superficies obtenidas a partir de la revolución de una parábola sobre su eje. Generalmente se denominan *Paraboloides de Revolución*.

Ejemplo 3.2.5

Se está diseñando un espejo parabólico para ser empleado como un reflector de luz. Este debe tener un diámetro 12 *cm* y una profundidad de 4 *cm*. Hallar:

a. la ecuación de la parábola que debe dar forma al espejo.

b. la distancia del vértice al punto donde debe colocarse la fuente de luz (el foco).

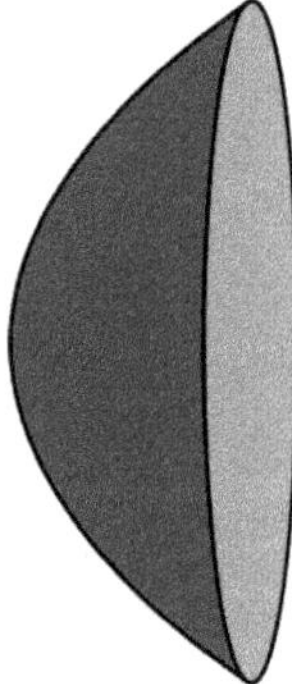
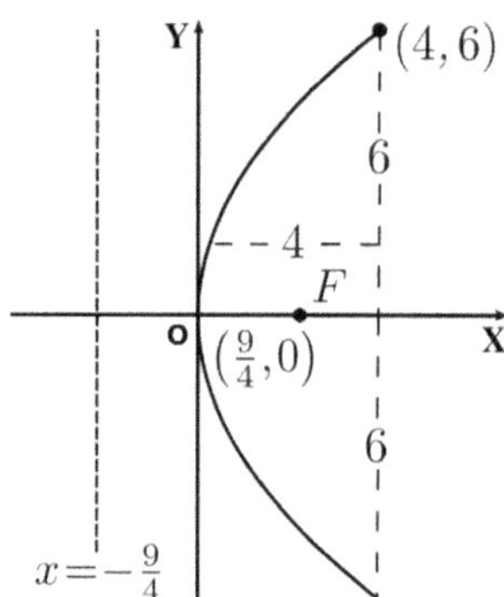

Solución

a. Fijamos el vértice de una parábola en el origen y abriéndose a la derecha, cuya ecuación es de la forma $y^2 = 4px$. Debemos encontrar el valor de p. Como el punto $(4, 6)$ está en la parábola, tenemos que:

$$6^2 = 4p(4) \Rightarrow 36 = 16p \Rightarrow p = \frac{9}{4}$$

Luego, la ecuación de la parábola es $y^2 = 4\left(\frac{9}{4}\right)x$. Esto es, $y^2 = 9x$

b. El foco de la parábola es $F = (p, 0) = \left(\frac{9}{4}, 0\right)$. Luego, la fuente de luz debe estar a $\frac{9}{4} = 2.25$ *cm* del vértice.

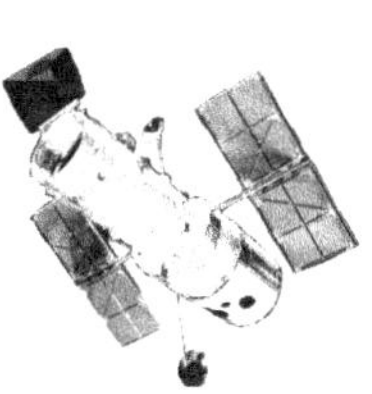

> # ¿Sabías esto?
>
> En 1990, la NASA puso en órbita el telescopio espacial **Hubble**, cumpliendo el sueño de los astrónomos de contar con un observatorio fuera de la atmósfera. El Hubble posee un espejo parabólico de 2.4 metros de diámetro, gira a una altura promedio de 575 kilómetros sobre la superficie terrestre y da una vuelta a la tierra cada 96 minutos.
>
> Este telescopio recibió su nombre en honor al astrónomo americano **Edwin Powell Hubble** (1889-1953), quien publicó sorprendentes resultados sobre la expansión del universo en 1929, dando lugar a la *Teoría del Big Bang*. Según esta teoría, nuestro universo se originó en una gran explosión que ocurrió hace 13.7 millardos de años.
>
> El Hubble fue sucedido por el telescopio **James Webb** en el año 2021, y desde sus primeros meses produjo asombrosas revelaciones del universo.

PROBLEMAS RESUELTOS 3.2

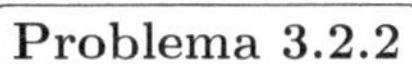

Problema 3.2.1

Hallar una ecuación de la parábola que abre hacia la derecha y tiene por lado recto al segmento de extremos $(6, -4)$ y $(6, 8)$.

Solución

El foco es el punto medio del lado recto. Esto es, $F = (6, 2)$. La longitud del lado recto es:

$$L = 8 - (-4) = 12$$

Pero, sabemos que $L = 4|p|$. Esta parábola se abre a la derecha; por lo tanto, $p > 0$. Luego:

$$4p = 12 \Rightarrow p = 3$$

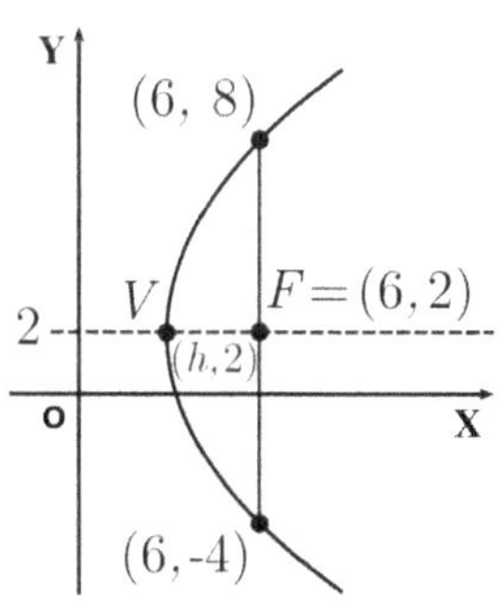

Sea $V = (h, 2)$ el vértice. Debemos tener que:

$$h + p = 6 \Rightarrow h + 3 = 6 \Rightarrow h = 3$$

En consecuencia, una ecuación de la parábola es:

$$(y - 2)^2 = 12(x - 3)$$

Problema 3.2.2

Un tanque de agua de una granja tiene forma de paraboloide de revolución, posee una altura de 9 metros y su tapa tiene un diámetro de 12 metros.

Hallar el diámetro de la superficie del agua si el nivel del agua está 4 metros por debajo de la tapa.

Solución

Fijamos el origen de coordenadas en la base del tanque. La ecuación de la parábola es $x^2 = 4py$.

Como el punto (6, 9) está comprendido en la parábola, tenemos que:

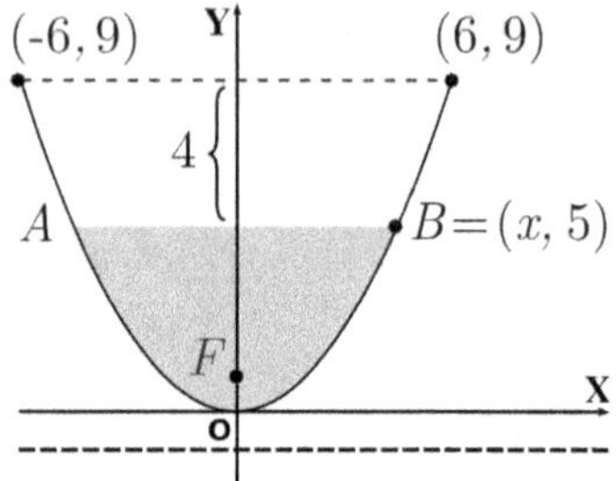

$$(6)^2 = 4p(9) \Rightarrow p = 1$$

Luego, la ecuación de la parábola es $x^2 = 4y$. Como $B = (x, 5)$ está en la parábola, tenemos:

$$x^2 = 4(5) \Rightarrow x = \sqrt{4 \times 5} = 2\sqrt{5}$$

El diámetro de la superficie del agua es $2\left(2\sqrt{5}\right) = 4\sqrt{5}$ metros.

Problema 3.2.3

La distancia entre dos torres de 90 metros de altura es de 400 metros. El cable entre las torres tiene forma parabólica, y su punto más bajo está a 10 metros sobre la carretera. Hallar:

a. una ecuación de la parábola generada por el cable.

b. la altura en la que se encuentra el cable, en el punto de la vía que está a 50 metros del pie de la torre derecha.

Solución

a. Hacemos coincidir al eje X con la carretera, al eje Y con el eje de la parábola, y al vértice con el punto $(0, 10)$.

La ecuación de la parábola tiene forma:

$$x^2 = 4p(y - 10)$$

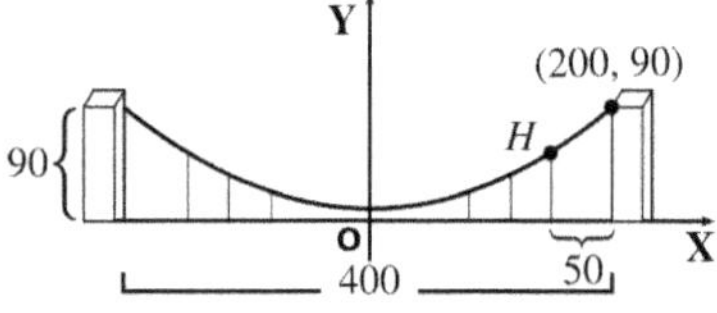

El punto (200, 90) está en la parábola. Luego:

$$(200)^2 = 4p(90 - 10) \Rightarrow 40,000 = 320p \Rightarrow p = 125$$

La ecuación buscada es $x^2 = 4(125)(y - 10)$. Es decir:

$$x^2 = 500(y - 10).$$

b. El punto que está a 50 m. de la torre tiene por abscisa $x = 200 - 50 = 150$.

Sea $H = (150, y)$ el punto de la parábola. La altura que buscamos es la ordenada de este punto. Tenemos que:

$$(150)^2 = 500(y - 10) \Rightarrow 22,500 = 500y - 5,000$$
$$\Rightarrow y = 55$$

La altura del cable en el punto de la vía que se encuentra a 50 metros de la torre es de 55 metros.

$\boxed{\textbf{Problema 3.2.4}}$

Demostrar que el vértice de una parábola es su punto más cercano al foco.

Solución

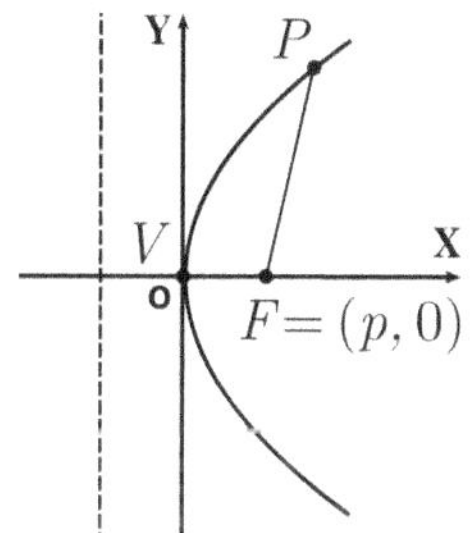

No se pierde generalidad si consideramos que la parábola es de la forma $y^2 = 4px$, con $p > 0$; es decir, una parábola con vértice el origen que tiene, como eje, al eje X, y que se abre a la derecha.

El foco es $F = (p, 0)$. Un punto cualquiera de la parábola es de la forma $P = (x, \sqrt{4px})$.

La distancia de P al foco es:

$$d(P, F) = \sqrt{(x - p)^2 + \left(\sqrt{4px} - 0\right)^2} = \sqrt{x^2 - 2px + p^2 + 4px}$$

$$= \sqrt{x^2 + 2px + p^2} = \sqrt{(x + p)^2} = \mid x + p \mid = x + p$$

Esta distancia es mínima cuando $x = 0$. Luego, el punto de la parábola que está más cerca del foco es:

$$P = \left(0, \sqrt{4p(0)}\right) = (0, 0) = V$$

Aún más, esta distancia mínima es p.

$\boxed{\textbf{Problema 3.2.5}}$ Órbita de un cometa.

La órbita de un cometa es una parábola con el sol en uno de sus focos. Cuando el cometa está a $20\sqrt{2}$ millones de km del sol, la recta que pasa por el sol y por el cometa forma un ángulo de 45° con el eje de la parábola. Hallar la mínima distancia del cometa al sol.

Solución

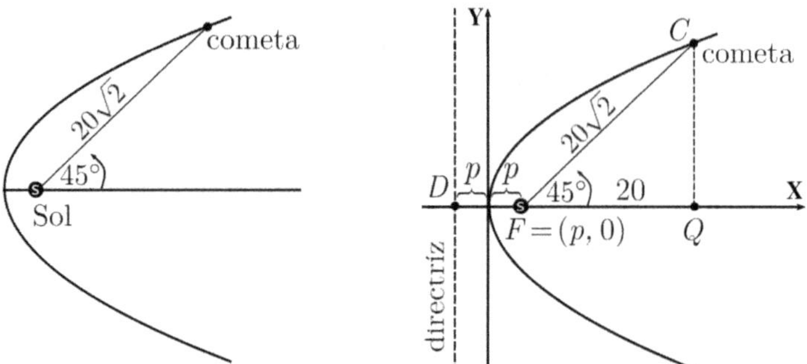

Fijamos un sistema de coordenadas con origen en el vértice, con el eje de la parábola sobre el eje X, y con el foco a la derecha del vértice.

Sea C el punto de la parábola donde está ubicado el cometa cuando su distancia con el sol es $20\sqrt{2}$ millones de kilómetros. La directriz de la parábola es $x = -p$. Tracemos el segmento $\overline{QC}$ que es perpendicular al eje. La longitud del segmento $\overline{FQ}$ es:

$$d(F,Q) = 20\sqrt{2}\cos(45°) = 20\sqrt{2}\frac{\sqrt{2}}{2} = 20$$

De acuerdo a la definición de parábola:

$$d(C,\ \text{Directriz}) = d(C,F)$$

Pero,

$$d(C,\ \text{Directriz}) = d(D,Q) = d(D,F) + d(F,Q) = 2p + 20$$

Además:

$$d(C,F) = 20\sqrt{2}$$

Luego,

$$2p + 20 = 20\sqrt{2} \Rightarrow p = 10\left(\sqrt{2} - 1\right)$$

En consecuencia, de acuerdo al problema resuelto 3.2.4, la distancia mínima del cometa al sol es:

$$d(V,F) = p = 10\left(\sqrt{2} - 1\right) \text{ millones de kilómetros}$$

El resultado del siguiente problema se puede obtener de manera sencilla *derivando*; un tema que veremos en el próximo curso de Cálculo Diferencial. No obstante, este resultado es crítico en este momento para demostrar la propiedad reflexiva de la parábola, así que nos limitaremos a operaciones netamente algebraicas, un camino mucho más largo, pero necesario.

$\boxed{\textbf{Problema 3.2.6}}$ **Pendiente de la recta tangente a una parábola.**

Probar que la pendiente de la recta tangente a la parábola $y^2 = 4px$, en cualquier punto $P = (x_1, y_1)$ de la curva, es:

$$m = \frac{2p}{y_1}$$

Solución

La ecuación de la recta tangente a la parábola $y^2 = 4px$ en el punto P es $y = m(x - x_1) + y_1$, donde m es la pendiente por determinar.

Ahora buscamos la intersección de la recta tangente con la parábola reemplazando el valor de y, dado en la ecuación de la tangente, por el valor de y en la parábola. Así, obtenemos:

$$(m(x - x_1) + y_1)^2 = 4px$$

Desarrollando el cuadrado y factorizando,

$$m^2 x^2 + \left(2mx_1 - 2m^2 x_1 - 4p\right) x + \left(y_1{}^2 + m^2 x_1{}^2 - 2mx_1 y_1\right) = 0$$

Como la tangente y la parábola se cortan en un único punto, la ecuación de segundo grado anterior debe tener una única solución. Esto es posible si sus dos raíces son iguales; es decir, su discriminante $(b^2 - 4ac)$ es cero. Esto es:

$$\left(2mx_1 - 2m^2 x_1 - 4p\right)^2 - 4m^2 \left(y_1{}^2 + m^2 x_1{}^2 - 2mx_1 y_1\right) = 0$$

Efectuando las operaciones indicadas y simplificando:

$$x_1 m^2 - y_1 m + p = 0$$

De donde,

$$m = \frac{y_1 \pm \sqrt{y_1{}^2 - 4px_1}}{2x_1} \qquad (1)$$

Pero, por estar el punto $P = (x_1, y_1)$ en la parábola, se cumple que:

$$y_1{}^2 = 4px_1 \qquad (2)$$

De donde:

$$x_1 = \frac{y_1{}^2}{4p} \qquad (3)$$

Reemplazando (2) en (1):

$$m = \frac{y_1 \pm \sqrt{(4px_1) - 4px_1}}{2x_1} = \frac{y_1 \pm (0)}{2x_1}$$

$$\Rightarrow m = \frac{y_1}{2x_1} \qquad (4)$$

Por último, reemplazando (3) en (4):

$$m = \frac{y_1}{2\left(\frac{y_1{}^2}{4p}\right)} = \frac{2p}{y_1}$$

$\boxed{\textbf{Problema 3.2.7}}$ **Probar la propiedad reflexiva de la parábola.**

Sea $P = (x_1, y_1)$ un punto cualquiera de la parábola, y sea $\overline{N}$ la recta normal a la parábola en el punto P. Sea $\boldsymbol{\alpha}$ el ángulo que forma $\overline{N}$ con el segmento que une el punto P al foco, y sea $\boldsymbol{\beta}$ el ángulo que forma $\overline{N}$ con la recta $\overline{L}$ que pasa por P y es paralela al eje de la parábola. Se debe cumplir que:

$$\boldsymbol{\alpha = \beta}$$

Demostración

No perdemos generalidad si tomamos una parábola con vértice en el origen que se abre a la derecha, y cuyo eje coincida con el eje X.

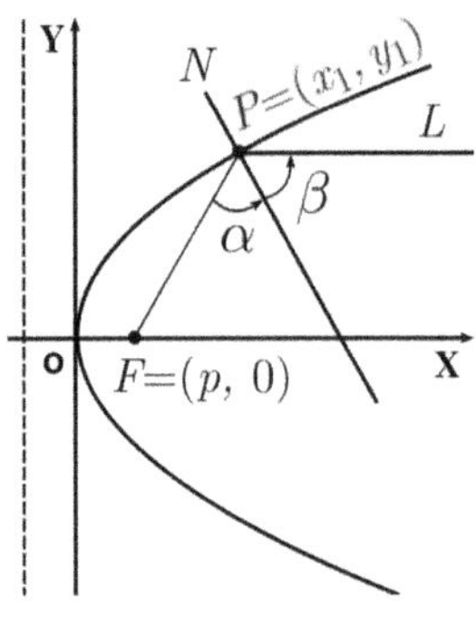

La ecuación de esta parábola es de la forma:

$$y^2 = 4px$$

De acuerdo al problema resuelto anterior, la pendiente de la recta tangente a la parábola en el punto $P = (x_1, y_1)$ es $m = \frac{2p}{y_1}$.

La pendiente del segmento $\overline{FP}$ es:

$$m_1 = \frac{y_1}{x_1 - p} \qquad (1)$$

La pendiente de la recta $\overline{N}$, por ser perpendicular a la recta tangente, es:

$$m_2 = -\frac{1}{m} = -\frac{y_1}{2p} \qquad (2)$$

La pendiente de la recta $\overline{L}$, por ser paralela al eje X, es cero.

Si prolongamos el segmento $\overline{FP}$, podemos ver que θ es el ángulo suplementario de $\alpha + \beta$; es decir, $\theta = \pi - (\alpha + \beta)$.

Además, θ y β son congruentes con los ángulos agudos formados en las intersecciones del eje X con las rectas $\overline{FP}$ y $\overline{N}$, respectivamente.

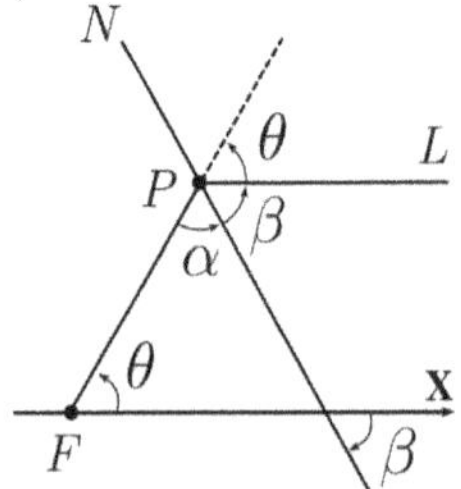

Por el problema resuelto 2.3.11, tenemos que las tangentes de θ y $-\beta$ equivalen a las pendientes de las rectas $\overline{FP}$ y $\overline{N}$, respectivamente. Esto es:

$$\tan\theta = m_1 \qquad\qquad (3)$$

$$\tan(-\beta) = m_2 \Rightarrow -\tan\beta = m_2 \qquad\qquad \text{(identidad trigonométrica 10)}$$

Luego:

$$\tan\beta = -m_2 \qquad\qquad (4)$$

Ahora:

$$
\begin{aligned}
\tan\alpha &= \tan(\pi - (\theta + \beta)) && \text{(ángulo suplementario)}\\
&= \tan\left(((-(\theta+\beta)) + \pi\right) = \tan\left(-(\theta+\beta)\right) && \text{(id. trigonométrica 22)}\\
&= -\tan(\theta+\beta) && \text{(id. trigonométrica 10)}\\
&= -\left[\frac{\tan\theta + \tan\beta}{1 - \tan\theta\tan\beta}\right] && \text{(id. trigonométrica 25)}\\
&= \frac{-\tan\theta - \tan\beta}{1 - \tan\theta\tan\beta} && (5)
\end{aligned}
$$

Reemplazando (3) y (4) en (5):

$$\tan\alpha = \frac{-(m_1) - (-m_2)}{1 - (m_1)(-m_2)} = \frac{m_2 - m_1}{1 + m_1 m_2} \qquad\qquad (6)$$

Reemplazando (1) y (2) en (6):

$$\tan\alpha = \frac{m_2 - m_1}{1 + m_1 m_2} = \frac{\left(-\dfrac{y_1}{2p}\right) - \left(\dfrac{y_1}{x_1 - p}\right)}{1 + \left(\dfrac{y_1}{x_1 - p}\right)\left(-\dfrac{y_1}{2p}\right)} = \frac{-x_1 y_1 - p y_1}{2p x_1 - 2p^2 - y_1{}^2}$$

Como $P_1 = (x_1, y_1)$ está en la parábola, se cumple que $y_1{}^2 = 4p x_1$
Reemplazando este valor de $y_1{}^2$ en la expresión anterior, se tiene:

$$\tan\alpha = \frac{-x_1 y_1 - p y_1}{2p x_1 - 2p^2 - 4p x_1} = \frac{-y_1(x_1 + p)}{-2p(x_1 + p)} = \frac{y_1}{2p} \qquad\qquad (7)$$

Ahora procedemos a calcular la tangente de β reemplazando (2) en (4):

$$\tan\beta = -\left(-\frac{y_1}{2p}\right) = \frac{y_1}{2p} \qquad\qquad (8)$$

De (7) y (8), obtenemos que $\alpha = \beta$.

¿Sabías esto?

En Física, el resultado anterior lo define la **Ley de Reflexión** de la siguiente manera:

Cuando un rayo de luz L_1 choca en un espejo siguiendo la recta L_2,

si α es el ángulo formado por L_1 y la recta normal N,

y β es el ángulo formado por N y L_2,

entonces $\alpha = \beta$.

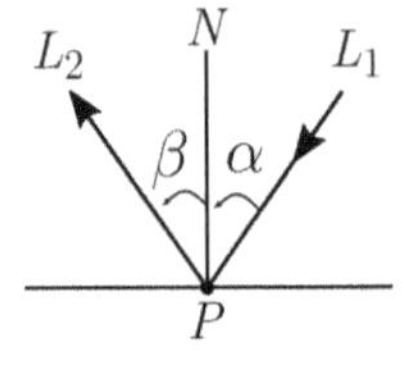

Respuestas

PROBLEMAS PROPUESTOS 3.2

En los problemas del 1 al 5, hallar el foco, la directriz y la longitud L del lado recto de la parábola indicada.

1. $x^2 = 4y$ **2.** $3x^2 + 4y = 0$ **3.** $y^2 - 6x = 0$

4. $y^2 + 20x = 0$ **5.** $4y^2 + x = 0$

En los problemas del 6 al 10, hallar el vértice, el eje, el foco, la directriz y la longitud L del lado recto de la parábola indicada.

6. $x^2 - 4x - 8y = -12$ **7.** $y^2 + 10y = x - 26$ **8.** $y^2 - 4y = 2x + 4$

9. $4x^2 + 4x + 4y + 1 = 0$ **10.** $9x^2 + 24x + 72y + 88 = 0$

En los problemas del 11 al 23, hallar la ecuación de la parábola que tiene las propiedades indicadas.

11. Foco $(-6, 0)$, directriz: $x = 6$. **12.** Foco $(0, 4)$, directriz: $y = -4$.

13. Foco $(2, 5)$, directriz: $y = -1$. **14.** Foco $\left(-\frac{7}{8}, -2\right)$, directriz: $x = -\frac{9}{8}$. **15.** Vértice $(-2, 2)$, directriz: $x = 2$.

16. Vértice $(-2, 2)$, directriz: $y = -2$. **17.** Vértice $(3, 1)$, foco: $(3, 5)$ **18.** Vértice $(0, 0)$, eje: $x = 0$. pasa por $(3, -2)$

19. Vértice $(1, 2)$, eje: paralelo al eje X, pasa por $(5, 8)$.

20. Vértice $(1, -2)$, eje: paralelo al eje Y, longitud lado recto: 6.

21. Directriz: $x = -2$, eje: $y = 1$, longitud lado recto: 8.

22. Puntos extremos del lado recto: $(1, 1)$ y $(7, 1)$. Se abre hacia arriba.

23. Vértice $(0, 0)$, extremos del lado recto: $(-4, k)$ y $(4, k)$. Se abre hacia abajo.

24. Una pelota es lanzada horizontalmente desde la orilla de una azotea de un edificio de 64 metros de altura.

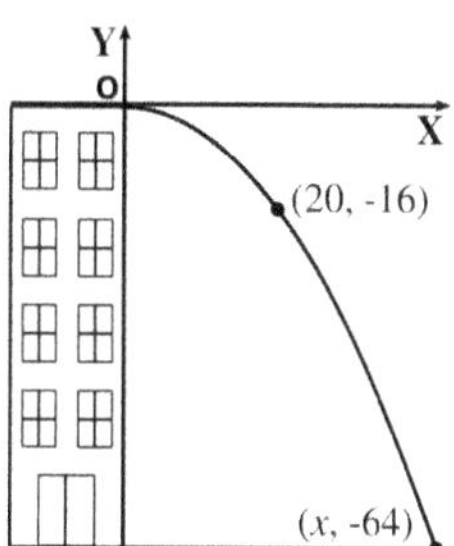

La trayectoria de la pelota es una parábola con vértice en la orilla del edificio, mientras que su eje está a lo largo del muro. La pelota pasa por un punto que está a 20 metros del muro cuando la distancia vertical es de 16 metros.

Hallar:

   a. una ecuación de la trayectoria, ubicando el origen de coordenadas en el vértice, y el eje Y coincida con el eje de la parábola.

   b. la distancia al muro desde el punto donde la pelota golpea el suelo.

25. Un faro está construido por un espejo parabólico de 12 cm de diámetro y un radio de 2 cm de profundidad ¿A qué distancia del vértice se debe colocar la fuente de luz para que los rayos se reflejen paralelamente al eje de la parábola?

26. La orilla de una antena parabólica es una circunferencia de 1 metro de diámetro y, en su centro, está el receptor de los rayos que vienen del exterior. Hallar la profundidad de la antena.

27. Las torres de un puente colgante están a 150 metros de distancia y tiene una altura de 23 metros. El cable entre las torres tiene forma parabólica y su punto más bajo está a 8 metros sobre la carretera. Hallar:

   a. una ecuación de la parábola generada por el cable.

   b. la altura en la que está el cable en el punto de la vía ubicado a 15 metros del pie de la torre.

28. Un puente se sostiene sobre un arco parabólico de concreto.

El arco tiene una abertura de 200 pies al nivel del agua y una altura en su centro de 50 pies. Hallar:

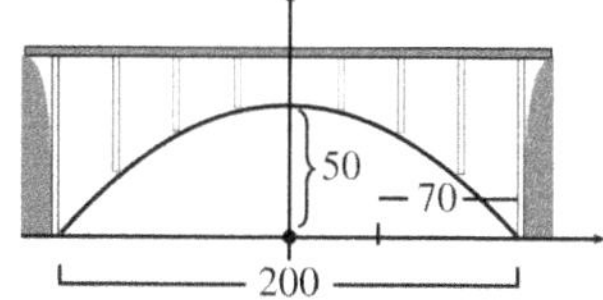

   a. una ecuación de la parábola introduciendo un sistema de coordenadas como indica la figura.

   b. la altura del arco sobre el nivel del agua en el punto que está a 70 pies del extremo derecho del arco.

29. La órbita de un cometa es una parábola en cuyo foco está el sol. Cuando el cometa está 60 millones de km del sol, la recta que pasa por el sol y

el cometa forma un ángulo de 60° con el eje de la parábola. Hallar la mínima distancia del cometa al sol.

30. Se ha puesto, en órbita parabólica, un satélite con foco en el centro de la luna. Cuando el satélite está a 5,814 km de la superficie lunar, se forma un ángulo de 60° entre el eje de la parábola y la recta que pasa por el satélite y el centro de la luna.

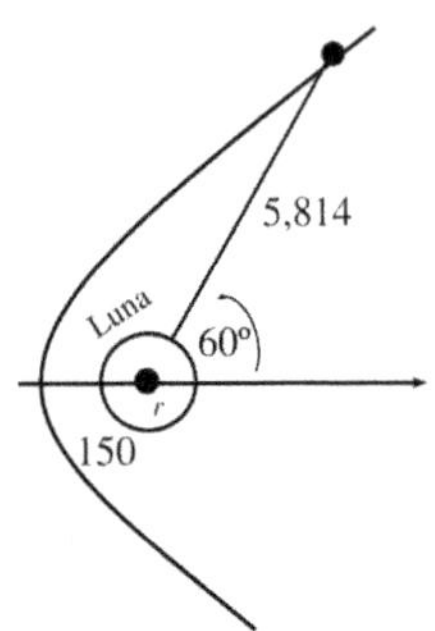

Hallar el radio de la luna si la distancia más corta del satélite a la superficie lunar es 150 km.

Sugerencia: p = 150 + r   y problema resuelto 3.2.5

31. Hallar la ecuación canónica de la parábola cuyo eje es paralelo al eje X y pasa por los puntos (3, 1), (4, 3) y (12, 7).

Sugerencia: Los puntos satisfacen la ecuación $(y - h)^2 = 4p(x - k)$.

32. Hallar la ecuación canónica de la parábola cuyo eje es paralelo al eje Y y pasa por los puntos (1, 0), (-1, 6) y (2, 3).

33. Probar que la tangente a la parábola $y^2 = 4px$, en cualquier punto $P = (x_1, y_1)$, tiene por ecuación: $y_1 y = 2p(x + x_1)$.

Sugerencia: Problema resuelto 3.2.6.

SECCIÓN 3.3

LA ELIPSE

Definición

Como vimos en la introducción del capítulo, en la geometría elemental, una **elipse** ocurre cuando un plano intersecta uno de los conos del doble cono circular recto. No obstante, en geometría analítica, una elipse se define como el conjunto de puntos del plano, tales que la suma de sus distancias, a dos puntos fijos F_1 y F_2, es una constante.

Los dos puntos fijos son los **focos** de la elipse, mientras que, el segmento que los une es el **centro de la elipse**.

ECUACIÓN CANÓNICA DE LA ELIPSE

Instalemos el centro de la elipse sobre el origen de las coordenadas, y a los focos sobre el eje X, con coordenadas $F_1 = (-c,\, 0)$ y $F_2 = (c,\, 0)$.

Sea $2a$ la constante de la definición.

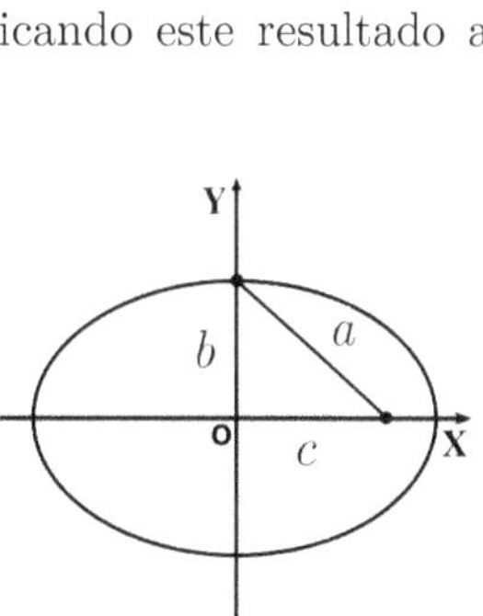

$P = (x,\, y)$ está en la elipse

$\Leftrightarrow d(P, F_1) + d(P, F_2) = 2a$

$\Leftrightarrow \sqrt{(x+c)^2 + y^2} + \sqrt{(x-c)^2 + y^2} = 2a$

$\Leftrightarrow \sqrt{(x-c)^2 + y^2} = 2a - \sqrt{(x+c)^2 + y^2}$

$\Leftrightarrow x^2 - 2cx + c^2 + y^2 = 4a^2 - 4a\sqrt{(x+c)^2 + y^2} + x^2 + 2cx + c^2 + y^2$

$\Leftrightarrow a\sqrt{(x+c)^2 + y^2} = a^2 + cx$

$\Leftrightarrow a^2(x^2 + 2cx + c^2 + y^2) = a^4 + 2a^2 cx + c^2 x^2$

$$\Leftrightarrow (a^2 - c^2)x^2 + a^2 y^2 = a^2(a^2 - c^2) \tag{1}$$

Dividiendo entre $a^2\left(a^2 - c^2\right)$:

$$\frac{x^2}{a^2} + \frac{y^2}{a^2 - c^2} = 1 \tag{2}$$

Sabemos que la suma de las longitudes de cualquier par de lados de un triángulo es mayor que la longitud del tercer lado. Aplicando este resultado al triángulo de la figura anterior, obtenemos:

$$d(F_1, P) + d(P, F_2) > d(F_1, F_2)$$

$$\Rightarrow 2a > 2c$$
$$\Rightarrow a > c$$
$$\Rightarrow a^2 - c^2 > 0$$

Si $b = \sqrt{a^2 - c^2}$, entonces $b^2 = a^2 - c^2$.

Reemplazando en (1):

$$\frac{x^2}{a^2} + \frac{y^2}{b^2} = 1$$

La recta que pasa por los focos intersecta a la elipse en dos puntos:

$$V_1 = (-a,\, 0) \quad y \quad V_2 = (a,\, 0)$$

Estos puntos son los **vértices** de la elipse.

El segmento que une los vértices es el eje mayor, y su longitud es $2a$. La recta que pasa por el centro y es perpendicular al eje mayor corta a la elipse en dos puntos:

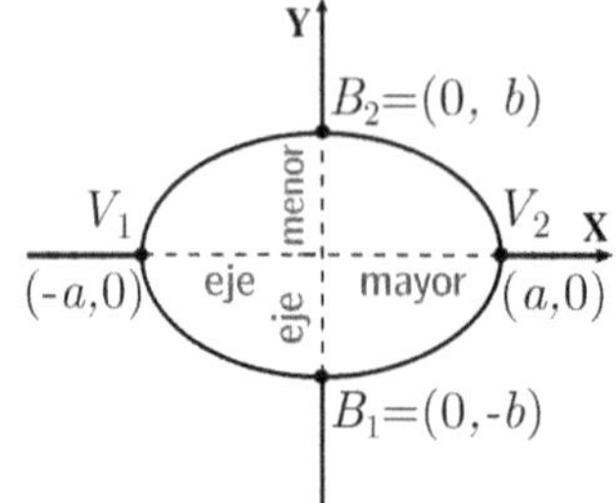

$$B_1 = (0,\, -b) \quad y \quad B_2 = (0,\, b)$$

El eje menor es el segmento que tiene por extremos los puntos B_1 y B_2. Su longitud es $2b$.

Si $c = 0$, entonces los dos focos coinciden y son iguales al origen de las coordenadas. Aún más, en este caso:

$$b = \sqrt{a^2 - c^2} = \sqrt{a^2 - 0^2} = a,$$

convirtiendo la elipse en una **circunferencia** de radio $r = a = b$.

Si los focos están sobre el eje Y, entonces:

$$F_1 = (0,\, -c) \quad y \quad F_2 = (0,\, c)$$

Siguiendo los mismos argumentos del caso anterior, obtenemos que la ecuación de la elipse es:

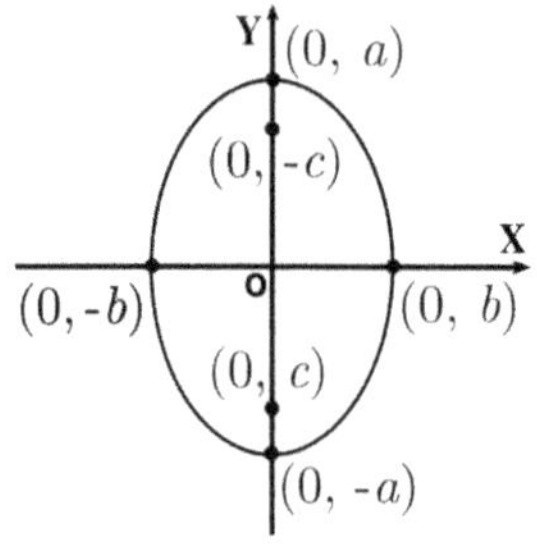

$$\frac{x^2}{b^2} + \frac{y^2}{a^2} = 1,$$

donde, igual que antes: $b^2 = a^2 - c^2$.

Resumimos estos resultados en el siguiente teorema.

Teorema 3.3.1 **Ecuaciones canónicas o estándar de la elipse.**

1. La ecuación (canónica) de la elipse con **centro en el origen**, eje mayor sobre el eje X, y cantidad constante $2a$, es:

$$\frac{x^2}{a^2} + \frac{y^2}{b^2} = 1, \text{ donde } a \geq b > 0 \ y \ b^2 = a^2 - c^2$$

   Los focos son: $\boldsymbol{F_1 = (-c, 0)}$ y $\boldsymbol{F_2 = (c, 0)}$

2. La ecuación (canónica) de la elipse con **centro en el origen**, con eje mayor sobre el eje Y, y cantidad constante $2a$, es:

$$\frac{x^2}{b^2} + \frac{y^2}{a^2} = 1, \text{ donde } a \geq b > 0 \ y \ b^2 = a^2 - c^2$$

Los focos son: $F_1 = (0, -c)$ y $F_2 = (0, c)$

NOTA   Los focos de la elipse se encuentran sobre el eje coordenado donde el denominador de la variable es mayor.

Ejemplo 3.3.1   Probar que el gráfico de la siguiente ecuación es una elipse:

$$9x^2 + 16y^2 = 144$$

Hallar los focos, vértices y longitud de ejes mayor y menor.

Solución

Necesitamos transformar esta ecuación en una ecuación canónica. A tal efecto, dividimos la ecuación entre 144:

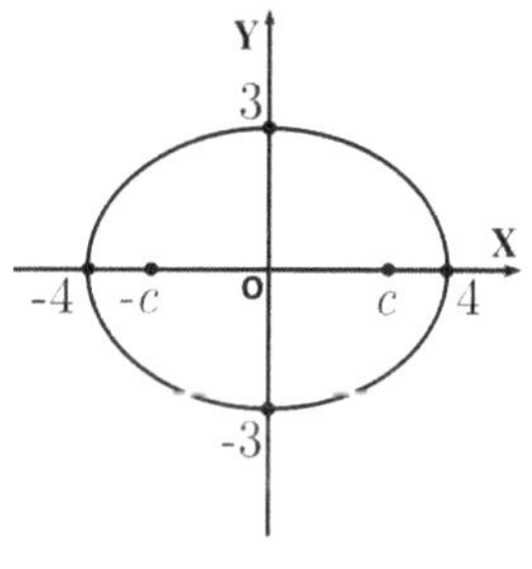

$$\frac{9x^2}{144} + \frac{16y^2}{144} = \frac{144}{144} \Leftrightarrow \frac{x^2}{16} + \frac{y^2}{9} = 1$$

$$\Leftrightarrow \frac{x^2}{4^2} + \frac{y^2}{3^2} = 1$$

El teorema 3.3.1 (parte 1) nos dice que esta es la ecuación canónica de una elipse.

De acuerdo a la última nota, los focos de la elipse están sobre el eje X. Aún más, tenemos que $a = 4$, $b = 3$, además:

$$c = \sqrt{a^2 - b^2} = \sqrt{4^2 - 3^2} = \sqrt{16 - 9} = \sqrt{7}$$

Luego, la elipse tiene por:

- Focos: $F_1 = (-\sqrt{7}, 0)$ y $F_2 = (\sqrt{7}, 0)$
- Vértices: $V_1 = (-4, 0)$ y $V_2 = (4, 0)$
- Longitud del eje mayor $= 2a = 2(4) = 8$
- Longitud del eje menor $= 2b = 2(3) = 6$

Definición

La **excentricidad** de una elipse es la razón:

$$e = \frac{c}{a} = \frac{\sqrt{a^2 - b^2}}{a}$$

Dado que $0 < c < a$, se tiene que $0 < e = \frac{c}{a} < 1$. Si e está cerca de 0, los focos están próximos entre sí, de modo que la forma de la elipse se asemejará a una circunferencia. Ahora bien, si e está cerca de ser 1, entonces la elipse tomará una forma cada vez más aplanada.

Ejemplo 3.3.2

El centro de una elipse está en el origen de coordenadas, uno de sus focos es el punto $(0, 4)$ y su excentricidad es $e = \frac{4}{5}$. Hallar:

a. el otro foco.

b. la ecuación canónica de la elipse.

Solución

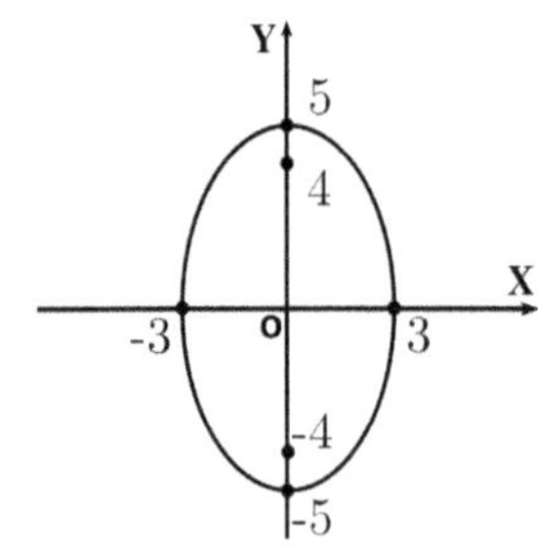

a. El otro foco es $(0, -4)$.

b. Tenemos que $c = 4$. Luego:

$$e = \frac{c}{a} \Rightarrow \frac{4}{5} = \frac{4}{a}$$

$$\Rightarrow a = 5$$

Por otro lado,

$$b = \sqrt{a^2 - c^2} = \sqrt{5^2 - 4^2} = \sqrt{9} = 3$$

La ecuación canónica de la elipse es:

$$\frac{x^2}{3^2} + \frac{y^2}{5^2} = 1, \quad \text{o bien} \quad \frac{x^2}{9} + \frac{y^2}{25} = 1$$

Ejemplo 3.3.3

Las distancias entre uno de los focos y los dos vértices de una elipse son 25 y 1, respectivamente. Si la elipse tiene centro en el origen de coordenadas y sus focos descansan sobre el eje X, hallar:

a. la excentricidad de la elipse.

b. la ecuación canónica de la elipse.

Solución

a. Si el foco indicado es $F_2 = (c, 0)$ y los vertices son $V_1 = (-a, 0)$ y $V_2 = (a, 0)$, entonces tenemos:

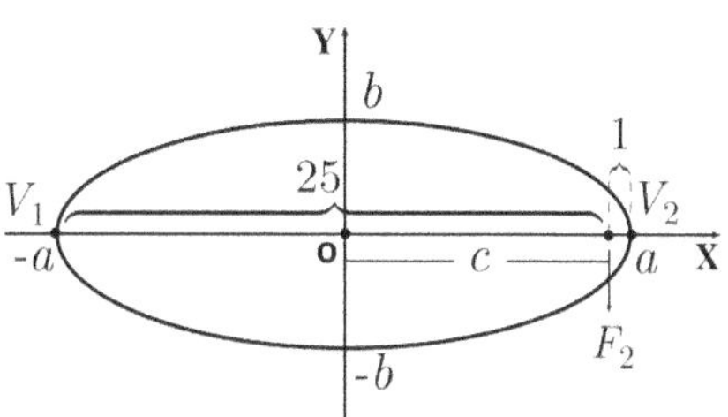

$$d(V_1, F_2) = d(V_1, O) + d(O, F_2)$$
$$= a + c = 25$$

$$d(F_2, V_2) = d(O, V_2) - d(O, F_2)$$
$$= a - c = 1$$

Resolvemos el sistema:

$$\begin{cases} a + c = 25 \\ a - c = 1 \end{cases} \quad \text{y obtenemos: } a = 13, \ c = 12$$

Luego, $e = \dfrac{c}{a} = \dfrac{12}{13}$

b. $b^2 = a^2 - c^2 = 13^2 - 12^2 = 169 - 144 = 25$

Luego, la ecuación canónica de la elipse es:

$$\frac{x^2}{169} + \frac{y^2}{25} = 1$$

Definición   **Lado recto de una elipse:**

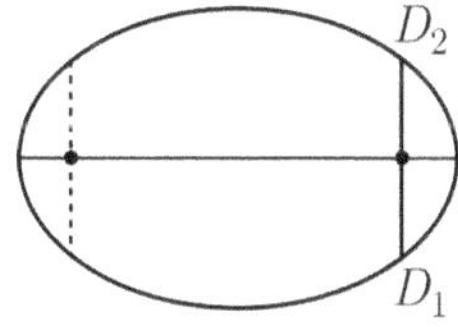

El Lado Recto es cualquiera de los dos segmentos que pasan por un foco, son perpendiculares al eje mayor y tienen sus dos extremos en la elipse.

Así, el segmento $\overline{D_1 D_2}$ es uno de los lados rectos. El lado recto restante viene siendo el segmento punteado, en la ilustración.

En el problema resuelto 3.3.3, probaremos que la longitud de un lado recto de la elipse, expresada en su ecuación canónica, se obtiene con la fórmula:

$$L = \frac{2b^2}{a}$$

Ejemplo 3.3.4

Una elipse tiene su centro en el origen y uno de sus focos es el punto $(0, 6)$. Si la longitud de su lado recto es $\frac{64}{5}$, hallar la ecuación canónica de la elipse.

Solución

Tenemos que:

$$c = 6 \quad \text{y} \quad b^2 = a^2 - c^2 \Rightarrow b^2 = a^2 - 36 \qquad (1)$$

Por otro lado,

$$L = \frac{2b^2}{a} \Rightarrow \frac{64}{5} = \frac{2b^2}{a} \Rightarrow b^2 = \frac{32}{5}a \qquad (2)$$

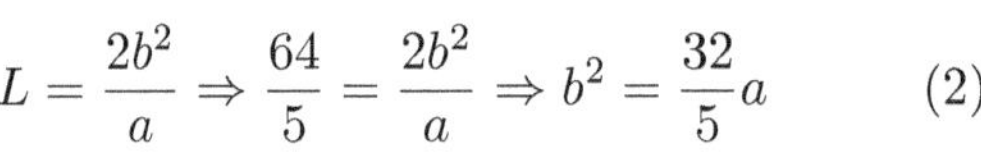

De (1) y (2), obtenemos:

$$a^2 - 36 = \frac{32}{5}a \Rightarrow 5a^2 - 32a - 180 = 0 \Rightarrow a = 10 \quad \text{y} \quad b = 8$$

Luego, la ecuación canónica de la elipse es:

$$\frac{x^2}{8^2} + \frac{y^2}{10^2} = 1$$

ECUACIÓN CANÓNICA DE LA ELIPSE TRASLADADA

1. La ecuación canónica de la elipse con **centro en** (h, k), eje mayor paralelo al eje X, y la cantidad constante $2a$, es:

$$\frac{(x-h)^2}{a^2} + \frac{(y-k)^2}{b^2} = 1, \text{ donde } a \geq b > 0 \text{ y } b^2 = a^2 - c^2$$

Los focos son:

$$F_1 = ((-c+h), k) \quad \text{y} \quad F_2 = ((c+h), k)$$

2. La ecuación (canónica) de la elipse con **centro en** (h, k) y con eje mayor paralelo al eje Y, y la cantidad constante $2a$, es:

$$\frac{(x-h)^2}{b^2} + \frac{(y-k)^2}{a^2} = 1, \text{ donde } a \geq b > 0 \text{ y } b^2 = a^2 - c^2$$

Los focos son:

$$F_1 = (h, (-c+k)) \quad \text{y} \quad F_2 = (h, (c+k))$$

$\boxed{\textbf{Ejemplo 3.3.5}}$ Probar que el gráfico de la siguiente ecuación es una elipse:

$$4x^2 + y^2 - 24x - 4y + 24 = 0$$

Hallar vértices, focos, excentricidad y longitudes de eje (mayor y menor).

Solución

Necesitamos transformar esta ecuación en una ecuación canónica. En ese sentido, procedemos a completar cuadrados:

$$4x^2 + y^2 - 24x - 4y + 24 = 0$$
$$\Leftrightarrow 4\left(x^2 - 6x + \quad\right) + \left(y^2 - 4y + \quad\right) = -24$$
$$\Leftrightarrow 4\left(x^2 - 6x + 9\right) + \left(y^2 - 4y + 4\right) = -24 + 36 + 4$$
$$\Leftrightarrow 4(x-3)^2 + (y-2)^2 = 16$$
$$\Leftrightarrow \frac{(x-3)^2}{4} + \frac{(y-2)^2}{16} = 1$$

De acuerdo a la parte 2, del apartado anterior, esta ecuación es la ecuación canónica de una elipse con centro en $(h, k) = (3, 2)$ y con un eje mayor que es paralelo al eje Y.

Tenemos que $a^2 = 16 \Rightarrow a = 4$. Por lo tanto:

$$V_1 = (3,\, (2 - a)) = (3,\, (2 - 4)) = (3, -2)$$
$$V_2 = (3,\, (2 + a)) = (3,\, (2 + 4)) = (3, 6)$$

Por otro lado,

$$b^2 = 4 \Rightarrow c^2 = a^2 - b^2 = 16 - 4$$
$$\Rightarrow c = \sqrt{12} = 2\sqrt{3}$$

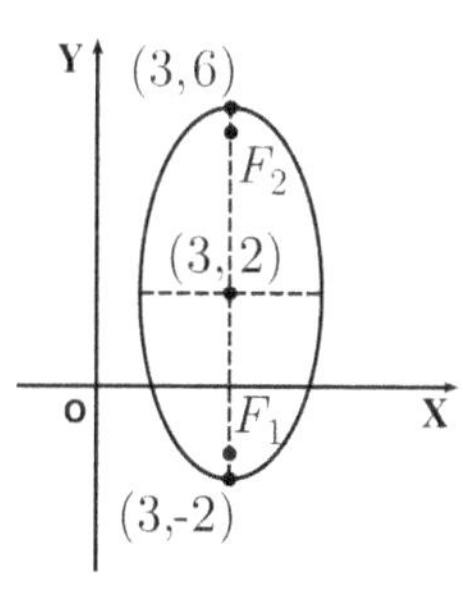

Luego:
$$F_1 = (3,\, (2 - c)) = \left(3,\, (2 - 2\sqrt{3})\right)$$
$$F_2 = (3,\, (2 + c)) = \left(3,\, (2 + 2\sqrt{3})\right)$$

La excentricidad es:
$$e = \frac{c}{a} = \frac{2\sqrt{3}}{4} = \frac{\sqrt{3}}{2}$$

La longitud del eje mayor es:
$$2a = 2(4) = 8$$

La longitud del eje menor es:
$$2b = 2(2) = 4$$

PROPIEDAD REFLEXIVA DE LA ELIPSE

La elipse, al igual que la parábola, posee una curiosa propiedad reflexiva. Un rayo de luz o una onda sonora, que se origine en uno de sus focos, se refleja en la elipse y pasa por el otro foco. Demostraremos esta propiedad en el problema resuelto 3.3.4.

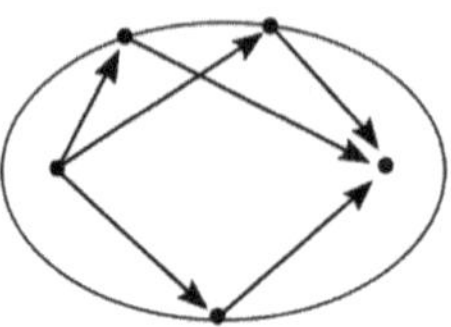

¿Sabías esto?

Existen varios domos elípticos, como el *Salón de las Estatuas* del Capitolio (Washington D.C.), el *Tabernáculo del Mormón* (Salt Lake City) y la *Catedral de San Pablo* (Londres), que fue diseñada por el matemático y arquitecto *Christopher Wren* (1632-1723).

Hasta el sonido más leve, producido en un foco de estos domos, se escucha con claridad en el otro foco. Por esto, se les conoce como *galerías de murmullos*.

Tabernáculo del Mormón

Ejemplo 3.3.6

El domo del Tabernáculo del Mormón, en Salt Lake city, tiene las siguientes dimensiones: 250 pies de largo, 150 pies de ancho y 80 pies de altura. Las secciones longitudinales del domo son semi-elipses. Para obtener fidelidad de sonido, en una grabación, se requiere ubicar al locutor en un foco y al equipo de grabación en el otro foco. Hallar ambas ubicaciones.

Solución

Es importante aclarar que el ancho de domo solo es un dato dispuesto para complementar la geometría de la estructura, pero no interviene en la solución de nuestro problema. Bien, tenemos que:

$$2a = 250 \Rightarrow a = 125$$

Por otro lado, $b = 80$. Luego:

$$c = \sqrt{a^2 - b^2} = \sqrt{(125)^2 - (80)^2}$$

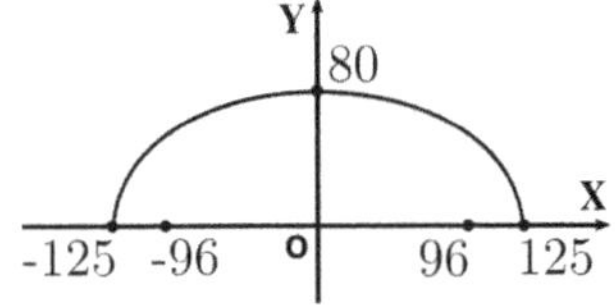

$$= \sqrt{9.225} \approx 96$$

El locutor debe ubicarse a 96 pies del centro. El equipo debe ubicarse también a 96 pies del centro, pero en el sentido opuesto.

LA ELIPSE EN LA ASTRONOMÍA

En 1609, el astrónomo, matemático y físico alemán, **Johannes Kepler** (1571-1630), publicó su obra **Astronomía Nova**, donde presentó sus leyes sobre el movimiento de los planetas alrededor del sol. Kepler logró sintetizar todos los datos astronómicos obtenidos en miles de años de observación.

Las leyes de Kepler fueron logradas de forma empírica. Su demostración recién fue lograda por Isaac Newton un siglo después.

Primera ley de Kepler o Ley de las Órbitas

Las órbitas de los planetas tienen forma elíptica, al tiempo que el sol es uno de los focos.

1. Mercurio   2. Venus
3. Tierra   4. Marte
5. Júpiter   6. Saturno

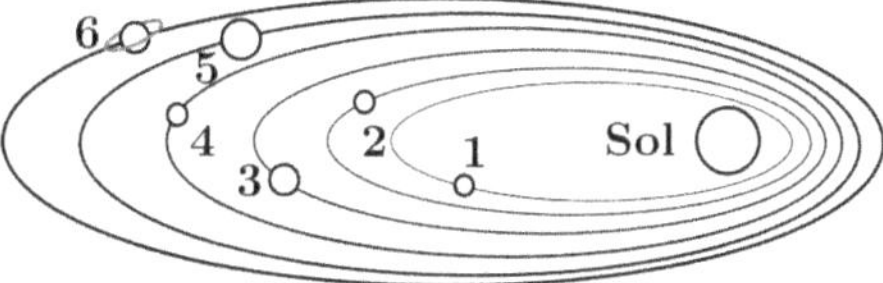

Las leyes de Kepler también gobiernan el movimiento de los cometas.

Ejemplo 3.3.7

La órbita del cometa Halley es una elipse con el sol en uno de sus focos. Si la longitud del eje mayor es $5.34 \times 10^9 km$ y la del menor es $1.36 \times 10^9 km$, hallar:

a. una ecuación de la órbita.

b. la excentricidad de la órbita.

c. la distancia mínima del cometa al centro del sol.

Solución

a. Tomamos un sistema de coordenadas con origen en el centro de la órbita, y con el centro del sol sobre el semieje positivo del eje X.

Se tiene:

$$2a = 5.34 \times 10^9 \Rightarrow a = 26.7 \times 10^8$$

$$2b = 1.36 \times 10^9 \Rightarrow b = 6.8 \times 10^8$$

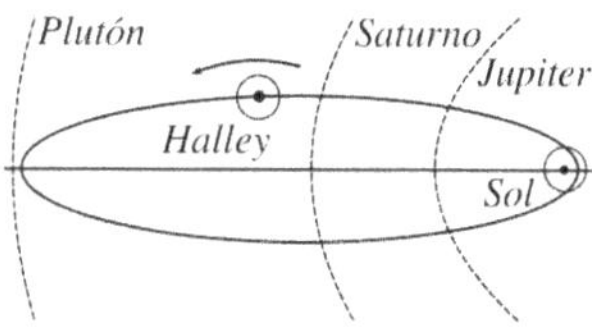

Luego, la ecuación de la órbita de cometa es:

$$\frac{x^2}{(26.7)^2 \times 10^{16}} + \frac{y^2}{(6.8)^2 \times 10^{16}} = 1$$

$$\text{o bien:} \quad \frac{x^2}{712.89 \times 10^{16}} + \frac{y^2}{46.24 \times 10^{16}} = 1$$

b. Si $F = (c, 0)$ es el foco de la elipse donde está el centro del sol, tenemos que:

$$c = \sqrt{a^2 - b^2} = \sqrt{(26.7)^2 \times 10^{16} - (6.8)^2 \times 10^{16}} = 25.819 \times 10^8$$

Luego, la excentricidad es:

$$e = \frac{c}{a} = \frac{25.819 \times 10^8}{26.7 \times 10^8} \approx 0.967$$

c. Tenemos que:

$$\text{distancia mínima} = a - c$$

$$\Rightarrow \quad \text{distancia mínima} = \left(26.7 \times 10^8\right) - \left(25.819 \times 10^8\right) = 88.1 \times 10^6$$

Luego, la distancia mínima del cometa al centro del sol es $88.1 \times 10^6 \ km$.

¿Sabías esto?

El **cometa Halley** es el cometa más famoso del sistema solar. Algunos registros históricos sugieren que fue visto en el año 240 a.C. sin embargo, recién recibió el reconocimiento de cometa en el año 1758. Su nombre le fue conferido en honor al astrónomo inglés, **Edmond Halley** (1656-1742), quien fue amigo de Newton. 

Cuando Halley observó este cometa en el año 1682, sostuvo que era el mismo que había sido visto en los años 1531 y 1607.

Aun más, predijo que el cometa volvería a aparecer en 1758 y, en efecto, el cometa apareció ese año. Tristemente, Halley no pudo celebrar el éxito de su predicción, ya que había fallecido 16 años antes. Este hecho fue el acierto más convincente de la Teoría de Gravitación de Newton.

Su último avistamiento fue en 1986, y se espera el próximo para 2061.

PROBLEMAS RESUELTOS 3.3

Problema 3.3.1

Una autopista de una sola vía atraviesa por un túnel semielíptico de 11 pies de altura y 36 pies de ancho. Un camión de 12 pies de ancho y 10 pies de altura se acerca al túnel por el centro de la autopista ¿Podrá el camión atravesar el túnel sin golpearlo?

Solución

La ecuación de la elipse es:

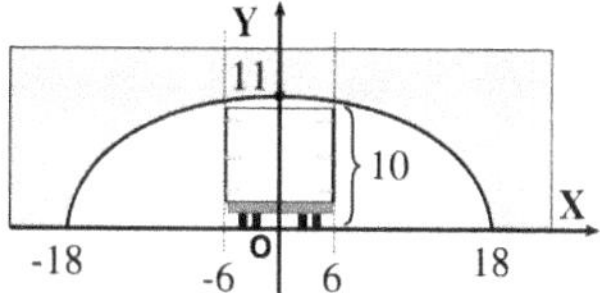

$$\frac{x^2}{18^2} + \frac{y^2}{11^2} = 1$$

Para $x = 6$:

$$\frac{y^2}{11^2} = 1 - \frac{6^2}{18^2} = \frac{11^2}{18^2}\left(18^2 - 6^2\right)$$

$$\Rightarrow y = \frac{11}{18}\sqrt{288} = \frac{11}{18}(12)\sqrt{2} \approx 10.37$$

Como $10 < 10.37$, el camión atraviesa el túnel sin causar daño alguno.

Problema 3.3.2

Un satélite tiene una órbita elíptica, con el centro de la tierra en unos de sus focos. Las distancias, máxima y mínima, del satélite a la superficie terrestre son 11,620 km y 1,620 km, respectivamente. Si el radio de la tierra es 6,380 kilómetros, hallar:

a. la excentricidad de la órbita.

b. la ecuación canónica de la órbita, estableciendo un sistema de coordenadas con origen en el centro de la órbita, mientras que el centro de la tierra descanse sobre el semieje positivo de X.

Solución

a. Sea a la longitud del semieje mayor de la órbita, r el radio de la tierra y c la coordenada del centro de la tierra.

Tenemos el sistema de ecuaciones:

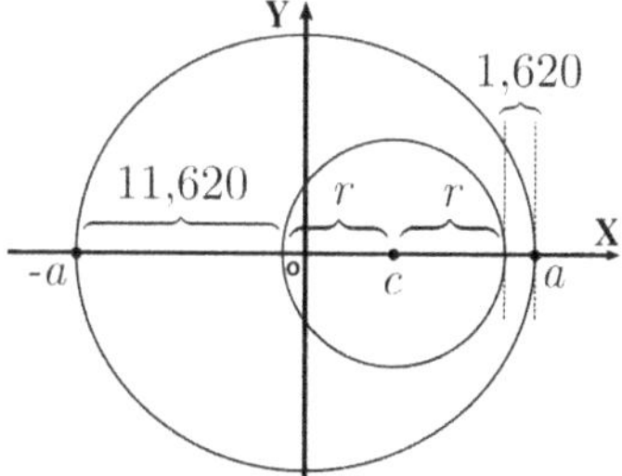

$$\begin{cases} a + c = 11,620 + r \\ a - c = 1,620 + r \end{cases}$$

Sumando estas ecuaciones:

$$2a = (11,620+1,620)+2r = 13,240+2r$$

$$\Rightarrow a = 6,620 + r = 6,620 + 6,380 = 13,000$$

Restando las ecuaciones:

$$2c = (11,620 - 1,620) = 10,000 \Rightarrow c = 5,000$$

Luego, la excentricidad de la órbita es:

$$e = \frac{c}{a} = \frac{5,000}{13,000} = \frac{5}{13}$$

b. $b^2 = a^2 - c^2 = (13,000)^2 - (5,000)^2 = (12,000)^2$

Por lo tanto, la ecuación canónica de la órbita es:

$$\frac{x^2}{(13,000)^2} + \frac{y^2}{(12,000)^2} = 1$$

$\boxed{\textbf{Problema 3.3.3}}$ **Longitud del lado recto.**

Probar que la longitud del lado recto de una elipse viene dada por la fórmula:

$$L = \frac{2b^2}{a}$$

Solución

Fijamos la elipse en el plano, de forma que su centro coincida con el origen de coordenadas, y sus focos descansen sobre el eje X.

En este caso, su ecuación canónica es:

$$\frac{x^2}{a^2} + \frac{y^2}{b^2} = 1$$

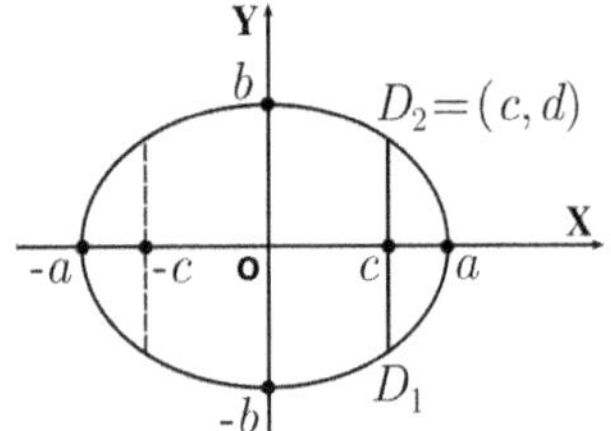

Sea $D_2 = (c, d)$ el punto extremo del lado recto que está sobre el foco $(\boldsymbol{c},\, \boldsymbol{0})$.

Por estar $D_2 = (c, d)$ comprendido en la elipse, tenemos:

$$\frac{c^2}{a^2} + \frac{d^2}{b^2} = 1 \Rightarrow \frac{d^2}{b^2} = 1 - \frac{c^2}{a^2} \Rightarrow d^2 = \frac{b^2}{a^2}\left(a^2 - c^2\right) = \frac{b^2}{a^2}\left(b^2\right)$$

$$\Rightarrow d = \frac{b^2}{a}$$

Luego, la longitud del lado recto es:

$$L = 2d = 2\frac{b^2}{a}$$

$\boxed{\textbf{Problema 3.3.4}}$ **Prueba de la propiedad reflexiva de la elipse.**

Nuestra tarea es demostrar que la recta tangente a una elipse, en un punto $\boldsymbol{P} = (\boldsymbol{x},\, \boldsymbol{y})$, forma dos ángulos congruentes $\boldsymbol{\alpha}$ y $\boldsymbol{\beta}$ con los segmentos que unen a P con los focos.

Esto es:

$$\boldsymbol{\alpha = \beta}$$

Solución

De acuerdo al problema resuelto 2.3.11, la pendiente de la recta T es igual a la tangente de $-\theta$:

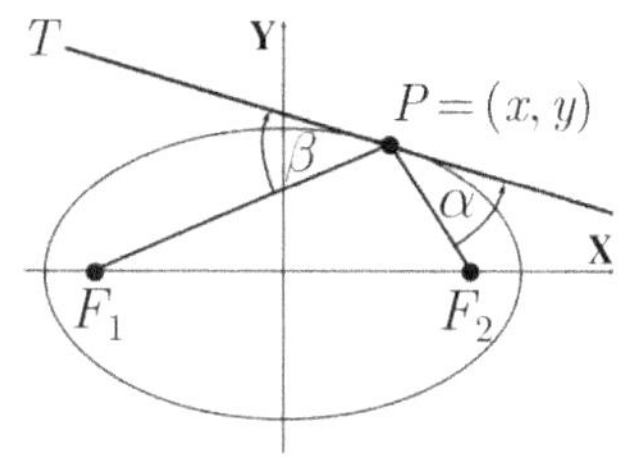

$$m_T = \tan(-\theta)$$
$$\Leftrightarrow m_T = -\tan\theta \qquad (1)$$

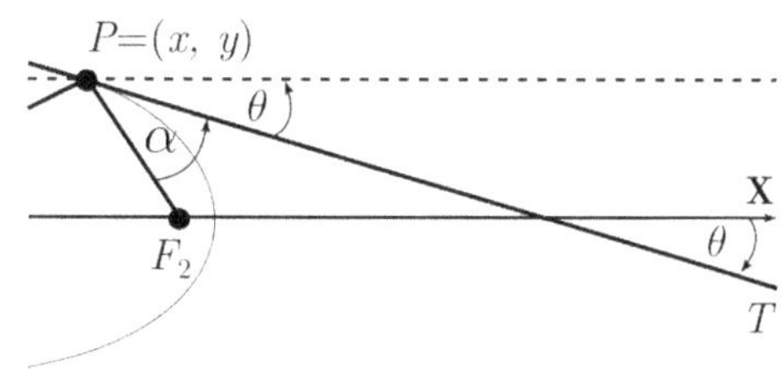

De acuerdo al enunciado del problema propuesto 21, la pendiente de T en el punto P es:

$$m_T = -\frac{b^2 x}{a^2 y} \qquad (2)$$

De (1) y (2) obtenemos:

$$-\tan\theta = -\frac{b^2 x}{a^2 y}$$

$$\Leftrightarrow \tan\theta = \frac{b^2 x}{a^2 y} \qquad (3)$$

La pendiente del segmento $\overline{F_2 P}$ es la siguiente:

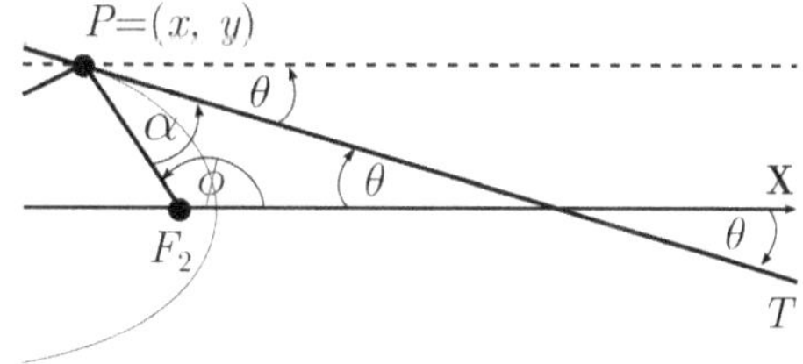

$$m_{\overline{F_2 P}} = \tan\phi$$

Pero:

$$\phi = \pi - (\alpha + \theta) \qquad \text{(ángulos suplementarios)}$$

$$\Rightarrow \tan\phi = \tan(\pi - (\theta + \alpha))$$
$$= \tan(-(\theta + \alpha)) \qquad \text{(identidad trigonométrica 22)}$$
$$= -\tan(\theta + \alpha) \qquad \text{(identidad trigonométrica 10)}$$

Luego,

$$m_{\overline{F_2 P}} = -\tan(\theta + \alpha) \qquad (4)$$

Además, por definición de pendiente:

$$m_{\overline{F_2 P}} = \frac{y - (0)}{x - (c)} \qquad \text{(fórmula de pendiente)}$$

$$= \frac{y}{x - c} \qquad (5)$$

De (4) y (5) obtenemos:

$$-\frac{y}{x - c} = \tan(\theta + \alpha)$$

$$= \frac{\tan\theta + \tan\alpha}{1 - \tan\theta\tan\alpha} \qquad (\text{ identidad trigonométrica 25})$$

$$= \frac{\left(\frac{b^2 x}{a^2 y}\right) + \tan\alpha}{1 - \left(\frac{b^2 x}{a^2 y}\right)\tan\alpha} \qquad (\text{de (3)})$$

$$= \frac{b^2 x + a^2 y \tan\alpha}{a^2 y - b^2 x \tan\alpha}$$

De donde obtenemos:

$$\left(b^2 x^2 + a^2 y^2\right) + \left(a^2 - b^2\right) xy \tan\alpha = a^2 cy \tan\alpha + b^2 cx \qquad (6)$$

En las expresiones $\left(a^2 - b^2\right)$ y $\left(b^2 x^2 + a^2 y^2\right)$:

$$a^2 - b^2 = c^2 \qquad (\text{definición de elipse})$$

Dado que $P = (x, y)$ pertenece a la elipse, reemplazando los términos, x o y, por su equivalente de la ecuación de la elipse, obtenemos que:

$$b^2 x^2 + a^2 y^2 = a^2 b^2$$

Luego, reemplazando las dos ultimas igualdades en (6):

$$\left(a^2 b^2\right) + \left(c^2\right) xy \tan\alpha = a^2 cy \tan\alpha + b^2 cx$$

$$\Rightarrow \tan\alpha = \frac{b^2 cx - a^2 b^2}{c^2 xy - a^2 cy} = \frac{b^2\left(cx - a^2\right)}{cy\left(cx - a^2\right)}$$

$$\Rightarrow \tan\alpha = \frac{b^2}{cy} \qquad (7)$$

Por otro lado, la pendiente del segmento que une el foco $F_1 = (-c, 0)$ con el punto P, es decir $\overline{F_1 P}$, es:

$$m_{\overline{F_1 P}} = \tan(\beta - \theta) \qquad (8)$$

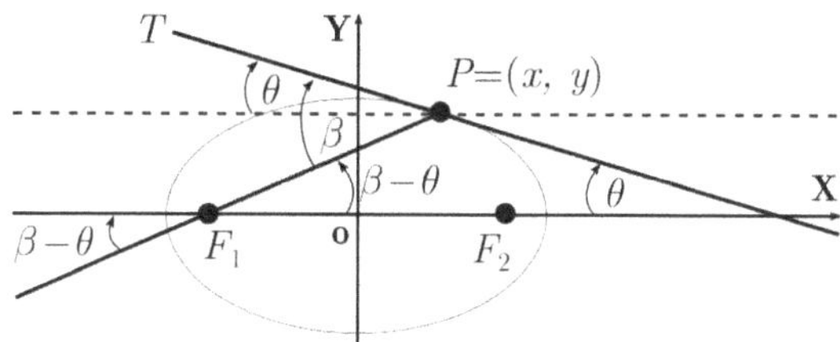

Por definición de pendiente:

$$m_{\overline{F_1 P}} = \frac{y - (0)}{x - (-c)} \qquad \text{(fórmula de pendiente)}$$

$$= \frac{y}{x + c} \qquad (9)$$

De (8) y (9) tenemos:

$$\frac{y}{x + c} = \tan(\beta - \theta)$$

$$= \frac{\tan \beta - \tan \theta}{1 + \tan \beta \tan \theta} \qquad \text{(identidad trigonométrica 25)}$$

$$= \frac{\tan \beta - \left(\frac{b^2 x}{a^2 y}\right)}{1 + \tan \beta \left(\frac{b^2 x}{a^2 y}\right)} = \frac{a^2 y \tan \beta - b^2 x}{a^2 y + b^2 x \tan \beta} \qquad \text{(de (3))}$$

Procediendo como el caso anterior, obtenemos:

$$\tan \beta = \frac{b^2}{cy} \qquad (10)$$

De (7) y (10), concluimos que, si $\tan \alpha = \tan \beta$, entonces $\alpha = \beta$.

Humor en tiempos de ciencia

PROBLEMAS PROPUESTOS 3.3

En los problemas del 1 al 12, hallar la ecuación canónica de la elipse con los datos son indicados.

1. Focos: $(\pm 2, 0)$. Vértices: $(\pm 6, 0)$.

2. Focos: $(0, \pm 5)$. Vértices: $(0, \pm 8)$

3. Foco: $(5, 2)$. Vértices: $(2, 2)$, $(6, 2)$.

4. Foco: $(-4, 0)$. Vértices: (-4, -2), (-4, 8).

5. Vértices: (3, -1), (3, 3). Pasa por (2, 1).

6. Vértices: $(\pm 5, 0)$, Longitud del eje menor: 6.

7. Vértices: $(-1, \pm 3)$. Longitud del eje menor: 4.

8. Vértices: $(2, -10)$, $(2, 10)$. Pasa por (6, 3).

9. Focos: $(\pm 2, 0)$. Excentricidad : $e = 2/3$.

10. Vértices: (1, 1), (1, 7). Excentricidad : $e = 1/3$.

11. Focos: $(\pm 3, -1)$. Longitud lado recto $= 9$.

12. Centro: (-2, 2). Vértice: (3, 2). Lado recto $= 4$.

13. $x^2 + 4y^2 - 6x + 16y = -9$ **14.** $9x^2 + 4y^2 - 18x + 24y + 9 = 0$

15. $25x^2 + 16y^2 + 100x - 96y = 156$

16. Una autopista de dos vías pasa por un túnel semi-elíptico de 10 pies de altura y 30 pies de ancho.

Un camión de 9 pies de ancho y 7.5 pies de altura se acerca al túnel por su lado de la autopista.

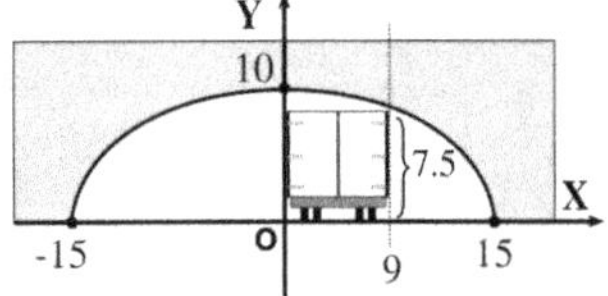

¿Podrá el camión atravesar el túnel sin rozar el puente, ni usar la otra línea de la autopista?

17. La sección trazada a lo largo de la parte más larga del Estadio Olímpico de Montreal es una elipse con eje mayor y eje menor de 480 y 280 metros, respectivamente. Hallar la ecuación canónica de esta elipse.

Este estadio fue construido con motivo de las olimpiadas del año 1976. La torre inclinada que se observa mide 175 metros, y es la más alta de su tipo.

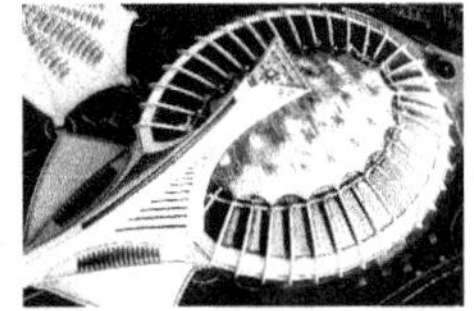

18. Sea S el conjunto de puntos P del plano, tales que la distancia de P al punto (2, 0) es la mitad de la distancia de P a la recta $x = 8$. Hallar una ecuación que satisfaga los puntos de S. Identificar este conjunto.

19. Sea S el conjunto de puntos P del plano, tales que la distancia de P al punto $(0, 4)$ es $4/5$ de la distancia P a la recta $y = \frac{25}{4}$. Hallar una ecuación que satisfaga los puntos de S.

20. Se ha colocado un satélite que gira alrededor de la luna. Su órbita es una elipse, y el centro lunar coincide con uno de sus focos. Las distancias, máxima y mínima, a la superficie lunar son 4,522 y 522 kilómetros, respectivamente. Si el radio de la luna es 1,728 km, hallar:

    a. la excentricidad de la órbita.

    b. una ecuación de la órbita.

21. Sea la elipse: $\dfrac{x^2}{a^2} + \dfrac{y^2}{b^2} = 1$; y sea $P = (x_1, y_1)$ un punto de ella. Probar:

    a. que la pendiente de la tangente a la elipse en el punto $P = (x_1, y_1)$ es:

$$m = -\frac{b^2 x_1}{a^2 y_1}$$

    Sugerencia: La recta T: $y = m(x - x_1) + y_1$ pasa por $P = (x_1, y_1)$. T es tangente a la elipse si intersecta a ésta en un único punto. Seguir los mismos pasos del problema resuelto 3.2.6.

    Otra sugerencia: Espera hasta que aprendas a derivar.

    b. que la recta tangente a la elipse(T), en el punto $P = (x_1, y_1)$, tiene por ecuación:

$$\frac{x_1 x}{a^2} + \frac{y_1 y}{b^2} = 1$$

LA HIPÉRBOLA

Definición

En geometría analítica, la **Hipérbola** es el conjunto de puntos en el plano cuya diferencia de sus distancias, a dos puntos fijos, es una constante positiva.

Estos puntos fijos son los **focos** de la hipérbola.

Se llama **eje focal** a la recta que corta ambos focos, F_1 y F_2.

El eje focal corta a la hipérbola en dos puntos, V_1 y V_2, llamados **vértices**.

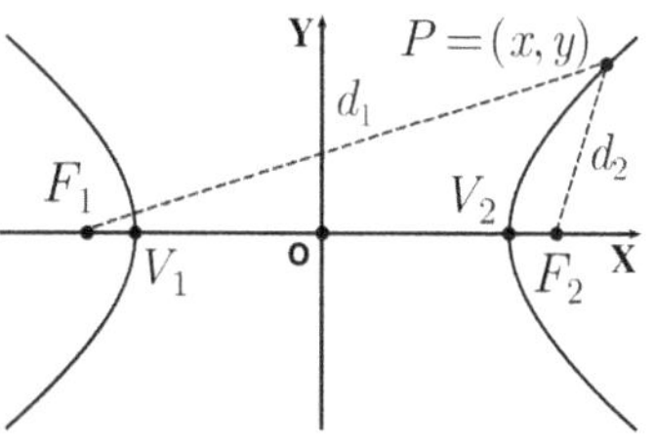

El segmento $\overline{V_1 V_2}$ es el **eje transverso**. Su punto medio es el **centro** de la hipérbola.

Hallemos las ecuaciones canónicas de la hipérbola siguiendo el mismo camino de la elipse. Fijamos un sistema de coordenadas con origen en el centro de la hipérbola, y con eje X que coincida con el eje focal. A los focos les asignamos las coordenadas:

$$F_1 = (-c, 0) \quad \text{y} \quad F_2 = (c, 0), \text{ donde } c > 0$$

Sea $2a$ la constante de la definición, donde $a > 0$, y sea $P = (x, y)$ un punto de la hipérbola. Si $\ d_1 = d(P, F_1)\ $ y $\ d_2 = d(P, F_2)$, por la definición de hipérbola, se cumple que:

$$\mid d_1 - d_2 \mid = 2a \tag{1}$$

En la hipérbola también se cumple que:

$$a < c \tag{2}$$

En efecto, por geometría elemental, sabemos que la diferencia de las longitudes de dos lados de un triángulo es inferior a la longitud del tercer lado.

Si aplicamos esta propiedad al triángulo $\triangle F_1 P F_2$, la diferencia de las longitudes (d_1 y d_2) es menor que la longitud del tercer lado, $d(F_1, F_2) = 2c$.

Esto es:

$$2a = \mid d_1 - d_2 \mid < d(F_1, F_2) = 2c \Rightarrow a < c$$

Ahora deducimos las ecuaciones canónicas de la hipérbola. Tenemos que:

$$d_1 = \sqrt{(x + c)^2 + y^2} \quad \text{y} \quad d_2 = \sqrt{(x - c)^2 + y^2}$$

De la igualdad (1) obtenemos que:

$$\left| \sqrt{(x + c)^2 + y^2} - \sqrt{(x - c)^2 + y^2} \right| = 2a$$

Esta igualdad es equivalente a:

$$\sqrt{(x + c)^2 + y^2} - \sqrt{(x - c)^2 + y^2} = 2a$$
$$\text{o} \quad \sqrt{(x + c)^2 + y^2} - \sqrt{(x - c)^2 + y^2} = -2a$$

Nos encargaremos de estas dos ecuaciones por separado, pero siguiendo los mismos pasos. Ambas ecuaciones llevan a la misma conclusión; no obstante, solo trabajaremos con la primera ecuación. La otra ecuación queda como ejercicio para el lector.

Despejamos en la primera ecuación:

$$\sqrt{(x+c)^2 + y^2} - \sqrt{(x-c)^2 + y^2} = 2a$$

$$\Rightarrow \sqrt{(x+c)^2 + y^2} = 2a + \sqrt{(x-c)^2 + y^2}$$

Elevando al cuadrado y simplificando:

$$-a\sqrt{(x-c)^2 + y^2} = a^2 - cx$$

Nuevamente, elevando al cuadrado y simplificando:

$$(c^2 - a^2)x^2 - a^2y^2 = a^2(c^2 - a^2) \tag{3}$$

Pero, sabemos por (2) que $a < c$; por lo tanto, $c^2 - a^2 > 0$. Es decir:

$$\boldsymbol{b^2 = c^2 - a^2}, \text{ donde } \boldsymbol{b > 0}$$

Llevando este valor de $c^2 - a^2$ a (3):

$$b^2x^2 - a^2y^2 = a^2b^2$$

Finalmente, dividiendo entre a^2b^2:

$$\frac{x^2}{a^2} - \frac{y^2}{b^2} = 1$$

Si hacemos $y = 0$ en esta ecuación, obtenemos que $x = \pm a$. Esto nos dice que las coordenadas de los vértices son:

$$\boldsymbol{V_1 = (-a, 0)} \quad \text{y} \quad \boldsymbol{V_2 = (a, 0)}$$

Esta hipérbola no corta al eje Y. En efecto, si hacemos $x = 0$, obtenemos la ecuación $y^2 = -b^2$, la cual no tiene soluciones reales.

Si el centro de la hipérbola coincide con el origen de coordenadas, pero el eje focal coincide con el eje Y, siguiendo argumentos anteriores, obtenemos que la ecuación para esta hipérbola es:

$$\frac{y^2}{a^2} - \frac{x^2}{b^2} = 1$$

Resumimos estos resultados en el siguiente teorema.

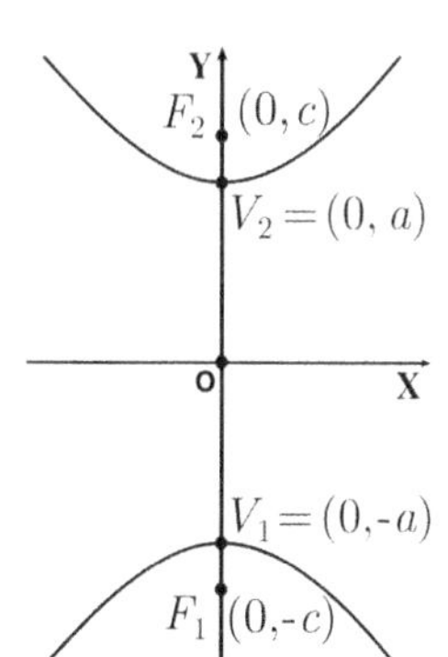

Teorema 3.4.1 **Ecuaciones canónicas o estándar de la hipérbola.**

a. La **ecuación canónica de la hipérbola** con **centro en el origen**, eje focal sobre el eje X, y la cantidad constante $2a$, es:

$$\frac{x^2}{a^2} - \frac{y^2}{b^2} = 1, \text{ donde } b > 0 \text{ y } b^2 = c^2 - a^2$$

Los focos y vértices son:

$$F_1 = (-c, 0) \text{ y } F_2 = (c, 0); \ V_1 = (-a, 0) \text{ y } V_2 = (a, 0)$$

b. La **ecuación canónica de la hipérbola** con **centro en el origen**, eje focal sobre el eje Y, y la cantidad constante $2a$, es:

$$\frac{y^2}{a^2} - \frac{x^2}{b^2} = 1, \text{ donde } b > 0 \text{ y } b^2 = c^2 - a^2$$

Los focos y vértices son:

$$F_1 = (0, -c) \text{ y } F_2 = (0, c); \ V_1 = (0, -a) \text{ y } V_2 = (0, a)$$

Observación

- En la elipse se cumple que $a > b$. En cambio, en la hipérbola puede suceder que:
$$a > b, \ b > a \ \text{ o } \ a = b$$

- En la forma estándar de la ecuación de la hipérbola es fácil identificar cuál eje de coordenadas coincide con el eje focal. Basta con determinar cuál de las dos variables, x o y, posee signo positivo.

Ejemplo 3.4.1

Probar que la siguiente ecuación es una hipérbola. Hallar vértices y focos.

$$9y^2 - 25x^2 = 225$$

Solución

Dividiendo la ecuación entre 225 y simplificando:

$$\frac{9y^2}{225} - \frac{25x^2}{225} = \frac{225}{225} \Rightarrow \frac{y^2}{25} - \frac{x^2}{9} = 1 \Rightarrow \frac{y^2}{5^2} - \frac{x^2}{3^2} = 1$$

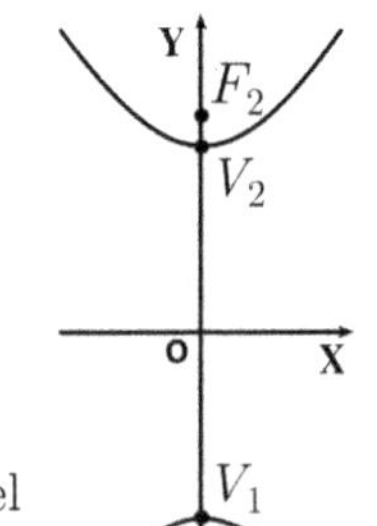

Esta es la ecuación canónica de la hipérbola con centro en el origen y con focos en el eje Y. Además:

$$a = 5, \ b = 3 \ \text{ y } \ c = \sqrt{a^2 + b^2} = \sqrt{5^2 + 3^2} = \sqrt{34}$$

Luego, los vértices y focos son:

$$V_1 = (0, -5), \ V_2 = (0, 5); \quad F_1 = \left(0, -\sqrt{34}\right), \ F_2 = \left(0, \sqrt{34}\right)$$

EXCENTRICIDAD Y LADO RECTO DE UNA HIPÉRBOLA

Los conceptos de excentricidad y lado recto que se establecieron para la elipse son los mismos para la hipérbola. Esto es:

- Se llama **excentricidad de una hipérbola** al cociente:

$$e = \frac{c}{a} = \frac{\sqrt{a^2 + b^2}}{a}, \quad \text{Observar que } e > 1$$

- El **lado recto de una hipérbola** es cualquiera de los dos segmentos perpendiculares al eje focal que tienen sus puntos extremos en la hipérbola y pasan por cualquiera de los focos. Al igual que con la elipse, la longitud del lado recto se obtiene con la fórmula:

$$L = \frac{2b^2}{a}$$

Ejemplo 3.4.2

Una hipérbola tiene su eje transverso sobre el eje X, cuya longitud es 18. La distancia de uno de sus focos al centro es 11. Hallar:

1. la ecuación canónica de la hipérbola.

2. la excentricidad.

3. la longitud del lado recto.

Solución

1. La ecuación canónica de esta hipérbola es de la forma:

$$\frac{x^2}{a^2} - \frac{y^2}{b^2} = 1$$

Pero, tenemos que $2a = 18$; por lo tanto, $a = 9$.

Por otro lado,

$$c = 11 \quad \text{y} \quad b^2 = c^2 - a^2 = 11^2 - 9^2 = 40$$

Luego, la ecuación buscada es:

$$\frac{x^2}{81} - \frac{y^2}{40} = 1$$

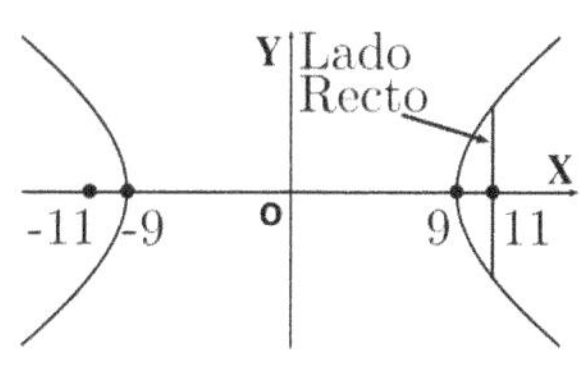

2. La excentricidad es:

$$e = \frac{c}{a} = \frac{11}{9}$$

3. La longitud del lado recto es:

$$L = \frac{2b^2}{a} = \frac{2(40)}{9} = \frac{80}{9}$$

ASÍNTOTAS DE UNA HIPÉRBOLA

Si despejamos y en la ecuación $\frac{x^2}{a^2} - \frac{y^2}{b^2} = 1$, obtenemos:

$$y = \pm\frac{b}{a}\sqrt{x^2 - a^2} \tag{1}$$

Esta ecuación no tiene soluciones en el intervalo abierto $(-a, a)$. Esto significa que la hipérbola está compuesta de dos **ramas** disjuntas que corresponden al gráfico, en los intervalos $(-\infty, a]$ y $[-a, +\infty)$, respectivamente. Ahora, en (1), tomamos $x \geq a$, factorizamos x^2 y lo sacamos del radical:

$$y = \pm\frac{b}{a}x\sqrt{1 - \frac{a^2}{x^2}}$$

Esta igualdad nos dice que si x es muy grande, el cociente $\frac{a^2}{x^2}$ está cerca de 0; por lo tanto, el radical esta cerca de 1, y la ordenada del punto $P = (x, y)$ de la hipérbola está cerca, o de la recta $y = \frac{b}{a}x$, o de la recta $y = -\frac{b}{a}x$.
Si tomamos $x \leq -a$ llegamos a la misma conclusión.

Las rectas $y = \frac{b}{a}x$ y $y = -\frac{b}{a}x$ son las **asíntotas** de la hipérbola:

$$\frac{y^2}{a^2} - \frac{x^2}{b^2} = 1$$

La manera más simple de obtener estas asíntotas es la siguiente:

1. Cambiar el 1 por un 0 en la ecuación estándar o canónica.

2. Resolver la ecuación resultante

Esto es:

$$\frac{x^2}{a^2} - \frac{y^2}{b^2} = 0 \Leftrightarrow \left(\frac{x}{a} - \frac{y}{b}\right)\left(\frac{x}{a} + \frac{y}{b}\right) = 0$$

$$\Leftrightarrow \frac{x}{a} - \frac{y}{b} = 0 \ \lor \ \frac{x}{a} + \frac{y}{b} = 0$$

$$\Leftrightarrow y = \frac{b}{a}x \ \lor \ y = -\frac{b}{a}x$$

Similarmente, con respecto a la hipérbola $\frac{y^2}{a^2} - \frac{x^2}{b^2} = 1$, las rectas $y = \frac{a}{b}x$ y $y = -\frac{a}{b}x$ son las **asíntotas** de la hipérbola:

$$\frac{y^2}{a^2} - \frac{x^2}{b^2} = 1$$

Definición

El **eje conjugado** de una hipérbola es el segmento perpendicular al eje transverso, con longitud $2b$, que tiene punto medio en el centro de la hipérbola.

En el caso de la hipérbola $\frac{x^2}{a^2} - \frac{y^2}{b^2} = 1$, el eje conjugado es el segmento $\overline{B_1 B_2}$, donde:

$$B_1 = (0, -b) \quad \text{y} \quad B_2 = (0, b)$$

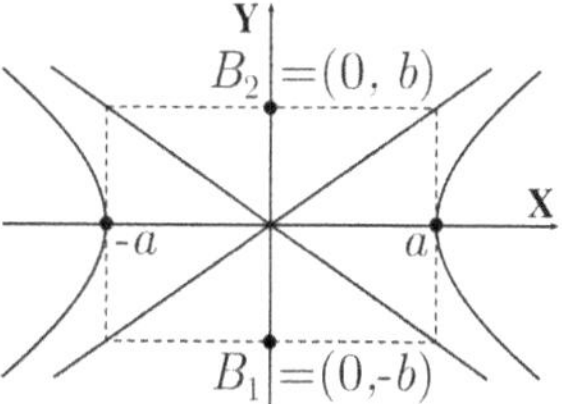

Las asíntotas ayudan a construir la gráfica de la hipérbola

Con los ejes transverso y conjugado, se construye el rectángulo que indica la figura. Las diagonales de este rectángulo son las asíntotas. Se construyen las ramas de la hipérbola aproximando las curvas a estas dos rectas.

Ejemplo 3.4.3 Dada la hipérbola $4y^2 - 9x^2 = 36$, hallar:

1. su ecuación canónica.

2. las asíntotas.

3. su gráfica.

Solución

1. Dividiendo $4y^2 - 9x^2 = 36$ entre 36:

$$\frac{y^2}{9} - \frac{x^2}{4} = 1$$

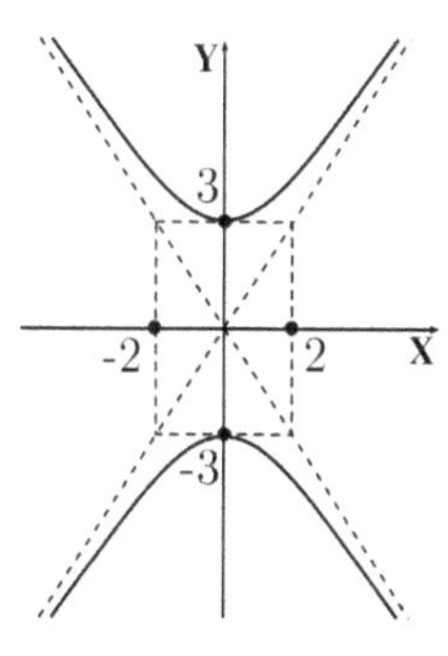

2. Aplicamos la regla nemotécnica:

$$\frac{y^2}{9} - \frac{x^2}{4} = 0 \Leftrightarrow \left(\frac{y}{3} - \frac{x}{2}\right)\left(\frac{y}{3} + \frac{x}{2}\right) = 0$$

$$\Leftrightarrow \frac{y}{3} - \frac{x}{2} = 0 \quad \vee \quad \frac{y}{3} + \frac{x}{2} = 0$$

$$\Leftrightarrow y = \frac{3}{2}x \quad \vee \quad y = -\frac{3}{2}x$$

3. Construimos el rectángulo correspondiente, determinado por el eje transverso y el eje conjugado. Trazamos las rectas diagonales; es decir, las asíntotas. Graficamos la hipérbola empleando las diagonales como guía y tomando en cuenta que esta hipérbola corta al eje Y.

ECUACIÓN CANÓNICA DE LA HIPÉRBOLA TRASLADADA

1. La **ecuación canónica de la hipérbola** con **centro** en (h, k), con eje focal paralelo al eje X, y la cantidad constante **2a**, es:

$$\frac{(x-h)^2}{a^2} - \frac{(y-k)^2}{b^2} = 1, \text{ donde } b > 0 \text{ y } b^2 = c^2 - a^2$$

Los focos y vértices son:

$$F_1 = ((-c+h), k) \quad \text{y} \quad F_2 = ((c+h), k)$$
$$V_1 = ((-a+h), k) \quad \text{y} \quad V_2 = ((a+h), k)$$

Sus asíntotas son:

$$y = \frac{b}{a}(x-h) + k, \quad y = -\frac{b}{a}(x-h) + k$$

2. La **ecuación canónica de la hipérbola** con **centro** en (h, k), con eje focal paralelo al eje Y, y la cantidad constante **2a**, es:

$$\frac{(y-k)^2}{a^2} - \frac{(x-h)^2}{b^2} = 1, \text{ donde } b > 0 \text{ y } b^2 = c^2 - a^2$$

Los focos y vértices son:

$$F_1 = (h, (-c+k)) \quad \text{y} \quad F_2 = (h, (c+k))$$
$$V_1 = (h, (-a+k)) \quad \text{y} \quad V_2 = (h, (a+k))$$

Sus asíntotas son:

$$y = \frac{a}{b}(x-h) + k, \quad y = -\frac{a}{b}(x-h) + k$$

La excentricidad de estas hipérbolas trasladadas se define del mismo modo:

$$e = \frac{c}{a} = \frac{\sqrt{a^2 + b^2}}{a}$$

Es fácil verificar que la longitud del lado recto de estas hipérbolas es:

$$L = \frac{2b^2}{a}$$

$\boxed{\textbf{Ejemplo 3.4.4}}$ Dada la siguiente ecuación:

$$16x^2 - 9y^2 - 64x + 54y - 161 = 0,$$

1. probar que el gráfico de la ecuación es una hipérbola.

2. hallar el centro, los vértices y los focos.

3. hallar los extremos del eje conjugado.

4. hallar las asíntotas.

5. hallar la excentricidad.

6. hallar longitud del lado recto.

Solución

1. Completamos cuadrados en la ecuación:

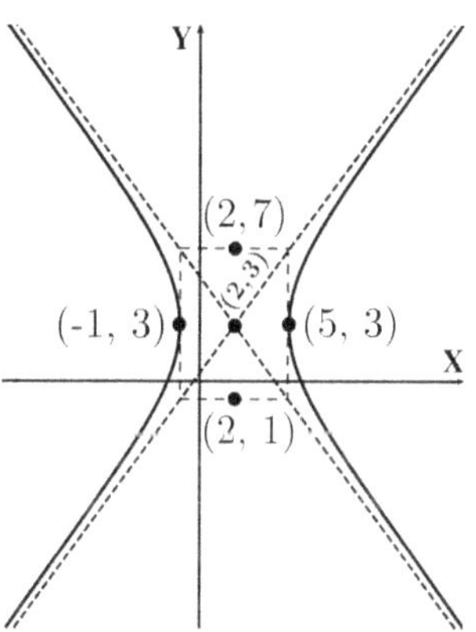

$$16\left(x^2 - 4x \quad\right) - 9\left(y^2 - 6y \quad\right) = 161$$
$$\Leftrightarrow 16\left(x^2 - 4x + 4\right) - 9\left(y^2 - 6y + 9\right)$$
$$= 161 + 64 - 81$$
$$\Leftrightarrow 16(x - 2)^2 - 9(y - 3)^2 = 144$$
$$\Leftrightarrow \frac{(x - 2)^2}{9} - \frac{(y - 3)^2}{16} = 1$$

Esta es la ecuación canónica de una hipérbola con eje focal paralelo al eje X, y centro en $(2, 3)$.

2. Tenemos que:

$$a = 3, \quad b = 4 \quad \text{y} \quad c = \sqrt{a^2 + b^2} = \sqrt{3^2 + 4^2} = \sqrt{25} = 5$$

Luego, Centro: $(h, k) = (2, 3)$

Vértices:

$$V_1 = ((-a + h), k) = ((-3 + 2), 3) = (-1, 3),$$
$$V_2 = ((a + h), k) = ((3 + 2), 3) = (5, 3)$$

Focos:

$$F_1 = ((-c + h), k) = ((-5 + 2), 3) = (-2, 3),$$
$$F_2 = ((c + h), k) = ((5 + 2), 3) = (7, 3)$$

3. Extremos del eje conjugado:

$$B_1 = (h, (-b + k)) = (2, (-4 + 3)) = (2, -1),$$
$$B_2 = (h, (b + k)) = (2, (4 + 3)) = (2, 7)$$

4. Asíntotas:

$$\frac{(x-2)^2}{9} - \frac{(y-3)^2}{16} = 0 \Leftrightarrow \left(\frac{x-2}{3} - \frac{y-3}{4}\right)\left(\frac{x-2}{3} + \frac{y-3}{4}\right) = 0$$

$$\Leftrightarrow \frac{x-2}{3} - \frac{y-3}{4} = 0 \quad \vee \quad \frac{x-2}{3} + \frac{y-3}{4} = 0$$

$$\Leftrightarrow 3y - 4x - 1 = 0 \quad \vee \quad 3y + 4x - 17 = 0$$

5. Excentricidad:

$$e = \frac{c}{a} = \frac{5}{3}$$

6. Longitud de lado recto:

$$L = \frac{2b^2}{a} = \frac{2(4)^2}{3} = \frac{32}{3}$$

PROPIEDAD REFLEXIVA DE LA HIPÉRBOLA

Esta propiedad nos dice que, si se emite un rayo de luz apuntando a un foco de un espejo hiperbólico, este rayo se reflejará en el espejo y pasará por el otro foco. Esto será demostrado en el problema resuelto 3.4.5.

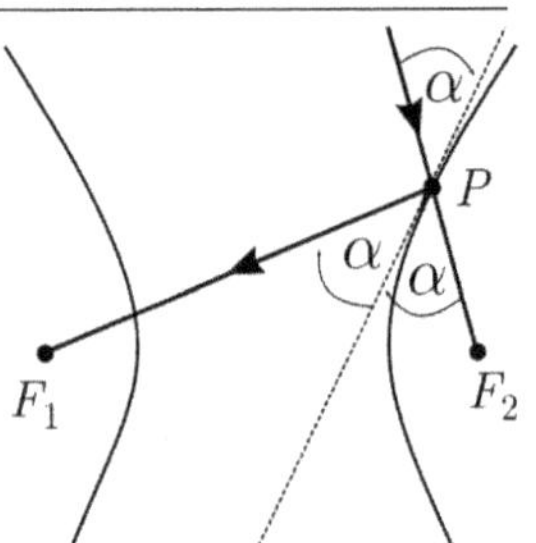

PROBLEMAS RESUELTOS 3.4

Problema 3.4.1

Hallar la ecuación canónica de la hipérbola que tiene, por focos, a los puntos $\left(\pm 5\sqrt{2},\, 0\right)$ y, por asíntotas, a las rectas $y = \pm 2x$.

Solución

La ecuación es de la forma:

$$\frac{x^2}{a^2} - \frac{y^2}{b^2} = 1 \qquad (1)$$

$$c = 5\sqrt{2} \quad \text{y} \quad c^2 = a^2 + b^2$$

$$\Rightarrow a^2 + b^2 = 50 \qquad (2)$$

Las asíntotas de la hipérbola (1) son de la forma siguiente:

$$y = \pm \frac{b}{a} x$$

Luego:

$$\frac{b}{a} = 2 \Rightarrow b = 2a \tag{3}$$

De (2) y (3) obtenemos:

$$a^2 + (2a)^2 = 50 \Rightarrow 5a^2 = 50 \Rightarrow a^2 = 10 \quad \text{y} \quad b^2 = 40$$

Por lo tanto, la ecuación canónica de la hipérbola es:

$$\frac{x^2}{10} - \frac{y^2}{40} = 1$$

$\boxed{\textbf{Problema 3.4.2}}$

Hallar la ecuación canónica de la hipérbola con vértices, $V_1 = (-1, -2)$ y $V_2 = (-1, 8)$, donde uno de sus focos es $F = (-1, 3 + \sqrt{34})$.

Solución

Tanto los vértices, como el foco tienen a $x = -1$ por abscisa, así que el eje focal es paralelo al eje Y, y la ecuación de la hipérbola es de la forma:

$$\frac{(y - k)^2}{a^2} - \frac{(x - h)^2}{b^2} = 1$$

El centro de la hipérbola es el punto medio de los vértices. Esto es:

$$C = (h, k) = (-1, 3)$$

Por otro lado,

$$2a = 8 - (-2) = 10 \Rightarrow a = 5$$

$$c = d(C, F) = 3 + \sqrt{34} - 3 = \sqrt{34}$$

$$b^2 = c^2 - a^2 = 34 - 25 = 9$$

Luego, la ecuación canónica de la hipérbola es:

$$\frac{(y - 3)^2}{25} - \frac{(x + 1)^2}{9} = 1$$

SISTEMA DE NAVEGACIÓN LORAN

LORAN (**LO**ng **RA**nge **N**avigation) es un sistema electrónico de navegación marítima que antecedió al GPS, y fue desarrollado durante la segunda guerra mundial. Está integrado por dos estaciones radio-emisoras, maestra y secundaria, que emiten señales para ser recibidas por barcos en alta mar.

Generalmente, las distancias recorridas por ambas señales son diferentes; en consecuencia, también existirá una diferencia de tiempo en sus recepciones.

Si un barco navega manteniendo una diferencia de tiempo constante, la diferencia de distancias también será constante, convirtiendo la ruta de la embarcación en una hipérbola.

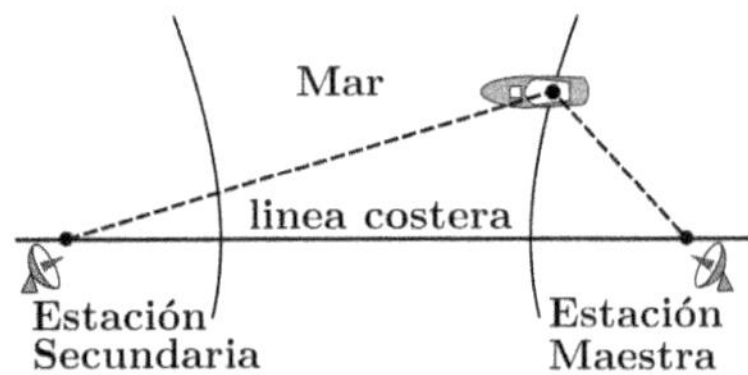

Si se cuenta con otro par de transmisores, se tendría otra hipérbola, así que el barco se encontraría en la intersección de las dos hipérbolas.

Problema 3.4.3

Las dos estaciones de un sistema LORAN están situadas a una distancia de 400 km entre sí. El litoral donde están instaladas dichas estaciones es recto.

Un barco que navega en alta mar recibe la señal de la estación maestra, 0.0008 segundos antes que la señal de la estación secundaria.

1. Si el barco navega hacia el litoral, manteniendo esta diferencia de tiempo, hallar una ecuación de su trayectoria.

2. ¿En qué lugar tocaría tierra el barco?

3. Si el muelle está entre las dos estaciones, a 110 km de la estación maestra, hallar la diferencia de tiempo que debe mantener el barco.

Solución

Tomamos un sistema de coordenadas con el eje X pasando por la estación secundaria F_1 y la estación maestra F_2. El origen será su punto medio.

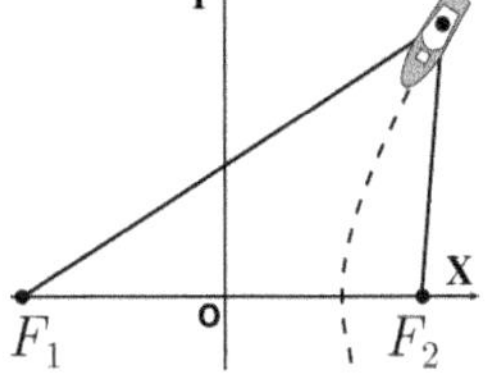

1. La velocidad de las dos señales radioeléctricas es la misma que la velocidad de la luz: 300,000 km/seg. Luego, la diferencia constante de distancia entre las dos señales es:

$$2a = \text{Distancia} = \text{Velocidad} \times \text{Tiempo}$$

$$= 300,000 \times 0.0008 = 240\,km \Rightarrow a = 120$$

La trayectoria es la hipérbola con focos en las estaciones radioemisoras.

Luego,

$$2c = 400 \Rightarrow c = 200$$

Entonces, tenemos:

$$b^2 = c^2 - a^2 = (200)^2 - (120)^2 = 40,000 - 14,400 = 25,600$$

Por consiguiente, la ecuación de la hipérbola es:

$$\frac{x^2}{14,400} - \frac{y^2}{25,600} = 1$$

2. El barco tocaría tierra a $c - a = 200 - 120 = 80$ kilómetros de la estación maestra.

3. Debemos tener que:

$$c - a = 110 \Rightarrow a = c - 110 = 200 - 110 = 90 \Rightarrow 2a = 180\,km$$

Luego:

$$t = \frac{\text{Distancia}}{\text{Velocidad}} = \frac{180}{300,000} = 0.0006 \text{ segundos.}$$

Problema 3.4.4

Se dispara un rifle apuntando a un blanco ubicado a 600 metros. Hallar la ecuación del conjunto de puntos P del plano desde los cuales se escucha, al mismo tiempo, el disparo y el golpe de la bala en el blanco.

La velocidad del sonido es de 340 m/seg y la de la bala es de 510 m/seg.

Solución

Fijamos un sistema de coordenadas con el eje X pasando por los puntos donde están situados el rifle y el blanco, y con el origen en el punto medio de estos dos puntos.

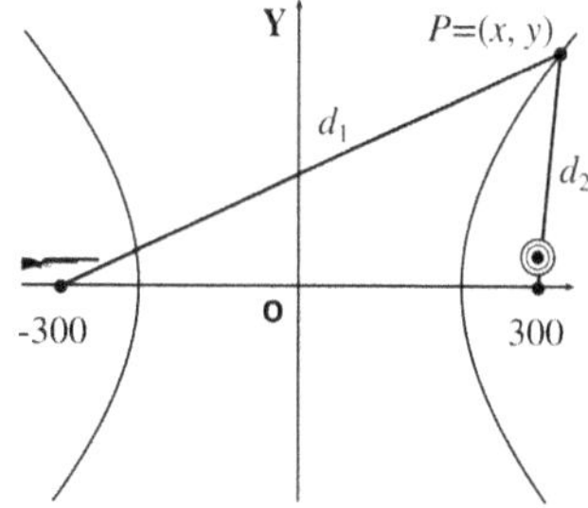

Luego, tenemos que:

- el rifle está en el punto $F_1 = (-300, 0)$.

- el blanco está en el punto $F_2 = (300, 0)$.

Tomemos un punto P del conjunto indicado. Sean:

- $t_1 = $ el tiempo que toma el sonido del rifle para llegar a P.

- $t_2 = $ el tiempo que toma el sonido del golpe en el blanco para llegar a P.

- $t_3 = $ el tiempo que toma la bala en llegar al blanco.

Tenemos que:

$$t_1 = t_2 + t_3 \Rightarrow t_1 - t_2 = t_3 \Rightarrow \frac{d(F_1,\, P)}{340} - \frac{d(F_2,\, P)}{340} = \frac{d(F_1,\, F_2)}{510}$$

$$\Rightarrow \frac{d(F_1,\, P)}{340} - \frac{d(F_2,\, P)}{340} = \frac{600}{510}$$

$$\Rightarrow d(F_1,\, P) - d(F_2,\, P) = 400 = 2a$$

Esta última igualdad nos dice que los puntos P, del conjunto indicado, están sobre una hipérbola de la forma:

$$\frac{x^2}{a^2} - \frac{y^2}{b^2} = 1, \quad \text{donde} \ \ a = 200$$

Pero, $c = 300$. Además:

$$b^2 = c^2 - a^2 = (300)^2 - (200)^2 = 50,000$$

En consecuencia, los puntos donde se escucha el disparo y el golpe en el blanco, al mismo tiempo, están sobre la hipérbola:

$$\frac{x^2}{40,000} - \frac{y^2}{50,000} = 1$$

$\boxed{\textbf{Problema 3.4.5}}$ **Prueba de la propiedad reflexiva de la hipérbola.**

Sea $P = (x, y)$ un punto de la hipérbola $\dfrac{x^2}{a^2} - \dfrac{y^2}{b^2} = 1$ con focos:

$$F_1 = (-c,\, 0) \ \text{ y } \ F_2 = (c,\, 0)$$

Si α y β son los ángulos formados por los segmentos, $\overline{F_1 P}$ y $\overline{F_2 P}$, con la recta T, tangente a la hipérbola en el punto P; entonces debemos probar que $\boldsymbol{\alpha = \beta}$.

Solución

El enunciado del problema propuesto 23 nos dice que:

$$\tan \phi = \frac{b^2 x}{a^2 y} \qquad (1)$$

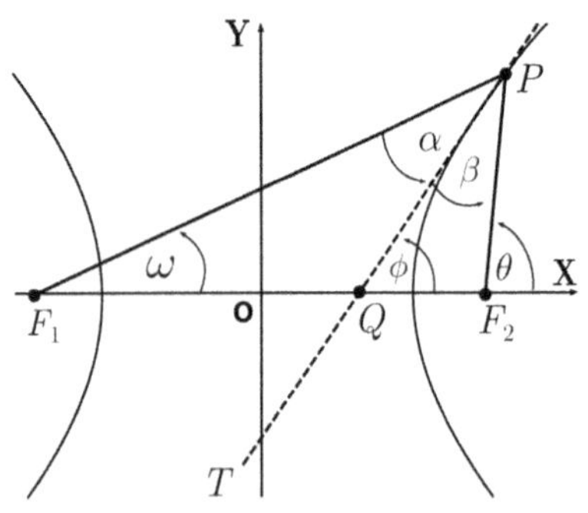

Además,

$$(2) \qquad \tan \omega = \frac{y}{x+c} \qquad \text{y} \qquad (3) \qquad \tan \theta = \frac{y}{x-c}$$

Sabemos, por geometría elemental, que un ángulo exterior de un triángulo es igual a la suma de los ángulos interiores no adyacentes. Aplicamos este resultado al triángulo $\triangle F_1 Q P$:

$$\phi = \alpha + \omega \Rightarrow \alpha = \phi - \omega \qquad \text{(ángulo suplementario)}$$
$$\Rightarrow \tan \alpha = \tan(\phi - \omega)$$

$$\tan(\phi - \omega) = \frac{\tan \phi - \tan \omega}{1 + \tan \phi \, \tan \omega} \qquad \text{(ident. trig. 25)}$$

$$= \frac{\dfrac{b^2 x}{a^2 y} - \dfrac{y}{x+c}}{1 + \dfrac{b^2 x}{a^2 y} \cdot \dfrac{y}{x+c}} \qquad \text{(de (1) y (2))}$$

$$= \frac{\left(b^2 x^2 - a^2 y^2\right) + b^2 cx}{\left(a^2 + b^2\right) xy + a^2 cy} = \frac{a^2 b^2 + b^2 cx}{c^2 xy + a^2 cy} \qquad \text{(definición hipérbola)}$$

$$= \frac{b^2 \left(a^2 + cx\right)}{cy \left(cx + a^2\right)} = \frac{b^2}{cy}$$

Esto es:

$$\tan \alpha = \frac{b^2}{cy} \qquad (4)$$

Procedemos de forma similar en el triángulo $\triangle Q F_2 P$:

$$\theta = \beta + \phi \Rightarrow \beta = \theta - \phi$$

$$\Rightarrow \tan \beta = \tan(\theta - \phi) = \frac{\tan \theta - \tan \phi}{1 + \tan \theta \, \tan \phi}$$

Luego,

$$\frac{\tan \theta - \tan \phi}{1 + \tan \theta \, \tan \phi} = \frac{\dfrac{y}{x-c} - \dfrac{b^2 x}{a^2 y}}{1 + \dfrac{y}{x-c} \cdot \dfrac{b^2 x}{a^2 y}} \qquad \text{(de (1) y (3))}$$

$$= \frac{\left(a^2 y^2 - b^2 x^2\right) + b^2 cx}{xy \left(a^2 + b^2\right) - a^2 cy} = \frac{-a^2 b^2 + b^2 cx}{c^2 xy - a^2 cy} \qquad \text{(def. hipérbola)}$$

$$= \frac{b^2 \left(cx - a^2\right)}{cy \left(cx - a^2\right)} = \frac{b^2}{cy}$$

Esto es:

$$\tan \beta = \frac{b^2}{cy} \qquad (5)$$

De (4) y (5) obtenemos que $\tan \alpha = \tan \beta$; por lo tanto, $\alpha = \beta$.

¿Sabías esto?

Con el lanzamiento del Vostok 1, en 1961, la Unión Soviética demostró que la trayectoria hiperbólica es la forma más eficiente de llevar un cohete a órbita. Actualmente, naves modernas como el *Shuttle* de la NASA, o el *Falcon 9* de *SpaceX*, utilizan este mismo tipo de trayectoria para sus despegues.

Vostok 1

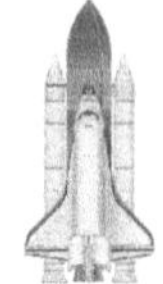

Space Shuttle

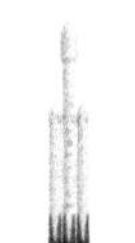

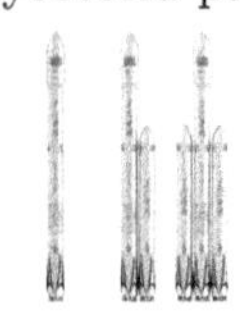

Falcon 9   Hyperbola-1S

En 2019, *i-Space* se convirtió en la primera compañía privada china en alcanzar la órbita terrestre, con su cohete *Shuang Quxian-1S*, cuyo significado, y nombre oficial en occidente, es *Hyperbola-1S*.

Respuestas

PROBLEMAS PROPUESTOS 3.4

En los problemas del 1 al 15, hallar la ecuación canónica de la hipérbola que satisface los datos indicados.

1. Focos: $(\pm 7, 0)$. Vértices: $(\pm 5, 0)$.   **2.** Focos: $(\pm 13, 0)$. Vértices: $(\pm 5, 0)$.

3. Focos: $(0, \pm 6)$. Vértices: $(0, \pm 2)$.   **4.** Focos: $(0, \pm 15)$. Vértices: $(0, \pm 4)$.

5. Focos: $(-2, 2)$, $(8, 2)$. Vértices: $(0, 2)$, $(6, 2)$.

6. Un foco: $(-3, 3)$. Vértices: $(-3, 0)$, $(-3, -6)$.

7. Focos: $(-1, 2)$, $(5, 2)$. Un vértice: $(4, 2)$.

8. Focos: $(\pm 3, 0)$. Asíntotas: $y = \pm 2x$.

9. Focos: $(0, \pm\sqrt{58})$. Asíntotas: $y = \pm\dfrac{5}{2}x$.

10. Asíntotas: $x = \pm\sqrt{3}y$. Pasa por $(6, 4)$.

11. Focos: $(2, 2)$, $(6, 2)$, Asíntotas: $y = x + 2$, $y = -x + 6$.

12. Asíntotas: $y = 2x + 1$, $y = -2x + 3$. Pasa por $(0, 0)$.

13. Vértices: $(-5, 3)$, $(1, 3)$. Una asíntota: $2y - x + 7 = 0$.

14. Vértices: $(-1, 3)$, $(3, 3)$. Excentricidad: $e = \dfrac{3}{2}$.

15. Vértices: $(-2, -2)$, $(-2, 4)$. Lado recto: $L = 2$.

En los problemas del 16 al 19, completando cuadrados, hallar:

a. la ecuación canónica de la hipérbola. **b.** los vértices.
c. los focos. **d.** las asíntotas.

16. $9x^2 - 16y^2 - 54x + 64y - 127 = 0$ **17.** $4x^2 - 9y^2 + 32x + 36y + 64 = 0$

18. $16x^2 - y^2 - 32x - 6y - 57 = 0$ **19.** $4x^2 - 9y^2 - 16x + 54y - 101 = 0$

20. Dos estaciones A y B de un sistema LORAN están situadas a una distancia de 200 km entre sí, a lo largo de un litoral recto, mientras que la estación B está ubicada al oeste de A.

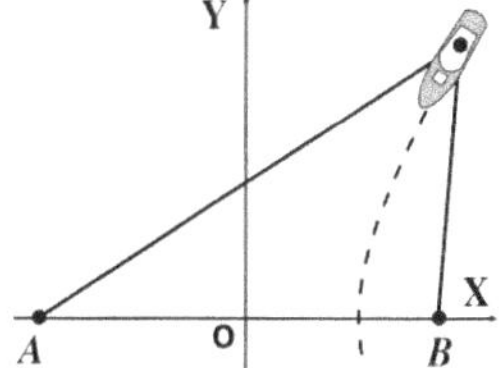

Un barco, que navega en alta mar, recibe la señal de la estación B, 0.0004 segundos antes que la señal de la estación A. Esta señal se desplaza a una velocidad de $300,000$ km/seg.

a. Si el barco navega hacia el litoral, manteniendo esta diferencia de tiempo, hallar una ecuación de su trayectoria.

b. ¿En qué lugar tocaria tierra el barco?

c. Si el muelle está entre las dos estaciones a 70 km de la estación B, hallar la diferencia de tiempo que debe mantener el barco.

21. Dos observadores se encuentran en los puntos $F_1 = (-200, 0)$ y $F_2 = (200, 0)$ del plano XY. El sonido de una explosión en el plano XY es escuchado por el observador en F_2, 1 segundos antes que el observador en F_1. Hallar la ecuación de la hipérbola donde se encuentra la explosión.

22. Hallar la ecuación del conjunto de puntos del plano, tales que su distancia al punto $(-2, 1)$ es $\frac{2}{\sqrt{3}}$ de su distancia a la recta $x = -\frac{3}{2}$.

23. Sea la hipérbola $\dfrac{x^2}{a^2} - \dfrac{y^2}{b^2} = 1$ y sea $P = (x_1, y_1)$ un punto de ella.

a. Probar que la pendiente de la recta tangente a la hipérbola en el punto $P = (x_1, y_1)$ es:

$$m = \frac{b^2 x_1}{a^2 y_1}.$$

Sugerencia: La recta T: $y = m(x - x_1) + y_1$ pasa por $P = (x_1, y_1)$. T es tangente a la hipérbola si intersecta a ésta en un único punto. Seguir los mismos pasos del problema resuelto 3.2.6.

Otra sugerencia: Espera hasta que aprendas a derivar.

b. Probar que la recta tangente T a la hipérbola, en $P = (x_1, y_1)$, tiene por ecuación:

$$\frac{x_1 x}{a^2} - \frac{y_1 y}{b^2} = 1$$

SECCIÓN 3.5

ECUACIÓN GENERAL DE 2° GRADO. ROTACIÓN DE EJES

Las curvas vistas en este capítulo solo han sido presentadas en sus formas canónicas o estándar para poder diferenciarlas con facilidad; no obstante, es importante precisar que todas estas curvas son variantes de una misma ecuación, la **Ecuación General de Segundo Grado**:

$$Ax^2 + Bxy + Cy^2 + Dx + Ey + F = 0$$

Hasta ahora, en todas las ecuaciones, el coeficiente B del término Bxy ha sido nulo, pero existen casos donde no lo es. Estos pueden corresponder a **Cónicas Rotadas** o a **Cónicas Degeneradas**.

En favor de la didáctica, presentaremos las Cónicas Degeneradas desde la perspectiva de la geometría elemental, con su generación a partir de la intersección de un plano y un *Doble Cono Circular Recto*; tal como vimos en la introducción de este capítulo.

Las parábolas, elipses e hipérbolas que vimos anteriormente se producen cuando el plano no corta el vértice común de ambos conos. En contraste, las Cónicas Degeneradas se producen cuando el plano corta este vértice. Sus representaciones geométricas pueden ser **un punto**, **una recta** o **dos rectas** que pueden ser cruzadas o paralelas.

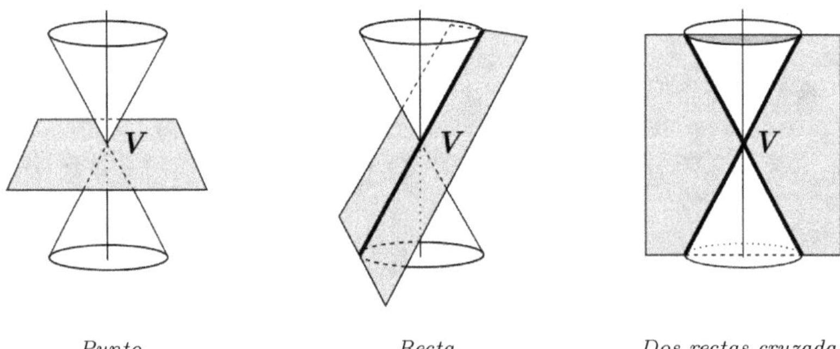

     Punto   *Recta*   *Dos rectas cruzadas*

Se denominan "degeneradas" porque son degeneraciones de las cónicas tradicionales. Veamos un breve resumen de estos casos:

- **El Punto**: es una degeneración de una elipse. Para ser más precisos, es una circunferencia que tiene radio igual a cero.

- **Una recta o un par de rectas paralelas**: cuando el plano corta toda la superficie de ambos conos, produce una recta. En estos casos, la cónica degenerada se asemeja a una ecuación de primer grado.

  También pueden generarse dos rectas paralelas. Este es un caso más complejo y abstracto que no es apreciable en la ilustración.

  La recta y las rectas paralelas son degeneraciones de una parábola. Su demostración abarca conceptos que exceden el alcance de este libro.

- **Dos rectas que se cruzan**: este caso es una degeneración de la hipérbola. Empíricamente, podemos describirlo como una hipérbola cuya ecuación posee la siguiente forma: $\frac{y^2}{a^2} - \frac{x^2}{b^2} = 0$.

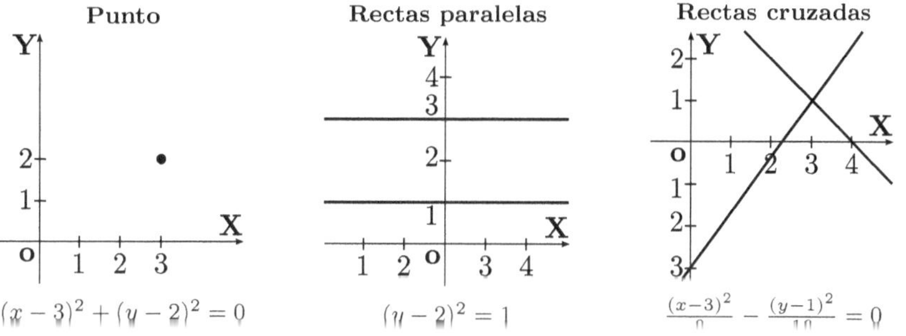

$$(x-3)^2 + (y-2)^2 = 0 \qquad (y-2)^2 = 1 \qquad \frac{(x-3)^2}{9} - \frac{(y-1)^2}{10} = 0$$

Las cónicas tradicionales y las degeneradas se pueden definir de forma general con el siguiente teorema.

$\boxed{\textbf{Teorema 3.5.1}}$ **Ecuación de una cónica trasladada.**

El gráfico de la ecuación $\boldsymbol{Ax^2 + Cy^2 + Dx + Ey + F = 0}$, donde $\boldsymbol{A}$ y $\boldsymbol{C}$ no son ambos nulos, es una cónica o una cónica degenerada. Si no es una cónica degenerada, entonces el gráfico es:

$$\text{Una } \textbf{parábola} \text{ si:} \quad \boldsymbol{AC = 0}$$
$$\text{Una } \textbf{elipse} \text{ si:} \quad \boldsymbol{AC > 0}$$
$$\text{Una } \textbf{hipérbola} \text{ si:} \quad \boldsymbol{AC < 0}$$

Desde este momento nos avocaremos a estudiar la **Ecuación General de Segundo Grado** con la forma:

$$\boldsymbol{Ax^2 + Bxy + Cy^2 + Dx + Ey + F = 0}$$

Esta ecuación contiene el término en $\boldsymbol{Bxy}$ con $\boldsymbol{B \neq 0}$. Veremos que el gráfico de esta ecuación también es una cónica, y puede determinarse por el discriminante de la ecuación $\boldsymbol{B^2 - AC}$. Para obtener este resultado, debemos tratar previamente el tema de rotación de coordenadas.

ROTACIÓN DE COORDENADAS

Los ejes coordenados X e Y se pueden rotar en un ángulo agudo positivo θ, dando como resultado los nuevos ejes de coordenadas X′ y Y′.

Un punto cualquiera P tiene representación (x, y) en el sistema antiguo, y (x', y') en el nuevo sistema. Busquemos las fórmulas que relacionan a ambas representaciones.

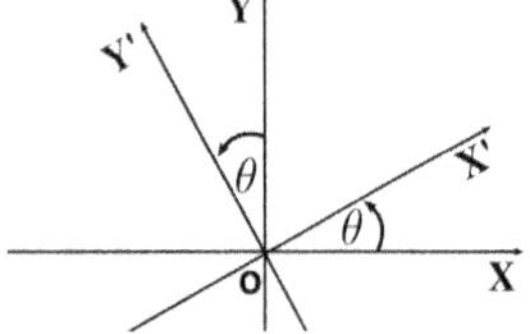

Sea r la longitud del segmento $\overline{OP}$, mientras que α es el ángulo que forma $\overline{OP}$ con el eje X′. Tenemos las siguientes igualdades (razones trigonométricas):

$$x' = r\cos\alpha \qquad\qquad y' = r\,\text{sen}\,\alpha$$

$$x = r\cos(\theta + \alpha) \qquad\qquad y = r\,\text{sen}(\theta + \alpha)$$

De acuerdo a la identidad trigonométrica 24(coseno de adición de ángulos):

$$x = r\cos(\theta + \alpha) = r\cos\theta\cos\alpha - r\,\text{sen}\,\theta\,\text{sen}\,\alpha$$
$$= (r\cos\alpha)\cos\theta - (r\,\text{sen}\,\alpha)\,\text{sen}\,\theta$$
$$= x'\cos\theta - y'\,\text{sen}\,\theta$$

Es decir, $\qquad\qquad\qquad\qquad x = x'\cos\theta - y'\,\text{sen}\,\theta \qquad\qquad (1)$

Similarmente, $\qquad\qquad\qquad\quad y = x'\,\text{sen}\,\theta - y'\cos\theta \qquad\qquad (2)$

Si despejamos en el sistema de ecuaciones (1) y (2), obtenemos:

$$(3) \quad x' = x\cos\theta + y\,\text{sen}\,\theta \qquad\qquad (4) \quad y' = -x\,\text{sen}\,\theta + y\cos\theta$$

En resumen, tenemos las siguientes fórmulas.

$\boxed{\text{Teorema 3.5.2}}$ **Fórmulas de rotación de ejes**

Si los ejes X e Y del plano coordenado son rotados en un ángulo agudo θ, dando lugar a los ejes X′ y Y′, entonces las coordenadas (x, y) de un punto en el sistema XY y las coordenadas (x', y') en el sistema X′Y′ están relacionadas por las fórmulas a continuación:

$$\textbf{I}\begin{cases} x = x'\cos\theta - y'\,\text{sen}\,\theta \\ y = x'\,\text{sen}\,\theta + y'\cos\theta \end{cases} \qquad \textbf{II}\begin{cases} x' = x\cos\theta + y\,\text{sen}\,\theta \\ y' = -x\,\text{sen}\,\theta + y\cos\theta \end{cases}$$

Ejemplo 3.5.1

Mediante una rotación de 45°, probar que el gráfico de $xy = 1$ corresponde a una **hipérbola**.

Solución

$$x = x' \cos 45° - y' \operatorname{sen} 45° = x' \frac{\sqrt{2}}{2} - y' \frac{\sqrt{2}}{2} = \frac{\sqrt{2}}{2} (x' - y')$$

$$y = x' \operatorname{sen} 45° + y' \cos 45° = x' \frac{\sqrt{2}}{2} + y' \frac{\sqrt{2}}{2} = \frac{\sqrt{2}}{2} (x' + y')$$

Reemplazando estos valores en la ecuación:

$$xy = 1 \Rightarrow \left(\frac{\sqrt{2}}{2} (x' - y') \right) \left(\frac{\sqrt{2}}{2} (x' + y') \right) = 1$$

$$\Rightarrow \frac{1}{2} \left(x'^2 - y'^2 \right) = 1 \Rightarrow \frac{x'^2}{2} - \frac{y'^2}{2} = 1$$

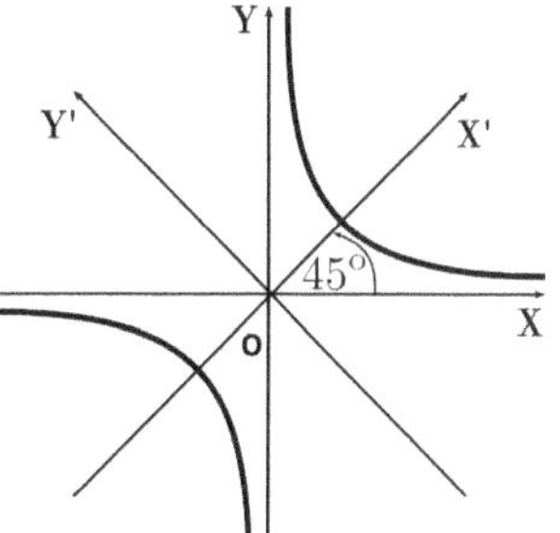

En el sistema X'Y', esta es la ecuación estándar de la hipérbola con centro en el origen y con el eje X' como eje focal. Sus vértices son $\left(\sqrt{2}, 0 \right)$ y $\left(-\sqrt{2}, 0 \right)$.

Las asíntotas son: $y' = \pm\, x'$.

Ahora que ya conocemos el sistema de rotación de ejes, estamos en capacidad de encontrar un grado de rotación que transforme la ecuación general de segundo grado:

$$Ax^2 + Bxy + Cy^2 + Dx + Ey + F = 0, \tag{i}$$

en otra ecuación de segundo grado que no contenga el término en $x'y'$. Sea θ el ángulo que origina tal rotación; reemplazando en la ecuación de segundo grado los valores de x e y, dados en el teorema 3.5.2, tenemos:

$$A \left(x' \cos \theta - y' \operatorname{sen} \theta \right)^2 + B \left(x' \cos \theta - y' \operatorname{sen} \theta \right) \left(x' \operatorname{sen} \theta + y' \cos \theta \right) +$$

$$C \left(x' \operatorname{sen} \theta + y' \cos \theta \right)^2 + D \left(x' \cos \theta - y' \operatorname{sen} \theta \right) + E \left(x' \operatorname{sen} \theta + y' \cos \theta \right) + F$$

Efectuando las operaciones indicadas y agrupando los términos, obtenemos la siguiente ecuación:

$$A'x'^2 + B'x'y' + C'y'^2 + D'x' + E'y' + F' = 0 \tag{ii}$$

En donde:

$$(\text{iii})\quad\begin{cases} A' = A\cos^2\theta + B\operatorname{sen}\theta\cos\theta + C\operatorname{sen}^2\theta \\ B' = 2(C-A)\operatorname{sen}\theta\cos\theta + B\left(\cos^2\theta - \operatorname{sen}^2\theta\right) \\ C' = A\operatorname{sen}^2\theta - B\operatorname{sen}\theta\cos\theta + C\operatorname{sen}^2\theta \\ D' = D\cos\theta + E\operatorname{sen}\theta \\ E' = -D\operatorname{sen}\theta + E\cos\theta \\ F' = F \end{cases}$$

Si queremos que la ecuación **(ii)** carezca del término $B'x'y'$, debemos tomar el ángulo θ que haga $B' = 0$. Según la segunda igualdad **(iii)**, este es:

$$B' = 2(C-A)\operatorname{sen}\theta\cos\theta + B\left(\cos^2\theta - \operatorname{sen}^2\theta\right) = 0$$
$$\Rightarrow B' = (C-A)\operatorname{sen}2\theta + B\cos 2\theta = 0 \qquad \text{(fórmulas del ángulo doble)}$$
$$\Rightarrow B\cos 2\theta = (A-C)\operatorname{sen}2\theta$$
$$\Rightarrow \cot 2\theta = \frac{A-C}{B}$$

Resumimos este resultado en el siguiente teorema.

$\boxed{\textbf{Teorema 3.5.3}}$ **Simplificación de la general de segundo grado**

La ecuación general de segundo grado con la forma:

$$\boldsymbol{Ax^2 + Bxy + Cy^2 + Dx + Ey + F = 0}, \quad \text{donde } B \neq 0,$$

se transforma en una ecuación de la forma:

$$\boldsymbol{A'x'^2 + C'y'^2 + D'x' + E'y' + F' = 0},$$

haciendo rotar los ejes en un ángulo agudo θ, tal que:

$$\boldsymbol{\cot 2\theta = \frac{A-C}{B}}$$

$\boxed{\textbf{Ejemplo 3.5.2}}$

Mediante una rotación de ejes, elimine el término que contiene xy en la ecuación $8x^2 - 4xy + 5y^2 - 36 = 0$. Identifique y grafique la curva.

Solución

$$\cot 2\theta = \frac{A-C}{B} = \frac{8-5}{-4} = -\frac{3}{4}$$

De acuerdo al gráfico adjunto, tenemos:

$$\cos 2\theta = -\frac{3}{5}$$

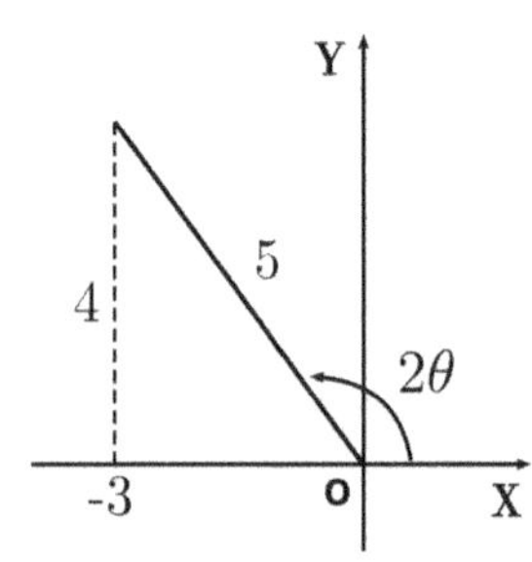

Usando las fórmulas del ángulo mitad, tenemos:

$$\cos\theta = \sqrt{\frac{1 + \left(-\frac{3}{5}\right)}{2}} = \frac{1}{\sqrt{5}}, \qquad \operatorname{sen}\theta = \sqrt{\frac{1 - \left(-\frac{3}{5}\right)}{2}} = \frac{2}{\sqrt{5}}$$

Luego, las fórmulas de rotación de ejes son:

$$x = \frac{1}{\sqrt{5}}x' - \frac{2}{\sqrt{5}}y' = \frac{1}{\sqrt{5}}\left(x' - 2y'\right), \quad y = \frac{2}{\sqrt{5}}x' + \frac{1}{\sqrt{5}}y' = \frac{1}{\sqrt{5}}\left(2x' + y'\right)$$

Reemplazando estos valores en la ecuación de segundo grado:

$$8\left(\frac{1}{\sqrt{5}}\left(x' - 2y'\right)\right)^2 - 4\left(\frac{1}{\sqrt{5}}\left(x' - 2y'\right)\right)\left(\frac{1}{\sqrt{5}}\left(2x' + y'\right)\right) +$$

$$5\left(\frac{1}{\sqrt{5}}\left(2x' + y'\right)\right)^2 = 36$$

Efectuando las operaciones y simplificando:

$$4x'^2 + 9y'^2 = 36 \Rightarrow \frac{x'^2}{9} + \frac{y'^2}{4} = 1$$

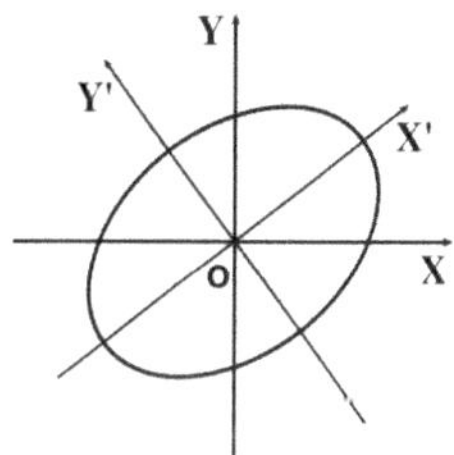

Claramente, la curva es una elipse rotada.

Definición

En la ecuación general de segundo grado con forma:

$$\boldsymbol{Ax^2 + Bxy + Cy^2 + Dx + Ey + F = 0},$$

se le llama **discriminante** a la expresión $\boldsymbol{B^2 - 4AC}$.

El siguiente teorema afirma que basta con conocer el discriminante para identificar la cónica, sin necesidad de hacer una rotación de ejes. La demostración se presenta en el problema resuelto 3.5.2.

Teorema 3.5.4 $\quad$ **Identificando una cónica por su discriminante.**

El gráfico de la ecuación $\boldsymbol{Ax^2 + Bxy + Cy^2 + Dx + Ey + F = 0}$, es una cónica o una cónica degenerada. Si no es una cónica degenerada, entonces el gráfico es:

$$\begin{array}{lll} \text{Una } \textbf{parábola} & \text{si} & \boldsymbol{B^2 - 4AC = 0} \\[4pt] \text{Una } \textbf{elipse} & \text{si} & \boldsymbol{B^2 - 4AC < 0} \\[4pt] \text{Una } \textbf{hipérbola} & \text{si} & \boldsymbol{B^2 - 4AC > 0} \end{array}$$

$\boxed{\textbf{Ejemplo 3.5.3}}$ Identificar la siguiente cónica mediante su discriminante:

$$2x^2 - 3\sqrt{3}xy + 3y^2 + 5x - 6 = 0$$

Solución

Tenemos que:

$$A = 2, \quad B = 3\sqrt{3} \quad \text{y} \quad C = 3$$

Calculamos el discriminante:

$$B^2 - 4AC = \left(3\sqrt{3}\right)^2 - 4(2)(3) = 27 - 24 = 3 > 0$$

Luego, la gráfica de la ecuación es una hipérbola.

PROBLEMAS RESUELTOS 3.5

$\boxed{\textbf{Problema 3.5.1}}$ Dada la ecuación:

$$4x^2 - 12xy + 9y^2 - 6\sqrt{13}x - 4\sqrt{13}y = 0$$

1. Mediante una rotación de ejes, verifique que la gráfica de la ecuación es una parábola.

2. Hallar la ecuación del eje de la parábola en las coordenadas XY.

3. Hallar el foco en las coordenadas: $X'Y'$ y XY.

4. Hallar la ecuación de la directriz en las coordenadas XY.

Solución

1. Tenemos que:

$$\cot 2\theta = \frac{A - C}{B} = \frac{4 - 9}{-12} = \frac{5}{12}, \qquad \cos 2\theta = \frac{5}{13}$$

$$\cos\theta = \sqrt{\frac{1 + \frac{5}{13}}{2}} = \frac{3}{\sqrt{13}}, \quad \text{sen}\,\theta = \sqrt{\frac{1 - \frac{5}{13}}{2}} = \frac{2}{\sqrt{13}}$$

Luego:

i. $x = \dfrac{1}{\sqrt{13}}\left(3x' - 2y'\right),$ **ii.** $y = \dfrac{1}{\sqrt{13}}\left(2x' + 3y'\right)$

Reemplazando las ecuaciones **i** y **ii** en la ecuación dada:

$$\frac{4}{13}\left(3x'-2y'\right)^2-\frac{12}{13}\left(3x'-2y'\right)\left(2x'+3y'\right)$$

$$+\frac{9}{13}\left(2x'+3y'\right)^2-6\sqrt{13}\,\frac{1}{\sqrt{13}}\left(3x'-2y'\right)$$

$$-4\sqrt{13}\,\frac{1}{\sqrt{13}}\left(2x'+3y'\right)=0$$

Efectuando las operaciones y simplificando, obtenemos $\boldsymbol{y'^2=2x'}$, que corresponde a la ecuación de una parábola con vértice en el origen y cuyo eje es el eje X$'$.

2. El eje de la parábola es el eje X$'$. Visto desde el sistema XY, este eje es la recta que pasa por el origen y tiene por pendiente:

$$m=\tan\theta=\frac{\operatorname{sen}\theta}{\cos\theta}=\frac{\frac{2}{\sqrt{13}}}{\frac{3}{\sqrt{13}}}=\frac{2}{3}$$

Luego, su ecuación es:

$$y-0=\frac{2}{3}(x-0)\Rightarrow 2x-3y=0$$

3. $y'^2=2x'\Rightarrow 4px'=2x'\Rightarrow p=\frac{1}{2}$

Luego, el foco en el sistema X$'$Y$'$ es: $\quad F=\left(\frac{1}{2},\,0\right)$

Las coordenadas de F, en sistema XY, son:

$$x=x'\cos\theta-y'\operatorname{sen}\theta=\frac{1}{2}\frac{3}{\sqrt{13}}-0\frac{2}{\sqrt{13}}=\frac{3}{2\sqrt{13}}$$

$$y=x'\operatorname{sen}\theta-y'\cos\theta=\frac{1}{2}\frac{2}{\sqrt{13}}+0\frac{3}{\sqrt{13}}=\frac{1}{\sqrt{13}}$$

Luego, en el sistema XY, $F=\left(\dfrac{3}{2\sqrt{13}},\,\dfrac{1}{\sqrt{13}}\right)$

4. El punto donde la directriz corta al eje X$'$ es $(-p,\,0)=\left(-\frac{1}{2},\,0\right)$.

Este punto, en coordenadas XY, es $\left(-\dfrac{3}{2\sqrt{13}},\,-\dfrac{1}{\sqrt{13}}\right)$.

Por otro lado, la directriz es perpendicular al eje de la parábola.

La pendiente del eje de la parábola es: $\frac{2}{3}$.

Luego, la pendiente de la directriz es: $m' = -\frac{3}{2}$.

En consecuencia, la ecuación de la directriz, en el sistema XY, es:

$$y - \left(-\frac{1}{\sqrt{13}}\right) = -\frac{3}{2}\left(x - \left(-\frac{3}{2\sqrt{13}}\right)\right) \Rightarrow 6x + 4y = -\sqrt{13}$$

$\boxed{\textbf{Problema 3.5.2}}$ **Probar el teorema 3.5.4.**

Solución

Hemos visto que al rotar los ejes coordenados, en un ángulo θ, podemos transformar a la ecuación indicada en otra ecuación de la forma:

$$A'x'^2 + B'x'y' + C'y'^2 + D'x' + E'y' + F' = 0$$

Las relaciones entre los coeficientes $A, B, \ldots$ y los coeficientes $A', B', \ldots$ se encuentran establecidas en el grupo (iii). Efectuando los cálculos respectivos en estas igualdades se prueba que los discriminantes de estas dos ecuaciones permanecen invariantes por la rotación. Entonces se cumple que:

$$B^2 - 4AC = B'^2 - 4A'C'$$

En particular, si la rotación es la que hace $B' = 0$, tenemos la igualdad:

$$B^2 - 4AC = -4A'C'$$

Ahora, podemos aplicar el teorema 3.5.1 de la siguiente manera:

Si $B^2 - 4AC = 0$, entonces:

$$-4A'C' = 0 \Rightarrow A'C' = 0$$

Por lo tanto, la gráfica es una parábola.

Si $B^2 - 4AC < 0$, entonces:

$$-4A'C' < 0 \Rightarrow A'C' > 0$$

Por lo tanto, la gráfica es una elipse.

Si $B^2 - 4AC > 0$, entonces:

$$-4A'C' > 0 \Rightarrow A'C' < 0$$

Por lo tanto, la gráfica es una hipérbola.

Respuestas

PROBLEMAS PROPUESTOS 3.5

En los problemas del **1** al **3**, se dan las coordenadas de un punto en el sistema **XY**. Si los ejes son rotados según el ángulo indicado, hallar las coordenadas del punto en el sistema **X'Y'**.

1. $\left(1, -\sqrt{3}\right)$, $60°$ **2.** $(-2, 6)$, $45°$ **3.** $\left(-2\sqrt{3}, 4\right)$, $30°$

En los problemas **4** y **5** se dan las coordenadas de un punto en el sistema **X'Y'** el cual se obtuvo al rotar el sistema **XY** según el ángulo indicado. Hallar las coordenadas del punto en el sistema **XY**.

4. $\left(2 - \sqrt{3}, -1 - 2\sqrt{3}\right)$, $60°$ **5.** $\left(-3 + \frac{3\sqrt{2}}{2}, -3 - \frac{3\sqrt{2}}{2}\right)$, $45°$

En los problemas **6** y **7**, hallar la ecuación transformada cuando los ejes **XY** giran en el ángulo indicado. Identificar la cónica.

6. $2xy = -1$, $\frac{\pi}{4}$ rad   **7.** $x^2 + 4\sqrt{3}xy - 3y^2 = 30$, $\frac{\pi}{6}$ rad

En los problemas **8** y **9**, use el discriminante para identificar la cónica. Use una rotación de ejes para eliminar el término en xy, hallar la ecuación transformada y graficarla.

8. $2x^2 + \sqrt{3}xy + y^2 = 5$ **9.** $9x^2 + 12xy + 4y^2 + 2\sqrt{13}x - 3\sqrt{13}y = 0$

10. Sea la ecuación $13x^2 - 8xy + 7y^2 - 45 = 0$

    a. Mediante una rotación de ejes, verifique que la gráfica de la ecuación es una elipse.

    b. Hallar los vértices en las coordenadas **X'Y'** y en las coordenadas **XY**.

    c. Hallar los focos en las coordenadas **X'Y'** y en las coordenadas **XY**.

    d. Hallar la recta que contiene al eje mayor en las coordenadas **XY**.

   e. Hallar la recta que contiene al eje menor en las coordenadas XY.

11. Sea la ecuación $4x^2 - 24xy + 11y^2 + 56x - 58y + 95 = 0$

   a. Mediante una rotación de ejes, verifique que la gráfica de la ecuación es una hipérbola.

   b. Hallar el centro y los vértices en las coordenadas $X'Y'$ y en las XY.

   c. Hallar los focos en las coordenadas $X'Y'$ y en las coordenadas XY.

¿Sabías esto?

En este capítulo hemos estudiado las elipses, hipérbolas y parábolas como islas separadas, cada una con sus propias reglas y ecuaciones; pero, ¿alguna vez te has preguntado qué sucede en la frontera entre una forma y otra? Hagamos un pequeño experimento para responder esta pregunta. Una pared será nuestro *plano*, y la luz de una linterna será el *cono circular recto*:

- Si proyectas la luz de frente, tienes un círculo.

- Si inclinas un poco la linterna, el círculo se estira y se convierte en una elipse.

- Si sigues inclinando hasta que el borde de la luz sea paralelo a la pared, nace una parábola.

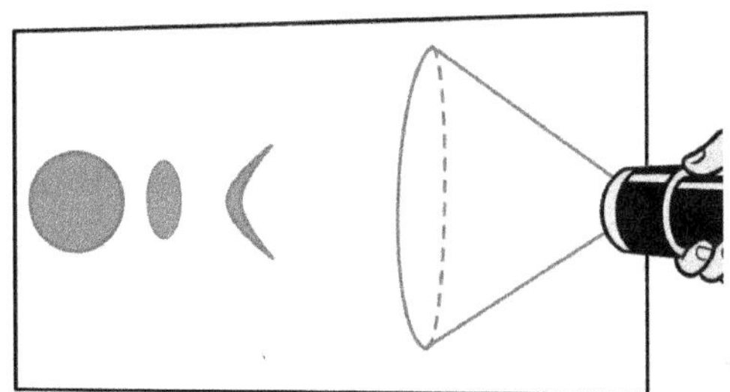

Ahora, vamos a llevar este experimento al extremo. ¿Qué pasa si la pared toca directamente el vértice (la punta) del cono formado por la luz?

En ese instante, la geometría "colapsa". El círculo o elipse se encoge conforme te acercas a la pared, hasta convertirse en un simple punto. Si inclinas la linterna para formar una parábola, y la acercas a la pared, la curva se irá aplanando hasta convertirse en una línea recta, cuando la linterna golpee la pared. Como has de sospechar, estas dos últimas son *cónicas degeneradas*.

4

FUNCIONES REALES

Arquímedes
(287 - 212 a. C.)

Arquímedes nació en Siracusa, una pequeña ciudad ubicada al sur de la península itálica que, para entonces, formaba parte del Imperio Helénico.

Tuvo el privilegio de educarse en Alejandría, el pináculo de la ciencia de su época. Los historiadores de la Matemática ponen a Arquímedes entre los tres más grandes genios que ha producido el género humano en esta ciencia, siendo los otros dos, el inglés, *Isaac Newton* (1642-1727) y el alemán, *Carl Friedrich Gauss* (1777-1855). El sabio calculó áreas de figuras planas, adelantándose por 2000 años a Newton y a Leibniz en la invención del Cálculo Integral.

Cuenta una leyenda que *Hieron*, el rey de Siracusa, le pidió a su joyero que le confeccionase una corona de oro. Cuando tuvo la joya en sus manos, el rey tuvo la sospecha de que el joyero lo había engañado aliando el oro con plata, pero no tenía como demostrarlo. Consciente del gran ingenio de Arquímedes, le encomendó al sabio la tarea de descubrir el fraude, sin arruinar la corona.

El ilustre sabio reflexionó mucho tiempo al respecto, sin hallar una solución. Cierto día, cuando se bañaba en su tina, observó que al sumergir sus piernas en el agua, estas perdían parte de su peso. Esto fue el rayo de luz que necesitó Arquímedes para demostrar el fraude del joyero. Sin saberlo, había descubierto lo que se conoce actualmente, en hidrostática, como el **Principio de Arquímedes**.

Se dice que su entusiasmo por este hallazgo fue tal, que corrió desnudo a la calle gritando: **¡Eureka!, ¡Eureka!** (¡lo encontré!).

Cuando el ejército Romano tomó de Siracusa, luego de tres años de asedio, Arquímedes no advirtió la entrada de un soldado enemigo a su vivienda, pues estaba muy concentrado tratando de lograr una demostración. El militar, irritado porque el sabio lo ignoraba, le atravesó con su espada, llevándolo a la muerte.

FUNCIONES REALES Y SUS GRÁFICAS

Definición

Una **función** es una triada de objetos $(\boldsymbol{X}, \boldsymbol{Y}, \boldsymbol{f})$, donde $\boldsymbol{X}$ e $\boldsymbol{Y}$ son dos conjuntos, y f es una regla que hace corresponder un **único** elemento de $\boldsymbol{Y}$ a cada elemento de $\boldsymbol{X}$.

Al conjunto X se le llama **dominio** de la función, mientras que al conjunto Y se le denomina **conjunto de llegada** de la función.

A una función (X, Y, f) se le denota por:

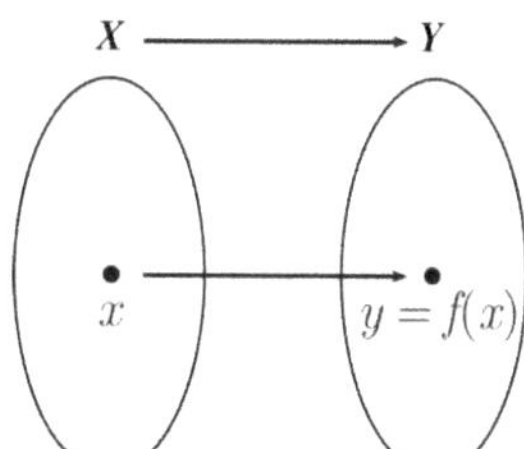

$$f : X \to Y \quad \text{o} \quad X \xrightarrow{f} Y$$

y se lee "**la función f de X en Y**".

Para indicar que f le hace corresponder un elemento y de Y a un elemento x de X, se escribe lo siguiente:

$$y = f(x),$$

lo cual se lee "**y es igual a f de x**". También diremos que y es el valor que toma $\boldsymbol{f}$ en $\boldsymbol{x}$ o que y es la **imagen** de $\boldsymbol{x}$ mediante $\boldsymbol{f}$. El elemento $\boldsymbol{x}$, en este caso, es una **preimagen** del elemento y.

La variable que denota a los elementos que pertenecen al dominio es la **variable independiente**, y la que denota a las imágenes es la **variable dependiente**. En nuestra notación anterior $(y = f(x))$, $\boldsymbol{x}$ es la variable independiente e $\boldsymbol{y}$ es la variable dependiente.

Las letras x e y, por ser variables, pueden ser cambiadas por cualquier otro par de letras. Por ejemplo, podemos escribir $z = f(t)$, en cuyo caso la variable independiente es t y la dependiente es z.

El rango de la función $f : X \to Y$ es el conjunto formado por todas las imágenes. Esto es:

$$\textbf{Rango de } \boldsymbol{f} = \{ f(x) \in \boldsymbol{Y} \, / \, x \in \boldsymbol{X} \}$$

Al dominio y al rango de una función $f : X \to Y$, los abreviaremos con **Dom(f)** y **Rang(f)**, respectivamente.

Observación

En la definición de función, hemos utilizado dos términos que merecen especial atención. Uno de ellos es **"cada"**, el cual indica que todo elemento del dominio debe tener una imagen. El otro término es **"único"**, el cual indica que todo elemento del dominio tiene exactamente una imagen.

Ejemplo 4.1.1   Sea la función $f : X \to Y$, donde:

$$X = \{a, b, c, d\}, \quad Y = \{1, 2, 3, 4, 5\},$$

y cuya regla f está dada por el gráfico adjunto. Se tiene:

- **Dominio** $= \mathrm{Dom}(f) = X = \{a, b, c, d\}$

- **Conjunto de llegada** $= Y = \{1, 2, 3, 4, 5\}$

- **Rango** $= \mathrm{Rang}(f) = \{3, 4, 5\}$

La **regla f** establece que:

$$f(a) = 3, \quad f(b) = 5, \quad f(c) = 3, \quad f(d) = 4$$

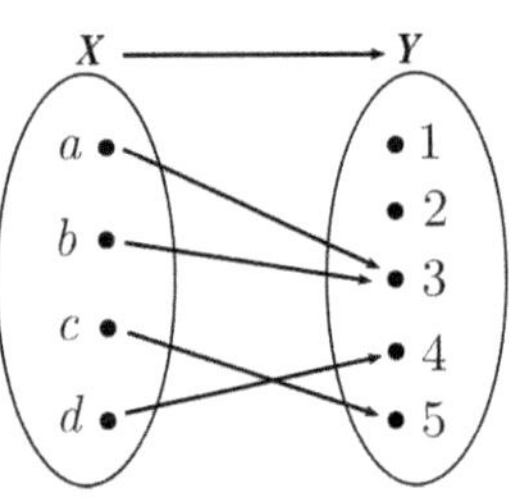

Ejemplo 4.1.2   Sea X un conjunto cualquiera. A la siguiente función se le llama **función identidad** del conjunto X.

$$I_X : X \to X$$

$$I_X(x) = x$$

En este caso, el dominio, el conjunto de llegada y el rango coinciden y son iguales a X. Esto es:

$$\mathrm{Dom}\,(I_X) = \text{Conjunto de llegada} = \mathrm{Rang}\,(I_X) = X$$

La regla I_X hace corresponder, a cada elemento x, el mismo elemento x.

Definición   **Igualdad de funciones.**

Sean $f : X \to Y$ y $g : X \to Y$ dos funciones con el mismo dominio y el mismo conjunto de llegada:

$$\boldsymbol{f = g \Leftrightarrow f(x) = g(x), \ \forall x \in X}$$

FUNCIONES REALES

Las funciones que nos interesan en este curso de Precálculo son las funciones reales de variable real. Una **función real de variable real** es una función cuyo dominio y conjunto de llegada son subconjuntos de $\mathbb{R}$. Así, las siguientes funciones son reales:

a. $f : \mathbb{R} \to \mathbb{R}$ $\qquad$ **b.** $g : \mathbb{R} - \{0\} \to \mathbb{R}$ $\qquad$ **c.** $h : \mathbb{R} \to \mathbb{R}$

$$f(x) = x \qquad\qquad g(x) = \frac{1}{x} \qquad\qquad h(x) = 5$$

CONVENIO PARA EL DOMINIO DE UNA FUNCIÓN REAL

Con frecuencia, con el objetivo de simplificar, la notación para representar una función real de variable real $f : X \to \mathbb{R}$ se reducirá a la notación f, prescindiendo del dominio X y del conjunto de llegada $\mathbb{R}$. En este contexto, asumiremos la siguiente convención.

| Convención |

Cuando una función real de variable real se define con tan sólo la regla f, sin especificar su dominio, se supondrá que su dominio está formado por todos los números reales x para los cuales el valor $f(x)$ está definido y es real.

| **Ejemplo 4.1.3** | Hallar el dominio de la función:

$$f(x) = \frac{1}{x - 2}$$

Solución

El dominio de la función $f(x) = \frac{1}{x-2}$ está formado por todos los números reales, excepto por $x = 2$. Descartamos $x = 2$ ya que $f(2) = \frac{1}{0}$, y la división entre 0 no existe. Luego:

$$\text{Dom}(f) = \mathbb{R} - \{2\} = (-\infty,\, 2) \cup (2,\, +\infty)$$

| **Ejemplo 4.1.4** | Hallar el dominio y el rango de las funciones:

$$\textbf{1.}\ f(x) = x - 3 \qquad\qquad \textbf{2.}\ g(x) = \sqrt{x - 3}$$

Solución

1. Como $f(x) = x - 3$ está definido para todo $x \in \mathbb{R}$, tenemos que:

- $\text{Dom}(f) = \mathbb{R}$ $\qquad\qquad$ - $\text{Rang}(f) = \mathbb{R}$

En efecto, dado $y \in \mathbb{R}$, si tomamos $x = y + 3$, se cumple que $x \in \mathbb{R}$ que es igual al dominio de f $(\mathrm{Dom}(f))$. Además:

$$f(x) = x - 3 = (y + 3) - 3 = y$$

2. Como la expresión subradical de $g(x) = \sqrt{x - 3}$ debe ser no negativa:

$$x - 3 \geq 0 \Leftrightarrow x \geq 3 \Leftrightarrow x \in [3, +\infty)$$

Esto es, $\mathrm{Dom}(g) = [3, +\infty)$.

$\mathrm{Rang}(g) = [0, +\infty)$. En efecto, dado $y \in [0, +\infty)$, tomamos $x = y^2 + 3$, y se cumple que $x \geq 3$; es decir, $x \in [3, +\infty)$. Además:

$$g(x) = \sqrt{x - 3} = \sqrt{(y^2 + 3) - 3} = \sqrt{y^2} = |y| = y$$

GRÁFICAS DE FUNCIONES

Dada la función $\boldsymbol{f : X \to \mathbb{R}}$, su **gráfico o gráfica** es el conjunto:

$$\boldsymbol{G = \{(x,\, f(x)) \in \mathbb{R}^2 \,/\, x \in X\}}$$

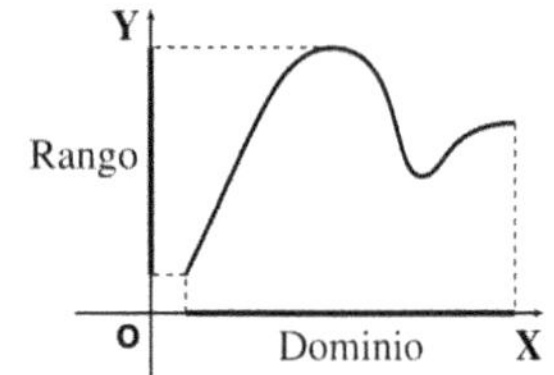

No toda curva en el plano es el gráfico de una función. Para reconocer si una curva determinada corresponde a la gráfica de una función, contamos con el criterio geométrico denominado *criterio de la recta vertical.*

CRITERIO DE LA RECTA VERTICAL

Una curva en el plano es el gráfico de una función
si y sólo si
toda recta vertical corta a la curva, a lo más, una vez.

La veracidad de este criterio reside en el hecho de que si una recta vertical $x = a$ corta a la curva dos veces, en (a, b) y en (a, c), entonces a tiene dos imágenes, b y c; pero esto infringe la definición de función.

De acuerdo a este criterio, de las siguientes curvas, solo la última corresponde a una función:

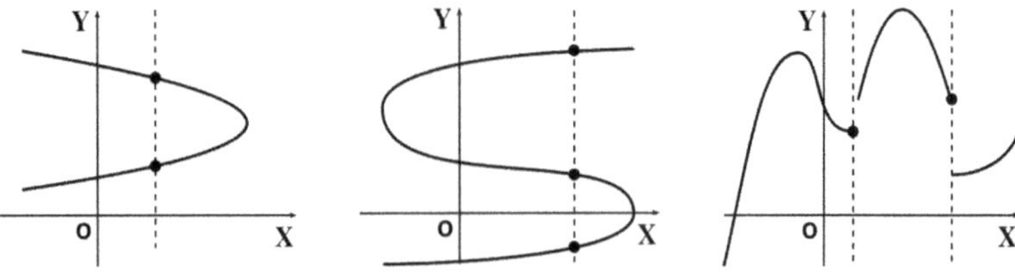

Ejemplo 4.1.5 Graficar y hallar el dominio y el rango de la función:

$$f(x) = \frac{x^2 - x - 6}{x - 3}$$

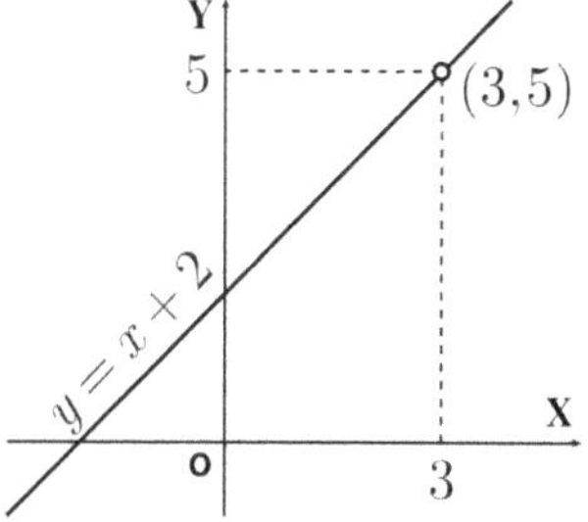

Solución

Es claro que $\text{Dom}(f) = \mathbb{R} - \{3\}$.

Por otro lado, factorizando el numerador:

$$f(x) = \frac{(x - 3)(x + 2)}{x - 3} = x + 2$$

Luego, la función $f(x) = \frac{x^2 - x - 6}{x - 3}$ es igual a la función lineal $y = x + 2$, excepto en el punto $x = 3$, en el cual f no está definida.

En consecuencia, el rango de f es igual al rango de $y = x + 2$ menos el número $y = (3) + 2 = 5$. Esto es:

$$\text{Rang}(f) = \mathbb{R} - \{5\}$$

FUNCIONES DEFINIDAS A TROZOS

Como veremos en los ejemplos 4.1.6 y 4.1.7, algunas funciones son definidas por partes.

Ejemplo 4.1.6 Función **parte entera** o función **piso**:

$$f(x) = \lfloor x \rfloor = n, \text{ si } n \leq x < n + 1, \text{ donde } n \text{ es un entero.}$$

Esta función también es conocida con los nombres de *máximo entero* o *función escalera*. Hallar dominio, rango y esbozar la gráfica de la función.

Solución

En términos más explícitos, esta función se define así:

$$\lfloor x \rfloor = \begin{cases} \ \cdot \\ -2, \text{ si } -2 \leq x < -1 \\ -1, \text{ si } -1 \leq x < 0 \\ \ \ 0, \text{ si } 0 \leq x < 1 \\ \ \ 1, \text{ si } 1 \leq x < 2 \\ \ \ 2, \text{ si } 2 \leq x < 3 \\ \ \cdot \end{cases}$$

Es evidente que el dominio es $\mathbb{R}$, mientras que el rango es $\mathbb{Z}$.

Ejemplo 4.1.7 **Función valor absoluto:**

$$f(x) = |x| = \begin{cases} x, & \text{si } x \geq 0 \\ -x, & \text{si } x < 0 \end{cases}$$

Graficar y hallar el dominio y el rango.

Solución

El gráfico de esta función está conformado por dos semirrectas:

- $y = x$, $x \geq 0$, a la derecha del eje Y

- $y = -x$, $x < 0$, a la izquierda del eje Y

Por lo tanto, el dominio es $\mathbb{R}$ y el rango es $[0, +\infty)$.

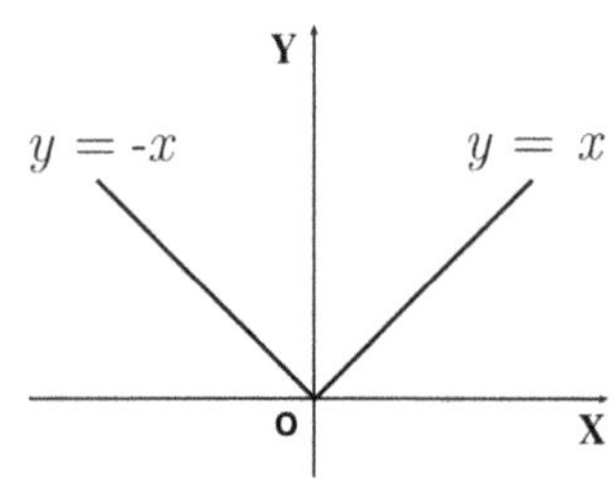

FUNCIONES PARES, IMPARES Y SIMETRÍA

1. Una función f es **par** si, para todo x en el dominio de f, se cumple:

$$\boxed{f(-x) = f(x)}$$

2. Una función f es **impar** si, para todo x en el dominio de f, se cumple:

$$\boxed{f(-x) = -f(x)}$$

Ejemplo 4.1.8 Graficar las siguientes funciones y probar que:

a. $f(x) = x^2$ es par   **b.** $f(x) = x^3$ es impar

Solución

a. $f(-x) = (-x)^2 = x^2 = f(x)$ **b.** $f(-x) = (-x)^3 = -x^3 = -f(x)$

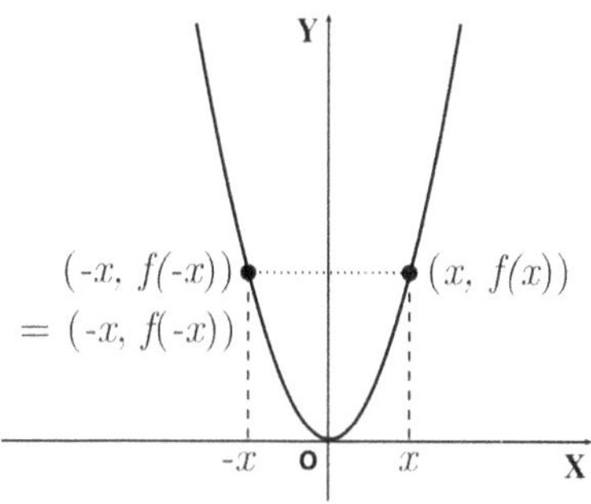

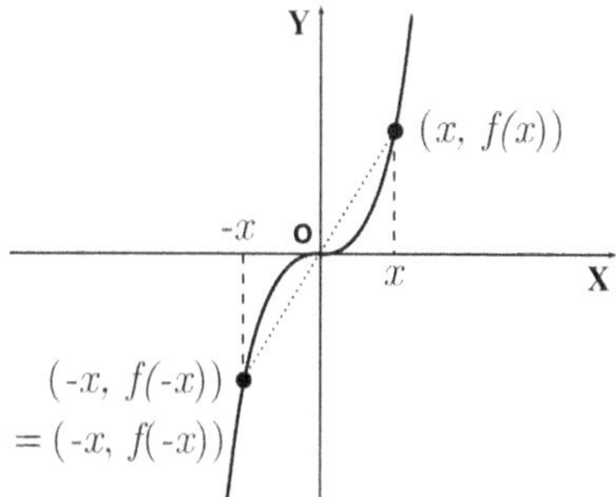

Se puede apreciar que:

f es **par** $\Leftrightarrow$ el gráfico de f es **simétrico respecto al eje Y**

f es **impar** $\Leftrightarrow$ el gráfico de f es **simétrico respecto al origen**

Los términos *par* e *impar* surgen del hecho de que la función $f(x) = x^n$ es *par* si n es *par*, y es *impar* si n es *impar*.

FUNCIONES CRECIENTES Y DECRECIENTES

$\boxed{\text{Definición}}$ Sea f una función definida en un intervalo I.

1. f **es creciente en** I si $\forall x_1, x_2 \in I$ se cumple:

$$x_1 < x_2 \Rightarrow f(x_1) < f(x_2), \ \forall x_1, x_2 \in I$$

2. f **es decreciente en** I si $\forall x_1, x_2 \in I$ se cumple:

$$x_1 < x_2 \Rightarrow f(x_1) > f(x_2)$$

3. f **es monótona en** I si f es creciente o decreciente en I.

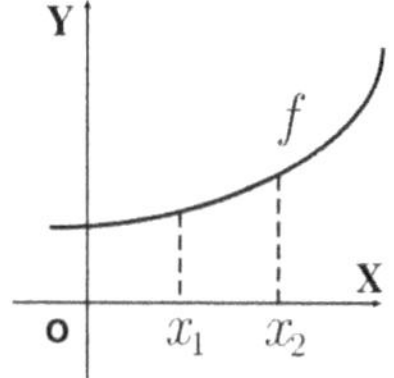

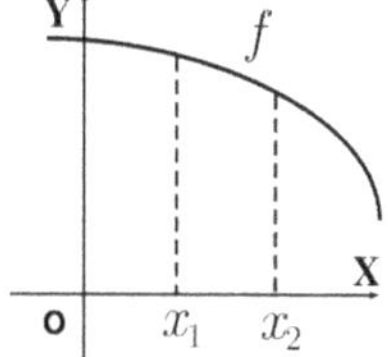

Creciente   **Decreciente**

La función $f(x) = x^2$, dada en el ejemplo 4.1.8, es decreciente en el intervalo $(-\infty, 0]$ y es creciente en el intervalo $[0, +\infty)$. En cambio, la otra función $f(x) = x^3$ es creciente en todo su dominio, que es $\mathbb{R}$.

BREVE CATÁLOGO DE FUNCIONES

LAS FUNCIONES CONSTANTES

Si c es un número real fijo, entonces la siguiente función es una **función constante**:

$$f(x) = c, \ \forall\, x \in \mathbb{R},$$

Su dominio es todo $\mathbb{R}$ y su rango es el conjunto unitario $\{c\}$. Su gráfico es la recta horizontal con ordenada en el origen c.

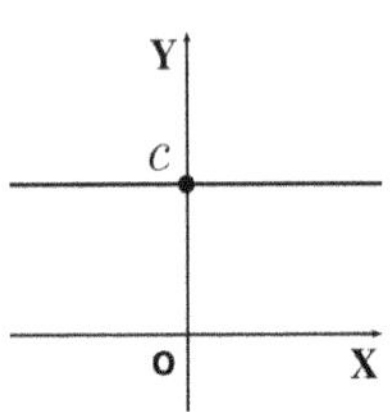

FUNCIÓN POTENCIA

La **función potencia** es la función $f(x) = x^\alpha$, donde α es una constante.

$\boxed{\text{Ejemplo 4.1.9}}$ Si $\alpha = 0$, tenemos la función constante 1.

Si $\alpha = 1$, tenemos la función identidad de $\mathbb{R}$. Si $\alpha = 2$ o $\alpha = 3$, tenemos funciones cuyas gráficas son una parábola o parábola cúbica, respectivamente.

a. $f(x) = x^0 = 1$

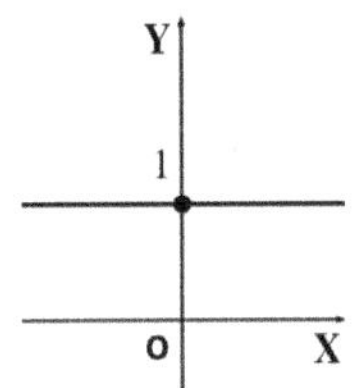

b. $f(x) = x^1 = x$

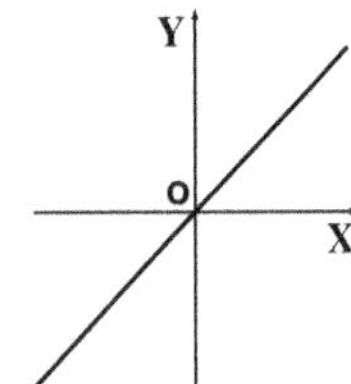

c. $f(x) = x^2$

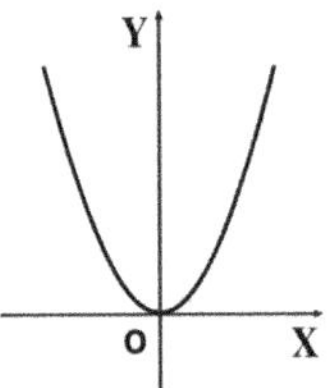

d. $f(x) = x^3$

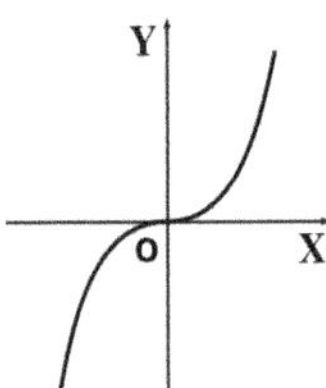

Observe la diferencia entre las gráficas cuando n es par y cuando n es impar.

$\boxed{\text{Ejemplo 4.1.10}}$ Si $\alpha = \frac{1}{n}$, tenemos la **función raíz enésima**:

$$f(x) = x^{1/n} = \sqrt[n]{x},$$

donde n es un número natural no nulo.

A continuación, presentamos los casos para $n = 2$ y $n = 3$:

$$f(x) = x^{1/2} = \sqrt{x} \qquad\qquad f(x) = x^{1/3} = \sqrt[3]{x}$$

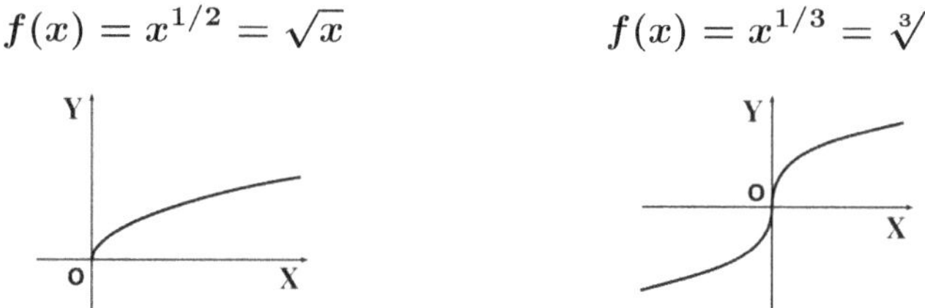

$$\mathbf{Dom}(f) = \mathbf{Rang}(f) = [0, +\infty) \qquad \mathbf{Dom}(f) = \mathbf{Rang}(f) = \mathbb{R}$$

Ejemplo 4.1.11 Si $\alpha = -n$, donde n es un número natural no nulo, tenemos la función:

$$f(x) = x^{-n} = \frac{1}{x^n}, \qquad \mathbf{Dom}(f) = \mathbf{Rang}(f) = \mathbb{R} - \{0\}$$

A continuación, presentamos los casos para $n = 1$ y $n = 2$:

$$f(x) = \frac{1}{x} \qquad\qquad\qquad f(x) = \frac{1}{x^2}$$

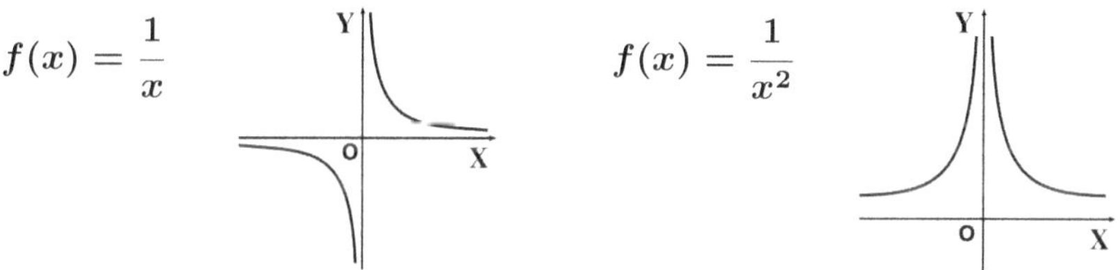

Si n es impar, la gráfica de $f(x) = \frac{1}{x^n}$ se asemeja a la de $f(x) = \frac{1}{x}$.

Si n es par, la gráfica de $f(x) = \frac{1}{x^n}$ se asemeja a la de $f(x) = \frac{1}{x^2}$.

FUNCIÓN POLINÓMICA

Una función **polinómica**, función **polinomial de grado** n, o **polinomio de grado** n es una función de la forma:

$$p(x) = a_n x^n + a_{n-1} x^{n-1} + \ldots + a_2 x^2 + a_1 x + a_0,$$

donde n es un número natural, $a_0, a_1, \ldots, a_n$ son números reales, y $a_n \neq 0$. Los números $a_0, a_1, \ldots, a_n$ son los coeficientes de la función. Las funciones polinómicas de grado 1, 2 y 3 también son conocidas como funciones **lineales**, **cuadráticas** y **cúbicas**, respectivamente. Por ejemplo:

$$p(x) = ax + b, \quad p(x) = ax^2 + bx + c, \quad p(x) = ax^3 + bx^2 + cx + d,$$

Una función polinómica de grado 0 es una función constante. El gráfico de una función lineal es una recta no vertical, mientras que el de una función cuadrática es una parábola con eje paralelo al eje Y.

FUNCIÓN RACIONAL

Una **función racional** es cociente de dos polinomios, es decir:

$$r(x) = \frac{p(x)}{q(x)}$$

Por ejemplo, $r(x) = \frac{2-3x+8x^2}{4-x^2}$ es una función racional. El dominio de una función racional es $\mathbb{R}$ menos el conjunto donde el denominador se hace cero.

Así, el dominio de la función anterior es:

$$\mathbb{R} - \{2, -2\}$$

FUNCIONES ALGEBRAICAS

Una función f es **algebraica** si se puede construir empleando operaciones algebraicas (adición, sustracción, multiplicación, división, potenciación y extracción de raíces) a partir de polinomios. Los polinomios y las funciones racionales son funciones algebraicas. Por ejemplo:

$$\textbf{a. } f(x) = \sqrt{x^2 - 1} \qquad \textbf{b. } g(x) = \frac{2}{1 + \sqrt{x}}$$

FUNCIONES TRASCENDENTES

Las **funciones trascendentes** son las funciones que no son algebraicas. Las más elementales son:

- Funciones trigonométricas y sus inversas.

- Funciones exponenciales.

- Funciones logarítmicas.

En las próximas secciones estudiaremos estas funciones con más detalle.

FUNCIONES COMO MODELOS MATEMÁTICOS

Muchas relaciones o patrones de la vida cotidiana pueden expresarse como funciones. Estas formulaciones se denominan **modelos matemáticos**. Veamos algunos ejemplos.

$\boxed{\textbf{Ejemplo 4.1.12}}$ **Manufactura.**

La fábrica que produce un determinado producto obtiene una utilidad de 300 dólares por unidad cuando no se exceden las 800 unidades en producción. La utilidad decrece 2 dólares por cada unidad que sobrepasa los 800.

a. Expresar la utilidad $U(x)$ como función de los x artículos producidos.

b. Hallar la utilidad si se producen 1,200 unidades.

Solución

a. Si $0 \leq x \leq 800$, la utilidad es $U(x) = 300x$

Si $x > 800$, el exceso sobre 800 es $x - 800$, y la utilidad por unidad ha decrecido en:
$$2(x - 800) = 2x - 1,600$$

Por lo tanto,

$$\text{Utilidad por unidad} = 300 - (2x - 1,600) = 1,900 - 2x,$$

entonces:

$$U(x) = (\text{utilidad de las primeras } 800) + (\text{utilidad de las que exceden } 800)$$

$$= 300(800) + (1,900 - 2x)(x - 800)$$

$$= -2x^2 + 3,500x - 1,280,000$$

En resumen, la utilidad al producir x artículos es:

$$U(x) = \begin{cases} 300x, & \text{si } 0 \leq x \leq 800 \\ -2x^2 + 3,500x - 1,280,000, \text{ si} & x > 800 \end{cases}$$

b. $U(1,200) = -2(1,200)^2 + 3,500(1,200) - 1,280,000$

$$= -2,880,000 + 4,200,000 - 1,280,000 = 40,000$$

$\boxed{\textbf{Ejemplo 4.1.13}}$ **Carpintería.**

Se tiene un tronco de madera de sección circular con $3\,dm$ de radio, del cual se quiere obtener un tablón de sección rectangular. Expresar el área del rectángulo en términos de su base.

Solución

Sean x, h y A la base, la altura y el área del rectángulo respectivamente. Se tiene:

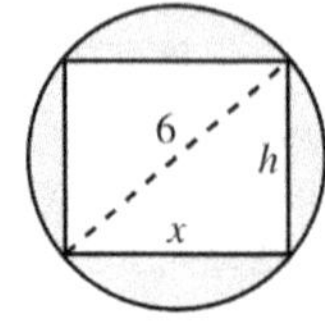

$$A = xh \qquad (1)$$

Ahora expresamos la altura h en términos de x, la longitud de la base. En ese sentido, observamos que el diámetro punteado del círculo divide al rectángulo en dos triángulos rectángulos cuya hipotenusa mide $6\,dm$.

De acuerdo al teorema de Pitágoras, tenemos:

$$h = \sqrt{6^2 - x^2} \qquad (2)$$

Luego, si $A(x)$ es el área del rectángulo, de (1) y (2) obtenemos:

$$A(x) = x\sqrt{36 - x^2}$$

$\boxed{\textbf{Ejemplo 4.1.14}}$ **Fabricación de contenedores.**

Un fabricante de envases construye cajas de metal sin tapa usando, como materia prima, láminas de metal cuadradas de 72 cm de lado. A cada lámina se le recortará un pequeño cuadrado en cada esquina y, luego, se doblarán las aletas para formar los lados de la caja.

Si x es la longitud del lado del pequeño cuadrado recortado, expresar:

   a. el volumen de la caja en términos de x.

   b. el área de la caja (sin la tapa) en términos de x.

Solución

   1. Tenemos que:
$$\text{Volumen} = (\text{área de la base})(\text{altura})$$

La base de la caja es un cuadrado de lado $72 - 2x$.

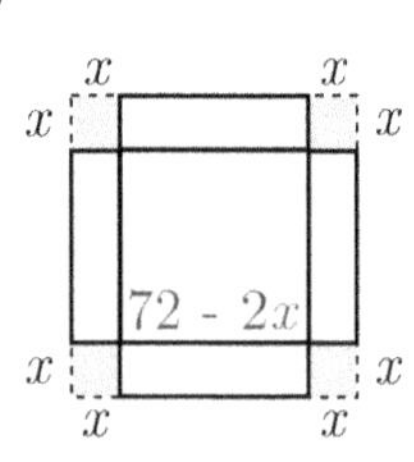

Luego, su área es $(72 - 2x)^2$.

La altura de la caja es x.

En consecuencia, el volumen de la caja es:

$$V = (72 - 2x)^2(x) = x(72 - 2x)^2$$

2. El área de la caja es igual al área del cuadrado inicial, menos el área de los 4 cuadrados recortados. Luego, si $A(x)$ es el área de la caja, entonces:

$$A(x) = (72)^2 - 4x^2 = 5,184 - 4x^2$$

$\boxed{\text{Ejemplo 4.1.15}}$ **Construcción.**

Se desea construir un depósito de 16 m^3 de capacidad. Se requiere que la base sea un rectángulo cuyo largo sea el doble de su ancho, y que las paredes laterales sean perpendiculares a la base. El m^2 de la base cuesta 80 dólares y el de las paredes laterales, 50 dólares. Expresar el costo del depósito como función del ancho de la base.

Solución

Sean:

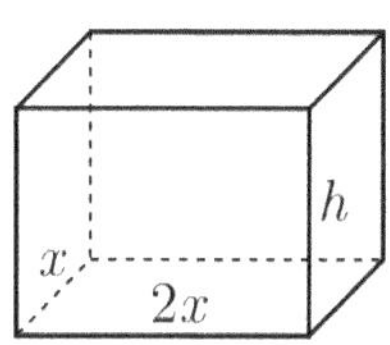

- x es la medida del ancho de la base.

- h es la altura del depósito.

- $C(x)$ es el costo en dólares.

La base tiene una longitud de $2x$ y un área de $2x(x) = 2x^2$. Luego:

$$\text{Costo de la base} = 80\left(2x^2\right) = 160x^2 \tag{1}$$

El depósito debe tener 16 m^3. Luego:

$$16 = V = (\text{largo})(\text{ancho})(\text{altura}) = 2x(x)h = 2x^2 h$$

Despejando h:

$$h = \frac{16}{2x^2} = \frac{8}{x^2}$$

El área de las 4 paredes laterales es:

$$2xh + 2(2x)h = 6xh = 6x\left(\frac{8}{x^2}\right) = \frac{48}{x}$$

Luego:

$$\text{Costo de las paredes laterales} = 50\left(\frac{48}{x}\right) = \frac{2400}{x} \tag{2}$$

Sumando (1) y (2), obtenemos el costo del depósito:

$$C(x) = 160x^2 + \frac{2400}{x} \text{ dólares.}$$

PROBLEMAS RESUELTOS 4.1

$\boxed{\textbf{Problema 4.1.1}}$ Hallar el dominio y rango de la función:

$$f(x) = \sqrt{9 - \frac{2}{x}}$$

Solución

$$x \in \mathrm{Dom}(f) \Leftrightarrow 9 - \frac{2}{x} \geq 0 \Leftrightarrow \frac{9x - 2}{x} \geq 0$$

$$+ + + + + + - - - - - - + + + + + +$$

$$0 \qquad\qquad \frac{2}{9}$$

Luego, $\mathrm{Dom}(f) = (-\infty, 0) \cup \left[\frac{2}{9}, +\infty\right)$.

Rango:

$$y \in \mathrm{Rang}(f) \Leftrightarrow \exists\, x \in \mathrm{Dom}(f) \text{ tal que } f(x) = y$$

$$\Leftrightarrow \exists\, x \in \mathrm{Dom}(f) \text{ tal que } \sqrt{9 - \frac{2}{x}} = y$$

Despejamos x en términos de y:

$$\sqrt{9 - \frac{2}{x}} = y \qquad \Leftrightarrow \qquad 9 - \frac{2}{x} = y^2 \qquad \wedge \qquad y \geq 0$$

$$\Leftrightarrow \qquad \frac{2}{x} = 9 - y^2 \qquad \wedge \qquad y \geq 0$$

$$\Leftrightarrow \qquad x = \frac{2}{9 - y^2} \qquad \wedge \qquad y \geq 0$$

Observando la igualdad $x = \frac{2}{9-y^2}$, vemos que podemos encontrar x si el denominador $9 - y^2$ es distinto de 0; es decir, cuando $y \neq 3$ o $y \neq -3$. Luego:

$$y \in \mathrm{Rang}(f) \Leftrightarrow (y \neq 3 \ \text{o} \ y \neq -3) \ \wedge \ y \geq 0 \Leftrightarrow y \in [0, +\infty) - \{3\}$$

Por consiguiente,

$$\mathrm{Rang}(f) = [0, +\infty) - \{3\}$$

$\boxed{\textbf{Problema 4.1.2}}$ Hallar dominio, rango y gráfica de la **función sierra**:

$$S(x) = x - \lfloor x \rfloor$$

Solución

El dominio de esta función es $\mathbb{R}$.

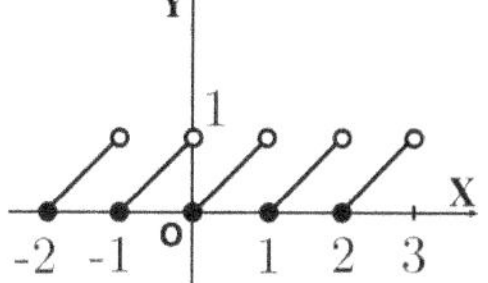

Analicemos a la función S en cada intervalo de la forma $[n, n+1)$:

$$n \leq x < n + 1 \Rightarrow \lfloor x \rfloor = n$$

$$\Rightarrow S(x) = x - n \quad \text{y} \quad S(n) = n - n = 0$$

Esto nos dice que, en cada intervalo $[n, n+1)$, S es la recta $y = x - n$ que tiene pendiente 1 y pasa por el punto: $(n, S(n)) = (n, 0)$. Luego, el **rango** de S es el intervalo $[0, 1)$.

$\boxed{\textbf{Problema 4.1.3}}$

Hallar la función lineal $f(x) = ax + b$ que cumpla las siguientes condiciones:

$\qquad$ **1.** $f(x + z) = f(x) + f(z), \ \forall x, z \in \mathbb{R}$ $\qquad$ **2.** $f(-2) = -6$

Solución

De acuerdo a la condición (1), tenemos:

$$f(x + z) = f(x) + f(z) \Rightarrow a(x + z) + b = (ax + b) + (az + b)$$

$$\Rightarrow ax + az + b = ax + b + az + b$$

$$\Rightarrow b = b + b \Rightarrow b = 0$$

Luego, $f(x) = ax$.

Ahora, de acuerdo a la condición (2):

$$f(-2) = -6 \Rightarrow a(-2) = -6 \Rightarrow a = 3$$

En consecuencia, la función lineal buscada es: $f(x) = 3x$

$\boxed{\textbf{Problema 4.1.4}}$

Para envasar alimentos, una fábrica necesita envases de aluminio con tapa que tengan forma de cilindro circular recto, con un volumen de $250\pi \ cm^3$.

Expresar la cantidad (área) de aluminio de cada envase en función del radio de la base.

Solución

Sean r el radio de la base, h la altura y A el área total de las paredes del envase. El área es la suma de las áreas de las dos bases, que es $2\pi r^2$ más el área de la superficie lateral, que es $2\pi rh$. Luego:

$$A = 2\pi r^2 + 2\pi rh \qquad\qquad (1)$$

Por otro lado, el volumen del cilindro circular recto es:

$$V = \pi r^2 h$$

En nuestro caso, dado que $V = 250\pi$, tenemos que:

$$\pi r^2 h = 250\pi \Rightarrow r^2 h = 250 \Rightarrow h = \frac{250}{r^2}$$

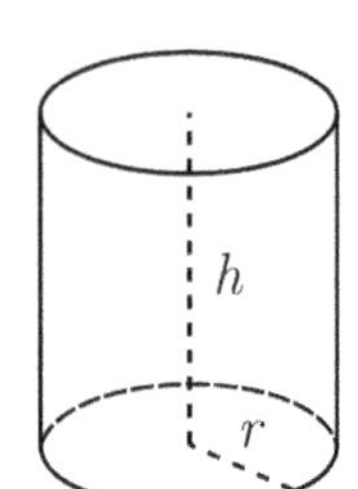

Reemplazando este valor de h en (1):

$$A(r) = 2\pi r^2 + 2\pi r\frac{250}{r^2} = 2\pi\left(r^2 + \frac{250}{r^2}\right)$$

Respuestas

PROBLEMAS PROPUESTOS 4.1

1. Dada la función $f(x) = \frac{x}{x+1}$, encontrar:

    a. $f(3)$ **b.** $f\left(1 + \sqrt{x}\right)$ **c.** $f(2+h) - f(2)$ **d.** $f(a+h) - f(a)$

2. Dada la función $g(x) = x + \frac{(x-2)^2}{4}$, encontrar:

    a. $g(2)$ **b.** $g(a+2)$ **c.** $g(a+h) - g(a)$

En los problemas del 3 al 8, hallar dominio y rango de la función.

3. $f(x) = \sqrt{x-9}$ **4.** $g(x) = \frac{\sqrt{16-x^2}}{3}$ **5.** $h(x) = \frac{\sqrt{x^2-4}}{2}$

6. $u(x) = \sqrt[3]{x-2}$ **7.** $f(x) = \frac{x^2-4}{x}$ **8.** $y = \sqrt{x(x-2)}$

En los problemas del 9 al 14, hallar el dominio de la función dada.

9. $g(x) = \frac{6}{\sqrt{9-x}-2}$ **10.** $y = \frac{1}{\sqrt{x^2-4}-2}$ **11.** $y = \sqrt{4 - \frac{1}{x}}$

12. $y = \frac{1}{4-\sqrt{1-x}}$ **13.** $y = \sqrt{\frac{x+1}{2-x}}$ **14.** $y = \sqrt[4]{\frac{x+5}{x-3}}$

En los problemas 15 y 16, hallar dominio, rango y gráfico de la función:

15. $g(x) = \begin{cases} |x|, & \text{si } |x| \leq 1 \\ 1, & \text{si } |x| > 1 \end{cases}$ **16.** $f(x) = \begin{cases} \sqrt{-x}, & \text{si } x < 0 \\ x, & \text{si } 0 \leq x \leq 2 \\ \sqrt{x-2}, & \text{si } x > 2 \end{cases}$

17. Probar que:

    a. si el gráfico de f es simétrico respecto al eje Y, entonces f es par.

    b. si el gráfico de f es simétrico respecto al origen, entonces f es impar.

18. Si $f(x+1) = (x-3)^2$, hallar $f(x-1)$.

19. Hallar la función cuadrática:

$$f(x) = ax^2 + bx \quad \text{tal que} \quad f(x) - f(x-1) = x, \ \forall x \in \mathbb{R}$$

20. Un hotel tiene 40 habitaciones. El gerente sabe que, cuando el precio por habitación es de 30 dólares, todas las habitaciones son alquiladas, pero por cada 5 dólares de aumento, una habitación se desocupa. Si el precio de mantenimiento de una habitación ocupada es de 4 dólares, expresar la ganancia del hotel como función del número x de habitaciones alquiladas.

21. Cuando la producción diaria no sobrepasa de 1,000 unidades de cierto artículo, se tiene una utilidad de 4,000 dólares por artículo; pero si el número de artículos producidos excede los 1,000, la utilidad, para los excedentes, disminuye en 10 dólares por cada artículo que excede los 1,000. Expresar la utilidad diaria del productor como función del número x de artículos producidos.

22. Una granja está sembrada de mangos a razón de 80 plantas por hectárea. Cada planta produce un promedio de 960 mangos. Por cada planta adicional que se siembre, el promedio de producción por planta se reduce en 10 mangos. Expresar la producción $p(x)$ de mangos por hectárea como función del número x de plantas de mango sembradas por hectárea.

23. Para enviar cierto tipo de cajas por correo, la administración exige que éstas sean de base cuadrada y que la suma de sus dimensiones (largo + ancho + altura) no supere los 150 cm Exprese el volumen de la caja con la máxima suma de sus lados como función de la longitud del lado x de la base.

24. Un alambre de 12 m. de largo se corta en dos pedazos. Con uno de ellos se forma una circunferencia y con el otro un cuadrado. Expresar el área encerrada por estas dos figuras como función del radio r.

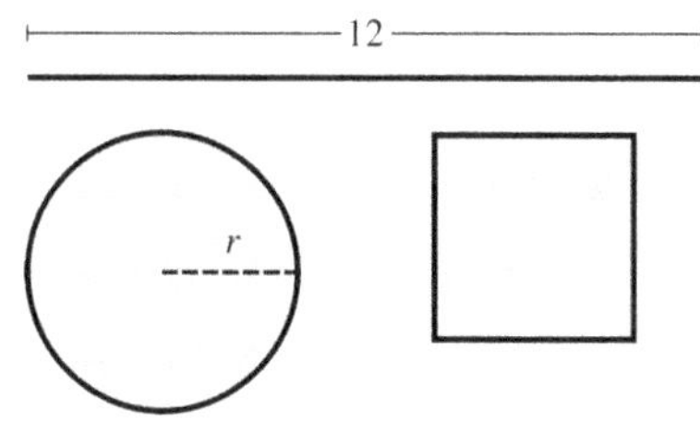

25. Un triángulo isósceles tiene 36 cm de perímetro. Expresar el área del triángulo como función de la longitud x de uno de los lados iguales.

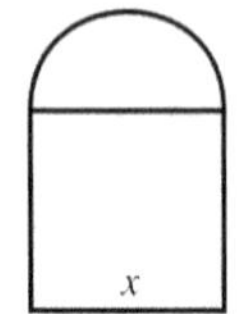

26. Una ventana tiene forma de un rectángulo coronado por un semicírculo. Si la ventana tiene de 7 metros de perímetro, exprese el área de la ventana como función del ancho x.

27. Un fabricante de envases construye cajas sin tapa utilizando láminas de cartón rectangulares de 80 cm de largo por 50 cm de ancho.

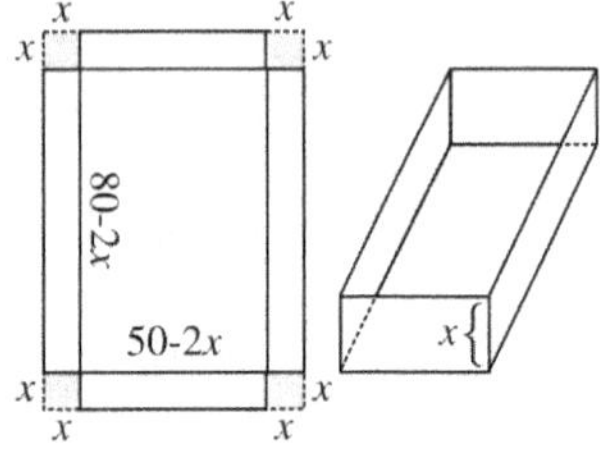

Para hacer la caja se recorta un cuadrado en cada esquina de cada lámina y, luego, se doblan las aletas hacia arriba, tal como lo indica la figura.

Expresar el volumen del envase como función de la longitud x del lado del cuadrado cortado.

28. Se desea imprimir un libro en el que cada página tenga 3 cm de margen superior, 3 cm de margen inferior y 2 cm de margen a cada lado. Si el texto escrito debe ocupar un área de 252 cm^2, exprese el área de cada página como función del ancho x del rectángulo impreso.

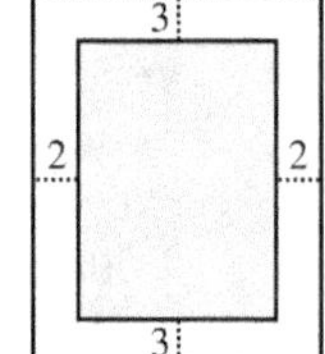

FUNCIONES TRIGONOMÉTRICAS

La Trigonometría ha existido desde los tiempos de la Antigua Babilonia. De hecho, los avances más tempranos de este campo fueron empleados en la construcción de las Pirámides de Egipto. En esta sección no estudiaremos la trigonometría desde la perspectiva *elemental* de la Geometría; estudiaremos su pauta más moderna, las **Funciones Trigonométricas**. Al día de hoy, estas funciones tienen innumerables aplicaciones en Astronomía, Arquitectura, Navegación, Mecánica, Electrónica, Física y Animación, entre otros campos.

FUNCIONES SENO Y COSENO

Sea C la circunferencia unitaria, es decir, la circunferencia con radio 1 y centro en el origen:

$$x^2 + y^2 = 1$$

Esta circunferencia recibe el nombre de **Circunferencia Trigonométrica**.

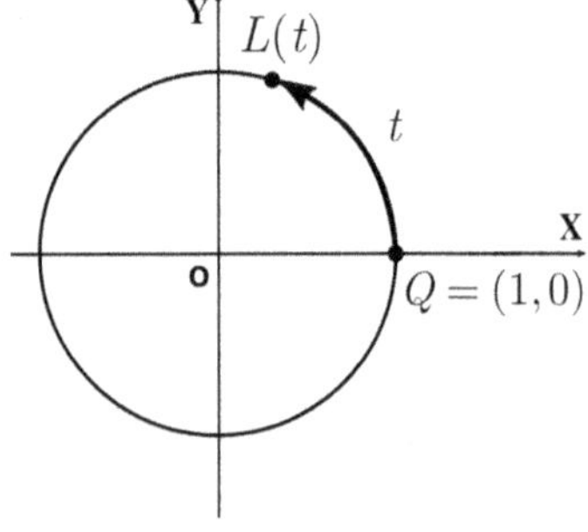

Para lograr un entendimiento de esta concepción procederemos del modo siguiente:

- Definimos una función $L : \mathbb{R} \to C$.

- Fijamos el punto $Q = (1, 0)$, el cual será nuestro punto de referencia en cualquier punto $t \in \mathbb{R}$.

Si $t = 0$, entonces $L(0) = Q = (1, 0)$

Si $t > 0$, nos movemos en sentido antihorario sobre la circunferencia C, comenzando en el punto $Q = (1, 0)$, hasta formar un arco de longitud t. El punto final de este arco es $L(t)$.

Si $t < 0$, nos movemos en sentido horario sobre la circunferencia C, comenzando en el mismo punto $Q = (1, 0)$, hasta formar un arco de longitud $|\, t \,|$. El punto final de éste es $L(t)$.

Así, tenemos que:

$$L\left(\frac{\pi}{2}\right) = (0,\, 1) \quad \text{y} \quad L\left(-\frac{\pi}{2}\right) = (0,\, -1)$$

Considerando que la longitud de C es 2π, se tiene que:

$$L(t + 2\pi) = L(t),\ \forall\, t \in \mathbb{R}$$

Además, 2π es el menor número positivo que cumple esta igualdad; es decir, L es periódica con periodo 2π. Una función f es **periódica** si existe un número real $k > 0$, tal que:

$$f(t + k) = f(t),\ \forall\, t \in \mathbb{R}$$

El **menor número k** que cumple esta condición es el **período de f**.

 Definición

Llamamos **función seno** y **función coseno** a las funciones:

$\mathbf{sen} : \mathbb{R} \to \mathbb{R},\ \mathbf{sen}(t) = $ ordenada de $L(t)$

$\cos : \mathbb{R} \to \mathbb{R},\ \cos(t) = $ abscisa de $L(t)$

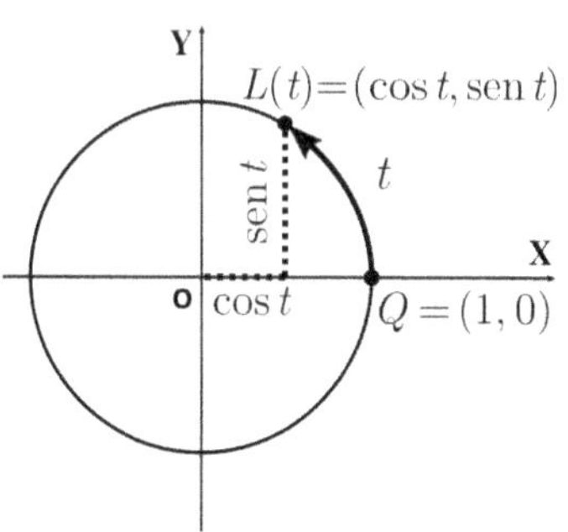

Es decir:

$$L(t) = (\cos(t),\ \mathbf{sen}(t))$$

Escribiremos $\cos t$ y $\operatorname{sen} t$ en lugar de $\cos(t)$ y $\operatorname{sen}(t)$.

$$y = \operatorname{sen} t$$

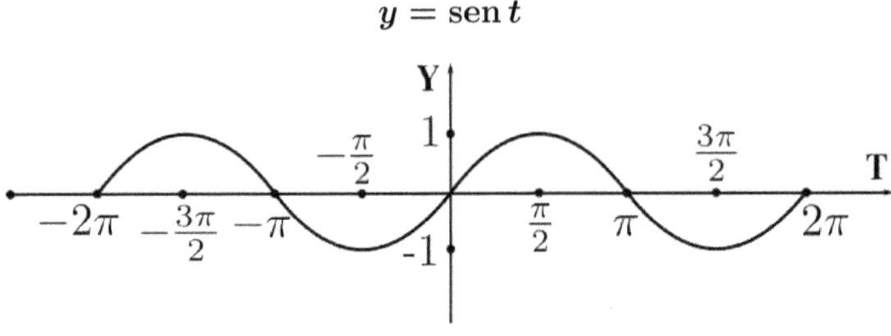

$$y = \cos t$$

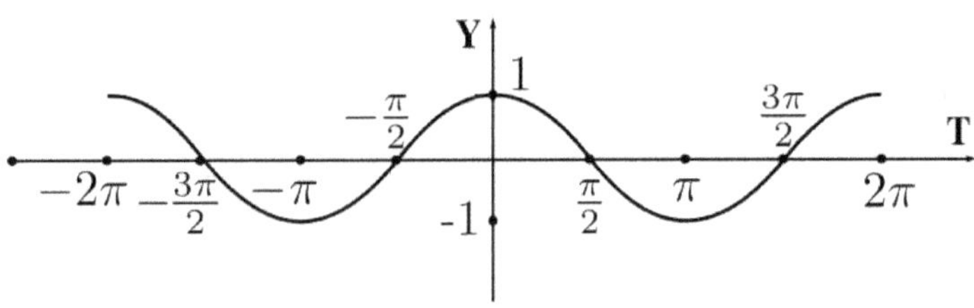

La circunferencia unitaria juega un rol importante en la definición de seno y coseno. Por esta razón, las funciones trigonométricas también reciben el nombre de *funciones circulares*.

Teorema 4.2.1

Para cualquier número real t, se cumple:

1. $\operatorname{sen}(t+2\pi) = \operatorname{sen} t, \quad \cos(t+2\pi) = \cos t$

2. $\operatorname{sen}(-t) = -\operatorname{sen} t, \quad \cos(-t) = \cos t$

3. $\operatorname{sen}\left(\frac{\pi}{2} - t\right) = \cos t, \quad \cos\left(\frac{\pi}{2} - t\right) = \operatorname{sen} t$

4. $\operatorname{sen}^2 t + \cos^2 t = 1$

5. $|\operatorname{sen} t| \leq 1, \quad |\cos t| \leq 1$

Demostración

1. Esta propiedad es consecuencia directa de la periodicidad de L.

2. Esta identidad es consecuencia de que los puntos:

$$L(t) = (\cos t, \operatorname{sen} t) \qquad \mathbf{y} \qquad L(-t) = (\cos(-t), \operatorname{sen}(-t),$$

son simétricos con respecto al eje X (figura anterior).

3. Los siguientes puntos son simétricos con respecto a la diagonal $y = x$:

$$L(t) = (\cos t, \operatorname{sen} t)$$

y

$$L\left(\frac{\pi}{2} - t\right)$$

$$= \left(\cos\left(\frac{\pi}{2} - t\right), \operatorname{sen}\left(\frac{\pi}{2} - t\right)\right)$$

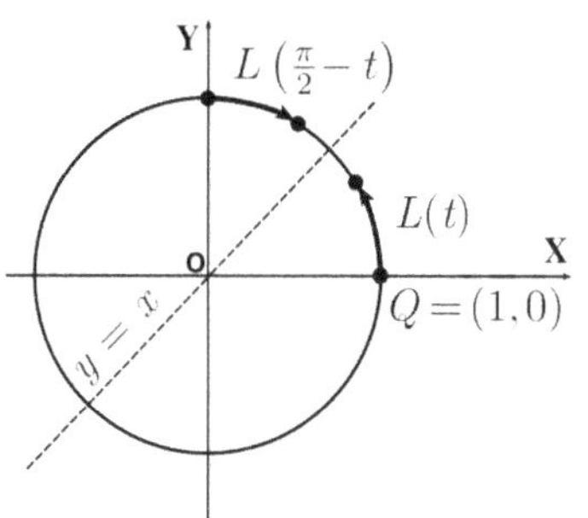

Por lo tanto, sus coordenadas se intercambian.

4. El punto $L(t) = (\cos t, \operatorname{sen} t)$ es parte de la circunferencia trigonométrica, por lo tanto:

$$\cos^2 t + \operatorname{sen}^2 t = 1$$

5. Como $\cos^2 t + \operatorname{sen}^2 t = 1$, se tiene que $\operatorname{sen}^2 t \leq 1$ y $\cos^2 t \leq 1$. Extrayendo raíz cuadrada a estas dos desigualdades, obtenemos lo deseado.

La propiedad (1) nos dice que las funciones seno y coseno son periódicas. Además, se puede probar que el periodo es 2π. La propiedad (2) nos dice que el seno es una función impar y que el coseno es par.

Ejemplo 4.2.1 Hallar todos los $t \subset \mathbb{R}$ tales que:

1. $\operatorname{sen} t = 0$ **2.** $\cos t = 0$

Solución

1. $\operatorname{sen} t = 0$

$\Leftrightarrow L(t) = (1, 0)$ o $L(t) = (-1, 0)$

$\Leftrightarrow t = 2n\pi$ o $t = \pi + 2n\pi, \; \forall\, n \in \mathbb{Z}$

$\Leftrightarrow t = n\pi, \; \forall\, n \in \mathbb{Z}$

2. $\cos t = 0 \Leftrightarrow L(t) = (0, 1)$ o $L(t) = (0, -1)$

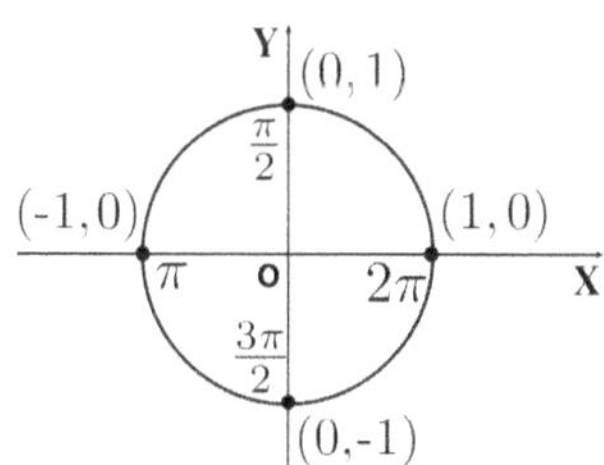

$\Leftrightarrow t = \dfrac{\pi}{2} + 2n\pi$ o $t = \dfrac{3}{2}\pi + 2n\pi, \; \forall\, n \in \mathbb{Z}$

$\Leftrightarrow t = \dfrac{\pi}{2} + n\pi, \; \forall\, n \in \mathbb{Z}$

LAS OTRAS FUNCIONES TRIGONOMÉTRICAS

Existen otras funciones que surgen de las funciones seno y coseno; es más, estas están definidas en términos de seno y coseno. Nos referimos a las funciones: **tangente, cotangente, secante** y **cosecante**, abreviadas como **tan, cot, sec** y **cosec**, respectivamente.

> **Definición**   **Otras funciones trigonométricas.**

$$\tan t = \frac{\operatorname{sen} t}{\cos t} \qquad \cot t = \frac{\cos t}{\operatorname{sen} t} \qquad \sec t = \frac{1}{\cos t} \qquad \operatorname{cosec} t = \frac{1}{\operatorname{sen} t}$$

De acuerdo a los resultados del ejemplo anterior, tenemos que:

1. $\operatorname{Dom}(\tan) = \operatorname{Dom}(\sec) = \{t \in \mathbb{R} \,/\, t \neq \frac{\pi}{2} + n\pi, \, n \in \mathbb{Z}\}$

2. $\operatorname{Dom}(\cot) = \operatorname{Dom}(\operatorname{cosec}) = \{t \in \mathbb{R} \,/\, t \neq n\pi, \, n \in \mathbb{Z}\}$

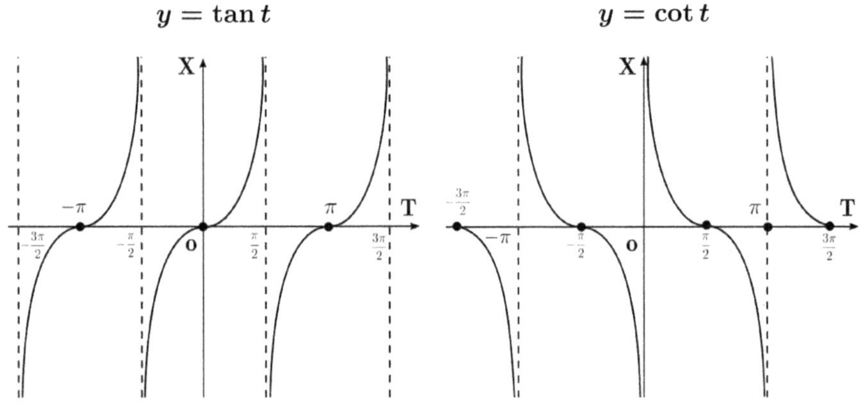

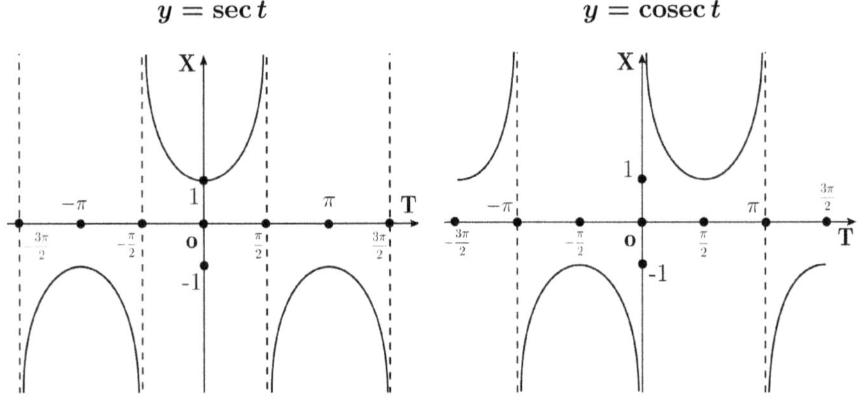

> **Ejemplo 4.2.2**

Hallar el valor de todas las funciones trigonométricas en $t = -9\pi$.

Solución

Tenemos que:

$$L(-9\pi) = L(-\pi + (-4)2\pi) = L(-\pi) = (-1, 0)$$

Luego:

a. $\operatorname{sen}(-9\pi) = 0$ **b.** $\cos(-9\pi) = -1$

c. $\tan(-9\pi) = \dfrac{\operatorname{sen}(-9\pi)}{\cos(-9\pi)} = \dfrac{0}{-1} = 0$ **d.** $\cot(-9\pi)$ no está definida

e. $\sec(-9\pi) = \dfrac{1}{\cos(-9\pi)} = \dfrac{1}{-1} = -1$ **f.** $\operatorname{cosec}(-9\pi)$ no está definida

ÁNGULOS ORIENTADOS

Diremos que un ángulo se encuentra en **posición normal** en el plano XY si cumple con las siguientes condiciones:

- Su vértice coincide con el origen del sistema de coordenadas.

- Uno de sus lados, al que llamaremos **lado inicial**, coincide con el semieje positivo de las X.

- El lado restante es el **terminal**.

La siguiente figura muestra al ángulo $\angle AOB$ en posición normal. El lado inicial es $\overline{OA}$ y el lado Terminal $\overline{OB}$.

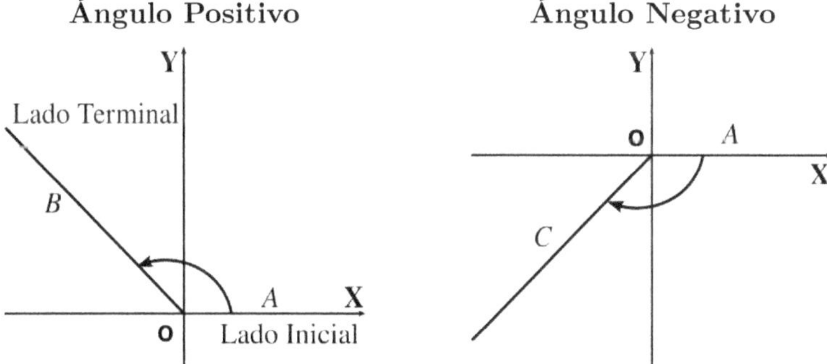

El concepto de ángulo que aporta la Geometría Elemental no tiene relevancia en Cálculo. Este campo requiere que consideremos que cada ángulo se origina con una rotación que genera un **ángulo orientado**. Así, el ángulo orientado $\angle AOB$ se obtiene al rotar el lado inicial $\overline{OA}$, hasta el lado terminal $\overline{OB}$.

Un ángulo orientado es **positivo** si la rotación es antihoraria (contraria a las agujas del reloj) y es **negativo** si la rotación es horaria. En la figura anterior, el ángulo orientado $\angle AOB$ es positivo, mientras que el ángulo $\angle AOC$ es negativo. El punto A del lado inicial, al rotar, describe un arco con cierta longitud. Convenimos en considerar esta longitud como positiva si la rotación es antihoraria, y negativa, si la rotación es horaria.

Es claro que, para un ángulo cualquiera, existe otro ángulo congruente en posición normal. Por esta razón, no perderemos generalidad si nos limitamos a estudiar trigonometría asumiendo que cualquier ángulo dado se encuentra en posición normal.

Los ángulos se miden en grados o radianes (rad). En Cálculo, las fórmulas se vuelven mucho más simples si se trabaja con radianes, por eso es que esta unidad de medida es tan popular en este campo.

Definición

Si un ángulo central (con vértice en el centro) subtiende un arco de longitud s sobre una circunferencia de radio r, entonces el ángulo mide:

$$\theta = \frac{s}{r} \textbf{ radianes} \qquad (1)$$

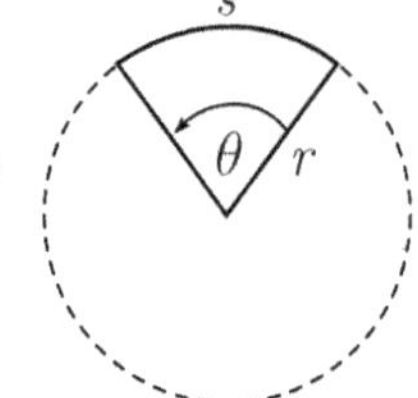

Si un ángulo subtiende un arco igual a la circunferencia completa, entonces el ángulo mide:

$$\frac{2\pi r}{r} \text{ radianes} = 2\pi \text{ rad}$$

Luego, $360° = 2\pi$ radianes o, simplificando:

$$\textbf{180}° = \pi \textbf{ rad} \qquad (2)$$

De donde:

$$1° = \frac{\pi}{180} \textbf{ rad} \approx \textbf{0.017 rad} \qquad (3)$$

$$1 \textbf{ rad} = \frac{180°}{\pi} \approx \textbf{57.3}° \qquad (4)$$

Para hacernos de una percepción geométrica de un ángulo de 1 radian, tomemos un ángulo central que subtiende un arco de longitud igual a un radio determinado.

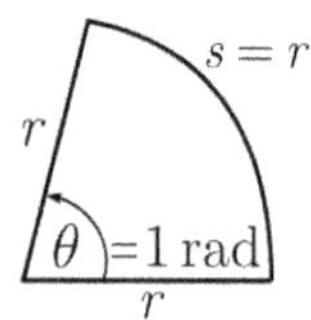

Por (1), se tiene:

$$\theta = \frac{r}{r} = 1 \text{ rad}$$

Es decir, un ángulo mide 1 radian si subtiende un arco de longitud r.

Ejemplo 4.2.3

Un arco está subtendido por un ángulo central $\theta = 1.8$ radianes en una circunferencia de $12\ cm$ de radio. Hallar la longitud del arco.

Solución

$$s = \theta r = 1.8(12\,cm) = 21.6\,cm$$

Usaremos las fórmulas (3) y (4) de la última definición para convertir grados en radianes y radianes en grados, respectivamente.

Ejemplo 4.2.4   Expresar:

     a. $60°$ en radianes   **b.** $-\dfrac{5}{2}\pi$ radianes en grados

Solución

     a. $60° = 60\left(\dfrac{\pi}{180}\right)\ \mathrm{rad} = \dfrac{\pi}{3}\ \mathrm{rad}$

     b. $\dfrac{5}{2}\ \mathrm{rad} = \dfrac{5}{2}\pi\left(\dfrac{180°}{\pi}\right) = 450°$

FUNCIONES TRIGONOMÉTRICAS DE ÁNGULOS

Si bien, hemos establecido que la definición de ángulo correspondiente a la trigonometría elemental no es relevante en Cálculo, es importante aclarar que las fórmulas ancestrales definidas en función del ángulo agudo de un triángulo rectángulo, es decir, las **Razones Trigonométricas**, conservan su vigencia en lo que respecta a los ángulos orientados. Estas fórmulas son las siguientes:

$$\mathrm{sen}\,\theta = \frac{\mathbf{Op}}{\mathbf{Hip}} \qquad \cos\theta = \frac{\mathbf{Ady}}{\mathbf{Hip}}$$

$$\tan\theta = \frac{\mathbf{Op}}{\mathbf{Ady}} \qquad \cot\theta = \frac{\mathbf{Ady}}{\mathbf{Op}}$$

$$\sec\theta = \frac{\mathbf{Hip}}{\mathbf{Ady}} \qquad \mathrm{cosec}\,\theta = \frac{\mathbf{Hip}}{\mathbf{Op}}$$

En la siguiente definición trataremos de reconciliar ambas perspectivas, la *circunferencia trigonométrica* y las *razones trigonométricas* para el ángulo agudo en un triángulo rectángulo.

Definición

Si un ángulo orientado θ mide t radianes, entonces:

$$\mathbf{sen}\,\theta = \mathbf{sen}\,t$$

Si la unidad de medida del ángulo son grados, los convertiremos en radianes.

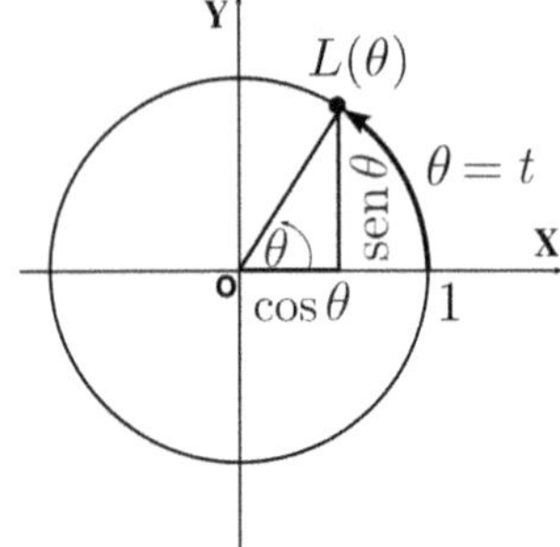

Así, si el ángulo tiene $A°$, que equivale a t radianes, entonces:

$$\mathbf{sen}(A°) = \mathbf{sen}\,t$$

Se procede de igual forma con las demás funciones trigonométricas. Ahora vamos a poner nuestra atención en el círculo trigonométrico. Si un ángulo central θ, medido en radianes (θ radianes), subtiende un arco de longitud t, entonces, de acuerdo a la fórmula (1), tenemos que:

$$\theta = \frac{t}{1} = t$$

Es decir que, en el **círculo trigonométrico**, se cumple que *la medida del ángulo en radianes es igual a la longitud del arco subtendido.*

Ahora, observe con detenimiento el pequeño triángulo rectángulo dentro del círculo trigonométrico en la figura anterior. Es evidente que la antigua definición de funciones trigonométricas para triángulos rectángulos coincide con la definición nueva, correspondiente a la circunferencia trigonométrica. De esta manera:

$$\text{(Definición antigua) } \mathrm{sen}\,\theta = \frac{\text{Cat. opuesto}}{\text{Hipotenusa}} = \frac{\mathrm{sen}\,\theta}{1}$$

$$= \mathrm{sen}\,\theta = \text{ ordenada de } L(\theta)\text{(definición nueva)}$$

Aplicando las fórmulas enunciadas en los teoremas 4.2.2 y 4.2.3, se pueden construir fácilmente la gran mayoría de las identidades trigonométricas que figuran en la sección de trigonometría, en la parte final del libro (tablas).

Teorema 4.2.2 **Leyes de los senos y ley de los cosenos**

- **Ley de los senos**

$$\frac{\mathrm{sen}\,A}{a} = \frac{\mathrm{sen}\,B}{b} = \frac{\mathrm{sen}\,C}{c}$$

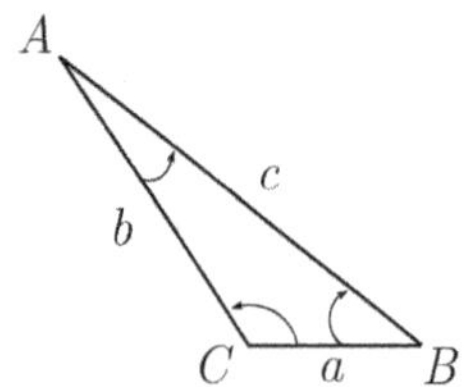

- ■ **Ley de los cosenos**

$$a^2 = b^2 + c^2 - 2bc\cos A$$
$$b^2 = a^2 + c^2 - 2ac\cos B$$
$$c^2 = a^2 + b^2 - 2ab\cos C$$

Demostración

La ley de los cosenos se prueba en el problema resuelto 4.2.5.

$\boxed{\textbf{Teorema 4.2.3}}$ **Fórmulas de Adición y Sustracción**

1. $\operatorname{sen}(x + y) = \operatorname{sen} x \cos y + \cos x \operatorname{sen} y$

2. $\cos(x + y) = \cos x \cos y - \operatorname{sen} x \operatorname{sen} y$

3. $\operatorname{sen}(x - y) = \operatorname{sen} x \cos y - \cos x \operatorname{sen} y$

4. $\cos(x - y) = \cos x \cos y + \operatorname{sen} x \operatorname{sen} y$

5. $\tan(x + y) = \dfrac{\tan x + \tan y}{1 - \tan x \tan y}$

6. $\tan(x - y) = \dfrac{\tan x - \tan y}{1 + \tan x \tan y}$

Demostración

Ver el problema resuelto 4.2.6.

Humor en tiempos de ciencia

ÁNGULO DE INCLINACIÓN

El menor ángulo positivo que forma una recta no horizontal con el semieje positivo de las X se llama **ángulo de inclinación**. El ángulo de inclinación de las rectas horizontales mide 0.

Si la medida del ángulo de inclinación es α radianes, entonces es evidente que:

$$0 \leq \alpha < \pi$$

Si L es una recta no vertical de pendiente m y ángulo de inclinación α, entonces:

$$m = \tan \alpha$$

En efecto, observando detenidamente el triángulo de la figura, tenemos que:

$$\tan \alpha = \frac{\text{Op}}{\text{Ady}} = \frac{m}{1} = m$$

Si la recta es vertical, su ángulo de inclinación mide $\frac{\pi}{2}$ radianes, pero $\tan\left(\frac{\pi}{2}\right)$ no está definida. Este resultado tiene concordancia con el hecho de que las rectas verticales no tienen pendiente definida.

ÁNGULO ENTRE DOS RECTAS

Sean L_1 y L_2 dos rectas que se intersectan y que tienen ángulos de inclinación de α_1 y α_2, respectivamente.

En el punto de intersección de ambas se forman dos ángulos suplementarios. Uno de ellos es:

$$\theta_1 = \begin{cases} \alpha_2 - \alpha_1, & \text{si } \alpha_2 \geq \alpha_1 \\ \alpha_1 - \alpha_2, & \text{si } \alpha_1 \geq \alpha_2 \end{cases}$$

El otro ángulo es:

$$\theta_2 = \pi - \theta_1$$

Si estas rectas no son perpendiculares, entonces sólo uno de estos dos ángulos es agudo. El siguiente teorema nos indica cómo calcular este ángulo agudo.

Teorema 4.2.4

Sean L_1 y L_2 dos rectas no verticales ni perpendiculares. Si θ es el ángulo agudo entre L_1 y L_2, entonces:

$$\tan \theta = \left| \frac{m_2 - m_1}{1 + m_1 m_2} \right|$$

Demostración

Sean θ_1 y θ_2 los ángulos suplementarios formados por ambas rectas. Si $\tan \theta_1 \geq$

0, el ángulo agudo θ es θ_1, mientras que, si $\tan \theta_2 \geq 0$, el ángulo agudo θ es θ_2.

Ahora, sean α_1 y α_2 los ángulos de inclinación de L_1 y L_2, respectivamente. Si suponemos que $\alpha_2 \geq \alpha_1$, entonces tenemos:

$$\theta_1 = \alpha_2 - \alpha_1, \quad \theta_2 = \pi - \theta_1, \quad \tan \alpha_2 = m_2 \quad y \quad \tan \alpha_1 = m_1$$

Empleando la identidad trigonométrica 25, y considerando que la función tangente tiene periodo π, obtenemos:

$$\tan \theta_1 = \tan(\alpha_2 - \alpha_1) = \frac{\tan \alpha_2 - \tan \alpha_1}{1 + \tan \alpha_1 \tan \alpha_2} = \frac{m_2 - m_1}{1 + m_1 m_2}$$

$$\tan \theta_2 = \tan(\pi - \theta_1) = \tan(-\theta_1) = -\tan \theta_1 = -\frac{m_2 - m_1}{1 + m_1 m_2}$$

Luego,

$$\tan \theta = \left| \frac{m_2 - m_1}{1 + m_1 m_2} \right|$$

Ejemplo 4.2.5 Hallar los ángulos entre las rectas:

$$L_1 : \ 9y - 2x - 30 = 0, \quad L_2 : \ 3y - 8x + 12 = 0$$

Solución

La pendiente de L_1 es $m_1 = \dfrac{2}{9}$ y la de L_2 es $m_2 = \dfrac{8}{3}$

Si θ es el ángulo agudo entre las rectas, entonces:

$$\tan \theta = \left| \frac{m_2 - m_1}{1 + m_1 m_2} \right| = \left| \frac{\frac{8}{3} - \frac{2}{9}}{1 + \left(\frac{2}{9}\right)\left(\frac{8}{3}\right)} \right| = \left| \frac{72 - 6}{27 + 16} \right| = \frac{66}{43}$$

Luego,

$$\theta = \arctan\left(\frac{66}{43}\right) \approx 0.993 \text{ rads.} \approx 56° \, 54' \, 54''$$

El otro ángulo es:

$$\theta' = \pi - 0.993 = 2.1486 \text{ rads.} \approx 123° \, 5' \, 6''$$

PROBLEMAS RESUELTOS 4.2

Problema 4.2.1

Una figura está conformada por un triángulo isósceles y un semicírculo adherido a su base. Los lados congruentes del triángulo miden $10 \ cm$ y forman el ángulo θ. Hallar una función que exprese el área A de la figura en términos de θ.

Solución

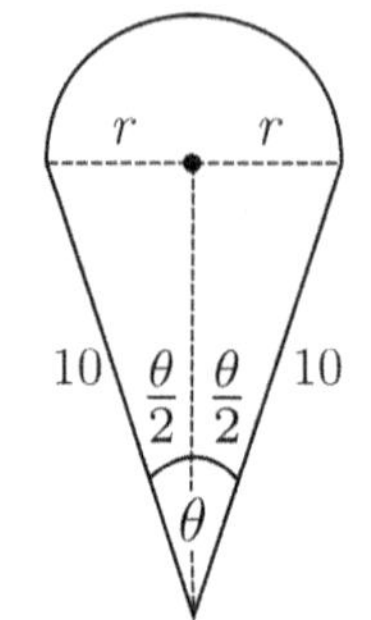

Si A_1 es el área del semicírculo y A_2 es el área del triángulo, entonces:

$$A = A_1 + A_2$$

Hallemos A_1:

El radio del semicírculo es $r = 10\,\mathrm{sen}\left(\frac{\theta}{2}\right)$.

Luego,

$$A_1 = \frac{1}{2}\pi r^2 = \frac{1}{2}\pi\left[10\,\mathrm{sen}\left(\frac{\theta}{2}\right)\right]^2$$

$$= 50\pi\mathrm{sen}^2\left(\frac{\theta}{2}\right)$$

Hallemos A_2:

La base b y la altura h del triángulo están dadas por:

$$b = 2r = 2\left(10\,\mathrm{sen}\left(\frac{\theta}{2}\right)\right) = 20\,\mathrm{sen}\left(\frac{\theta}{2}\right),\ h = 10\cos\left(\frac{\theta}{2}\right)$$

Luego:

$$A_2 = \frac{1}{2}bh = \frac{1}{2}\left[20\,\mathrm{sen}\left(\frac{\theta}{2}\right)\right]\left[10\cos\left(\frac{\theta}{2}\right)\right]$$

$$= 50\left[2\,\mathrm{sen}\left(\frac{\theta}{2}\right)\cos\left(\frac{\theta}{2}\right)\right] = 50\,\mathrm{sen}\,\theta \qquad \text{(Ident. Trigon. 27)}$$

Ahora hallamos A:

$$A = A_1 + A_2 = 50\pi\mathrm{sen}^2\left(\frac{\theta}{2}\right) + 50\,\mathrm{sen}\,\theta = 50\left[\pi\mathrm{sen}^2\left(\frac{\theta}{2}\right) + \mathrm{sen}\,\theta\right]$$

Esto es:

$$A = \left[\pi\mathrm{sen}^2\left(\frac{\theta}{2}\right) + \mathrm{sen}\,\theta\right]$$

Problema 4.2.2

Probar que las funciones trigonométricas, tangente, cotangente y cosecante, son impares y, además, la función trigonométrica secante es par.

Es decir, probar que:

$\quad$ **a.** $\tan(-t) = -\tan t$ $\qquad\qquad$ **b.** $\cot(-t) = -\cot t$

$\quad$ **c.** $\sec(-t) = \sec t$ $\qquad\qquad$ **d.** $\operatorname{cosec}(-t) = -\operatorname{cosec} t$

Solución

Solo probaremos las partes **(a)** y **(c)**, ya que para las otras partes se procede de forma similar.

$\quad$ **a.** $\tan(-t) = \dfrac{\operatorname{sen}(-t)}{\cos(-t)} = \dfrac{-\operatorname{sen} t}{\cos t} = -\dfrac{\operatorname{sen} t}{\cos t} = -\tan t$

$\quad$ **c.** $\sec(-t) = \dfrac{1}{\cos(-t)} = \dfrac{1}{\cos t} = \sec t$

$\boxed{\textbf{Problema 4.2.3}}$

Probar que el área A de un sector circular, con un ángulo de θ radianes en una circunferencia de radio r, es:

$$A = \frac{1}{2}\theta r^2$$

Solución

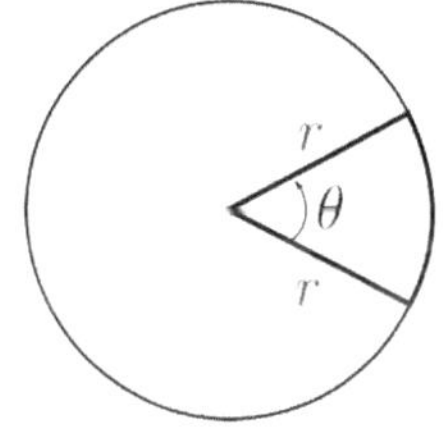

Es evidente que las áreas de dos sectores circulares son proporcionales a las medidas de sus ángulos centrales si ambos sectores pertenecen a la misma circunferencia.

De acuerdo a este resultado y al hecho de que un círculo entero es un sector circular de 2π radianes, tenemos que la razón entre el área A y el área total del círculo (πr^2), es igual que la razón entre θ y 2π. Esto es:

$$\frac{A}{\pi r^2} = \frac{\theta}{2\pi} \Rightarrow A = \frac{1}{2}\theta r^2$$

$\boxed{\textbf{Problema 4.2.4}}$

Las dos poleas que enlazan la cadena de una bicicleta tienen 10 cm y 3 cm de radio, respectivamente.

$\quad$ **a.** Si la polea grande (la de los pedales) gira a razón de 75 revoluciones por minuto ¿a cuántas revoluciones por minuto gira la polea pequeña? Es decir, la que hace girar a la llanta trasera.

$\quad$ **b.** Si las ruedas de la bicicleta tienen un radio de 45 cm ¿a qué velocidad se desplaza la bicicleta?

Solución

a. La circunferencia de la polea grande tiene una longitud de $2\pi(10)\,cm$.

Luego, en un minuto, cualquier punto de esta circunferencia hace un recorrido de:

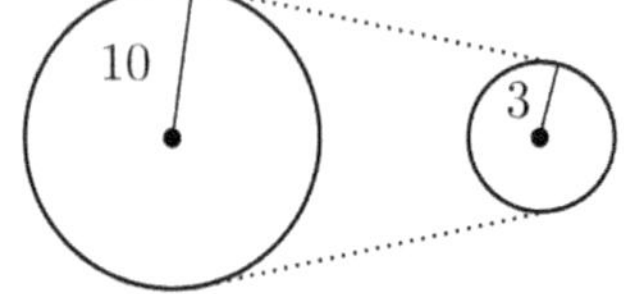

$$2\pi(10)(75)\,cm$$

La longitud de la circunferencia exterior de la polea pequeña es $2\pi(3)\,cm$, por lo tanto, la pequeña debe hacer:

$$\frac{2\pi(10)(75)}{2\pi(3)} = 250 \text{ revoluciones por minuto.}$$

b. La rueda trasera de la bicicleta, al igual que la polea pequeña, gira a razón de 250 revoluciones por minuto. Esto genera un recorrido de:

$$2\pi(45)(250)\ cm/min = 22,500\pi\ cm/min \approx 706.86\ m/min$$

$\boxed{\textbf{Problema 4.2.5}}$ Probar la ley de los cosenos del Teorema 4.2.2.

Ley de los cosenos

$$a^2 = b^2 + c^2 - 2bc\cos A$$
$$b^2 = a^2 + c^2 - 2ac\cos B$$
$$c^2 = a^2 + b^2 - 2ab\cos C$$

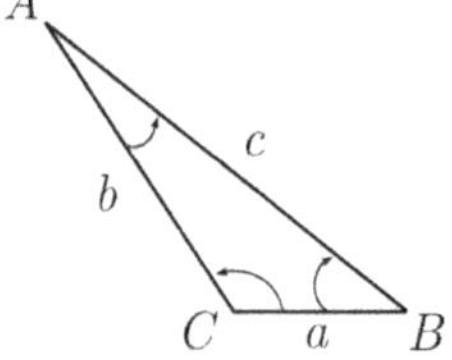

Solución

Probaremos la tercera igualdad ($c^2 = a^2 + b^2 - 2ab\cos C$). Las otras igualdades se prueban de forma similar.

Tomamos un sistema de coordenadas en tal forma que el ángulo C quede en posición normal y el lado a descanse sobre el eje X. Si $A = (x, y)$, tenemos que:

$$y = b\,\text{sen}\,C \quad \text{y} \quad x = b\cos C$$

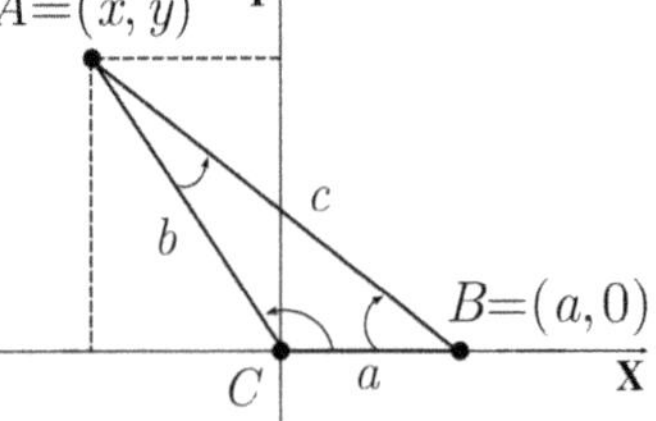

Aplicando la fórmula de distancia para los vértices del lado c:

$$c^2 = (x - a)^2 + (y - 0)^2 = (b\cos C - a)^2 + (b\operatorname{sen} C - 0)^2$$
$$= b^2\cos^2 C - 2ab\cos C + a^2 + b^2\operatorname{sen}^2 C$$
$$= a^2 + b^2(\cos^2 C + \operatorname{sen}^2 C) - 2ab\cos C$$
$$= a^2 + b^2 - 2ab\cos C$$

Problema 4.2.6   Probar las fórmulas del teorema 4.2.3.

1. $\operatorname{sen}(x + y) = \operatorname{sen} x \cos y + \cos x \operatorname{sen} y$

2. $\cos(x + y) = \cos x \cos y - \operatorname{sen} x \operatorname{sen} y$

3. $\operatorname{sen}(x - y) = \operatorname{sen} x \cos y - \cos x \operatorname{sen} y$

4. $\cos(x - y) = \cos x \cos y + \operatorname{sen} x \operatorname{sen} y$

5. $\tan(x + y) = \dfrac{\tan x + \tan y}{1 - \tan x \tan y}$

6. $\tan(x - y) = \dfrac{\tan x - \tan y}{1 + \tan x \tan y}$

Solución

Probaremos solamente 1, 3, 4 y 5. Las fórmulas 2 y 6 se prueban de forma similar. Comenzamos probando 4.

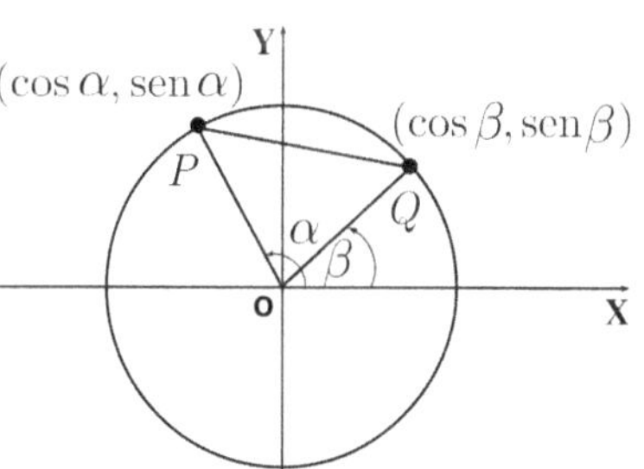

4. Calculamos la longitud del segmento $\overline{PQ}$, del gráfico adjunto, de dos maneras. La primera será empleando la fórmula de distancia:

$$(d(P,Q))^2 = (\cos\beta - \cos\alpha)^2 + (\operatorname{sen}\beta - \operatorname{sen}\alpha)^2 \qquad \text{(fórmula distancia)}$$

$$= (\operatorname{sen}^2\alpha + \cos^2\alpha) + (\operatorname{sen}^2\beta + \cos^2\beta) - 2\cos\alpha\cos\beta - 2\operatorname{sen}\alpha\operatorname{sen}\beta$$

$$= 2 - 2\cos\alpha\cos\beta - 2\operatorname{sen}\alpha\operatorname{sen}\beta \qquad \text{(identidad trigonométrica 5)}$$

La segunda será aplicando la ley de cosenos:

$$(d(P,Q))^2 = (d(O,P))^2 + (d(O,Q))^2 - 2\,(d(O,P))\,(d(O,Q))\cos(\alpha - \beta)$$
$$= 2 - 2\cos(\alpha - \beta)$$

Luego:

$$2 - 2\cos(\alpha - \beta) = 2 - 2\cos\alpha\cos\beta - 2\operatorname{sen}\alpha\operatorname{sen}\beta$$
$$\Rightarrow \cos(\alpha - \beta) = \cos\alpha\cos\beta + \operatorname{sen}\alpha\operatorname{sen}\beta$$

3. La parte 3 del teorema 4.2.1 dice:

$$\operatorname{sen} t = \cos\left(\frac{\pi}{2} - t\right) \quad \text{y} \quad \cos t = \operatorname{sen}\left(\frac{\pi}{2} - t\right)$$

Luego:

$$\operatorname{sen}(x - y) = \cos\left[\frac{\pi}{2} - (x - y)\right]$$

$$= \cos\left[\left(\frac{\pi}{2} - x\right) - (-y)\right]$$

$$= \cos\left(\frac{\pi}{2} - x\right)\cos(-y) + \operatorname{sen}\left(\frac{\pi}{2} - x\right)\operatorname{sen}(-y)$$

$$= \operatorname{sen} x \cos y - \cos x \operatorname{sen} y$$

1. $\operatorname{sen}(x + y) = \operatorname{sen}(x - (-y)) = \operatorname{sen} x \cos(-y) - \cos x \operatorname{sen}(-y)$

$$= \operatorname{sen} x \cos y + \cos x \operatorname{sen} y$$
$$= \operatorname{sen} x \cos y - \cos x \operatorname{sen} y$$

5. $\tan(x + y) = \dfrac{\operatorname{sen}(x + y)}{\cos(x + y)} = \dfrac{\operatorname{sen} x \cos y + \cos x \operatorname{sen} y}{\cos x \cos y - \operatorname{sen} x \operatorname{sen} y}$

Dividiendo el numerador y el denominador entre $\cos x \cos y$:

$$\tan(x + y) = \frac{\frac{\operatorname{sen} x}{\cos x} + \frac{\operatorname{sen} y}{\cos y}}{1 - \left(\frac{\operatorname{sen} x}{\cos x}\right)\left(\frac{\operatorname{sen} y}{\cos y}\right)} = \frac{\tan x + \tan y}{1 - \tan x \tan y}$$

¿Sabías esto?

La melodía de una función

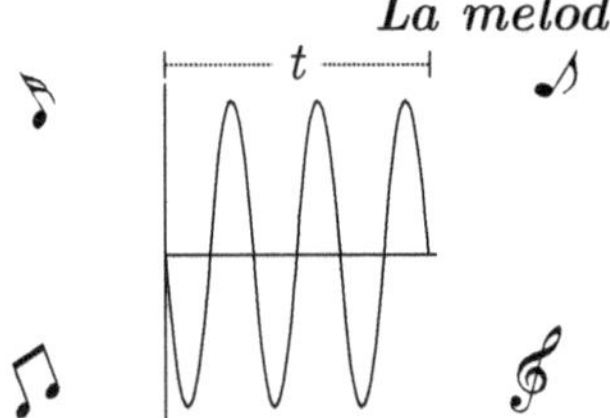

Frecuencia de onda mayor

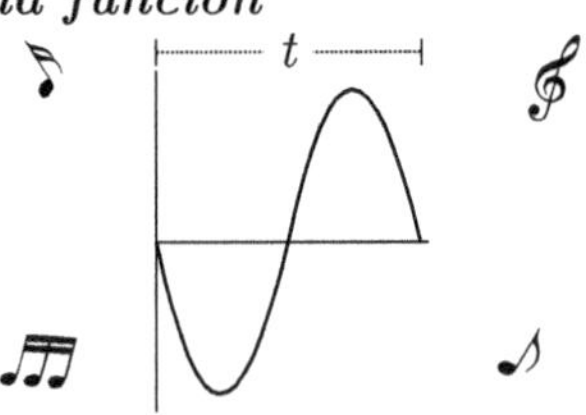

Frecuencia de onda menor

Las notas musicales son ondas sonoras generadas por vibraciones en el aire. Lo que define si una nota es alta o baja es su frecuencia: es decir, el número de oscilaciones en un tiempo determinado, lo cual corresponde matemáticamente al período de la función seno.

PROBLEMAS PROPUESTOS 4.2

1. Sin usar calculadora, hallar:

    a. $\cot \dfrac{5\pi}{3}$ **b.** $\operatorname{sen} \dfrac{7\pi}{6}$ **c.** $\tan\left(-\dfrac{\pi}{3}\right)$

    d. $\sec\left(-\dfrac{7\pi}{6}\right)$ **e.** $\operatorname{cosec}\left(-\dfrac{241\pi}{6}\right)$

2. Hallar todos los $\alpha \in \mathbb{R}$ tales que:

    a. $\tan \alpha = 0$ **b.** $\cot \alpha = 0$ **c.** $\sec \alpha = 0$ **d.** $\operatorname{cosec} \alpha = 0$

    e. $\operatorname{sen} \alpha = -\dfrac{\sqrt{3}}{2}$

3. Probar que:

    a. $\cot(\alpha + \pi) = \cot \alpha$ **b.** $\sec(\alpha + \pi) = -\sec \alpha$

    c. $\operatorname{cosec}(\alpha + \pi) = -\operatorname{cosec} \alpha$

4. Probar que:

    a. $\cos(n\pi) = (-1)^n$ **b.** $\cos(\alpha + n\pi) = (-1)^n \cos \alpha$

    c. $\operatorname{sen}(\alpha + n\pi) = (-1)^n \operatorname{sen} \alpha$

5. Sea $P = (x, y) \neq (0, 0)$ un punto del plano que está a una distancia r del origen. Si $L(t)$ es el punto de intersección del rayo $\overline{OP}$ con la circunferencia unitaria, probar que:

    a. $\operatorname{sen} t = \dfrac{y}{r}$ **b.** $\cos t = \dfrac{x}{r}$

    c. $\tan t = \dfrac{y}{x}, \; x \neq 0$

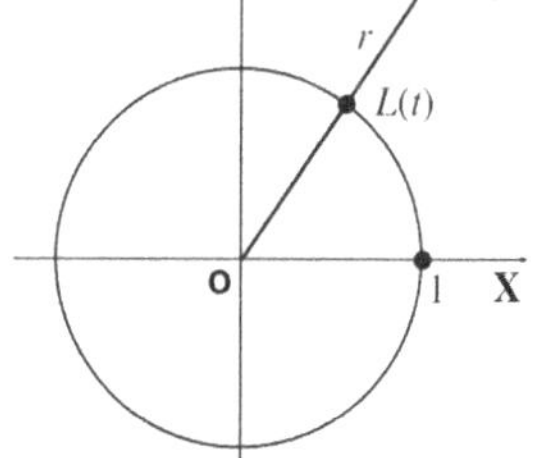

6. Hallar el valor de $\operatorname{sen}(-23\pi/2)\cos(31\pi)$.

7. Si $\alpha + \beta + \gamma = \pi$, simplificar:

    a. $\operatorname{sen}(2\alpha + \beta + \gamma)$ **b.** $\operatorname{sen}(2\alpha + \beta + \gamma) + \operatorname{sen}(\beta + \gamma)$

8. Conociendo que el periodo de $y = \operatorname{sen} x$ es 2π y el de $y = \cot x$ es π, hallar el periodo de las funciones:

    a. $f(x) = \operatorname{sen}(\gamma x)$, donde γ es una constante mayor que 0.

    b. $g(x) = \cot(2x)$

9. Una circunferencia tiene un radio de 18 cm. Hallar la medida, en radianes, de un ángulo determinado por un arco de longitud:

       a. 6 cm **b.** 1.8 cm **c.** 6π cm

10. Hallar la longitud de un arco subtendido en una circunferencia de 9 cm de radio, por un ángulo central de:

        a. $\dfrac{\pi}{6}$ radianes   **b.** $\dfrac{5}{4}\pi$ radianes   **c.** $50°$

11. La distancia entre dos puntos, A y B, sobre la tierra se mide a lo largo de la circunferencia que pasa por A y B, y tiene por centro C, el centro de la tierra. Si el radio de la tierra es, aproximadamente, 6,367 km, hallar la distancia entre A y B si el ángulo $\angle ACB$ mide:

        a. $1°$ **b.** $30°$ **c.** $45°$ **d.** $80°45'$

12. En el problema anterior, si el ángulo $\angle ACB$ mide $1'$ (un minuto), entonces la distancia entre A y B es de una milla náutica ¿Cuántos km tiene una milla náutica?

13. ¿Cuántos radianes gira el minutero de un reloj en un lapso de 20 minutos?

14. Hallar la medida, en grados, de un ángulo que es suplemento de otro ángulo de $\frac{\pi+1}{2}$ radianes.

15. Dos ángulos internos de un triángulo miden $\frac{\pi+1}{2}$ y $\frac{3\pi-4}{8}$ radianes. Hallar la medida, en grados, del tercer ángulo.

16. En la figura, el arco $\overset{\frown}{QP}$ tiene una longitud de $\frac{7\pi}{3}$ cm. Hallar el punto P.

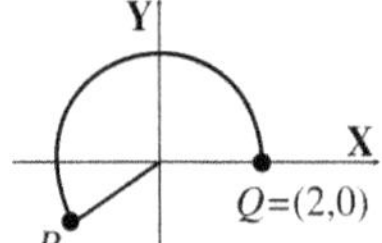

17. En la figura, el radio de la circunferencia es 3 cm y la longitud del arco $\overset{\frown}{QP}$ es 2π.

    Hallar el punto P.

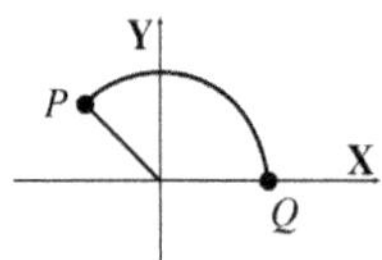

18. El lado terminal de un ángulo orientado, en posición normal, es el rayo $\overline{OP}$, donde O es el origen y $P = (-2, 6)$. Si la medida de este ángulo es α radianes, hallar el valor de $(\operatorname{sen}\alpha - 3\cos\alpha)(\tan\alpha)(\sec\alpha)$

19. Hallar el valor de:

        a. $\dfrac{\operatorname{sen}(-750°)}{\cos(-150°)}$ **b.** $\dfrac{\cos(-1,290°)}{\tan(7,515°)}$

20. Hallar el valor de $\left(\cos\frac{11\pi}{6} + \operatorname{sen}\frac{26\pi}{4}\right)\left(\tan\frac{\pi}{6} + \cos\frac{14\pi}{3}\right)$

21. Hallar la longitud del lado de un polígono regular de n lados inscrito en una circunferencia de radio r.

22. El neumático de un automóvil tiene un diámetro de 60 cm ¿A cuántas revoluciones por minuto gira el neumático cuando el automóvil viaja a 90 km por hora?

23. Una banda enlaza a dos poleas, como indica la figura. Los radios de las poleas son de 8 cm y 14 cm, respectivamente.

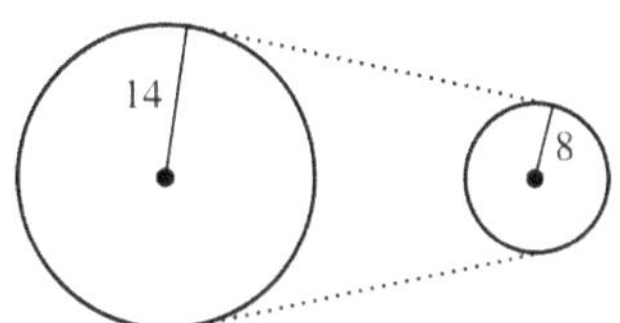

¿A cuántas revoluciones por segundo gira la polea pequeña cuando la grande gira a razón de 28 revoluciones por segundo?

24. Un triángulo isósceles se inscribe en un círculo de radio 5 cm. Hallar una función que exprese el perímetro P del triángulo en términos del ángulo θ.

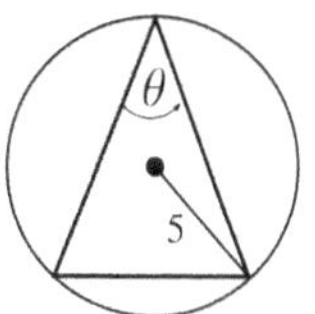

25. De una lámina circular de radio 10 cm, se corta un sector para construir una copa cónica. Hallar una función que exprese el volumen de la copa en términos del ángulo central θ.

El volumen del cono es: $V = \frac{1}{3}\pi r^2 h$

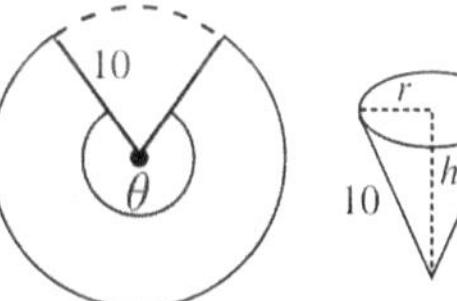

26. El ángulo de inclinación de una recta que no intersecta el segundo cuadrante es de $\frac{\pi}{4}$ rad. Hallar su ecuación sabiendo que su distancia al origen es de 4.

27. Hallar el ángulo agudo formado por las rectas:

$$3x + 2y = 0 \quad \text{y} \quad 5x - y + 7 = 0$$

28. Hallar la ecuación de la recta que pasa por el punto $Q = (2,1)$ y forma un ángulo de $\pi/4$ rad con la recta $3y + 2x + 4 = 0$ (dos soluciones).

29. Los puntos $(6, 2)$ y $(-1, 3)$ son dos vértices opuestos de un cuadrado. Hallar las ecuaciones de las rectas donde están los lados del cuadrado.

NUEVAS FUNCIONES DE FUNCIONES CONOCIDAS

GRÁFICAS NUEVAS DE GRÁFICAS CONOCIDAS

Si ya conocemos el gráfico de una función $y = f(x)$, entonces, haciendo uso de transformaciones geométricas simples, podemos obtener los gráficos de las siguientes funciones, donde c es una constante positiva:

$$y = f(x) + c, \qquad y = f(x) - c, \qquad y = f(x + c), \qquad y = f(x - c),$$

$$y = -f(x), \qquad y = f(-x), \qquad y = cf(x), \qquad y = f(cx),$$

Las transformaciones geométricas sugeridas son de tres tipos:

- Traslaciones verticales y horizontales.

- Reflexiones.

- Estiramiento y compresión.

TRASLACIONES VERTICALES Y HORIZONTALES

Sea $c > 0$. Para obtener la gráfica de:

$y = f(x) + c$: **trasladar** la gráfica de $y = f(x)$, c unidades hacia **arriba**.

$y = f(x) - c$: **trasladar** la gráfica de $y = f(x)$, c unidades hacia **abajo**.

$y = f(x + c)$: **trasladar** la gráfica de $y = f(x)$, c unidades hacia la **izquierda**.

$y = f(x - c)$: **trasladar** la gráfica de $y = f(x)$, c unidades hacia la **derecha**.

$\boxed{\textbf{Ejemplo 4.3.1}}$ Utilizando la gráfica de la función $y = \mid x \mid$, graficar:

    a. $y = \mid x \mid + 2$ **b.** $y = \mid x \mid - 3$

    c. $y = \mid x - 1 \mid$ **d.** $y = \mid x + 2 \mid$

Solución

a. $y = \mid x \mid + 2$ **b.** $y = \mid x \mid - 3$ **c.** $y = \mid x - 1 \mid$ **d.** $y = \mid x + 2 \mid$

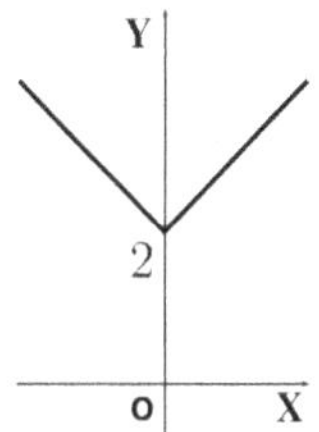 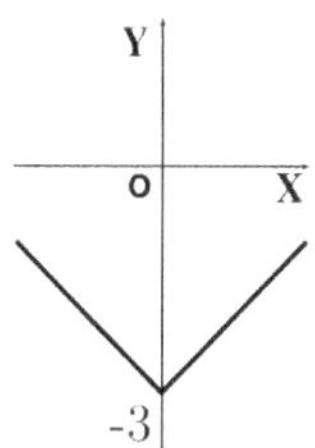 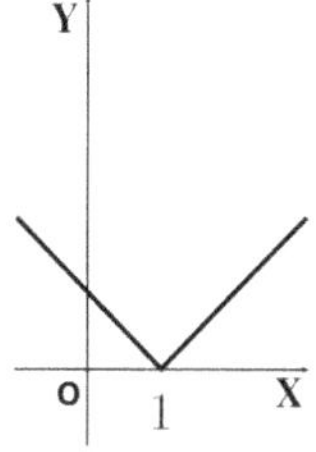 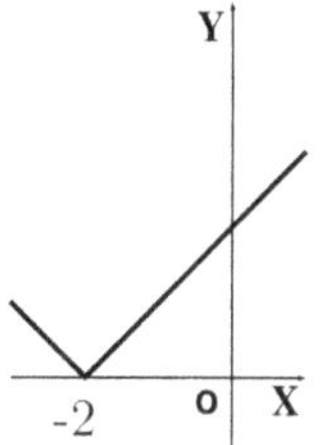

REFLEXIONES

Para obtener la gráfica de:

$y = -f(x)$: **reflejar** la gráfica de $y = f(x)$ en el **eje X**.

$y = f(-x)$: **reflejar** la gráfica de $y = f(x)$ en el **eje Y**.

Ejemplo 4.3.2

Esbozar las gráficas de las siguientes funciones empleando las gráficas ya conocidas de las funciones $y = \mid x \mid$ y $y = \sqrt{x}$:

     a. $y = - \mid x \mid$ **b.** $y = \sqrt{-x}$

Solución

a. La gráfica se obtiene reflejando, en el eje X, la gráfica de $y = \mid x \mid$.

b. La gráfica se obtiene reflejando, en el eje Y, la gráfica de $y = \sqrt{x}$.

     a. $y = - \mid x \mid$ **b.** $y = \sqrt{-x}$

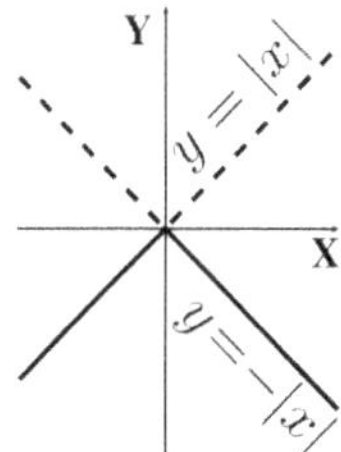

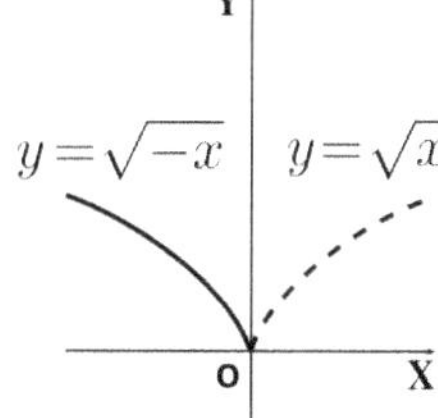

ESTIRAMIENTO Y COMPRESIÓN

Sea c una constante positiva, donde $c > 0$. Para obtener la gráfica de:

$y = cf(x)$: modificar **verticalmente** (comprimir o alargar) la gráfica de $y = f(x)$ con factor c.

- Si $c > 1$, la modificación es un **alargamiento**.
- Si $0 < c < 1$, la modificación es una **compresión**.

$y = f(cx)$: modificar **horizontalmente** (comprimir o alargar) la gráfica de $y = f(x)$ con factor $\frac{1}{c}$.

- Si $c > 1$, la modificación es una **compresión**
- Si $0 < c < 1$, la modificación es un **alargamiento**.

Demostraremos estos criterios en el problema resuelto 4.3.6.

$\boxed{\textbf{Ejemplo 4.3.3}}$ Utilizando la gráfica de $y = \sqrt{1 - x^2}$, graficar:

$$\textbf{a. } g(x) = 2\sqrt{1 - x^2} \qquad\qquad \textbf{b. } h(x) = \frac{1}{2}\sqrt{1 - x^2}$$

Solución

La gráfica de $y = \sqrt{1 - x^2}$ es la parte superior de la circunferencia:

$$x^2 + y^2 = 1$$

a. En este caso $c = 2 > 1$. Luego, la gráfica de $g(x) = 2\sqrt{1 - x^2}$ se obtiene estirando verticalmente, con factor $c = 2$, la gráfica $y = \sqrt{1 - x^2}$.

b. En este caso, $c = \frac{1}{2} < 1$. La gráfica de $h(x) = \frac{1}{2}\sqrt{1 - x^2}$ se obtiene comprimiendo verticalmente, con factor $c = \frac{1}{2}$, la gráfica $y = \sqrt{1 - x^2}$.

$$y = \sqrt{1 - x^2} \qquad \textbf{a. } g(x) = 2\sqrt{1 - x^2} \qquad \textbf{b. } h(x) = \frac{1}{2}\sqrt{1 - x^2}$$

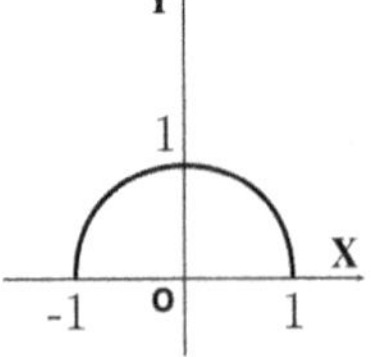
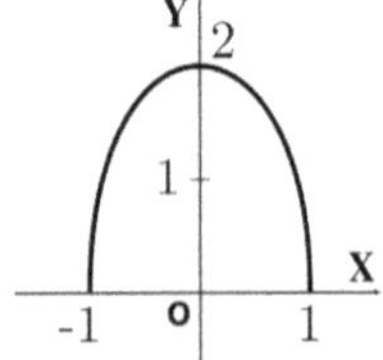
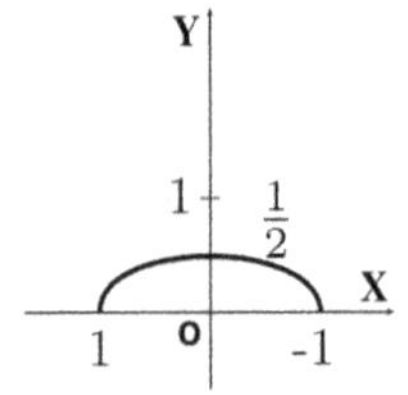

Ejemplo 4.3.4 Utilizando las gráfica de $y = \sqrt{1 - x^2}$, graficar:

$$\textbf{a. } g(x) = \sqrt{1 - 4x^2} \qquad\qquad \textbf{b. } h(x) = \sqrt{1 - \frac{x^2}{4}}$$

Solución

a. Tenemos que $g(x) = \sqrt{1 - 4x^2} = \sqrt{1 - (2x)^2}$. Por la segunda regla, para el caso $c = 2$, la gráfica de $g(x) = \sqrt{1 - 4x^2}$ se obtiene comprimiendo horizontalmente la gráfica de $y = \sqrt{1 - x^2}$ con factor $c = \frac{1}{2}$.

b. Tenemos que $h(x) = \sqrt{1 - \frac{x^2}{4}} = \sqrt{1 - \left(\frac{1}{2}x\right)^2}$. Luego, por la segunda regla, para el caso $c = \frac{1}{2}$, la gráfica de $h(x) = \sqrt{1 - \frac{x^2}{4}}$ se obtiene estirando horizontalmente la gráfica de $y = \sqrt{1 - x^2}$ con factor:

$$\frac{1}{c} = \frac{1}{\frac{1}{2}} = 2$$

$$y = \sqrt{1 - x^2} \qquad \textbf{a. } g(x) = \sqrt{1 - 4x^2} \qquad \textbf{b. } h(x) = \sqrt{1 - \frac{x^2}{4}}$$

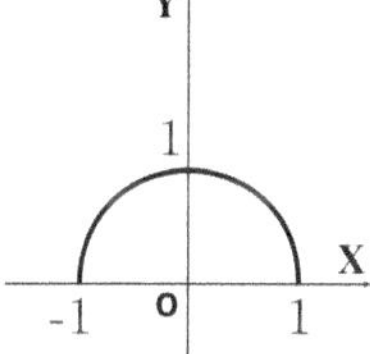
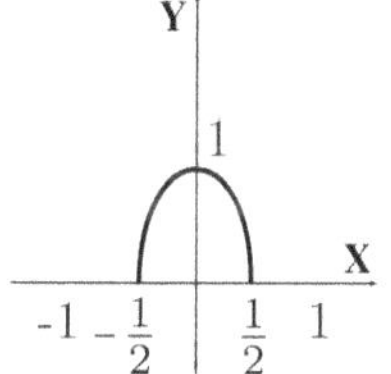
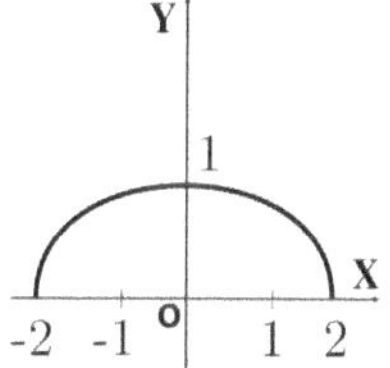

ÁLGEBRA DE FUNCIONES

Si f y g son funciones reales, entonces la suma $f + g$, la diferencia $f - g$, el producto de un número r por una función rf, y el cociente $\frac{f}{g}$ se definen de la siguiente manera:

Definición Sean f y g funciones reales, y r un número real.

a. $(f + g)(x) = f(x) + g(x)$, $\quad$ $\text{Dom}(f + g) = \text{Dom}(f) \cap \text{Dom}(g)$

b. $(f - g)(x) = f(x) - g(x)$, $\quad$ $\text{Dom}(f - g) = \text{Dom}(f) \cap \text{Dom}(g)$

c. $(fg)(x) = f(x)g(x)$, $\qquad\quad$ $\text{Dom}(fg) = \text{Dom}(f) \cap \text{Dom}(g)$

d. $(rf)(x) = rf(x)$, $\qquad\qquad$ $\text{Dom}(rf) = \text{Dom}(f)$

e. $\left(\frac{f}{g}\right)(x) = \frac{f(x)}{g(x)}$, $\quad$ $\text{Dom}\left(\frac{f}{g}\right) = \text{Dom}(f) \cap \text{Dom}(g) - \{x \,/\, g(x) = 0\}$

Ejemplo 4.3.5 Si $f(x) = \sqrt{x}$, $g(x) = \sqrt{9 - x^2}$ y $r = 5$, hallar:

$$\textbf{a. } f + g \qquad \textbf{b. } f - g \qquad \textbf{c. } fg \qquad \textbf{d. } rf \qquad \textbf{e. } \frac{f}{g}$$

Solución

Hallemos los dominios de f y de g:

$$x \in \text{Dom}(f) \Leftrightarrow x \geq 0. \text{ Luego, } \text{Dom}(f) = [0, +\infty)$$
$$x \in \text{Dom}(g) \Leftrightarrow 9 - x^2 \geq 0 \Leftrightarrow x^2 \leq 9 \Leftrightarrow -3 \leq x \leq 3$$

Luego,
$$\text{Dom}(g) = [-3, 3]$$

La intersección de estos dominios es:

$$\text{Dom}(f) \cap \text{Dom}(g) = [0, +\infty) \cap [-3, 3] = [0, 3]$$

Ahora,

a. $(f + g)(x) = f(x) + g(x) = \sqrt{x} + \sqrt{9 - x^2}$, con dominio $= [0, 3]$.

b. $(f - g)(x) = f(x) - g(x) = \sqrt{x} - \sqrt{9 - x^2}$, con dominio $= [0, 3]$

c. $(fg)(x) = f(x)g(x) = \sqrt{x}\sqrt{9 - x^2} = \sqrt{9x - x^3}$, con dominio $= [0, 3]$.

d. $(5f)(x) = 5f(x) = 5\sqrt{x}$, con dominio $= \text{Dom}(f) = [0, +\infty)$

e. $\left(\dfrac{f}{g}\right)(x) = \dfrac{f(x)}{g(x)} = \dfrac{\sqrt{x}}{\sqrt{9 - x^2}} = \sqrt{\dfrac{x}{9 - x^2}}$, con dominio $= [0, 3] - \{3\} = [0, 3)$

COMPOSICIÓN DE FUNCIONES

Definición

Dadas dos funciones $\boldsymbol{f}$ y $\boldsymbol{g}$, se llama **función compuesta** de $\boldsymbol{f}$ y $\boldsymbol{g}$ a la función $\boldsymbol{f} \circ \boldsymbol{g}$, definida por:

$$\boxed{(\boldsymbol{f} \circ \boldsymbol{g})(\boldsymbol{x}) = \boldsymbol{f}\left(\boldsymbol{g}(\boldsymbol{x})\right)}$$

$$\textbf{Dom}(\boldsymbol{f} \circ \boldsymbol{g}) = \{\boldsymbol{x} \in \textbf{Dom}(\boldsymbol{g}) \,/\, \boldsymbol{g}(\boldsymbol{x}) \in \textbf{Dom}(\boldsymbol{f})\}$$

Observe que el rango de g debe intersectar al dominio de f para que pueda existir la compuesta $f \circ g$.

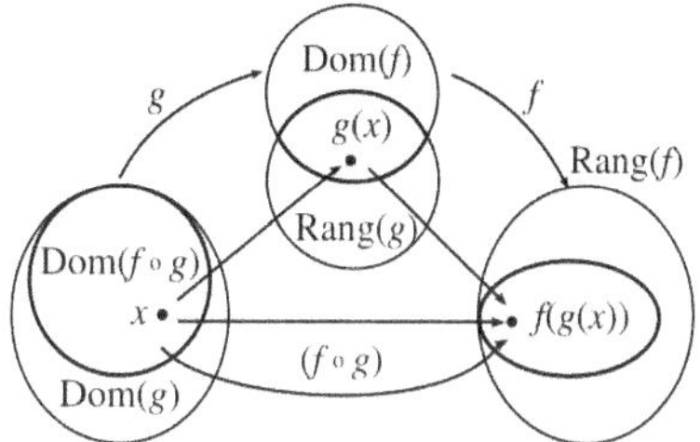

Si la regla de la compuesta $(f \circ g)(x)$ es una fórmula, entonces:

$$\mathbf{Dom}(\boldsymbol{f} \circ \boldsymbol{g}) = \mathbf{Dom}(\boldsymbol{g}) \cap \{\boldsymbol{x} \,/\, (\boldsymbol{f} \circ \boldsymbol{g})(\boldsymbol{x}) \text{ es un número real}\}$$

$\boxed{\textbf{Ejemplo 4.3.6}}$ Si $f(x) = \sqrt{1 - x^2}$ y $g(x) = \dfrac{1}{x}$, hallar con sus dominios:

    a. $f \circ g$ **b.** $g \circ f$ **c.** $g \circ g$ **d.** $f \circ f$

Solución

a. $(f \circ g)(x) = f(g(x)) = f\left(\frac{1}{x}\right) = \sqrt{1 - \left(\frac{1}{x}\right)^2} = \sqrt{1 - \frac{1}{x^2}}$

Tenemos que $\mathrm{Dom}(g) = \mathbb{R} - \{0\}$. Además, $(f \circ g)(x) = \sqrt{1 - \frac{1}{x^2}}$ es un número real si y sólo si:

$$1 - \frac{1}{x^2} \geq 0 \Leftrightarrow x^2 \geq 1 \Leftrightarrow |\, x \,| \geq 1 \Leftrightarrow x \leq -1 \,\vee\, x \geq 1$$

$$\Leftrightarrow x \in (-\infty, 1] \cup [1, +\infty)$$

En consecuencia:

$$\mathrm{Dom}(f \circ g) = (\mathbb{R} - \{0\}) \cap ((-\infty, -1] \cup [1, +\infty)) = (-\infty, -1] \cup [1, +\infty)$$

b. $(g \circ f)(x) = g(f(x)) = g\left(\sqrt{1 - x^2}\right) = \dfrac{1}{\sqrt{1 - x^2}}$

Además, $(g \circ f)(x) = \frac{1}{\sqrt{1-x^2}}$ es un número real si y sólo si:

$$1 - x^2 > 0 \Leftrightarrow x^2 < 1 \Leftrightarrow x \in (-1, 1)$$

Asimismo, tenemos que $\mathrm{Dom}(f) = [-1, 1]$.

Por consiguiente,

$$\mathrm{Dom}(g \circ f) = [-1, 1] \cap (-1, 1) = (-1, 1)$$

c. $(g \circ g)(x) = g(g(x)) = g\left(\frac{1}{x}\right) = \frac{1}{\frac{1}{x}} = x$

$(g \circ g)(x) = x$ está definida en todo $\mathbb{R}$. Entonces:

$$\text{Dom}(g \circ g) = (\mathbb{R} - \{0\}) \cap \mathbb{R} = \mathbb{R} - \{0\}$$

d. $(f \circ f)(x) = f(f(x)) = f\left(\sqrt{1 - x^2}\right) = \sqrt{1 - \left(\sqrt{1 - x^2}\right)^2} = \sqrt{x^2} = \mid x \mid$

$(f \circ f)(x) = \mid x \mid$ está definida en todo $\mathbb{R}$. Entonces:

$$\text{Dom}(f \circ f) = [-1,\, 1] \cap \mathbb{R} = [-1,\, 1]$$

$\boxed{\text{Observación}}$ **La composición de funciones no es conmutativa.**

Esto es:
$$(g \circ f) \neq (f \circ g).$$

En efecto, según el ejemplo anterior, tenemos que:

$$(g \circ f)(x) = \sqrt{1 - \frac{1}{x^2}} \neq \frac{1}{\sqrt{1 - x^2}} = (f \circ g)(x)$$

$\boxed{\text{Ejemplo 4.3.7}}$ Si $f(x) = \frac{x}{1+x}$, $g(x) = x^3$ y $h(x) = x - 2$, hallar:

     a. $f \circ g \circ h$ **b.** $f \circ h \circ g$ **c.** $h \circ g \circ f$

Solución

a. $(f \circ g \circ h)(x) = (f \circ g)(h(x)) = f(g(h(x))) = f(g(x - 2)) = f((x - 2)^3)$

$$= \frac{(x - 2)^3}{1 + (x - 2)^3}$$

b. $(f \circ h \circ g)(x) = (f \circ h)(g(x)) = f(h(g(x))) = f(h(x^3)) = f(x^3 - 2)$

$$= \frac{x^3 - 2}{1 + x^3 - 2} = \frac{x^3 - 2}{x^3 - 1}$$

c. $(h \circ g \circ f)(x) = (h \circ g)(f(x)) = h(g(f(x))) = h\left(g\left(\frac{x}{1+x}\right)\right)$

$$= h\left(\left(\frac{x}{1+x}\right)^3\right) = \left(\frac{x}{1+x}\right)^3 - 2 = \frac{x^3}{(1+x)^3} - 2$$

$\boxed{\textbf{Ejemplo 4.3.8}}$

Dada la función $F(x) = \dfrac{-5}{\sqrt{x^2 - 3}}$, hallar las funciones f, g y h, tales que:

$$F = f \circ g \circ h$$

Solución

Si se tiene que:

$$f(x) = \frac{-5}{x}, \quad g(x) = \sqrt{x} \qquad \text{y} \qquad h(x) = x^2 - 3$$

entonces,

$$
\begin{aligned}
(f \circ g \circ h)(x) \;&=\; (f \circ g)(h(x)) \;=\; f(g(h(x))) \;=\; f(g(x^2 - 3) \\[2mm]
&=\; f\left(\sqrt{x^2 - 3}\right) \;=\; \frac{-5}{\sqrt{x^2 - 3}}
\end{aligned}
$$

Estas funciones no son únicas. Las siguientes funciones también satisfacen el requerimiento:

$$f(x) = \frac{-5}{\sqrt{x}}, \quad g(x) = x - 3 \quad \text{y} \quad h(x) = x^2$$

PROBLEMAS RESUELTOS 4.3

$\boxed{\textbf{Problema 4.3.1}}$

Empleando la gráfica de $y = \lfloor x \rfloor$ (ejemplo 4.1.6) y técnicas de transformación, bosquejar la gráfica de:

$$\textbf{a. } y = \lfloor -x \rfloor \qquad\qquad \textbf{b. } y = \left\lfloor \frac{x}{2} \right\rfloor$$

Solución

a. El gráfico de $y = \lfloor -x \rfloor$ se obtiene reflejando $y = \lfloor x \rfloor$ en el eje Y.

b. La gráfica de $y = \lfloor \frac{x}{2} \rfloor$ se obtiene con la gráfica de $y = \lfloor x \rfloor$, alargándola horizontalmente con factor $\dfrac{1}{c} = \dfrac{1}{\frac{1}{2}} = 2$.

a. $y = \lfloor -x \rfloor$ **b.** $\lfloor \dfrac{x}{2} \rfloor$

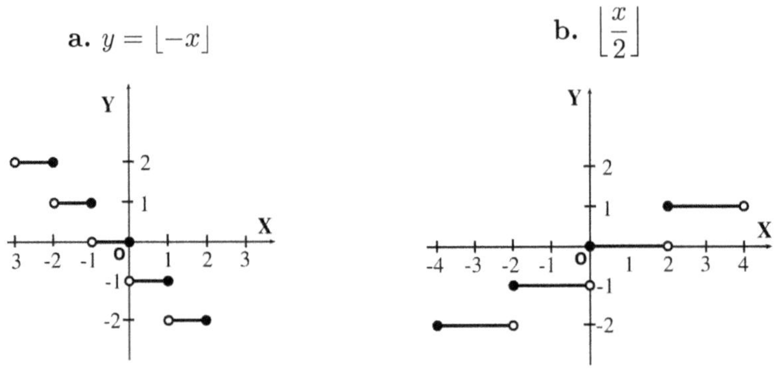

$\boxed{\textbf{Problema 4.3.2}}$ Graficar empleando las técnicas de transformación:

$$y = -\sqrt{\frac{1}{2}x} + 3$$

Solución

Paso 1. Tomamos la gráfica de $y = \sqrt{x}$, que es ya conocida.

Paso 2. Construimos la gráfica de $y = \sqrt{\frac{x}{2}}$, la cual se obtiene con la gráfica de $y = \sqrt{x}$, alargándola horizontalmente con factor $\frac{1}{c} = \frac{1}{1/2} = 2$.

Paso 3. Construimos la gráfica de $y = -\sqrt{\frac{x}{2}}$, la cual se obtiene con la gráfica de $y = \sqrt{\frac{x}{2}}$, reflejándola en el eje X.

Paso 4. Construimos la gráfica de $y = -\sqrt{\frac{x}{2}} + 3$, la cual se obtiene con la gráfica de $y = -\sqrt{\frac{x}{2}}$, trasladándola 3 unidades hacia arriba.

1. $y = \sqrt{x}$ **2.** $y = \sqrt{\dfrac{x}{2}}$

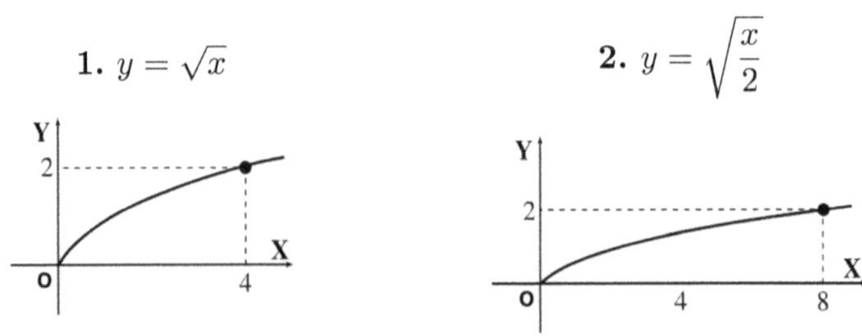

$$\textbf{3. } y = -\sqrt{\dfrac{x}{2}} \qquad\qquad\qquad \textbf{4. } y = -\sqrt{\dfrac{x}{2}} + 3$$

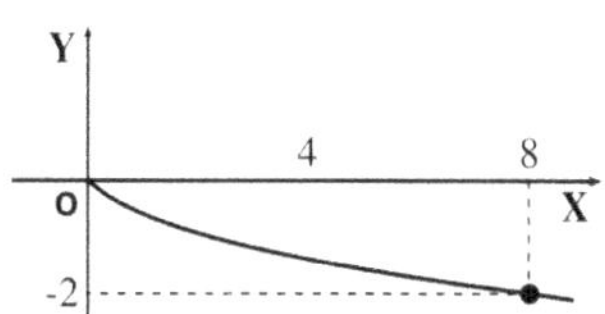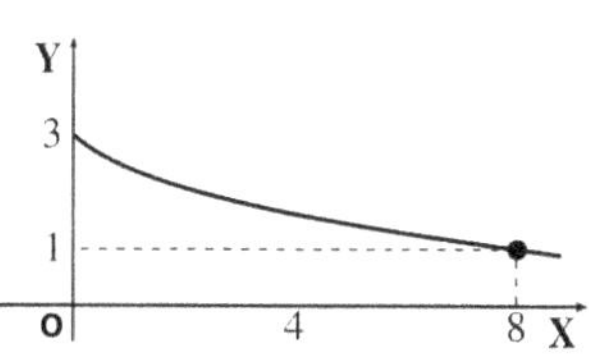

Problema 4.3.3 Graficar empleando las técnicas de transformación:

$$\textbf{a. } f(x) = 2\cos x \qquad\qquad \textbf{b. } g(x) = \cos 2x$$

Tenga en cuenta la gráfica de $y = \cos x$.

Solución

a. La gráfica de $f(x) = 2\cos x$ se obtiene con la gráfica de $y = \cos x$, estirándola verticalmente con un factor de 2.

b. La gráfica de $g(x) = \cos 2x$ se obtiene con la gráfica de $y = \cos x$, comprimiéndola horizontalmente con un factor de $\frac{1}{2}$.

$$\textbf{a. } f(x) = 2\cos x \qquad\qquad \textbf{b. } g(x) = \cos 2x$$

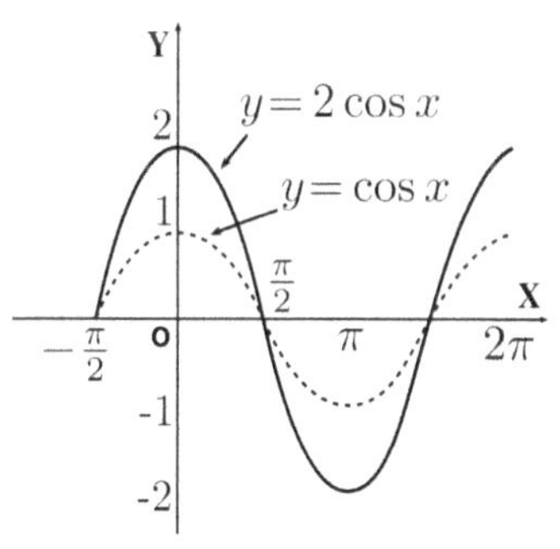

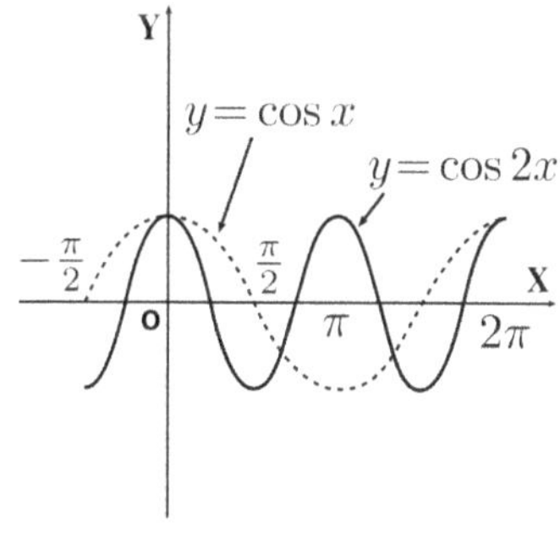

Observe que el periodo de $g(x) = \cos 2x$ es $\boldsymbol{\pi}$, que es la mitad del periodo de $y = \cos x$. En general, el periodo de $y = \cos cx$ es $\frac{2\pi}{c}$.

Problema 4.3.4 Dada la función $h(x) = \sqrt{4 - x^2} + \dfrac{1}{4 - x^2}$

a. Hallar el dominio de h.

b. Hallar dos funciones f y g, tales que $h = (g \circ f)$

Solución

a. Para que $\sqrt{4 - x^2}$ sea real, debemos tener que $4 - x^2 \geq 0$.

Además, como $4 - x^2$ aparece como un denominador, debemos exigir que $4 - x^2 \neq 0$. Uniendo las dos condiciones, debemos tener que:

$$4 - x^2 > 0 \Leftrightarrow x^2 < 4 \Leftrightarrow |x| < 2 \Leftrightarrow -2 < x < 2$$

Luego, el dominio de h es el intervalo $(-2, 2)$.

b. Si $f(x) = 4 - x^2$ y $g(y) = \sqrt{y} + \frac{1}{y}$, tenemos que:

$$(g \circ f)(x) = g(f(x)) = g\left(4 - x^2\right) = \sqrt{4 - x^2} + \frac{1}{4 - x^2} = h(x)$$

$\boxed{\textbf{Problema 4.3.5}}$ Sean: $g(x) = x - 1$ y $h(x) = x^2$

   a. Hallar una función p, tal que $g \circ p = h$

   b. Hallar una función f, tal que $f \circ g = h$

Solución

a. $g \circ p = h \Rightarrow g(p(x)) = h(x) \Rightarrow p(x) - 1 = x^2 \Rightarrow p(x) = x^2 + 1$

b. $f \circ g = h \Rightarrow f(g(x)) = h(x) \Rightarrow f(x - 1) = x^2$

Luego,
$$f(x - 1) = f(x + 1 - 1) = f((x + 1) - 1)$$

Entonces:
$$f(x - 1) = x^2 \Leftrightarrow f(x) = (x + 1)^2$$

$\boxed{\textbf{Problema 4.3.6}}$ Sean $f(x) = \dfrac{1}{x^2 - 1}$ y $g(x) = \sqrt{16 - x^2}$

Hallar la función $g \circ f$ con su dominio correspondiente.

Solución

$$(g \circ f)(x) = g(f(x)) = g\left(\frac{1}{x^2 - 1}\right) = \sqrt{16 - \left(\frac{1}{x^2 - 1}\right)^2}$$

$$= \sqrt{16 - \frac{1}{(x^2 - 1)^2}}$$

$\mathrm{Dom}(f) = \mathbb{R} - \{-1, 1\}$ y:

$$(g \circ f)(x) \text{ está definida} \Leftrightarrow 16 - \frac{1}{\left(x^2 - 1\right)^2} \geq 0$$

$$\Leftrightarrow \quad 16\left(x^2 - 1\right)^2 \geq 1 \qquad\qquad \Leftrightarrow \quad 4\left|x^2 - 1\right| \geq 1$$

$$\Leftrightarrow \quad \left|x^2 - 1\right| \geq \frac{1}{4} \qquad\qquad \Leftrightarrow \quad x^2 - 1 \leq -\frac{1}{4} \quad \vee \quad \frac{1}{4} \leq x^2 - 1$$

$$\Leftrightarrow \quad x^2 \leq \frac{3}{4} \quad \vee \quad \frac{5}{4} \leq x^2 \quad \Leftrightarrow \quad \mid x \mid \leq \frac{\sqrt{3}}{2} \quad \vee \quad \frac{\sqrt{5}}{2} \leq \mid x \mid$$

$$\Leftrightarrow \quad -\frac{\sqrt{3}}{2} \leq x \leq \frac{\sqrt{3}}{2} \quad \vee \quad x \leq -\frac{\sqrt{5}}{2} \quad \vee \quad x \geq \frac{\sqrt{5}}{2}$$

$$\Leftrightarrow \quad x \leq -\frac{\sqrt{5}}{2} \quad \vee \quad -\frac{\sqrt{3}}{2} \leq x \leq \frac{\sqrt{3}}{2} \quad \vee \quad x \geq \frac{\sqrt{5}}{2}$$

Luego, $(g \circ f)(x)$ está definido en el conjunto:

$$B = \left(-\infty, -\frac{\sqrt{5}}{2}\right] \cup \left[-\frac{\sqrt{3}}{2}, \frac{\sqrt{3}}{2}\right] \cup \left[\frac{\sqrt{5}}{2}, +\infty\right)$$

Por último:

$$\mathrm{Dom}(g \circ f) = \mathrm{Dom}(f) \cap B = B$$

$$= \left(-\infty, -\frac{\sqrt{5}}{2}\right] \cup \left[-\frac{\sqrt{3}}{2}, \frac{\sqrt{3}}{2}\right] \cup \left[\frac{\sqrt{5}}{2}, +\infty\right)$$

Problema 4.3.7 Justificación del criterio de estiramiento y compresión.

Solución

1. Tomemos cualquier punto $(x, f(x))$ del gráfico de $y = f(x)$.

Si multiplicamos, por c, a la **ordenada** de este punto, obtenemos el punto $(x, cf(x))$ que está en la gráfica de $y = cf(x)$.

Pero, multiplicar únicamente las ordenadas de los puntos $(x, f(x))$ por c significa alargar (*si* $c > 1$) o comprimir (*si* $c < 1$), verticalmente, la gráfica de $y = f(x)$ con factor c.

2. Tomemos cualquier punto $(x,\, f(x))$ del gráfico de $y = f(x)$.

Si multiplicamos, por $\frac{1}{c}$, a la **abscisa** de este punto, obtenemos el punto $\left(\frac{x}{c},\, f(x)\right)$. Si hacemos $z = \frac{x}{c}$, tenemos que:

$$x = cz \quad \text{y} \quad \left(\frac{x}{c},\, f(x)\right) = (z,\, f(cz)),$$

que está comprendido en la gráfica de $y = f(cx)$.

Pero, multiplicar las abscisas de los puntos $(x,\, f(x))$ por $\frac{1}{c}$ significa comprimir ($si\ c > 1$) o alargar ($si\ c < 1$), horizontalmente, la gráfica de $y = f(x)$ con factor $\frac{1}{c}$.

PROBLEMAS PROPUESTOS 4.3

1. Usando la gráfica de $f(x) = x^3$, bosquejar los gráficos de:

    a. $y = x^3 - 3$ **b.** $y = (x - 1)^3$ **c.** $y = -x^3 + 1$

    d. $y = -(x - 1)^3 + 1$

2. Usando la gráfica de $f(x) = \dfrac{1}{x}$, bosquejar los gráficos de:

    a. $y = \frac{1}{x} - 2$ **b.** $y = \frac{1}{x-2}$ **c.** $y = -\frac{1}{x}$ **d.** $y = \frac{1}{x-2} + 5$

3. Usando la gráfica de $y = \lfloor x \rfloor$, bosquejar el gráfico de:

    a. $y = -\lfloor x \rfloor$ **b.** $y = \lfloor 2x \rfloor$ **c.** $y = \frac{1}{2}\lfloor x \rfloor$

4. Utilizando la gráfica de la función $y = \operatorname{sen} x$, y las técnicas de traslación y reflexión, graficar la función $y = 1 - \operatorname{sen}(x - \frac{\pi}{2})$

5. Considerando la gráfica $y = \cos x$:

    a. bosquejar la gráfica de $y = -3\cos 4x$ usando las técnicas de la transformación de gráficas,.

    b. ¿cuál es el periodo de $y = -3\cos 4x$?

En los problemas 6, 7 y 8, hallar $f + g$, $f - g$, fg y f/g con sus dominios.

6. $f(x) = \dfrac{1}{1 - x}$, $g(x) = \sqrt{2 - x}$ **7.** $f(x) = \sqrt{16 - x^2}$, $g(x) = \sqrt{x^2 - 4}$

8. $f(x) = \dfrac{1}{\sqrt{4 - x^2}}$, $g(x) = \sqrt[3]{x}$

En los problemas 9, 10 y 11, hallar el dominio de la función dada.

9. $f(x) = \sqrt{4-x} + \sqrt{x-4}$

10. $f(x) = \sqrt{-x} + \dfrac{1}{\sqrt{x+2}}$

11. $g(x) = \dfrac{\sqrt{3-x} + \sqrt{x+2}}{x^2 - 9}$

En los problemas del 12 al 16, hallar $f \circ g,\ g \circ f,\ f \circ f$ **y** $g \circ g$**, con sus respectivos dominios.**

12. $f(x) = x^2 - 1,\ g(x) = \sqrt{x}$

13. $f(x) = x^2,\ g(x) = \sqrt{x-4}$

14. $f(x) = x^2 - x,\ g(x) = \dfrac{1}{x}$

15. $f(x) = \dfrac{1}{1-x},\ g(x) = \sqrt[3]{x}$

16. $f(x) = \sqrt{x^2 - 1},\ g(x) = \sqrt{1-x}$

En los problemas 17 y 18, hallar $f \circ g \circ h$**.**

17. $f(x) = \sqrt{x},\quad g(x) = \dfrac{1}{x},\quad h(x) = x^2 - 1$

18. $f(x) = \sqrt[3]{x},\quad g(x) = \dfrac{x}{1+x},\quad h(x) = x^2 - x$

19. Si $f(x) = \dfrac{1}{1-x}$, hallar, con su respectivo dominio, $f \circ f \circ f$.

En los problemas del 20 al 23, hallar dos funciones f **y** g **tales que** $F = f \circ g$**.**

20. $F(x) = \dfrac{1}{1+x}$

21. $F(x) = -3 + \sqrt{x}$

22. $F(x) = \sqrt[3]{(2x-1)^2}$

23. $F(x) = \dfrac{1}{\sqrt{x^2 - x + 1}}$

En los problemas 24, 25 y 26, hallar f, g **y** h **tales que:**

$$F = f \circ g \circ h$$

24. $F(x) = \dfrac{x^2}{1+x^2}$

25. $F(x) = \sqrt[3]{x^2 + |x| + 1}$

26. $F(x) = \sqrt[4]{\sqrt{x} - 1}$

27. Si $f(x) = 2x + 3$ y $h(x) = 2x^2 - 4x + 5$, hallar una función g tal que $f \circ g = h$.

28. Si $f(x) = x - 3$ y $h(x) = \dfrac{1}{x-2}$, hallar una función g tal que $g \circ f = h$.

FUNCIONES INVERSAS

Sea $f : A \to B$ una función con dominio A y rango B. Sabemos que f asigna un único elemento y de B, a cada elemento x de A. De ser posible, ahora requerimos invertir a f; es decir, regresar (sin ambigüedad) cada elemento y de B, al elemento x de A de donde provino. Esta nueva función, con dominio B y rango A, se denomina **función inversa de f** y se denota por f^{-1}.

No todas las funciones tienen inversa. Así, de las dos funciones f y g de la siguiente figura, sólo f tiene inversa. La función g no tiene, debido a que el elemento 3 proviene de dos elementos de A (a y c). La función inversa de g tendría que asignar ambos elementos a 3, pero esto no es posible, ya que contradice la definición de función.

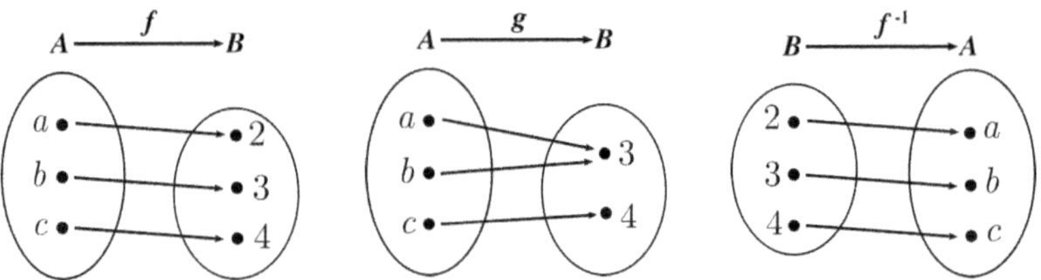

Funciones como f, donde a los distintos elementos del dominio se le asignan elementos distintos del rango, se denominan **funciones inyectivas**.

[**Definición**]

Una función $f : A \to B$ es **inyectiva**, o función uno a uno, si:

$$x_1 \neq x_2 \Rightarrow f(x_1) \neq f(x_2)$$

Es decir, se debe cumplir que se le asignen distintos elementos del rango a los distintos elementos del dominio.

Contamos con el **criterio de la recta horizontal** para determinar si una función real de variable real f es inyectiva. Este criterio es similar al criterio de la recta vertical, empleado para determinar si el gráfico de una ecuación corresponde al gráfico de una función.

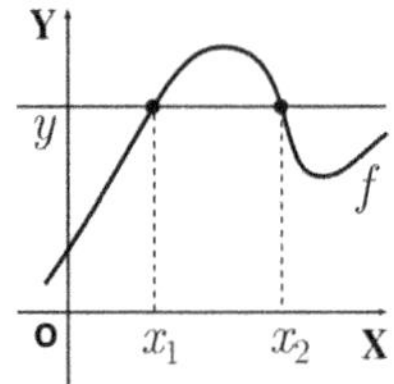

Si una recta horizontal corta al gráfico de f en dos puntos (como indica la figura), entonces existen dos puntos x_1 y x_2 del dominio de f, tales que $y = f(x_1) = f(x_2)$. Esto implica que f no es inyectiva.

La siguiente deducción ilustra el criterio en cuestión.

CRITERIO DE LA RECTA HORIZONTAL

Una función real de variable real f es inyectiva
si y sólo si
toda recta horizontal corta al gráfico de f,
a lo más, en un punto.

Ejemplo 4.4.1

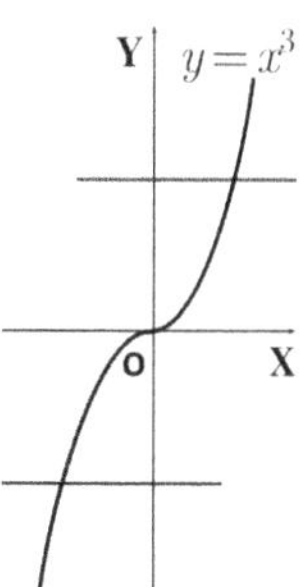

Mostrar que la función $f(x) = x^3$ es inyectiva.

Solución

Cualquier recta horizontal corta al gráfico de la función en un solo punto. Luego, el criterio de la recta horizontal nos dice que esta función $f(x) = x^3$ es inyectiva.

Ejemplo 4.4.2 Dada la función $g(x) = x^2 + 2$:

a. Mostrar que g no es inyectiva.

b. Restringir el dominio de g para obtener una nueva función f que sea inyectiva.

Solución

a. Aplicando el criterio de la recta horizontal, vemos que existen infinitas rectas horizontales que cortan al gráfico de $g(x)$ en más de un punto.

b. Sea f la restricción de g a $[0, +\infty)$. Esto es, $f(x) = x^2 + 2$ con $x \geq 0$. Esta función es inyectiva.

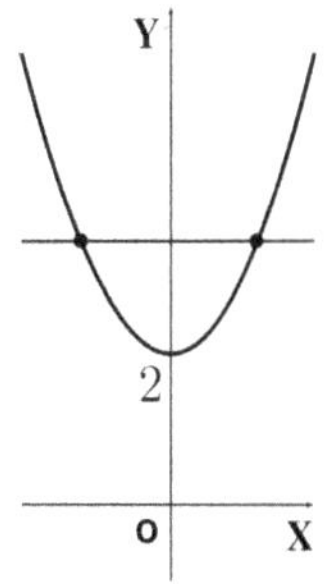

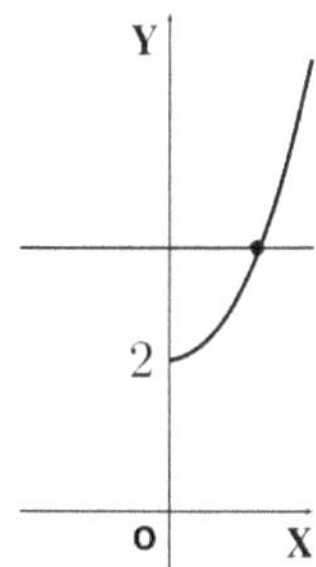

$$g(x) = x^2 + 2 \qquad\qquad f(x) = x^2 + 2,\ x \geq 0$$

Ejemplo 4.4.3 Justifique que si f es **monótona**, entonces f es **inyectiva**.

Solución

Si f monótona, es decir, si f es creciente o decreciente, entonces toda recta horizontal cortará al gráfico de f, a lo más, una vez. Luego, el criterio de la recta horizontal nos asegura que f es inyectiva.

Definición   Sea $f: A \to B$ una función con dominio A y rango B.

Si f es inyectiva, entonces la **función inversa de f** es:

$$f^{-1}: B \to A \ \text{ tal que}$$
$$x = f^{-1}(y) \Leftrightarrow y = f(x) \tag{1}$$

La expresión (1) es equivalente a:

$$f^{-1}\left(f(x)\right) = x,\ \forall\, x \in A \quad \text{y} \quad f\left(f^{-1}(y)\right) = y,\ \forall\, y \in B \tag{2}$$

En efecto, si reemplazamos $y = f(x)$ en $x = f^{-1}(y)$, obtenemos:

$$x = f^{-1}\left(f(x)\right)$$

Similarmente, si reemplazamos $x = f^{-1}(y)$ en $y = f(x)$, obtenemos:

$$y = f\left(f^{-1}(y)\right)$$

Observación

No se debe confundir la función inversa $f^{-1}(y)$ con el cociente y: $\frac{1}{f(x)}$. Para evitar ambigüedades, la representación del cociente (en esta sección) será la siguiente:

$$\left[f(x)^{-1}\right]$$

**ESTRATEGIA PARA HALLAR
LA INVERSA DE UNA FUNCIÓN**

Paso 1. Resolver la ecuación $y = f(x)$ para x en términos de y: $x = f^{-1}(y)$.

Paso 2. En $x = f^{-1}(y)$, intercambiar la variable x por la variable y para obtener la función:

$$y = f^{-1}(x)$$

GRÁFICA DE LA FUNCIÓN INVERSA

Debido al intercambio de x por y del paso 2, la gráfica de la función inversa se puede obtener reflejando la gráfica de la función $y = f(x)$ en la recta diagonal principal $y = x$.

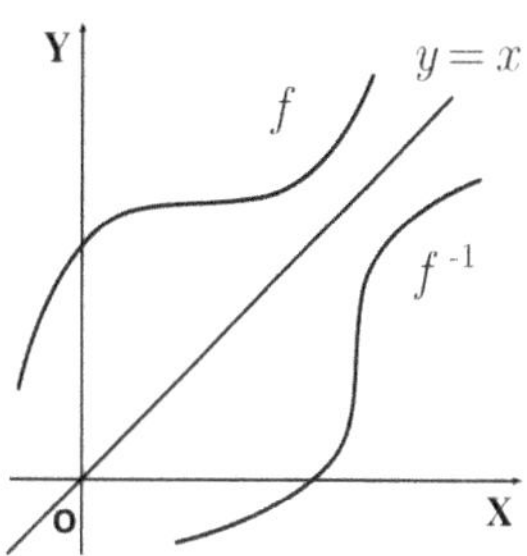

Ejemplo 4.4.4

Hallar la función inversa de $f(x) = x^2 + 2$, $x \geq 0$. Esbozar la Gráfica.

Solución

Paso 1. $y = x^2 + 2 \Rightarrow x^2 = y - 2$

$$\Rightarrow x = \pm\sqrt{y - 2}$$

Paso 2. Intercambiamos x por y en $x = \sqrt{y - 2}$. Así, obtenemos el siguiente resultado:

$$f^{-1}(x) = \sqrt{x - 2}, \; x \geq 2$$

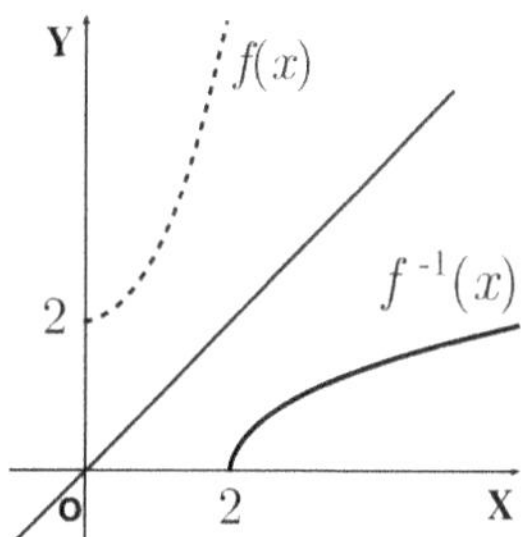

Ejemplo 4.4.5 Dada la función $g(x) = \dfrac{4x + 7}{2x + 5}$

   a. Hallar el dominio de g.

   b. Hallar la función inversa g^{-1}

Solución

a. Debemos tener que: $2x + 5 \neq 0 \Rightarrow x \neq -\frac{5}{2}$. Luego:

$$\text{Dom}(g) = \{x \,/\, x \neq -\frac{5}{2}\}$$

b. Empleamos la estrategia de los dos pasos para hallar la inversa:

Paso 1. $y = \dfrac{4x + 7}{2x + 5} \Rightarrow 2xy + 5y = 4x + 7 \Rightarrow 2xy - 4x = -5y + 7$

$$\Rightarrow x(2y - 4) = -5y + 7 \Rightarrow x = \frac{-5y + 7}{2y - 4}, \; y \neq 2$$

Paso 2. Intercambiamos x por y. Así, obtenemos:

$$g^{-1}(x) = \frac{-5x + 7}{2x - 4}, \; x \neq 2$$

$$g(x) = \frac{4x + 7}{2x + 5} \qquad\qquad g^{-1}(x) = \frac{-5x + 7}{2x - 4}$$

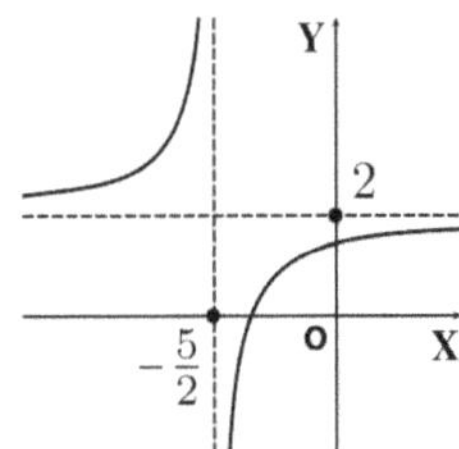 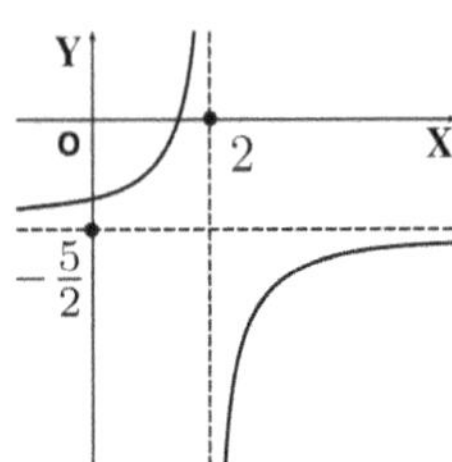

Tomando en cuenta que la gráfica de f^{-1} se obtiene reflejando la gráfica de f en la diagonal principal, podemos deducir que:

a. Si f es **creciente**, entonces f^{-1} es **creciente**.

b. Si f es **decreciente**, entonces f^{-1} es **decreciente**

PROBLEMAS PROPUESTOS 4.4

Hallar la función inversa de cada una de las siguientes funciones. Graficarla.

1. $f(x) = 2x + 1$ **2.** $g(x) = x^2 - 1,\ x \geq 0$ **3.** $h(x) = x^3 + 2$

4. $k(x) = \frac{1}{x} - 1$ **5.** $f(x) = \sqrt{16 - 2x}$ **6.** $g(x) = \frac{5x - 15}{3x + 7}$

7. Probar formalmente que:

a. Si f es creciente, entonces f^{-1} es creciente.

b. Si f es decreciente, entonces f^{-1} es decreciente.

Humor en tiempos de ciencia

FUNCIONES TRIGONOMÉTRICAS INVERSAS

Las funciones trigonométricas no son inyectivas, no obstante, nada nos impide restringir sus dominios para otorgarles esta propiedad, lo que nos permitirá obtener sus funciones inversas. Estas funciones, y sus respectivas inversas, son presentadas a continuación, precedidas por sus dominios restringidos.

FUNCIÓN SENO INVERSA O ARCOSEN

$$\text{sen} : \left[-\frac{\pi}{2}, \frac{\pi}{2}\right] \to [-1,\, 1] \qquad \text{sen}^{-1} : [-1,\, 1] \to \left[-\frac{\pi}{2}, \frac{\pi}{2}\right]$$

$$y = \text{sen}^{-1}(x) \Leftrightarrow x = \text{sen}\, y, \quad -\frac{\pi}{2} \le y \le \frac{\pi}{2}$$

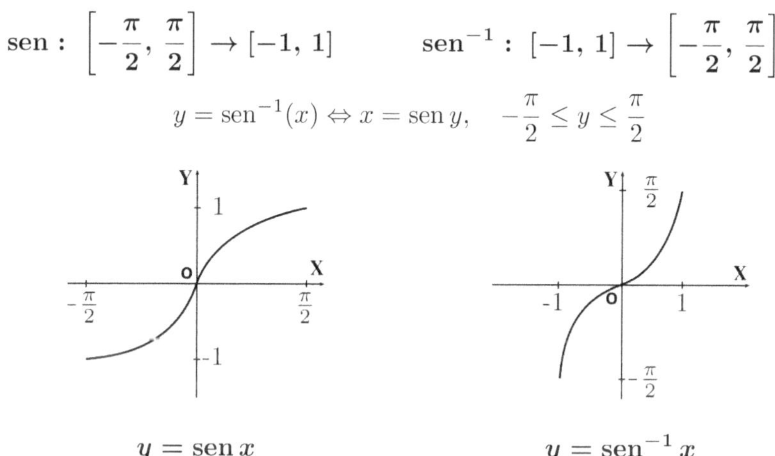

$$y = \text{sen}\, x \qquad\qquad y = \text{sen}^{-1} x$$

FUNCIÓN COSENO INVERSA O ARCCOS

$$\cos : [0,\, \pi] \to [-1,\, 1] \qquad\qquad \cos^{-1} : [-1,\, 1] \to [0,\, \pi]$$

$$y = \cos^{-1}(x) \Leftrightarrow x = \cos y, \quad 0 \le y \le \pi$$

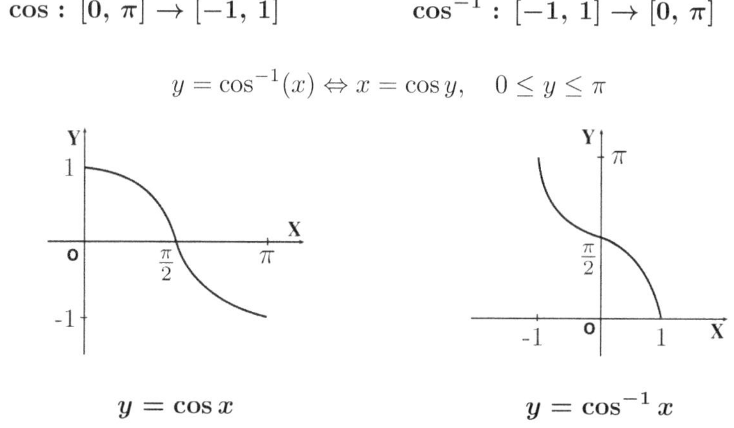

$$y = \cos x \qquad\qquad y = \cos^{-1} x$$

FUNCIÓN TANGENTE INVERSA O ARCTAN

$$\tan : \left(-\frac{\pi}{2}, \frac{\pi}{2}\right) \to \mathbb{R} \qquad\qquad \tan^{-1} : \mathbb{R} \to \left(-\frac{\pi}{2}, \frac{\pi}{2}\right)$$

$$y = \tan^{-1}(x) \Leftrightarrow x = \tan y, \quad -\frac{\pi}{2} < y < \frac{\pi}{2}$$

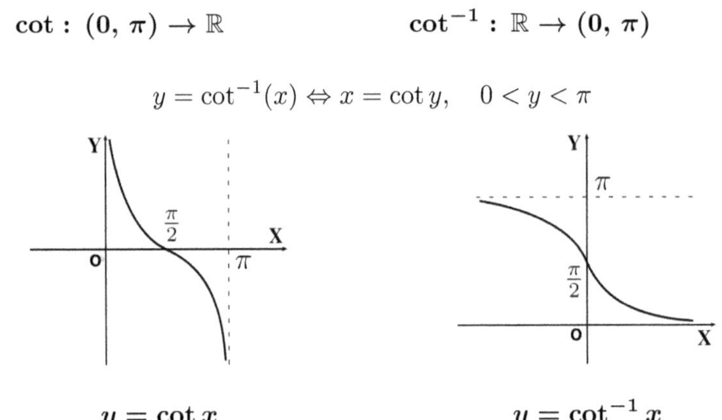

$$y = \tan x \qquad\qquad\qquad\qquad y = \tan^{-1} x$$

FUNCIÓN COTANGENTE INVERSA O ARCCOT

$$\cot : (0, \pi) \to \mathbb{R} \qquad\qquad \cot^{-1} : \mathbb{R} \to (0, \pi)$$

$$y = \cot^{-1}(x) \Leftrightarrow x = \cot y, \quad 0 < y < \pi$$

$$y = \cot x \qquad\qquad\qquad\qquad y = \cot^{-1} x$$

Observación

Seguidamente, presentaremos la función secante inversa. Algunos autores prefieren restringir el dominio de la función secante al intervalo $\left[0, \frac{\pi}{2}\right) \cup \left(\frac{\pi}{2}, \pi\right]$, en lugar del intervalo $\left[0, \frac{\pi}{2}\right) \cup \left[\pi, \frac{3\pi}{2}\right)$, que es el que nosotros hemos elegido.

Nuestra escogencia tiene la ventaja de simplificar la fórmula de la derivada de la función $y = \sec x$, ya que evita la aparición de un valor absoluto. Esto sera muy conveniente en el curso de Cálculo Diferencial que prosigue a este libro. Un caso similar sucede con la función cosecante.

FUNCIÓN SECANTE INVERSA O ARCSEC

$$\sec : \left[0, \frac{\pi}{2}\right) \cup \left[\pi, \frac{3\pi}{2}\right) \to \mathbb{R} - (-1, 1)$$

$$\sec^{-1} : \mathbb{R} - (-1, 1) \to \left[0, \frac{\pi}{2}\right) \cup \left[\pi, \frac{3\pi}{2}\right)$$

$$y = \sec^{-1}(x) \Leftrightarrow x = \sec y, \quad 0 \le y < \frac{\pi}{2} \quad \text{o} \quad \pi \le y < \frac{3\pi}{2}$$

$$y = \sec x \qquad\qquad y = \sec^{-1} x$$

LA FUNCIÓN COSECANTE INVERSA O ARCCOSEC

$$\operatorname{cosec} : \left(0, \frac{\pi}{2}\right] \cup \left(\pi, \frac{3\pi}{2}\right] \to \mathbb{R} - (-1, 1)$$

$$\operatorname{cosec}^{-1} : \mathbb{R} - (-1, 1) \to \left(0, \frac{\pi}{2}\right] \cup \left(\pi, \frac{3\pi}{2}\right]$$

$$y = \operatorname{cosec}^{-1}(x) \Leftrightarrow x = \operatorname{cosec} y, \quad 0 < y \le \frac{\pi}{2} \quad \text{o} \quad \pi < y \le \frac{3\pi}{2}$$

$$y = \operatorname{cosec} x \qquad\qquad y = \operatorname{cosec}^{-1} x$$

Ejemplo 4.5.1 Evaluar los siguientes resultados:

a. $\operatorname{sen}^{-1}\left(\dfrac{1}{2}\right) = \dfrac{\pi}{6}$, ya que: $\operatorname{sen}\left(\dfrac{\pi}{6}\right) = \dfrac{1}{2}$ y $-\dfrac{\pi}{2} \le \dfrac{\pi}{6} \le \dfrac{\pi}{2}$

b. $\cos^{-1}\left(-\dfrac{\sqrt{2}}{2}\right) = \dfrac{3\pi}{4}$, ya que: $\cos\left(\dfrac{3\pi}{4}\right) = -\dfrac{\sqrt{2}}{2}$ y $0 \le \dfrac{3\pi}{4} \le \pi$

c. $\tan^{-1}(-1) = -\dfrac{\pi}{4}$, ya que $\tan\left(-\dfrac{\pi}{4}\right) = -1$ y $-\dfrac{\pi}{2} < -\dfrac{\pi}{4} < \dfrac{\pi}{2}$

d. $\cot^{-1}\left(-\sqrt{3}\right) = \dfrac{5\pi}{6}$, ya que $\cot\left(\dfrac{5\pi}{6}\right) = -\sqrt{3}$ y $\dfrac{\pi}{2} < \dfrac{5\pi}{6} < \pi$

e. $\operatorname{cosec}^{-1}(2) = \dfrac{\pi}{6}$, ya que $\operatorname{cosec}\left(\dfrac{\pi}{6}\right) = 2$ y $0 < \dfrac{\pi}{6} \le \dfrac{\pi}{2}$

PROBLEMAS RESUELTOS 4.5

$\boxed{\textbf{Problema 4.5.1}}$ Hallar el valor de:

$$\textbf{a. } \operatorname{sen}\left(\tan^{-1}\left(\dfrac{1}{2}\right)\right) \qquad\qquad \textbf{b. } \tan\left(\sec^{-1}\left(-\dfrac{5}{3}\right)\right)$$

Solución

a. Sea $\alpha = \tan^{-1}\left(\dfrac{1}{2}\right)$. Luego:

$$\tan\alpha = \dfrac{1}{2} \qquad y \qquad 0 < \alpha < \dfrac{\pi}{2}$$

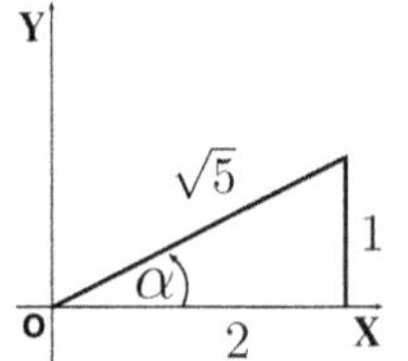

Con estos valores, tomando en cuenta la definición de $\tan\alpha$, construimos el triángulo rectángulo adjunto.

Vemos que:

$$\operatorname{sen}\left(\tan^{-1}\left(\dfrac{1}{2}\right)\right) = \operatorname{sen}\alpha = \dfrac{1}{\sqrt{5}}$$

b. Sea $\beta = \sec^{-1}\left(-\dfrac{5}{3}\right)$. Luego:

$$\sec\beta = -\dfrac{5}{3} \qquad y \qquad \pi \le \beta < \dfrac{3\pi}{2}$$

Ahora,

$$\tan\left(\sec^{-1}\left(-\dfrac{5}{3}\right)\right) = \tan\beta = \dfrac{-4}{-3} = \dfrac{4}{3}$$

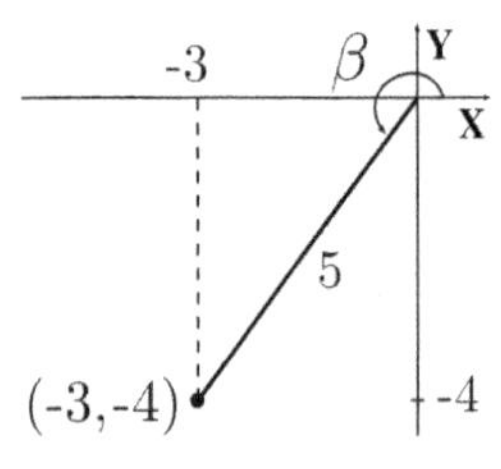

Problema 4.5.2   Si $-1 \leq x \leq 1$, expresar en términos de x:

     a. $\cot(\operatorname{sen}^{-1} x)$ **b.** $\sec(\operatorname{sen}^{-1} x)$

Solución

Sea $\alpha = \operatorname{sen}^{-1} x$. Luego, $\operatorname{sen} \alpha = x$, donde $-\frac{\pi}{2} \leq \alpha \leq \frac{\pi}{2}$.

Observando que $\operatorname{sen} \alpha = \frac{x}{1}$, si $x > 0$, procedemos a construir el primer triángulo rectángulo; si $x < 0$, construimos el segundo. En estos triángulos, x corresponde al cateto opuesto y 1 corresponde a la hipotenusa.

Aplicando el teorema de Pitágoras, el otro cateto es $\pm\sqrt{1 - x^2}$, del cual tomamos solo el positivo, dado que esta raíz corresponde a $\cos \alpha$, y $\cos \alpha > 0$ cuando $-\frac{\pi}{2} \leq \alpha \leq \frac{\pi}{2}$.

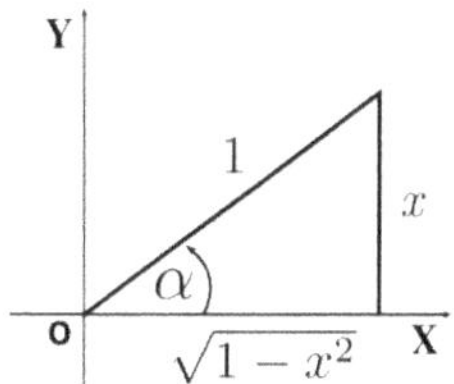
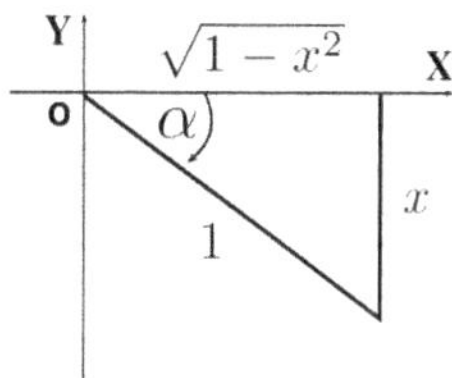

Ahora:

a. $\cot\left(\operatorname{sen}^{-1} x\right) = \cot \alpha = \dfrac{\sqrt{1 - x^2}}{x}$, si $x \neq 0$

$$\text{o}$$

$$\cot\left(\operatorname{sen}^{-1} x\right) = \pm\infty \quad \text{si } x = 0$$

b. $\sec\left(\operatorname{sen}^{-1} x\right) = \sec \alpha = \dfrac{1}{\sqrt{1 - x^2}}$

Problema 4.5.3   Sin usar calculadora, hallar el valor de:

$$\operatorname{sen}\left[\cot^{-1}\left(-\frac{5}{12}\right) - \cos^{-1}\left(\frac{3}{5}\right)\right]$$

Solución

Sea $\alpha = \cot^{-1}\left(-\frac{5}{12}\right)$. Luego:

$$\cot \alpha = -\frac{5}{12} \quad \text{y} \quad \frac{\pi}{2} < \alpha < \pi$$

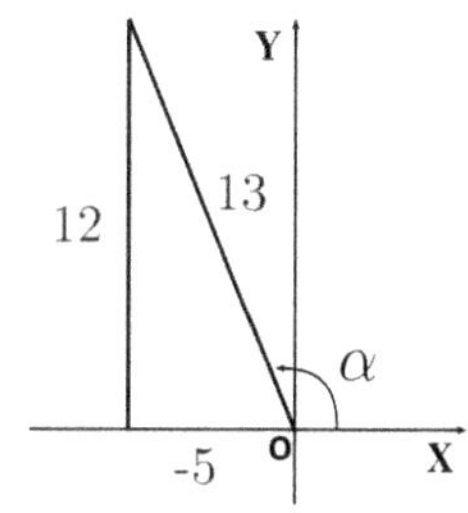

Sea $\beta = \cos^{-1}\left(\frac{3}{5}\right)$. Luego:

$$\cos\beta = \frac{3}{5} \quad \text{y} \quad 0 < \beta < \frac{\pi}{2}$$

Ahora:

$$\text{sen}\left[\cot^{-1}\left(-\frac{5}{12}\right) - \cos^{-1}\left(\frac{3}{5}\right)\right] = \text{sen}(\alpha - \beta)$$

$$= \text{sen}\,\alpha\cos\beta - \cos\alpha\,\text{sen}\,\beta$$

$$= \frac{12}{13}\frac{3}{5} - \frac{-5}{13}\frac{4}{5} = \frac{56}{65}$$

Problema 4.5.4   Resolver la ecuación $\tan^{-1}(2x - 3) = 1$

Solución

$$\tan^{-1}(2x - 3) = 1 \Leftrightarrow 2x - 3 = \tan(1)$$

Una calculadora nos indica que $\tan(1) = 1.5574077$. Luego:

$$2x - 3 = 1.5574077 \Rightarrow x = \frac{1}{2}(1.5574077 + 3) = 2.787038$$

PROBLEMAS PROPUESTOS 4.5

En los problemas del 1 al 6, evaluar las expresiones indicadas sin usar calculadora.

1. $\text{sen}^{-1}\left(\sqrt{3}/2\right)$ 2. $\sec^{-1}\left(-\sqrt{2}\right)$ 3. $\cos^{-1}(-1)$

4. $\tan^{-1}\left(-\sqrt{3}\right)$ 5. $\cot^{-1}(-1)$ 6. $\text{cosec}^{-1}(-2)$

7. Dado $y = \text{sen}^{-1}\left(\frac{1}{3}\right)$ hallar el valor exacto de:
        a. $\cos y$ **b.** $\tan y$ **c.** $\cot y$ **d.** $\sec y$ **e.** $\text{cosec}\,y$

8. Dado $y = \sec^{-1}\left(\frac{\sqrt{5}}{2}\right)$, hallar el valor exacto de:
        a. $\text{sen}\,y$ **b.** $\cos y$ **c.** $\tan y$ **d.** $\cot y$ **e.** $\text{cosec}\,y$

9. Dada $y = \tan^{-1}(-3)$ hallar el valor exacto de:
        a. $\text{sen}\,y$ **b.** $\cos y$ **c.** $\cot y$ **d.** $\sec y$ **e.** $\text{cosec}\,y$

En los problemas del 10 al 13, hallar el valor exacto de la expresión indicada.

10. $\cos^{-1}\left(\sqrt{\frac{3}{2}}\right)$ 11. $\text{cosec}\left(\tan^{-1}(-2)\right)$

12. $\text{sen}\left(\tan^{-1}\left(-\frac{3}{4}\right)\right)$ 13. $\tan\left(\text{sen}^{-1}\left(-\frac{3}{4}\right)\right)$

En los problemas 14 y 15, hallar el valor exacto de la expresión indicada.

14. $\operatorname{sen}^{-1}\left(\cos\left(-\frac{\pi}{6}\right)\right)$ **15.** $\tan^{-1}\left(\tan\left(\frac{4\pi}{3}\right)\right)$

En los problemas del 16 al 19, hallar el valor exacto de la expresión indicada.

16. $\cos\left(\operatorname{sen}^{-1}\left(\frac{1}{3}\right) + \tan^{-1}\left(\frac{1}{3}\right)\right)$ **17.** $\operatorname{sen}\left(2\cos^{-1}\left(\frac{1}{3}\right)\right)$

18. $\tan\left(2\operatorname{sen}^{-1}\left(-\frac{\sqrt{3}}{2}\right)\right)$ **19.** $\cos\left(\left(\frac{1}{2}\right)\operatorname{sen}^{-1}\left(\frac{5}{13}\right)\right)$

En los problemas del 20 al 23, hallar las expresiones algebraicas correspondientes.

20. $\operatorname{sen}\left(\tan^{-1}(x)\right)$ **21.** $\tan\left(\operatorname{sen}^{-1}(x)\right)$

22. $\operatorname{sen}\left(\cos^{-1}\left(\frac{x}{2}\right)\right)$ **23.** $\cos\left(\left(\frac{1}{2}\right)\cos^{-1}(x)\right)$

Resolver las siguientes ecuaciones:

24. $\operatorname{sen}^{-1}\left(\frac{x}{2}\right) = -\frac{1}{2}$ **25.** $\operatorname{sen}^{-1}\left(\sqrt{2x}\right) = \cos^{-1} x$

26. $\tan^2 x + 9\tan x - 12 = 0\,,\ -\frac{\pi}{2} < x < \frac{\pi}{2}$

SECCIÓN 4.6

FUNCIONES EXPONENCIALES

LEYES DE LOS EXPONENTES

Como vimos en la sección 1.2, el conjunto de los números reales es la unión de dos conjuntos disjuntos, el conjunto de los números racionales y el conjunto de los números irracionales. Un número real es racional si y sólo si éste tiene una expresión decimal periódica. En cambio, un número real es irracional si y sólo si éste tiene una expresión decimal infinita no periódica.

Ahora necesitamos definir a^x, donde a es un número real positivo y x es cualquier número real. Ya hemos logrado esta definición para los x racionales, pero aun no lo hemos hecho cuando x es irracional. Sería idóneo apoyarnos con *Límites*, pero este es un concepto que todavía no se ha abordado; sin embargo, podemos de desarrollar una presentación intuitiva con los conocimientos que ya tenemos. En primer lugar, recordemos el caso de a^x cuando x es racional.

Sea a un **número real positivo** y x un **número racional**.

1. Si $x = n$, donde n es un entero positivo, entonces:

$$a^x = a^n = \underbrace{a\,a\ldots a}_{n}$$

2. Si $x = 0$, $a^0 = 1$

3. Si $x = -n$, y n es un entero positivo, entonces $\quad a^{-n} = \dfrac{1}{a^n}$

4. Si $x = \frac{m}{n}$, donde m y n son enteros positivos, entonces:

$$a^x = a^{m/n} = \sqrt[n]{a^m} = \left(\sqrt[n]{a}\right)^m$$

$\boxed{\textbf{Ejemplo 4.6.1}}$ Resolver:

    a. $4^3 = 4 \cdot 4 \cdot 4 = 64$ **b.** $4^0 = 1$

    c. $4^{-3} = \dfrac{1}{4^3} = \dfrac{1}{64}$ **d.** $4^{\frac{5}{2}} = \left(4^{\frac{1}{2}}\right)^5 = \left(\sqrt{4}\right)^5 = (2)^5 = 32$

Ahora, veamos el significado de a^x cuando x es **irracional**. Estudiaremos esta peculiaridad mediante el caso de 2^π, ya que π es el número irracional más conocido. Apareció en la Geometría cuando se estudiaba la circunferencia.

El número π, al igual que cualquier número irracional, tiene un desarrollo decimal infinito no periódico. Sus 30 primeras cifras son:

$$\pi = 3.141596253589793238462643383279\ldots$$

Considerando esta expansión decimal de π, construimos las dos siguientes sucesiones de números racionales:

1. 3.1   3.14   3.141   3.1415 $\ldots$ y   **2.** 3.2   3.15   3.142   3.1416

Los términos de la primera sucesión se aproximan a π por la izquierda (menores que π). Los términos de la segunda sucesión se aproximan a π por la derecha (mayores que π).

Las sucesiones anteriores nos permiten aproximarnos a 2^π, por la izquierda y por la derecha, con las siguientes potencias racionales:

$$3.1 \quad < \quad \pi \quad < \quad 3.2 \quad \Rightarrow \quad 2^{3.1} \quad < \quad 2^\pi \quad < \quad 2^{3.2}$$
$$3.14 \quad < \quad \pi \quad < \quad 3.15 \quad \Rightarrow \quad 2^{3.14} \quad < \quad 2^\pi \quad < \quad 2^{3.15}$$
$$3.141 \quad < \quad \pi \quad < \quad 3.142 \quad \Rightarrow \quad 2^{3.141} \quad < \quad 2^\pi \quad < \quad 2^{3.142}$$
$$3.1415 \quad < \quad \pi \quad < \quad 3.1416 \quad \Rightarrow \quad 2^{3.1415} \quad < \quad 2^\pi \quad < \quad 2^{3.1416}$$

Haciendo uso de las propiedades básicas de los números reales, es evidente que existe un único número real que es mayor que todos los números:

$$2^{3.1} < 2^{3.14} < 2^{3.141} < 2^{3.1415} \ldots$$

y menor que los números:

$$\ldots 2^{3.1416} < 2^{3.142} < 2^{3.15} < 2^{3.2}$$

A este único real se lo denota por 2^{π}. Algunas calculadoras nos dicen que:

$$2^{\pi} = 8.824977827$$

Este proceso se puede replicar para definir a^x, donde a es cualquier número real positivo y x es cualquier número irracional.

El siguiente teorema resume las propiedades de los exponentes para cualquier número real. La demostración no es compleja para el caso de exponentes racionales, no obstante, para exponentes irracionales sí lo es. Por esta razón, el teorema será enunciado omitiendo su demostración.

$\boxed{\textbf{Teorema 4.6.1}}$ **Leyes de los Exponentes**

Si a y b son números reales positivos y x e y son números reales cualesquiera, entonces se cumple que:

$\quad$ 1. $a^0 = 1$ $\qquad\qquad$ 2. $a^1 = a$ $\qquad\qquad$ 3. $a^x a^y = a^{x+y}$

$\quad$ 4. $\dfrac{a^x}{a^y} = a^{x-y}$ $\qquad$ 5. $(a^x)^y = a^{xy}$ $\qquad$ 6. $(ab)^x = a^x b^x$

$\quad$ 7. $\left(\dfrac{a}{b}\right)^x = \dfrac{a^x}{b^x}$ $\qquad\qquad\qquad\qquad$ 8. $a^{-x} = \dfrac{1}{a^x}$

$\boxed{\textbf{Ejemplo 4.6.2}}$ $\quad$ Resolver:

$\quad$ a. $\dfrac{3^{\frac{3}{2}}}{\sqrt{3}} = \dfrac{3^{\frac{3}{2}}}{3^{\frac{1}{2}}} = 3^{\frac{3}{2}-\frac{1}{2}} = 3^{\frac{2}{2}} = 3^1 = 3$

$\quad$ b. $\left(3^{\frac{2}{3}} \times 3^{\frac{1}{6}}\right)^6 = 3^{\frac{2}{3}\cdot 6} \times 3^{\frac{1}{6}\cdot 6} = 3^4 \times 3^1 = 3^{4+1} = 3^5 = 243$

LAS FUNCIONES EXPONENCIALES

$\boxed{\textbf{Definición}}$ $\quad$ Sea a un número real tal que $a > 0$ $\;$ y $\;$ $a \neq 1$.

La **función exponencial con base** a es la función:

$$f:\; \mathbb{R} \to \mathbb{R}^+, \quad f(x) = a^x$$

Ejemplo 4.6.3

Esbozar las gráficas de las siguientes funciones:

1. $y = 2^x$ **2.** $y = 5^x$

3. $y = \left(\dfrac{1}{2}\right)^x = 2^{-x}$ **4.** $y = \left(\dfrac{1}{5}\right)^x = 5^{-x}$

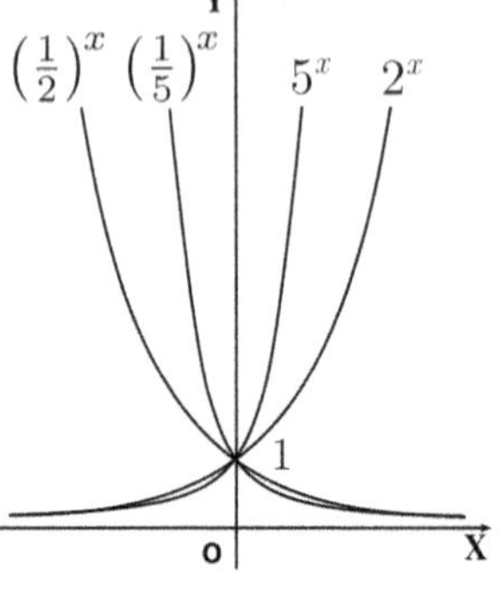

Todas pasan por el punto $(0, 1)$.

En la definición de la función $f(x) = a^x$, se ha eliminado la base $a = 1$, ya que, en este caso, $f(x) = 1^x = 1$ es la recta horizontal $y = 1$, la cual tiene un comportamiento muy simple y muy distinto a los casos donde $a \neq 1$.

PROPIEDADES DE LA FUNCIÓN EXPONENCIAL

La función exponencial $f(x) = a^x$ tiene las siguientes propiedades:

1. Es **creciente** si $a > 1$ y es **decreciente** si $0 < a < 1$.

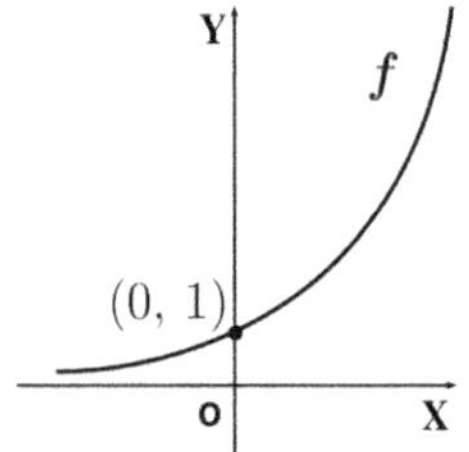 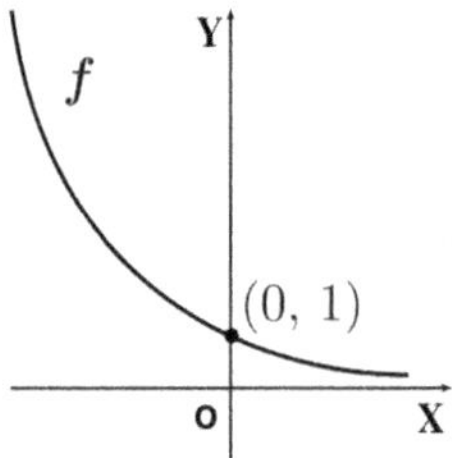

$f(x) = a^x$ donde $a > 1$ $f(x) = a^x$ donde $0 < a < 1$

2. Dominio: $\mathbb{R}$,   **Rango:** $\mathbb{R}^+ = (0, +\infty)$.

3. Es inyectiva

4. La gráfica de f corta al eje Y en $(0, 1)$, ya que $a^0 = 1$.

Ejemplo 4.6.4

Mediante la técnica de traslación y reflexión, y teniendo en cuenta el gráfico de $f(x) = 2^x$ (ejemplo 4.6.3), esbozar los gráficos de:

1. $g(x) = 2^x + 2$ **2.** $h(x) = 2^{x-2}$ **3.** $q(x) = -2^{-x}$

Solución

1. Vemos que $g(x) = 2^x + 2 = f(x) + 2$. Luego, el gráfico de $g(x) = 2^x + 2$ se obtiene trasladando verticalmente, dos unidades hacia arriba, al gráfico de $f(x) = 2^x$.

2. Vemos que $h(x) = 2^{x-2} = f(x-2)$. Luego, el gráfico de $h(x) = 2^{x-2}$ se obtiene trasladando horizontalmente, dos unidades hacia la derecha, al gráfico de $f(x) = 2^x$.

3. Vemos que $q(x) = -2^{-x} = -f(-x)$. Luego, el gráfico de $q(x)$ se obtiene en dos pasos. Se refleja la gráfica de f en el eje Y. Luego, este se refleja en el eje X.

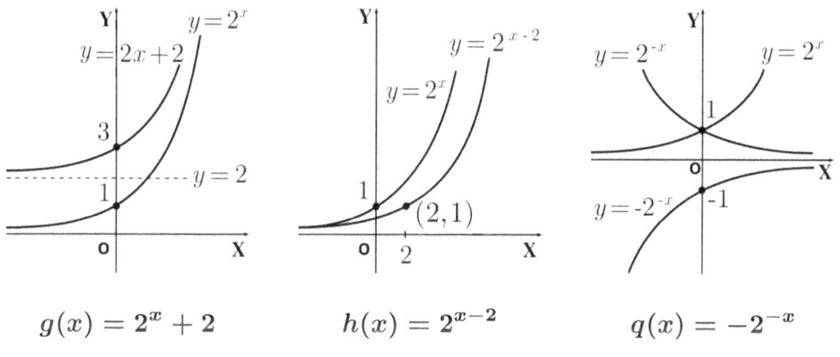

$$g(x) = 2^x + 2 \qquad h(x) = 2^{x-2} \qquad q(x) = -2^{-x}$$

EL NÚMERO e

Se ha demostrado que los números irracionales son más abundantes que los racionales. Sin duda, este es un resultado que choca con nuestra intuición.

Los dos números irracionales más famosos son el número π y el número **e**. El primero es muy importante en la Geometría y en la Trigonometría, pero el segundo, lo es en el Cálculo. A estas alturas no podemos dar una definición precisa del número e, ya que para esto necesitamos comprender el concepto de *límites*, que es recién el primer tema del curso que prosigue a este (Cálculo Diferencial). Por ahora, nos conformaremos con decir que este es el siguiente número irracional con las 21 primeras cifras de su expresión decimal:

$$e \approx \mathbf{2.71828182845904523536\ldots}$$

El nombre de este número le fue conferido por su descubridor, **Leonardo Euler**, sin embargo, todavía es incierto si esto se debe a la letra inicial de su apellido o a la letra inicial de la palabra *exponencial*.

LA FUNCIÓN EXPONENCIAL NATURAL

$\boxed{\textbf{Definición}}$

La **función exponencial natural** es la función
exponencial que tiene, por base, al número e. Esto
es, la función:

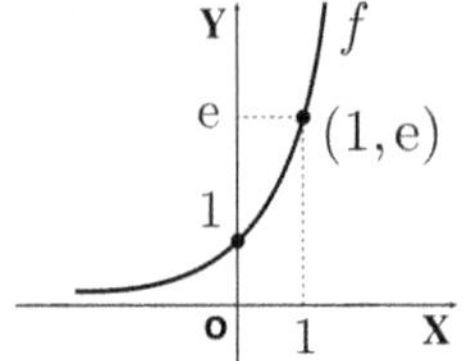

$$f: \ \mathbb{R} \to \mathbb{R}^+, \ f(x) = \mathrm{e}^x$$

Observe que $\mathrm{e} > 1$. Esto nos indica que la función es creciente.

¿Sabías esto?

La **Fórmula de Euler**, evidentemente desarrollada por el matemático
Francés, incorpora la unidad imaginaria $i = \sqrt{-1}$, para producir la igualdad: $\mathrm{e}^{ix} = \cos x + i\,\mathrm{sen}\,x$.

    Un caso especial de esta fórmula se produce cuando $x = \pi$, el cual
ha sido calificado como *la fórmula más hermosa de la matemática*, la
Identidad de Euler:

$$\mathrm{e}^{i\pi} + 1 = 0$$

PROBLEMAS RESUELTOS 4.6

$\boxed{\textbf{Problema 4.6.1}}$ Simplificar las siguientes expresiones:

$$\textbf{a.} \ \ \frac{\mathrm{e}^{\frac{3}{2}}}{\sqrt{\mathrm{e}}} \qquad\qquad \textbf{b.} \ \ \left[\frac{1}{8}\left(8^{\frac{2}{3}}\right)\right]^3 \qquad\qquad \textbf{c.} \ \ \frac{\left(9^{\frac{4}{5}}\right)^{\frac{5}{8}}}{\left(\frac{8}{27}\right)^{\frac{2}{3}}}$$

Solución

a. $\ \dfrac{\mathrm{e}^{\frac{3}{2}}}{\sqrt{\mathrm{e}}} = \dfrac{\mathrm{e}^{\frac{3}{2}}}{\mathrm{e}^{\frac{1}{2}}} = \mathrm{e}^{\frac{3}{2}-\frac{1}{2}} = \mathrm{e}^{\frac{2}{2}} = \mathrm{e}$

b. $\ \left[\dfrac{1}{8}\left(8^{\frac{2}{3}}\right)\right]^3 = \left(\dfrac{1}{8}\right)^3\left(8^{\frac{2}{3}}\right)^3 = \left(\dfrac{1^3}{8^3}\right)\left(8^2\right) = \dfrac{8^2}{8^3} = \dfrac{1}{8}$

c. $\ \dfrac{\left(9^{\frac{4}{5}}\right)^{\frac{5}{8}}}{\left(\dfrac{8}{27}\right)^{\frac{2}{3}}} = \dfrac{9^{\frac{20}{40}}}{\left(\dfrac{2^3}{3^3}\right)^{\frac{2}{3}}} = \dfrac{9^{\frac{1}{2}}}{\dfrac{2^{(3)\left(\frac{2}{3}\right)}}{3^{(3)\left(\frac{2}{3}\right)}}}$

$$= \dfrac{3}{\dfrac{2^2}{3^2}} = \dfrac{3\left(3^2\right)}{2^2} = \dfrac{27}{4}$$

Problema 4.6.2   Si $h(x) = 3^{5x}$, hallar x tal que $h(x) = 81$.

Solución

Como $81 = 3^4$, debemos hallar el x tal que $3^{5x} = 3^4$. Igualando los exponentes:

$$5x = 4 \Rightarrow x = \frac{4}{5}$$

Problema 4.6.3   Si $f(x) = e^{kx}$ y $f(1) = 3$, hallar $f(5)$

Solución

Si $f(1) = 3$, entonces $e^k = 3$. Luego:

$$f(5) = e^{k(5)} = \left(e^k\right)^5 = 3^5 = 243$$

Problema 4.6.4

Una compañía abre una vacante de empleo para un contrato de, exactamente, 18 días. Dan a elegir entre dos formas de pago:

    a. 2,500 de dólares al final de los 18 días.

    b. 1 centavo de dólar por el primer día, 2 centavos por el segundo, 4 centavos por el tercero y, en general, 2^{n-1} centavos por el día n.

¿Cuál de las dos formas de pago aporta mejor beneficio?

Solución

Te sorprenderá saber que la segunda opción es más conveniente. En efecto, el primer día recibe 1 centavo y el último día ($n = 18$) recibe:

$$2^{18-1} = 2^{17} \text{ centavos}$$

Si S es la suma total de todos los centavos que se reciben, se tiene:

$$S = 1 + 2 + 2^2 + 2^3 + \ldots + 2^{17} \tag{1}$$

Para hallar la suma S, multiplicamos la igualdad anterior por la razón 2:

$$2S = 2 + 2^2 + 2^3 + 2^4 + \ldots + 2^{18} \tag{2}$$

Restando la igualdad (1) de la (2), obtenemos:

$$S = 2^{18} - 1 = 262,143 \text{ centavos} = 2,621.43 \text{ dólares.}$$

Humor en tiempos de ciencia

Respuestas

PROBLEMAS PROPUESTOS 4.6

En los ejercicios del 1 al 7, calcular el valor de las expresiones dadas:

1. $(81)^{\frac{1}{4}}$ **2.** $8^{\frac{4}{3}}$ **3.** $(25)^{\frac{3}{2}}$ **4.** $(25)^{-\frac{3}{2}}$

5. $\left(\frac{1}{8}\right)^{-\frac{2}{3}}$ **6.** $\left(\frac{27}{16}\right)^{-\frac{1}{2}}$ **7.** $(0.01)^{-1}$

En los ejercicios del 8 al 13, simplificar las expresiones dadas:

8. $\left(\dfrac{e^7}{e^3}\right)^{-1}$ **9.** $\dfrac{3^3 3^5}{\left(3^4\right)^3}$ **10.** $\dfrac{5^{\frac{1}{2}}\left(5^{\frac{1}{2}}\right)^5}{5^4}$

11. $\dfrac{2^{-3}2^5}{\left(2^4\right)^{-3}}$ **12.** $\dfrac{\left(2^4\right)^{\frac{1}{3}}}{16\left(2^{\frac{7}{3}}\right)}$ **13.** $\dfrac{\left(2^{\frac{1}{3}}3^{\frac{2}{3}}\right)^3}{3^{\frac{5}{2}}3^{-\frac{1}{2}}}$

En los ejercicios del 14 al 19, resolver las ecuaciones dadas.

14. $2^{2x-1} = 8$ **15.** $\left(\frac{1}{3}\right)^{x+1} = 27$ **16.** $8\sqrt[3]{2} = 4^x$

17. $\left(3^{2x}\, 3^2\right)^4 = 3$ **18.** $e^{-6x+1} = e^3$ **19.** $e^{x^2-2x} = e^3$

En los ejercicios del 20 al 28, esbozar los gráficos de las funciones dadas. En todos ellos, excepto el 25 y 27, use las técnicas de traslación y reflexión.

20. $y = e^{x+2}$ **21.** $y = -2e^x + 1$ **22.** $y = e^{-x}$

23. $y = e^{-x} + 2$ **24.** $y = 2 - e^{-x}$ **25.** $y = 3^x$

26. $y = 3^{-x+2}$ **27.** $y = 4^x$ **28.** $y = -4^{-x-1}$

29. Si $g(x) = Ae^{-kx}$, $g(0) = 9$ y $g(2) = 5$, hallar $g(6)$.

30. Si $h(x) = 30 - Pe^{-kx}$, $h(0) = 10$ y $h(3) = -30$, hallar $h(12)$.

┌─ SECCIÓN 4.7 ───┐

FUNCIONES LOGARÍTMICAS

└───┘

Definición Sea $a > 0$ y $a \neq 1$.

La **función logaritmo** de base a es la inversa de la función exponencial, y se denota por $\log_a$.

$$f : \mathbb{R} \to \mathbb{R}^+, \quad f(x) = a^x$$

Esto es, $\quad \log_a : \mathbb{R}^+ \to \mathbb{R}, \quad \log_a = f^{-1}$

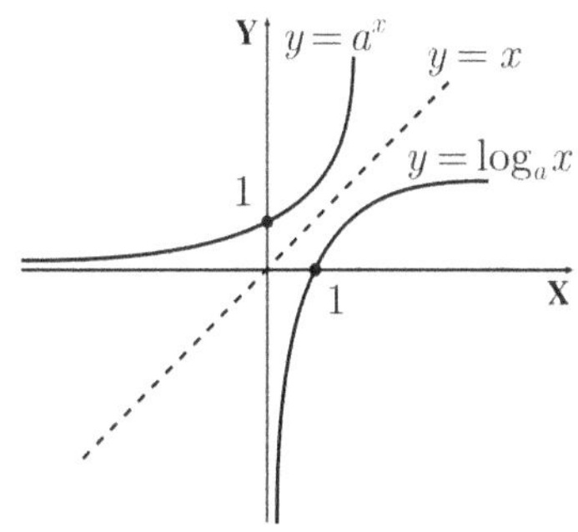
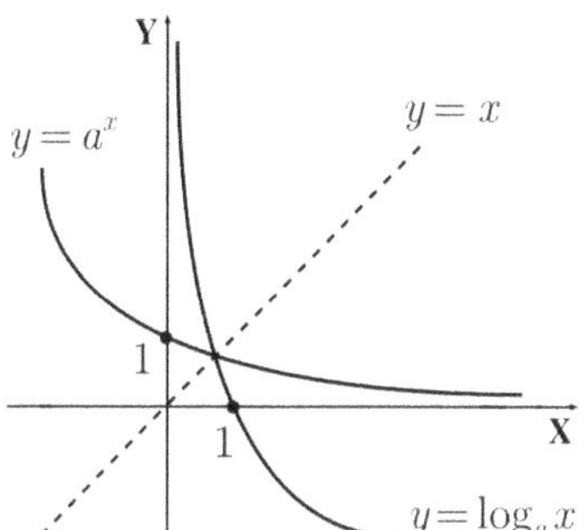

$$y = \log_a(x), \ a > 1 \qquad\qquad y = \log_a(x), \ 0 < a < 1$$

Dado que $y = \log_a(x)$ es la función inversa de $y = a^x$, se tiene que:

$$(1) \qquad a^{\log_a(x)} = x \qquad y \qquad (2) \qquad \log_a(a^x) = x$$

Las propiedades (1) y (2) equivalen a la siguiente proposición:

$$\log_a(x) = y \leftrightarrow a^y = x \tag{3}$$

Esta última equivalencia nos dice que $\log_a(x)$ es el exponente al cual se debe elevar la base a para obtener el número x.

Como $a^1 = a$ y $a^0 = 1$, se tiene que:

$$(4) \qquad \log_a(a) = 1 \qquad y \qquad (5) \qquad \log_a(1) = 0$$

Frecuentemente, escribiremos $y = \log_a x$ (sin paréntesis) en lugar de $\log_a(x)$.

Ejemplo 4.7.1 Resolver:

a. $\log_4 64 = \log_4\left(4^3\right) = 3$
b. $\log_7 \sqrt{7} = \log_7\left(7^{\frac{1}{2}}\right) = \dfrac{1}{2}$

c. $\log_5\left(\dfrac{1}{5}\right) = \log_5\left(5^{-1}\right) = -1$

d. $\log_{10} 0.001 = \log_{10}\dfrac{1}{1,000} = \log_{10} 10^{-3} = -3$

PROPIEDADES DE LA FUNCIÓN LOGARITMO

La función logaritmo $y = \log_a x$ tiene las siguientes propiedades:

- Si $a > 1$, es **creciente**. Si $0 < a < 1$, es **decreciente**.

- **Dominio** $= \mathbb{R}^+$, **rango** $= \mathbb{R}$.

- Es **biyectiva**.

- La gráfica de $y = \log_a x$ corta al eje X en $(1, 0)$ y no corta al eje Y.

$\boxed{\textbf{Teorema 4.7.1}}$ **Leyes de los Logaritmos**

Si $a > 0$, $a \neq 1$, $u > 0$, $v > 0$ y n es real, entonces:

$$\textbf{1. } \log_a(uv) = \log_a u + \log_a v \qquad \text{(Logaritmo de un producto)}$$

$$\textbf{2. } \log_a\left(\frac{u}{v}\right) = \log_a u - \log_a v \qquad \text{(Logaritmo de un cociente)}$$

$$\textbf{3. } \log_a u^n = n \log_a u \qquad \text{(Logaritmo de una potencia)}$$

Demostración

1. Si $x = \log_a u$ e $y = \log_a v$, entonces:

$$u = a^x, \ v = a^y \ \text{ y } \ uv = a^x a^y = a^{x+y}$$

Aplicando $\log_a$ a la última igualdad, y usando la propiedad (2) de la definición de la función logaritmo, tenemos:

$$\log_a(uv) = \log_a\left(a^{x+y}\right) = x + y = \log_a u + \log_a v$$

Las pruebas de 2 y 3 son similares a la prueba de 1. Estas se dejan como ejercicio para el lector.

$\boxed{\textbf{Ejemplo 4.7.2}}$ Sean reales positivos los números: x, y y z.

Expresar las siguientes expresiones en términos de logaritmos de x, y, z:

$$\textbf{i. } \log_a\left(\frac{x^4\sqrt{z}}{y^3}\right) \qquad\qquad \textbf{ii. } \log_a \sqrt[7]{\frac{x^2}{y^3 z^4}}$$

Solución

i. $\log_a \left(\dfrac{x^4 \sqrt{z}}{y^3} \right) = \log_a \left(\dfrac{x^4 z^{\frac{1}{2}}}{y^3} \right) = \log_a \left(x^4 z^{\frac{1}{2}} \right) - \log_a y^3$　　　　(por 2)

$$= \log_a x^4 + \log_a z^{\frac{1}{2}} - \log_a y^3 \qquad \text{(por 1)}$$

$$= 4 \log_a x + \frac{1}{2} \log_a z - 3 \log_a y \qquad \text{(por 3)}$$

ii. $\log_a \sqrt[7]{\dfrac{x^2}{y^3 z^4}} = \log_a \left(\dfrac{x^2}{y^3 z^4} \right)^{\frac{1}{7}} = \dfrac{1}{7} \log_a \left(\dfrac{x^2}{y^3 z^4} \right)$　　　　(por 3)

$$= \frac{1}{7} \left[\log_a x^2 - \log_a \left(y^3 z^4 \right) \right] \qquad \text{(por 2)}$$

$$= \frac{1}{7} \left[\log_a x^2 - \log_a y^3 - \log_a z^4 \right] \qquad \text{(por 1)}$$

$$= \frac{2}{7} \log_a x - \frac{3}{7} \log_a y - \frac{4}{7} \log_a z \qquad \text{(por 3)}$$

$\boxed{\textbf{Ejemplo 4.7.3}}$　Resolver las siguientes ecuaciones:

$$\textbf{a. } 2^{8x-1} = 64 \qquad\qquad \textbf{b. } 2 \log_9(4x) = 1$$

Solución

a. Aplicamos $\log_2$ a ambos miembros:

$$\log_2 \left(2^{8x-1} \right) = \log_2 64 \Rightarrow \log_2 \left(2^{8x-1} \right) = \log_2 \left(2^6 \right)$$

$$\Rightarrow (8x - 1) \log_2 2 = 6 \log_2 2 \Rightarrow 8x - 1 = 6 \Rightarrow x = \frac{7}{8}$$

b. $2 \log_9(4x) = 1 \Rightarrow \log_9(4x) = \dfrac{1}{2} \Rightarrow 4x = 9^{1/2} \Rightarrow 4x = 3 \Rightarrow x = \dfrac{3}{4}$

LA FUNCIÓN LOGARITMO NATURAL

La función **logaritmo natural** es la función logaritmo con base **e**. Esta se denota por $y = \ln x$, es decir:

$$\ln x = \log_e x$$

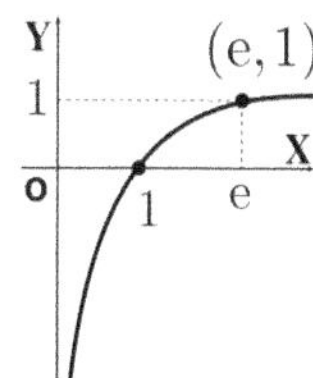

La función $y = \ln x$ es la inversa de la función exponencial $y = e^x$; por lo tanto, tenemos que:

$$(1) \quad e^{\ln x} = x \qquad \text{y} \qquad (2) \quad \ln e^x = x$$

o, de forma equivalente,

$$y = \ln x \Leftrightarrow e^y = x \tag{3}$$

Dado que $e^1 = e$, tenemos que $\ln e = 1$.

$\boxed{\textbf{Ejemplo 4.7.4}}$　Resolver la ecuación $3^{2x+1} = 5^{3x-1}$

Solución

Aplicamos logaritmo natural a ambos lados de la ecuación:

$$\ln 3^{2x+1} = \ln 5^{3x-1} \Rightarrow (2x+1)\ln 3 = (3x-1)\ln 5$$
$$\Rightarrow 2x\ln 3 + \ln 3 = 3x\ln 5 - \ln 5$$
$$\Rightarrow 2x\ln 3 - 3x\ln 5 = -\ln 5 - \ln 3$$
$$\Rightarrow x(2\ln 3 - 3\ln 5) = -(\ln 5 + \ln 3)$$
$$\Rightarrow x = -\frac{\ln 5 + \ln 3}{2\ln 3 - 3\ln 5} \approx 1.03$$

$\boxed{\textbf{Observación}}$

Los logaritmos más frecuentes son los naturales y los decimales (base 10). Tratándose de los logaritmos decimales, es común omitir la base y escribir simplemente $\log x$, en lugar de $\log_{10} x$.

CAMBIO DE BASE LOGARÍTMICA Y EXPONENCIAL

La siguiente igualdad nos permite expresar una función logarítmica, de cualquier base, en términos de la función logaritmo natural.

$\boxed{\textbf{Teorema 4.7.2}}$　**Cambio de Base Logarítmica.**

Si $x > 0$, entonces:

$$\boxed{\log_a x = \frac{\ln x}{\ln a}}$$

Demostración

$$y = \log_a x \Rightarrow a^y = x \Rightarrow \ln a^y = \ln x \Rightarrow y\ln a = \ln x$$

$$\Rightarrow y = \frac{\ln x}{\ln a} \Rightarrow \log_a x = \frac{\ln x}{\ln a}$$

COROLARIO

$$\log_a e = \frac{1}{\ln a}$$

Demostración

En la fórmula del teorema 4.7.2, tomar $x = e$. Considerar que $\ln e = 1$.

Ejemplo 4.7.5   Hallar el valor de:

$$\textbf{a. } \log_5 e \qquad\qquad \textbf{b. } \log_4 19$$

Solución

a. De acuerdo al corolario:

$$\log_5 e = \frac{1}{\ln 5} = \frac{1}{1.6094379} = 0.609437912$$

b. De acuerdo al teorema 4.7.2:

$$\log_4 19 = \frac{\ln 19}{\ln 4} = \frac{2.944438979}{1.38629361} = 2.123963757$$

Teorema 4.7.3   **Cambio de base Exponencial.**

Si $a > 0$ y $a \neq 1$, entonces:

$$a^x = e^{x \ln a}$$

Demostración

Sabemos que $a = e^{\ln a}$. Luego:

$$a^x = \left(e^{\ln a}\right)^x = e^{x \ln a}$$

===

¿Sabías esto?

Johann Bernoulli (1627-1748), "el *Arquímedes* de su época", se impuso el reto de calcular el área bajo la curva $y = x^x$, desde $x = 0$ hasta $x = 1$. Usando la identidad $x^x = e^{x \ln x}$, descubrió que esta área se podía representar mediante la siguiente serie:

$$\frac{1}{1^1} - \frac{1}{2^2} + \frac{1}{3^3} - \frac{1}{4^4} + \ldots + (-1)^{n+1}\frac{1}{n^n} \ldots$$

Johann Bernoulli

La familia Bernoulli es reconocida como una *dinastía matemática*, pues, su árbol genealógico alberga más de una docena de brillantes matemáticos.

PROBLEMAS RESUELTOS 4.7

Problema 4.7.1   Resolver las siguientes ecuaciones:

$$\textbf{a. } \log_{27} 4x = \frac{2}{3} \qquad\qquad \textbf{b. } 3^{2x-1} = 81$$

Solución

$$\textbf{a. } \log_{27} 4x = \frac{2}{3} \Rightarrow 4x = 27^{\frac{2}{3}} \Rightarrow 4x = \left(\sqrt[3]{27}\right)^2 = 3^2 = 9 \Rightarrow x = \frac{9}{4}$$

b. Tomando $\log_3$ en ambos lados de la ecuación:

$$\log_3 3^{2x-1} = \log_3 81 \Rightarrow 2x - 1 = \log_3(3^4) \Rightarrow 2x - 1 = 4 \Rightarrow x = \frac{5}{2}$$

Problema 4.7.2   Graficar la función $y = \ln|x|$.

Solución

De la definición de $|x|$, tenemos que:

$$y = \ln|x| = \begin{cases} \ln x, & \text{si } x > 0 \\ \ln -x, & \text{si } x < 0 \end{cases}$$

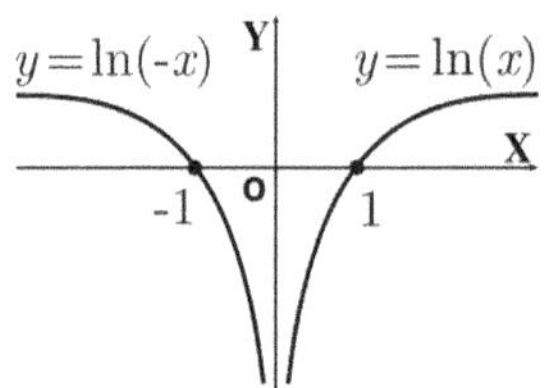

Entonces, $y = \ln|x|$ tiene de dos gráficos:

(1) $y = \ln x,\ x > 0$ **(2)** $y = \ln(-x),\ x < 0$

Ya conocemos (1). Obtenemos el gráfico de (2) reflejando a (1) en el eje Y.

Respuestas

PROBLEMAS PROPUESTOS 4.7

En los ejercicios del 1 al 8, calcular el valor de la expresión, sin usar tablas ni calculadora.

1. $\log_2\left(\frac{1}{64}\right)$ **2.** $\log_{\frac{1}{2}}\left(\frac{1}{16}\right)$ **3.** $\log_{\frac{1}{3}}(81)$

4. $\log_{100}(0.1)$ **5.** $e^{\ln 3}$ **6.** $e^{2\ln 3}$

7. $e^{\frac{\ln 3}{2}}$ **8.** $e^{3\ln 2 - 2\ln 3}$

En los ejercicios del 9 al 19, resolver la ecuación dada.

9. $\log_x(25) = \frac{1}{2}$ **10.** $\log_4\left(x^2 - 6x\right) = 2$

11. $\log x + \log(2x - 8) = 1$ **12.** $-3\ln x = a$ **13.** $\frac{k}{20} - \ln x = 1$

14. $4\ln x = \frac{1}{2}\ln x + 7$ **15.** $3\ln(\ln x) = -12$ **16.** $3e^{-1.2x} = 14$

17. $3^{x-1} = e^3$ **18.** $3^x 2^{3x} = 64$ **19.** $\left(3^x\right)^2 = 16\sqrt{2^x}$

En los problemas del 20 al 27, usar las técnicas de graficación (traslaciones y reflexiones) para bosquejar la gráfica de las funciones indicadas.

20. $y = \ln(x-2)$ **21.** $y = \ln(-x)$ **22.** $y = \ln(x+3)$

23. $y = 4 - \ln x$ **24.** $y = 4 - \ln(x+3)$ **25.** $y = 2 - \ln|x|$

26. $y = 3 + \log x$ **27.** $y = 3 + \log(x+3)$

En los problemas del 28 al 31, escribir la expresión indicada en términos de los logaritmos de a, b y c.

28. $\log \dfrac{a^2 b}{c}$ **29.** $\log \dfrac{\sqrt{b}}{a^2 c^3}$ **30.** $\ln\left(\dfrac{1}{a}\sqrt{\dfrac{c^3}{b}}\right)$ **31.** $\ln \sqrt[5]{\dfrac{a^2}{bc^4}}$

En los problemas del 32 al 34, escribir la expresión dada como un solo logaritmo de coeficiente 1.

32. $3\ln x + \ln y - 2\ln z$ **33.** $2\log a + \log b - 3(\log z + \log x)$

34. $\frac{3}{4}\ln a + 3\ln b - \frac{3}{2}\ln c$

35. Expresar cada una de las siguientes funciones en la forma $y = Ae^{kt}$:

a. $y = (5)3^{0.5t}$ **b.** $y = 6(1.04)^t$

APLICACIONES DE FUNCIONES

Algunos fenómenos de las ciencias naturales, sociales y económicas, pueden modelarse mediante funciones exponenciales o logarítmicas. En esta sección final, veremos algunos casos simples como el crecimiento poblacional y el decaimiento radioactivo.

CRECIMIENTO EXPONENCIAL

Sea $f(t)$ una función, donde la variable independiente t representa al tiempo. Se dice que $f(t)$ crece en forma exponencial si se cumple que:

$$f(t) = Aa^{kt},$$

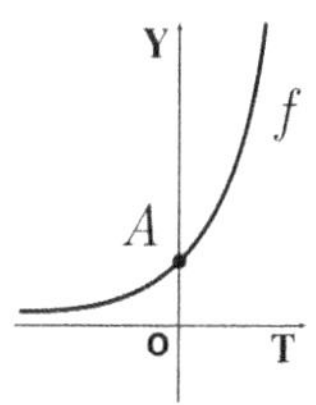

donde $a > 1$ y, además, A y k son constantes positivas.

Observe que f es creciente y que $f(0) = A$.

$\boxed{\textbf{Ejemplo 4.8.1}}$

Una población de bacterias se triplica cada minuto. Si se inicia un cultivo con una población de 50 bacterias:

a. hallar la ecuación de crecimiento de la población.

b. ¿cuántas bacterias se tiene después de un cuarto de hora?

Solución

a. Sea t el número de minutos transcurridos desde el inicio del cultivo. Al inicio, cuando $t = 0$, se tiene $f(0) = 50$.

Después de un minuto, se tiene $f(1) = f(1) = 50(3)$.

Después de dos minutos, se tiene $f(2) = 50(3)(3) = 50(3^2)$.

Después de tres minutos, se tiene $f(3) = 50(3^2)(3) = 50(3^3)$.

En general, después de t minutos, se tiene:

$$f(t) = 50(3^t)$$

b. Después de un cuarto de hora, es decir, cuando $t = 15$, se tiene:

$$f(15) = 50(3^{15}) \approx 717,445,350 \text{ bacterias.}$$

DECAIMIENTO EXPONENCIAL

Una cantidad $f(t)$ decae exponencialmente si se cumple:

$$f(t) = Aa^{-kt}$$

donde $a > 1$, A y k son constantes positivas.

Observe que $f(0) = A$ y f es **decreciente**.

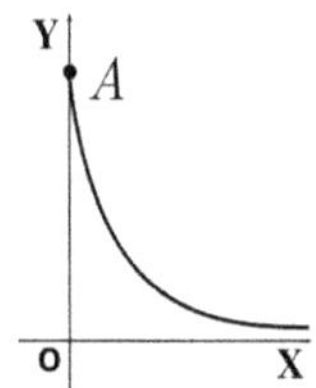

Se ha comprobado experimentalmente que la desintegración de materiales radioactivos es un fenómeno que cumple esta condición. Los materiales radioactivos se caracterizan porque se desintegran (decaen) espontáneamente para, luego, transformarse en otro elemento.

Si $N(t)$ es el número de átomos de un isótopo radioactivo en un instante t, entonces se cumple que:

$$N(t) = N_0 e^{-kt} \tag{1}$$

donde $N_0 = N(0)$ es el número de átomos en el instante $t = 0$ y k es una constante positiva que depende únicamente del elemento radioactivo. Si k es grande, el material decae rápidamente. Si k es pequeño (cercana a 0), el material decae lentamente.

$\boxed{\textbf{Ejemplo 4.8.2}}$

La cantidad $Q(t)$ de un material radioactivo, después de t años, está dada por la fórmula siguiente:

$$Q(t) = Ae^{-0.0004t}$$

Si después de 2000 años prevalecen 300 gramos ¿cuántos gramos de material había inicialmente?

Solución

Tenemos que:

$$300 = Q(2,000) = Ae^{-0.0004(2,000)} = Ae^{-0.8} \Rightarrow A = \frac{300}{e^{-0.8}}$$

$$= 300e^{0.8} \approx 667.66 \text{ gramos}$$

DECAIMIENTO RADIOACTIVO Y VIDA MEDIA

La **vida media** de un material radioactivo es el tiempo que demora en desintegrarse la mitad de cualquier muestra del material. Por ejemplo, se sabe que la vida media del Polonio 210, un isótopo del Polonio, es de 140 días.

La premisa anterior implica que, para cualquier cantidad de la sustancia, sólo se tendrá la mitad de la cantidad inicial después de 140 días.

Presentamos la vida media de algunos elementos radioactivos notables:

Uranio (U^{238})	4,510,000,000 años
Plutonio (Pu^{230})	24,360 años
Carbono 14 (C^{14})	5,730 años
Radio (Ra^{226})	1,620 años
Polonio (Po^{210})	140 días.

Ahora, veamos cuál es la relación entre la vida media y la constante k que aparece en la función de decaimiento radioactivo.

Si λ es la vida media del material radioactivo, entonces, transcurrido este tiempo λ, debemos tener solamente la mitad de átomos iniciales; es decir, $N(\lambda) = \frac{1}{2}N_0$. En consecuencia:

$$N_0e^{-k\lambda} = \frac{1}{2}N_0 \Rightarrow e^{-k\lambda} = \frac{1}{2} \Rightarrow -k\lambda = \ln\left(\frac{1}{2}\right) \Rightarrow -k\lambda = \ln 1 - \ln 2$$

$$\Rightarrow -k\lambda = -\ln 2$$

$$\Rightarrow k\lambda = \ln 2$$

$$\Rightarrow \lambda = \frac{\ln 2}{k}$$

Esto es:

$$(2) \quad \lambda = \frac{\ln 2}{k} \qquad\qquad \text{o} \qquad\qquad (3) \quad k = \frac{\ln 2}{\lambda}$$

Si reemplazamos (3) en (1), obtenemos la igualdad:

$$N(t) = N_0 e^{-\left(\frac{\ln 2}{\lambda}\right)t} \qquad (4)$$

Ejemplo 4.8.3 Hallar la vida media del potasio ^{42}K.

Este elemento se desintegra de acuerdo a la fórmula:

$$Q(t) = Q_0 e^{-0.0555t}, \quad \text{donde } t \text{ representa horas.}$$

Solución

Tenemos que $k = 0.0555$. Luego, la vida media es:

$$\lambda = \frac{\ln 2}{k} = \frac{0.693147}{0.0555} \approx 12.489 \text{ horas}$$

FECHADO CON CARBONO 14

El carbono 14(^{14}C) es un isótopo radioactivo del, no radioactivo, carbono 12 (^{12}C). El ^{14}C es empleado por arqueólogos para fechar la antigüedad de restos de materiales orgánicos, como huesos, madera, etc. La vida media del ^{14}C es de 5,730 años. De acuerdo a (4), su ecuación de desintegración es:

$$N(t) = N_0 \, e^{-\left(\frac{\ln 2}{5,730}\right)t} \qquad\qquad (5)$$

Por otro lado, el ^{14}C se encuentra en la atmósfera en un porcentaje que ha permanecido constante desde los orígenes del planeta. Cuando los seres vivos respiran, ingieren ^{14}C en el mismo porcentaje que está disperso en la atmósfera. Al morir un organismo, éste deja de ingerir carbono y comienza a desintegrarse el que ya se encuentra metabolizado. La fecha de la muerte del organismo se determina midiendo el carbono remanente en los restos.

Ejemplo 4.8.4 Pinturas rupestres de la Cueva de Altamira, España.

Estas pinturas están entre los monumentos más notables del hombre prehistórico europeo. Algunas de ellas fueron elaboradas con colorantes de origen orgánico. Un estudio de cierto material orgánico, utilizado en estas pinturas, reveló que éste posee solamente el 29 % de ^{14}C, con respecto de una muestra del material actual. Calcular la edad de las pinturas.

Solución

Sea t la edad de las pinturas. Para resultados prácticos, t es también tiempo transcurrido desde que murió el organismo dueño del material orgánico. De acuerdo a la ecuación (4):

$$N(t) = N_0 \, \mathrm{e}^{-\left(\frac{\ln 2}{5,730}\right)t}$$

Por otro lado, N_0, la cantidad de ^{14}C que tuvo el material orgánico cuando murió, es la misma que tiene la muestra actual. Luego:

$$N(t) = 0.29N_0 \Rightarrow N_0 \, \mathrm{e}^{-\left(\frac{\ln 2}{5,730}\right)t} = 0.29N_0 \Rightarrow \mathrm{e}^{-\left(\frac{\ln 2}{5,730}\right)t} = 0.29$$

$$\Rightarrow -\frac{\ln 2}{5,730}t = \ln 0.29$$

$$\Rightarrow t = -5,730\frac{\ln 0.29}{\ln 2}$$

$$\Rightarrow t \approx 10,233 \text{ años}$$

EDAD DEL UNIVERSO

De acuerdo a la *Teoría del Big Bang*, en el génesis del universo existió la misma cantidad de isótopos de uranio ^{235}U y ^{238}U. Desde entonces, la correlación entre estos elementos ha venido cambiando, decayendo con más rapidez la cantidad de ^{235}U, ya que la vida media del ^{235}U es más corta que la del ^{238}U.

Ejemplo 4.8.5 **Calcular la edad del universo.**

Se ha determinado que en la actualidad existen 137.7 átomos de uranio ^{238}U por cada átomo de uranio ^{235}U. Se sabe que la vida media del ^{238}U es 4.51 millardos de años y la del ^{235}U es de 0.71 millardos de años. Calcular la edad del universo, tomando en cuenta que, al inicio de éste, había la misma cantidad de ambos elementos.

Solución

Sean $N_8(t)$ y $N_5(t)$ el número de átomos de ^{238}U y de ^{235}U (respectivamente) que existen t millardos de años después de la gran explosión. De acuerdo a (3), tenemos:

$$N_8(t) = N_0 \, \mathrm{e}^{-kt} \qquad\qquad \text{y} \qquad\qquad N_5(t) = N_0 \, \mathrm{e}^{-rt}$$

donde N_0 es el número de átomos, tanto de ^{238}U cómo de ^{235}U, que hubo inicialmente. Además:

$$k = \frac{\ln 2}{4.51} \qquad\qquad \text{y} \qquad\qquad r = \frac{\ln 2}{0.71}$$

Como actualmente hay 137.7 átomos de ^{238}U por cada átomo de ^{235}U, tenemos lo siguiente:

$$137.7 = \frac{N_8(t)}{N_5(t)} = \frac{N_0\, \mathrm{e}^{-kt}}{N_0\, \mathrm{e}^{-rt}} = \frac{\mathrm{e}^{-kt}}{\mathrm{e}^{-rt}} = \mathrm{e}^{(r-k)t} \Rightarrow \mathrm{e}^{(r-k)t} = 137.7$$

$$\Rightarrow (r-k)t = \ln 137.7$$

$$\Rightarrow t = \frac{\ln 137.7}{r-k}$$

$$\Rightarrow t = \frac{\ln 137.7}{\frac{\ln 2}{0.71} - \frac{\ln 2}{4.51}} \approx 5.987$$

Luego, la edad del universo es 5.987 millardos de años.[1]

INTERÉS SIMPLE

Un capital colocado a **interés simple** permanece constante durante toda la operación. El interés ganado no genera interés.

Un capital P, colocado durante t años a **interés simple**, a una **tasa anual** de $100\,r\,\%$, produce un monto de:

$$M(t) = P(1 + rt) \qquad\qquad (1)$$

INTERÉS COMPUESTO

En un capital a **interés compuesto**, el interés ganado en cada periodo es agregado al capital del próximo periodo; es decir, el interés se capitaliza o se **compone** después de cada periodo. Este periodo puede ser de 1 año (anual), 6 meses (semestral: 2 periodos al año), 3 meses (trimestral: 4 periodos al año), 1 mes (mensual: 12 periodos al año), etc.

Además de la **tasa anual**, se tiene la **tasa periódica** que es el tanto por ciento por periodo de capitalización. Si el año está dividido en n periodos iguales, entonces:

$$\text{Tasa periódica} = \frac{\text{Tasa anual}}{n}$$

---

[1] Nuevos métodos más complejos que emplean radioisótopos, como el torio-232 (^{232}TH), sugieren que la edad del universo está entre 12 y 15 millardos de años.

Así, si la tasa anual es de 24 % y el periodo de capitalización es de 3 meses (4 periodos al año), entonces la tasa periódica es de $\frac{24}{4}\,\% = 6\,\%$.

Un capital P, que se coloca durante t años a una tasa de $100r\,\%$ anual y se capitaliza (se compone) n **veces** al año, produce un **monto** de:

$$M(t) = P\left(1 + \frac{r}{n}\right)^{nt} \qquad (2)$$

INTERÉS COMPUESTO CONTINUO

Cuando el número n de periodos de capitalización crece ilimitadamente, es decir, cuando $n \to +\infty$, se dice que el interés es **compuesto continuo**. Aquí, la capitalización es instantánea y se denomina **capitalización continua**.

Un **capital** P, colocado durante t años a un interés anual de $100r\,\%$ que se capitaliza **continuamente**, produce un **monto** de:

$$M(t) = P\,e^{rt} \qquad (3)$$

Esta fórmula se obtiene tomando **límite** de la anterior. Este concepto se estudiará en el libro *Cálculo Diferencial para Ciencias e Ingeniería*.

[**Ejemplo 4.8.6**]

Se deposita un capital de \$1,000,000. en un banco. La entidad ofrece una tasa de 25 % anual. Calcular el monto después de 2 años si el interés es:

a. simple.

b. compuesto y se capitaliza mensualmente.

c. compuesto y se capitaliza continuamente.

Solución

a. Se tiene: $P = 1,000,000$, $r = 0.25$,   y $t = 2$.

Reemplazando estos valores en la fórmula (1):

$$M(2) = 1,000,000(1 + 0.25(2)) = \$\,1,500,000$$

b. Se tiene: $P = 1,000,000$, $r = 0.25$, $n = 12$, $t = 2$.

Reemplazando estos valores en la fórmula (2):

$$M(2) = 1,000,000\left(1 + \frac{0.25}{12}\right)^{24} = \$\,1,640,273.33$$

c. Se tiene: $P = 1,000,000$, $r = 0.25$ y $t = 2$. Reemplazando estos valores en la fórmula (3):

$$M(2) = 1,000,000\,e^{0.25(2)} = \$\,1,648,721.27$$

Ejemplo 4.8.7

Si se invierte un monto de dinero a una tasa anual de 20 % ¿en qué tiempo se duplicará este dinero si el interés se compone:

      a. trimestralmente?   **b.** continuamente?

Solución

Sea P el dinero invertido y λ el tiempo que se necesita para duplicar a P, es decir, el tiempo necesario para obtener un monto de $2P$.

a. La fórmula (2) (interés compuesto), con $n = 4$, $r = 0.2$ y $t = \lambda$, dice:

$$M(\lambda) = P\left(1 + \frac{0.2}{4}\right)^{4\lambda} = P(1.05)^{4\lambda}$$

Como este monto $M(\lambda)$ debe ser $2P$, tenemos:

$$P(1.05)^{4\lambda} = 2P \Rightarrow (1.05)^{4\lambda} = 2$$

$$\Rightarrow 4\lambda \ln(1.05) = \ln 2$$

$$\Rightarrow \lambda = \frac{\ln 2}{4\ln(1.05)} \approx 3.552 \approx 3 \text{ años, 6 meses y 19 dias}$$

b. La fórmula (3) (interés compuesto continuo), con $r = 0.2$ y $t = \lambda$, dice:

$$P\,e^{0.2\lambda} = 2P \Rightarrow e^{0.2\lambda} = 2$$

$$\Rightarrow 0.2\lambda = \ln 2$$

$$\Rightarrow \lambda = \frac{\ln 2}{0.2} \approx 3.466 \text{ años} \approx 3 \text{ años, } 5 \text{ meses y } 18 \text{ días.}$$

¿Sabías esto?

El número **e** se manifiesta espontáneamente cuando realizamos operaciones con funciones exponenciales. La siguiente historia es una muestra de ello.

"El Cachorro de Wall Street"

Roberto dispone de \$1 de capital, y aspira obtener ganancias invirtiéndolo en un producto financiero bancario. El banco le ofrece una tasa de interés del 100 % anual, es decir, su dólar producirá otro dólar de ganancia en un año.

Capital inicial (\$)	Períodos de capitalización en un año	Dinero ganado en un año (\$)	Total a fin de año (\$)
1	1	1	2

Al ver que su inversión se duplicaría en un año, Roberto deja escapar un poco su ambición y consulta al banquero si existe alguna alternativa que genere más ganancias. El banquero responde afirmativamente y le ofrece la posibilidad de incrementar la cantidad de períodos de capitalización anuales. La condición del banco es que la tasa de interés sea dividida entre el número de períodos.

En términos menos técnicos, esto significa que si Roberto opta, digamos, por una capitalización semestral, entonces existirán 2 períodos de capitalización en un año y la tasa de interés será:

$$\frac{100}{2}\,\% = 50\,\%, \quad \text{cada semestre}$$

Su dólar aumentaría en un 50 % al finalizar el primer semestre, esto es: \$1 × 1.5 = \$1.5. Este monto será el capital inicial del segundo semestre, por consiguiente, al finalizar el año tendría: \$1.5 × 1.5 = \$2.25.

Adicionalmente, el banco le da a Roberto la potestad de decidir la cantidad de períodos de capitalización que el desee. El banquero le prepara la siguiente tabla comparativa, donde se muestra el dinero que Roberto tendrá en su cuenta bancaria al finalizar el año si aumenta los períodos de capitalización anuales, desde uno (anual), hasta 525,960, es decir, por minuto.

Período de capitalización	Saldo bancario a fin de año
Anual	\$2
Semestral	\$2.25
Mensual	\$2.6130...
Diario	\$2.71456...
Por minuto	\$2.718279...

Si observa con atención, conforme se incrementan los períodos de capitalización, el saldo bancario se aproxima al número **e**,

Respuestas

PROBLEMAS PROPUESTOS 4.8

1. **(Población)**. La población de una ciudad, t años después del año 2000, es la siguiente:

$$P(t) = 60,000\, e^{0.05t} \text{ habitantes}$$

   a. Calcular la población de la ciudad en el año 2015.

   b. Hallar el porcentaje anual de crecimiento de la población.

2. **(Depreciación)**. El valor de una maquinaria, al transcurrir t años de comprada, es el siguiente:

$$V(t) = A\, e^{-0.25t}$$

La máquina fue comprada hace 9 años por \$ 150,000.

   a. ¿Cuál es su valor actual?

   b. ¿Cuál es el porcentaje anual de declive en su valor?

3. **(Población)**. Se sabe que dentro de t años la población de cierto país será la siguiente:

$$P(t) = 18\, e^{0.02t} \text{ millones de habitantes.}$$

   a. ¿Cuál es la población actual del país?

   b. ¿Cuál será su población dentro de 15 años?

   c. ¿Cuál es el porcentaje anual de crecimiento de la población?

4. **(Crecimiento de bacterias)**. Un experimento de crecimiento bacteriológico se inició con 4,000 bacterias. 10 minutos más tarde, se tenían 12,000. Si se supone que el crecimiento es exponencial: $f(t) = A\, e^{kt}$ ¿cuántas bacterias se tendrá a los 30 minutos?

5. **(Utilidades)**. Las utilidades de una compañía crecen exponencialmente: $f(t) = A\,\mathrm{e}^{kt}$. En 1995, éstas fueron de 3 millones de dólares y, en el 2000, fueron de 4.5 millones. ¿Cuáles fueron las utilidades en 2005?

6. **(Desintegración radioactiva)**. La cantidad que queda de una sustancia radioactiva, después de t años de desintegración, está dada por:

$$Q(t) = A\,\mathrm{e}^{-0.00015t} \text{ gramos}$$

Si al final de 5,000 años quedan 3,000 gramos ¿cuántos gramos había inicialmente?

7. **(Desintegración radioactiva)**. Una sustancia radioactiva se desintegra exponencialmente: $f(t) = A\,\mathrm{e}^{-kt}$. Inicialmente había 450 gramos y, 60 años después, había 400 gramos.
¿Cuántos gramos habrá después de 240 años?

8. **(Producto Nacional Bruto)**. El producto nacional bruto (P.N.B.) de cierto país, t años después de 1995, fue de $f(t)$ millones de dólares, donde:

$$f(t) = P(10)^{kt} \text{ ,} P \text{ y } k \text{ son constantes}$$

Si en 1995 el P.N.B. fue de 8,000 millones de dólares y, en el 2000, fue de 16,000 millones de dólares ¿cuál fue el P.N.B. en el año 2010?

9. **(Presión atmosférica)**. Se ha determinado que, a la altura de h pies sobre el nivel del mar, la presión atmosférica es de $P(h)$ libras por pie cuadrado, donde:

$$P(h) = M\,\mathrm{e}^{-0.00003h}, \ M \text{ es constante}$$

Si la presión atmosférica al nivel del mar es de 2,116 libras por pie cuadrado, hallar la presión atmosférica fuera de un avión que vuela a 12,000 pies de altura.

10. **(Tiempo de vida de las bombillas)**. Un fabricante de bombillas encuentra que la fracción $f(t)$ de bombillos que no se queman, después de t meses de uso, está dada por:

$$f(t) = \mathrm{e}^{-0.2t}$$

    a. ¿Qué porcentaje de los bombillas dura por lo menos un mes?

    b. ¿Qué porcentaje dura al menos 2 meses?

    c. ¿Qué porcentaje se quema durante el segundo mes?

11. **(Ventas)**. Una compañía transaccional ha descubierto que si distribuyen x miles de unidades gratuitas de un producto especifico, entre influencers, habrá un incremento de ventas de acuerdo a la siguiente fórmula:

$$V(x) = 30 - 18\,\mathrm{e}^{-0.3x} \text{ miles de productos}$$

    a. ¿Cuántos productos se venderán si no se han distribuido unidades gratuitas?

    b. ¿Cuántos productos se venderán si se han obsequiado 800 unidades?

12. **(Depreciación).** El valor de reventa de una máquina, después de t años de uso, es:

$$V(t) = 520\,e^{-0.15t} + 460 \text{ miles de dólares}$$

    a. Bosquejar el gráfico de la función reventa.

    b. ¿Cuál fue el valor de la máquina cuando era nueva?

    c. ¿Cuál será el valor de la máquina cuando cumpla 20 años de uso?

13. **(Desintegración radioactiva).** Si Q_0 es la cantidad inicial de una sustancia radioactiva, la misma se desintegra exponencialmente, a razón de $Q(t) = Q_0\,e^{-kt}$. La vida media de la sustancia es de λ unidades de tiempo (años, meses, horas, etc.). Probar que la cantidad remanente, después de t unidades de tiempo, es de:

$$Q(t) = Q_0\,e^{-\left(\frac{\ln 2}{\lambda}\right)t}$$

14. **(Desintegración del radio).** El radio se desintegra exponencialmente y su vida media es de 1,690 años ¿Cuánto tiempo tardarán 200 gramos de este elemento para reducirse a 40 gramos?
Sugerencia: Ver el problema anterior.

15. **(Nivel de alcohol en la sangre).** Poco tiempo después de consumir una considerable cantidad de ron, el nivel de alcohol en la sangre de cierto conductor es de 0.4 miligramos por mililitro (mg/ml). De aquí en adelante, el nivel de alcohol decrece de acuerdo a la función:

$$f(t) = (0.4)\left(\frac{1}{2}\right)^t,$$

donde t es el número de horas transcurridas después de haber alcanzado el nivel antes indicado. Si el límite legal para manejar un vehículo es de 0.08 mg/ml ¿cuánto tiempo debe esperar la persona para manejar legalmente?

16. **(Cálculo del monto).** Se deposita un capital de 12 millones de dólares en un banco que paga 14 % anual de interés compuesto continuo ¿En cuántos años se tendrá un monto de 21 millones?

17. **(Suscriptores).** Dos canales de Youtube compiten por suscriptores de una audiencia específica. Uno de ellos tiene 500,000 suscriptores y crece 1.5 % mensualmente. El otro tiene 900,000 suscriptores y decrece a razón de 0.5 % mensual ¿Cuánto tiempo transcurrirá hasta que ambos canales tengan la misma cantidad de suscriptores?

18. (**Venta de un libro**). Un nuevo libro de Ciencia de Datos saldrá al mercado pronto. Se estima que si se obsequian x miles de ejemplares a los profesores, en el primer año se venderán $f(x) = 12 - 5\,e^{-0.2x}$ miles de ejemplares ¿Cuántos textos deben obsequiarse si se quiere una venta, en el primer año, de 9,000 ejemplares?

19. (**Producto Nacional Bruto**). El producto nacional bruto (P.N.B.) de cierto país esta creciendo exponencialmente. En 1995 fue 60,000 millones y, en 2000, fue de 70,000 millones ¿Cuál fue el P.N.B. en el 2005?

20. (**Población de la Tierra**). La población de la tierra en 1986 fue 4,917 millones de habitantes, y crecía a razón de $1.65\,\%$ anual. Si esta razón es continua ¿en cuántos años la población alcanzará 8,000 millones?

21. (**Edad de un fósil**). Un arqueólogo calculó que la cantidad de ^{14}C en un tronco de árbol fosilizado es la cuarta parte de la cantidad de ^{14}C que contienen los árboles actuales ¿Qué edad tiene el tronco fosilizado?

22. (**Cálculo del monto**). Se pide un préstamo bancario de \$. 7,500,000, para ser pagado en dos años, ganando interés de $28\,\%$ anual. Hallar la cantidad de dinero que deberá devolverse al banco si el interés:

    a. es simple.

    b. se compone anualmente.

    c. se compone trimestralmente.

    d. se compone mensualmente.

    e. se compone continuamente.

23. (**Cálculo del capital**). ¿Qué capital produce un monto de \$. 2,500,000 al final de 5 años si la tasa es de $16\,\%$ anual, que se compone:

        a. trimestralmente?   **b.** continuamente?

24. (**Cálculo del monto**). En el año 1626, el holandés *Peter Minuit* compró la isla de Manhattan (Nueva York), a los nativos, por 24 dólares. Suponga que los nativos depositaron estos 24 dólares en un banco, ganando una tasa anual de $5\,\%$, que se compone continuamente ¿Cuál fue el monto en el año 2000?

25. (**Tiempo de duplicación de capital**). ¿Con qué rapidez se duplica un dinero si se invierte a una tasa anual de $15\,\%$, que se compone:

        a. semestralmente?   **b.** continuamente?

26. (**Tiempo de triplicación de capital**). ¿Con qué rapidez se triplicará un dinero invertido a una tasa anual de $15\,\%$, que se compone:

        a. semestralmente?   **b.** continuamente?

El recorrido apenas comienza

Acabas de completar un viaje increíble en el mundo de las matemáticas. Has aprendido fundamentos esenciales, desde la inusual belleza del álgebra, la trigonometría y las cónicas, hasta las funciones y sus transformaciones. Te has valido de un conjunto de herramientas matemáticas que te han preparado para el siguiente y más emocionante desafío, *el Cálculo Diferencial.*

El cálculo no es solo una materia más; es un lenguaje que describe el cambio, el movimiento y la variación. Te permitirá responder preguntas que antes parecían imposibles.

Tus nuevos conocimientos son la base sólida para entender este concepto fundamental. Ya has lidiado con la idea de la pendiente de una recta; el cálculo diferencial te mostrará cómo encontrar la "pendiente" de una curva en cualquier punto, sin importar cuán compleja sea.

Desde la física y la ingeniería, hasta la economía, informática y ciencias biológicas, el cálculo es indispensable. Es la herramienta del innovador para modelar el mundo que nos rodea.

Da el siguiente paso. Ya tienes las bases, la disciplina y la destreza para dominarlo ¡Tu próxima gran aventura matemática te está esperando!

"La matemática es la llave
y la puerta a las ciencias"

–Galileo Galilei

TABLAS

ÁLGEBRA

EXPONENTES Y RADICALES

1. $a^0 = 1$, $a \neq 0$ **2.** $(ab)^x = a^x b^x$ **3.** $a^x a^y = a^{x+y}$

4. $\dfrac{a^x}{a^y} = a^{x-y}$ **5.** $(a^x)^y = a^{xy}$ **6.** $a^{-x} = \dfrac{1}{a^x}$

7. $\left(\dfrac{a}{b}\right)^x = \dfrac{a^x}{b^x}$ **8.** $a^{\frac{1}{n}} = \sqrt[n]{a}$ **9.** $a^{\frac{m}{n}} = \sqrt[n]{a^m} = \left(\sqrt[n]{a}\right)^m$

10. $\sqrt[n]{ab} = \sqrt[n]{a}\,\sqrt[n]{b}$ **11.** $\sqrt[n]{\dfrac{a}{b}} = \dfrac{\sqrt[n]{a}}{\sqrt[n]{b}}$

TEOREMA DEL BINOMIO

13. $(a \pm b)^2 = a^2 \pm 2ab + b^2$ **14.** $(a \pm b)^3 = a^3 \pm 3a^2 b + 3ab^2 \pm b^3$

15. $(a+b)^n = a^n + na^{n-1}b + \dfrac{n(n-1)}{2}a^{n-2}b^2 + \ldots + \binom{n}{k}a^{n-k}b^k + \ldots$
$$+ na^{n-1}b + b^n$$

16. $(a-b)^n = a^n - na^{n-1}b + \dfrac{n(n-1)}{2}a^{n-2}b^2 + \ldots + (-1)^k \binom{n}{k}a^{n-k}b^k + \ldots$
$$- na^{n-1}b + (-1)^n b^n, \text{ donde } \binom{n}{k} = \dfrac{n(n-1)(n-2)\ldots(n-k+1)}{k!}$$

PROGRESION GEOMÉTRICA

17. $a_1 = a$, $a_2 = ar$, $a_3 = ar^2$, $a_4 = ar^3, \ldots, a_n = ar^{n-1}$

$$S_n = \sum_{k=1}^{n} a_k = a\,\frac{1 - r^n}{1 - r}$$

FACTORIZACIÓN

18. $a^2 - b^2 = (a+b)(a-b)$ **19.** $a^2 \pm 2ab + b^2 = (a \pm b)^2$

20. $a^3 + b^3 = (a+b)\left(a^2 - ab + b^2\right)$ **21.** $a^3 - b^3 = (a-b)\left(a^2 + ab + b^2\right)$

DESIGUALDADES Y VALOR ABSOLUTO

22. $a < b \Rightarrow a + c < b + c$ **23.** $a < b$ y $c > 0 \Rightarrow ac < bc$

24. $a < b$ y $c < 0 \Rightarrow ac > bc$ **25.** $|\,x\,| = a \Leftrightarrow x = a$ o $x = -a$

26. $|\,x\,| < a \Leftrightarrow -a < x < a$ **27.** $|\,x\,| > a \Leftrightarrow -a < x$ o $x > a$

GEOMETRÍA

h = altura, A = Área, AL = Área Lateral, V = Volumen

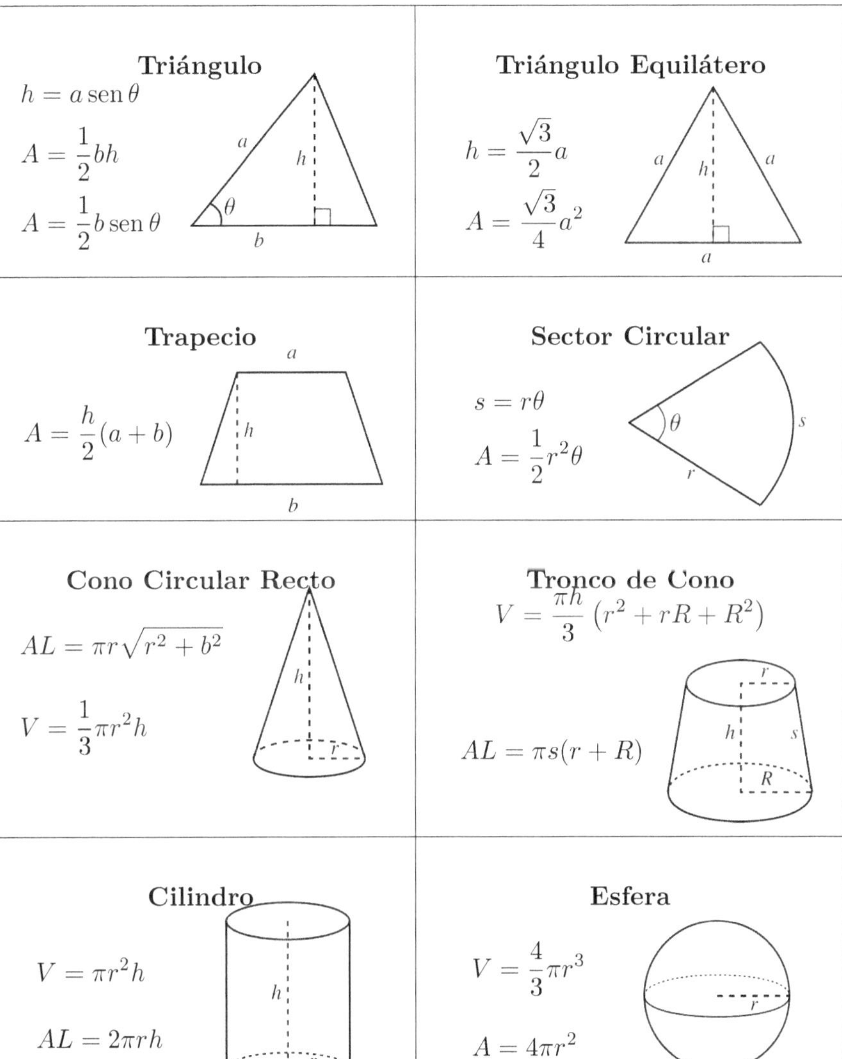

Triángulo

$$h = a\,\mathrm{sen}\,\theta$$

$$A = \frac{1}{2}bh$$

$$A = \frac{1}{2}b\,\mathrm{sen}\,\theta$$

Triángulo Equilátero

$$h = \frac{\sqrt{3}}{2}a$$

$$A = \frac{\sqrt{3}}{4}a^2$$

Trapecio

$$A = \frac{h}{2}(a+b)$$

Sector Circular

$$s = r\theta$$

$$A = \frac{1}{2}r^2\theta$$

Cono Circular Recto

$$AL = \pi r\sqrt{r^2 + b^2}$$

$$V = \frac{1}{3}\pi r^2 h$$

Tronco de Cono

$$V = \frac{\pi h}{3}\left(r^2 + rR + R^2\right)$$

$$AL = \pi s(r + R)$$

Cilindro

$$V = \pi r^2 h$$

$$AL = 2\pi r h$$

Esfera

$$V = \frac{4}{3}\pi r^3$$

$$A = 4\pi r^2$$

TRIGONOMETRIA

RAZONES TRIGONOMÉTRICAS

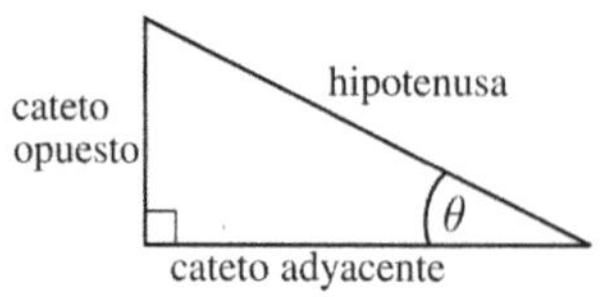

$$\operatorname{sen}\theta = \frac{\text{cateto opuesto}}{\text{hipotenusa}}$$

$$\cos\theta = \frac{\text{cateto adyacente}}{\text{hipotenusa}}$$

$$\tan\theta = \frac{\text{cateto opuesto}}{\text{cateto adyacente}}$$

IDENTIDADES FUNDAMENTALES

1. $\sec x = \dfrac{1}{\cos x}$ **2.** $\operatorname{cosec} x = \dfrac{1}{\operatorname{sen} x}$ **3.** $\tan x = \dfrac{\operatorname{sen} x}{\cos x}$

4. $\cot x = \dfrac{\cos x}{\operatorname{sen} x}$ **5.** $\operatorname{sen}^2 x + \cos^2 x = 1$ **6.** $1 + \tan^2 x = \sec^2 x$

7. $1 + \cot^2 x = \operatorname{cosec}^2 x$ **8.** $\operatorname{sen}(-x) = -\operatorname{sen} x$ **9.** $\cos(-x) = \cos x$

10. $\tan(-x) = -\tan x$

IDENTIDADES DE COFUNCIÓN Y DE REDUCCIÓN

11. $\operatorname{sen}\left(\frac{\pi}{2} - x\right) = \cos x$ **12.** $\cos\left(\frac{\pi}{2} - x\right) = \operatorname{sen} x$

13. $\tan\left(\frac{\pi}{2} - x\right) = \cot x$ **14.** $\cot\left(\frac{\pi}{2} - x\right) = \tan x$

15. $\sec\left(\frac{\pi}{2} - x\right) = \operatorname{cosec} x$ **16.** $\operatorname{cosec}\left(\frac{\pi}{2} - x\right) = \sec x$

17. $\operatorname{sen}\left(\frac{\pi}{2} + x\right) = \cos x$ **18.** $\cos\left(\frac{\pi}{2} + x\right) = -\operatorname{sen} x$

19. $\tan\left(\frac{\pi}{2} + x\right) = -\cot x$ **20.** $\cos(x + \pi) = -\cos x$

21. $\operatorname{sen}(x + \pi) = -\operatorname{sen} x$ **22.** $\tan(x + \pi) = \tan x$

IDENTIDADES DE SUMA Y DIFERENCIA

23. $\operatorname{sen}(x \pm y) = \operatorname{sen} x \cos y \pm \cos x \operatorname{sen} y$

24. $\cos(x \pm y) = \cos x \cos y \mp \operatorname{sen} x \operatorname{sen} y$

25. $\tan(x \pm y) = \dfrac{\tan x \pm \tan y}{1 \mp \tan x \tan y}$ **26.** $\cot(x \pm y) = \dfrac{\cot x \cot y \mp 1}{\cot y \pm \cot x}$

IDENTIDADES DE ANGULOS DOBLES Y TRIPLES

27. $\operatorname{sen} 2x = 2\operatorname{sen} x \cos x$

28. $\cos 2x = \cos^2 x - \operatorname{sen}^2 x = 1 - 2\operatorname{sen}^2 x = 2\cos^2 x - 1$

29. $\operatorname{sen} 3x = 3\operatorname{sen} x - 4\operatorname{sen}^3 x$ **30.** $\cos 3x = 4\cos^3 x - 3\cos x$

31. $\tan 2x = \dfrac{2\tan x}{1 - \tan x}$

IDENTIDADES DE REDUCCIÓN DE POTENCIAS

32. $\operatorname{sen}^2 x = \frac{1-\cos 2x}{2}$ **33.** $\cos^2 x = \frac{1+\cos 2x}{2}$ **34.** $\tan^2 x = \frac{1-\cos 2x}{1+\cos 2x}$

IDENTIDADES DEL ANGULO MITAD

35. $\operatorname{sen}\frac{x}{2} = \pm\sqrt{\dfrac{1 - \cos x}{2}}$ **36.** $\cos\frac{x}{2} = \pm\sqrt{\dfrac{1 + \cos x}{2}}$

TRANSFORMACIÓN DE PRODUCTOS EN SUMAS

37. $\operatorname{sen} x \cos y = \dfrac{1}{2}\left[\operatorname{sen}(x + y) + \operatorname{sen}(x - y)\right]$

38. $\cos x \cos y = \dfrac{1}{2}\left[\cos(x + y) + \cos(x - y)\right]$

39. $\operatorname{sen} x \operatorname{sen} y = \dfrac{1}{2}\left[\cos(x - y) - \cos(x + y)\right]$

TRANSFORMACIÓN DE SUMAS EN PRODUCTOS

40. $\operatorname{sen} x + \operatorname{sen} y = 2\operatorname{sen}\frac{x+y}{2}\cos\frac{x-y}{2}$

41. $\operatorname{sen} x - \operatorname{sen} y = 2\cos\frac{x+y}{2}\operatorname{sen}\frac{x-y}{2}$

42. $\cos x + \cos y = 2\cos\frac{x+y}{2}\cos\frac{x-y}{2}$

43. $\cos x - \cos y = -2\operatorname{sen}\frac{x+y}{2}\operatorname{sen}\frac{x-y}{2}$

LEY DE LOS SENOS

44. $\dfrac{\operatorname{sen} A}{a} = \dfrac{\operatorname{sen} B}{b} = \dfrac{\operatorname{sen} C}{c}$

LEY DE LOS COSENOS

45. $a^2 = b^2 + c^2 - 2bc\cos A$

46. $b^2 = a^2 + c^2 - 2ac\cos B$

47. $c^2 = a^2 + b^2 - 2ab\cos C$

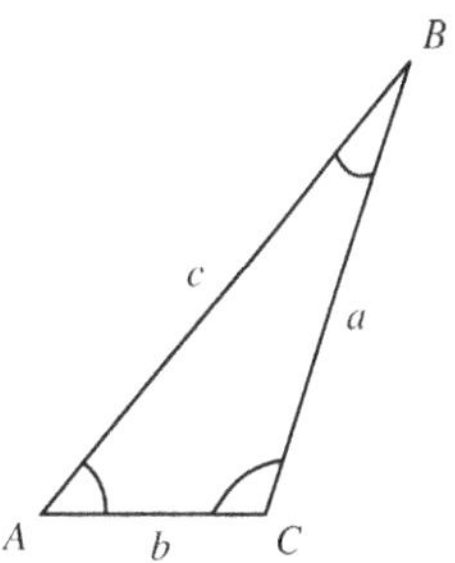

FUNCIONES TRIGONOMÉTRICAS DE ÁNGULOS NOTABLES

Grad	Rad	$\operatorname{sen}\theta$	$\cos\theta$	$\tan\theta$	$\cot\theta$	$\sec\theta$	$\operatorname{cosec}\theta$
$0°$	0	0	1	0	$\mp\infty$	1	$\mp\infty$
$30°$	$\frac{\pi}{6}$	$\frac{1}{2}$	$\frac{\sqrt{3}}{2}$	$\frac{\sqrt{3}}{3}$	$\sqrt{3}$	$\frac{2\sqrt{3}}{3}$	2
$45°$	$\frac{\pi}{4}$	$\frac{\sqrt{2}}{2}$	$\frac{\sqrt{2}}{2}$	1	1	$\sqrt{2}$	$\sqrt{2}$
$60°$	$\frac{\pi}{3}$	$\frac{\sqrt{3}}{2}$	$\frac{1}{2}$	$\sqrt{3}$	$\frac{\sqrt{3}}{3}$	2	$\frac{2\sqrt{3}}{3}$
$90°$	$\frac{\pi}{2}$	1	0	$\pm\infty$	0	$\pm\infty$	1
$120°$	$\frac{2\pi}{3}$	$\frac{\sqrt{3}}{2}$	$-\frac{1}{2}$	$-\sqrt{3}$	$-\frac{\sqrt{3}}{3}$	-2	$\frac{2\sqrt{3}}{3}$
$135°$	$\frac{3\pi}{4}$	$\frac{\sqrt{2}}{2}$	$-\frac{\sqrt{2}}{2}$	-1	-1	$-\sqrt{2}$	$\sqrt{2}$
$150°$	$\frac{5\pi}{6}$	$\frac{1}{2}$	$-\frac{\sqrt{3}}{2}$	$\frac{\sqrt{3}}{3}$	$-\sqrt{3}$	$-\frac{2\sqrt{3}}{3}$	2
$180°$	π	0	-1	0	$\mp\infty$	-1	$\pm\infty$
$210°$	$\frac{7\pi}{6}$	$-\frac{1}{2}$	$-\frac{\sqrt{3}}{2}$	$\frac{\sqrt{3}}{3}$	$\sqrt{3}$	$-\frac{2\sqrt{3}}{3}$	-2
$225°$	$\frac{5\pi}{4}$	$-\frac{\sqrt{2}}{2}$	$-\frac{\sqrt{2}}{2}$	1	1	$-\sqrt{2}$	$-\sqrt{2}$
$240°$	$\frac{4\pi}{3}$	$-\frac{\sqrt{3}}{2}$	$-\frac{1}{2}$	$\sqrt{3}$	$\frac{\sqrt{3}}{3}$	-2	$-\frac{2\sqrt{3}}{3}$
$270°$	$\frac{3\pi}{2}$	-1	0	$\pm\infty$	0	$\mp\infty$	-1
$300°$	$\frac{5\pi}{3}$	$-\frac{\sqrt{3}}{2}$	$\frac{1}{2}$	$-\sqrt{3}$	$-\frac{\sqrt{3}}{3}$	2	$-\frac{2\sqrt{3}}{3}$
$315°$	$\frac{7\pi}{4}$	$-\frac{\sqrt{2}}{2}$	$\frac{\sqrt{2}}{2}$	-1	-1	$\sqrt{2}$	$-\sqrt{2}$
$330°$	$\frac{11\pi}{6}$	$-\frac{1}{2}$	$\frac{\sqrt{3}}{2}$	$-\frac{\sqrt{3}}{3}$	$-\sqrt{3}$	$\frac{2\sqrt{3}}{3}$	-2
$360°$	2π	0	1	0	$\mp\infty$	1	$\mp\infty$

RESPUESTAS

CAPÍTULO 1

SECCIÓN 1.1

1. a. $\{1,9\}$ **b.** $A = \{2,4,6,8\}$ **c.** $\{2,5,7\}$ **d.** $\{3,4,5,6,7\}$
2. $A = \{0,5,7,8,9\}$, $B = \{0,1,2,3,4,5,8\}$
3. $A = \{0,3,4,8,9\}$, $B = \{1,3,5,6,9\}$
4. $A = \{0,2,3,6\}$, $B = \{0,1,2,6,8,9\}$, $C = \{0,1,3,5,6,9\}$,
  $U = \{0,1,3,4,5,6,8,9\}$

SECCIÓN 1.2

1. $-x^2 + 8x - 3$ **2.** $2a^2 - 18a$ **3.** $1 + \frac{3}{a}$ **4.** $1 - \frac{4}{b}$

5. $\frac{1}{a} - \frac{1}{b}$ **6.** $-\frac{2}{b} + \frac{5}{a}$ **7.** $\frac{4}{5}$ **8.** $\frac{1}{2}$

9. $6b^2$ **10.** $\frac{6a}{5b}$ **11.** $-\frac{5x}{24y}$ **12.** $\frac{5x+6}{10x^2}$

13. $\frac{x(b+1)}{ab}$ **14.** $-\frac{7a}{b}$ **15.** $\frac{1}{3}$ **16.** $\frac{17}{24}$

17. $\frac{2}{35}$ **18.** $-\frac{3}{4}$ **19.** $-\frac{1}{90}$ **20.** $-\frac{1}{12}$

21. -7 **22.** $\frac{19}{10}$ **23.** 1 **24.** $-\frac{1}{5}$

25. $\frac{3}{2}$ **26.** $\frac{4}{9}$ **27.** $\frac{7b}{5a}$ **28.** $-\frac{5x}{18y}$

29. $2^{10} = 1.034$ **30.** 1 **31.** $\frac{4}{3}$ **32.** $\frac{5}{6^2}$

33. $\frac{3}{2^4} = \frac{3}{16}$ **34.** $\frac{2^6}{3^6} = \frac{64}{729}$ **35.** $\frac{4}{5} + 1 = \frac{9}{5}$ **36.** $3\times 2^3 = 24$

37. $\frac{15}{4}$ **38.** $3 \times 2^4 = 48$ **39.** $2 \times 5^6 = 31.250$ **40.** $\frac{1}{3ab^7}$

41. $\frac{16}{x^2 y^5}$ **42.** $-\frac{2^7 y^{12}}{x^3} = -128\frac{y^{12}}{x^3}$ **43.** $\frac{3^2 a^8}{b^6} = 9\frac{a^8}{b^6}$ **44.** $\frac{y^{12}}{2^3 x^6} = \frac{y^{12}}{8x^6}$

45. $\frac{1}{4}$ **46.** $\frac{a^2 b^2}{b^2 - a^2}$ **47.** $\frac{9x^3 - 2x}{21}$ **48.** $\frac{3}{4}x^2 y$

49. $\frac{1}{2}$ **50.** $-\frac{9}{5x}$

51.   **a.** $9.44 \times 10^{12} \; km$ **b.** $4 \times 10^{-13} \; cm$ **c.** 6.251×10^9 habitantes
  d. $1.67 \times 10^{-22} \; kg$

52.   **a.** $462,400 \; km$ **b.** $0.0000000000492 \; m$

SECCIÓN 1.3

1. 5 **2.** -0.3 **3.** $\frac{1}{0.4} = \frac{5}{2}$ **4.** $\frac{1}{2^2} = \frac{1}{4}$ **5.** $-\frac{3}{2}$

6. 125 **7.** 5 **8.** $\frac{1}{75}$ **9.** $\frac{2}{3}$ **10.** $\frac{108}{b}$

11. $\frac{81}{4y^4}$ **12.** $\frac{y^{10}}{x^{15}}$ **13.** $-\frac{2a}{3}$ **14.** $\frac{x^2}{y}$ **15.** $3\sqrt{5}$

16. $2\sqrt{7} - \sqrt{3}$ **17.** $-\sqrt{3}$ **18.** $\frac{1}{9}$ **19.** $3\sqrt[3]{5}$ **20.** $13\sqrt{3}$

21. $-3\sqrt{7}$ **22.** $7\sqrt{3}$ **23.** $-\frac{3}{4}\sqrt{6}$ **24.** $\frac{\sqrt{3}}{3}$ **25.** $\frac{5}{12}\sqrt[3]{2}$

26. $\frac{1}{4}$ **27.** $2^n \times 5^{3n} = 250^n$ **28.** $n = \frac{13}{6}$ **29.** $n = \frac{1}{10}$

30. $n = 3$

SECCIÓN 1.4

1. $4x^2 - 5$ **2.** $4x - y$ **3.** $9x^4 - 16y^6$

4. h **5.** $x - \frac{1}{y^2}$ **6.** $a^2 + b^2 - c^2 + 2ab$

7. $16x^2 + 40x + 25$ **8.** $4x^2 - 20xy + 25y^2$ **9.** $x^2 - 2 + \frac{1}{x^2}$

10. $x^6 - 2 + \frac{1}{x^6}$ **11.** $64x^3 + 48x^2y + 12xy^2 + y^3$ **12.** $a^6 + 3a^4b^2 + 3a^2b^4 + b^6$

13. $x^6 - 3x^4y + 3x^2y^2 - y^3$ **14.** $x + 3\sqrt[3]{x^2y} + 3\sqrt[3]{xy^2} + y$

15. $x^4 - 50x^2 + 625$ **16.** $16x^4 - y^4$ **17.** $7x^2(x - 9)$

18. $4xy^2z^2\left(2xz - 6y - x^2y^2z\right)$ **19.** $(x-2)^2(x+2)$ **20.** $4(y+4)(y+3x)$

21. $(x-1)\left(xy^2 + y^2 - 4\right)$ **22.** $(2x - 5y)\left(a^2 - 3b\right)$ **23.** $(x+8)(x-4)$

24. $(x-5)(x+1)$ **25.** $(xy+29)(y-1)$ **26.** $(x+24)(x-9)$

27. $\left(x^2 - 10\right)\left(x^2 + 8\right)$ **28.** $(ab+4)(ab-3)$ **29.** $(3x+4)(x+1)$

30. $5(y+5)(y-3)$ **31.** $(ax+2)(5ax-6)$ **32.** $(3x-10)(3x+5)$

33. $y^2(x+2)(4x+3)$ **34.** $\left(5x^2 - 1\right)^2$ **35.** $\left(5x + 6y^2\right)\left(5x - 6y^2\right)$

36. $7x^2(3x+1)(3x-1)$ **37.** $5x^2(3y+x)(3y-x)$ **38.** $\left(\frac{x}{6} + \frac{y}{5}\right)\left(\frac{x}{6} - \frac{y}{5}\right)$

39. $\left(4x^n + \frac{1}{7}\right)\left(4x^n - \frac{1}{7}\right)$ **40.** $(a-b+3)(a-b-3)$ **41.** $4ab$

42. $(x+y-3)(x-y+1)$ **43.** $(x+y+3)(x-y-3)$ **44.** $(5a-b)(a-5b)$

45. $\left(a^2 - 1\right)^2$ **46.** $(4x - 3y)^2$ **47.** $\left(20x^2 + 1\right)^2$

48. $\left(\frac{x}{3} + 1\right)^2$ **49.** $\left(\frac{2x}{5} \quad \frac{1}{4}\right)^2$ **50.** $(2x - y)\left(4x^2 + 2xy + y^2\right)$

51. $(3a+4b)\left(9a^2 - 12ab + 16b^2\right)$ **52.** $5(xy+1)\left(x^2y^2 - xy + 1\right)$

53. $x^2(x-5)\left(x^2 + 5x + 25\right)$ **54.** $(x+y-1)\left(x^2 + 2xy + y^2 + x + y + 1\right)$

55. $(x-y-2)\left(x^2 - 2xy + y^2 + 2x - 2y + 4\right)$ **56.** $9\left(x^2 - x + 1\right)$

57. $4ab - 3$ **58.** $-x$ **59.** $a - 1$

60. $\frac{x \quad 5}{x-2}$ **61.** $2x + 4$ **62.** $\frac{x-1}{2x+2}$

63. $\frac{x-y}{x+y}$ **64.** $\frac{x-2y}{x^2+2xy+4y^2}$ **65.** $\frac{3-a}{9+3a+a^2}$

66. $\frac{1}{x-1}$ **67.** $\frac{4y+1}{y^2+6y}$ **68.** $\frac{x+y}{6+x}$

69. $-2 - 2\sqrt{2}$ **70.** $\sqrt{3+h} + \sqrt{3}$ **71.** $a\sqrt{a+1} + a\sqrt{a-1}$

72. $-\frac{21+9\sqrt{6}}{5}$ **73.** $\frac{x-\sqrt{ax}-2a}{x-4a}$ **74.** $\frac{\sqrt{x-3}+\sqrt{x-13}}{2}$

75. $\frac{\sqrt[3]{49}-\sqrt[3]{14}+\sqrt[3]{4}}{3}$ **76.** $8\sqrt[3]{x^2} + 4\sqrt[3]{x} + 2$

77. $8\sqrt[3]{(x-1)^2} - 12\sqrt[3]{x^2-x} + 18\sqrt[3]{x^2}$ **78.** $3\sqrt[3]{x} - 3\sqrt[3]{3y}$

79. $\left(\sqrt{2} - \sqrt[3]{x}\right)\left(4 + 2\sqrt[3]{x} + \sqrt[3]{x^2}\right)$ **80.** $\sqrt{2\sqrt[3]{x^2}} + \sqrt{2}x - \sqrt{4\sqrt{x}} + \sqrt{8}$

81. $\frac{1}{3-\sqrt{5}}$ **82.** $\frac{1}{\sqrt{a+2}+\sqrt{a}}$ **83.** $\frac{1}{\sqrt{a-1+h}+\sqrt{a-1}}$

84. $\frac{5a^2-a}{a^2-1}$ **85.** $\frac{4xy}{x^2-y^2}$ **86.** $\frac{x+1}{x+3}$

87. $\frac{x-3}{x^2-1}$ **88.** $\frac{3x}{x^2-1}$ **89.** $\frac{3x^2+3x-24}{x^3-3x^2-9x-5}$

90. $\frac{x+2}{x^2+8x+7}$ **91.** $\frac{x^2y-x^3}{y^3-x^2y}$ **92.** $\frac{3x^2+2x}{x-4}$

93. $\frac{x-2}{a-1}$ **94.** $\frac{x^3+8y^3-3yx^2-6xy^2}{x^2-2xy-8y^2}$ **95.** $\frac{a^3-a^2b-6ab^2}{a^2b-4b^3}$

96. $\frac{x^3+x^2+x}{x+2}$ **97.** $\frac{5x^2+x}{2x+3}$ **98.** $\frac{x-1}{x}$

99. $\frac{3x-9}{x^2+2x}$ **100.** $\frac{b^2+ab+a^2}{b}$ **101.** x^2+6x

102. $\frac{y}{x}$ **103.** $\frac{x-1}{x^2+1}$ **104.** $\frac{a}{a^2+2}$

105. x^2+x+1 **106.** $\frac{a^2+ab+b^2}{a+b}$ **107.** $\frac{a^3}{a^2+b^2}$

108. x^2 **109.** $\frac{a+1}{a^2+5a-14}$

SECCIÓN 1.5

1. $x=36$ **2.** $y=2$ **3.** $x=-\frac{5}{8}$ **4.** $x=2$

5. $x=13$ **6.** $z=-4$ **7.** $x=-2$ **8.** $x=3$

9. $x=-5$ **10.** $x=-7$ **11.** $x=2$ **12.** $x=-4$

13. $x=\frac{1}{2}$ **14.** $x=\frac{4}{5}$ **15.** $x=\frac{a}{a+5}$ **16.** $x=a$

17. $x=\frac{b-1}{2}$ **18.** $x=2a$ **19.** $x=a+b$ **20.** $x=2m$

21. $x=2$ **22.** $x=3b$ **23.** $s=\frac{A-\pi r^2}{\pi r}$ **24.** $a=\frac{S(I-r)}{1-r^n}$

25. $h=\frac{HS-f}{S}$ **26.** $x=\frac{ay}{y-a}$ **27.** $-2,\ 6$ **28.** 3

29. $-3,\ -8$ **30.** $1,\ \frac{1}{2}$ **31.** $2,\ -\frac{1}{9}$ **32.** $5,\ -\frac{1}{3}$

33. $-2,\ -\frac{3}{2}$ **34.** $3,\ -\frac{5}{6}$ **35.** $\frac{1}{4},\ \frac{1}{6}$ **36.** $8,\ -\frac{19}{4}$

37. $-1,\ 1,\ -4,\ 4$ **38.** $-\frac{1}{2},\ \frac{1}{2}$ **39.** $-27,\ 8$ **40.** $\frac{1}{8},\ -8$

41. $1-\frac{1}{3}\sqrt{5},\ 1+\frac{1}{3}\sqrt{5}$ **42.** $\frac{1}{2}\sqrt{3}$ **43.** $\frac{3}{4}-\frac{\sqrt{5}}{4},\ \frac{3}{4}+\frac{\sqrt{5}}{4}$ **44.** $-3\sqrt{5},\ 3\sqrt{5}$

45. $-a,\ a+2$ **46.** $a,\ 2$ **47.** $x=3$ **48.** $x=0$

49. $x=0$ **50.** $x=\frac{3}{8}$ **51.** 2 **52.** $1-\sqrt{2},\ 1+\sqrt{2}$

53. $2-\frac{1}{3}\sqrt{42},\ 2+\frac{1}{3}\sqrt{42}$ **54.** $\frac{5}{2}$ **55.** $1-\sqrt{2},\ 1+\sqrt{2}$ **56.** $-3-\sqrt{2},\ -3+\sqrt{2}$

57. $\frac{1}{3},\ -\frac{1}{5}$ **58.** $3,\ \frac{2}{5}$ **59.** $-1,\ \frac{5}{2}$ **60.** -1

61. 11 **62.** -10 **63.** 10 **64.** $y=7$

65. $x=3$ **66.** $z=9$ **67.** $x=2$ **68.** $\frac{1}{4}$

69. 2 **70.** 2 **71.** 4 **72.** 4

73. 1 **74.** 2 **75.** $\frac{9}{16}$ **76.** 2

77. $-4,\ -\frac{2}{5}$ **78.** $4,\ -\frac{11}{13}$ **79.** -4 **80.** -60

81. raíces: $1,\ -2,\ -1;$ $(x-1)(x+2)(x+1)$

82. raíces: $1,\ 1+\sqrt{3},\ 1-\sqrt{3};$ $(x-1)\left(x-1-\sqrt{3}\right)\left(x-1+\sqrt{3}\right)$

83. raíces: $1,\ -\frac{3}{2},\ \frac{1}{2};$ $4(x-1)\left(x+\frac{3}{2}\right)\left(x-\frac{1}{2}\right)$

84. raíces: $-2,\ \frac{3}{2}+\frac{\sqrt{7}}{2},\ \frac{3}{2}-\frac{\sqrt{7}}{2};$ $2(x+2)\left(x-\frac{3}{2}+\frac{\sqrt{7}}{2}\right)\left(x-\frac{3}{2}-\frac{\sqrt{7}}{2}\right)$

85. raíces: $-1,\ 2,\ \sqrt{3},\ -\sqrt{3};$ $(x+1)(x-2)\left(x-\sqrt{3}\right)\left(x+\sqrt{3}\right)$

86. raíces: $1,\ -1,\ -2,\ \frac{1}{3};$ $3(x-1)(x+1)(x+2)\left(x-\frac{1}{3}\right)$

87. raíces: $-1,\ -2,\ 1,\ 2,\ 3;$ $(x+1)(x+2)(x-1)(x-2)(x-3)$

88. raíces: $-1,\ -2,\ -3,\ 3;$ $(x+1)^2(x+2)(x+3)(x-3)$

SECCIÓN 1.6

1. $(-\infty, 4)$

2. $\left(-\infty, -\frac{32}{3}\right)$ **3.** $\left(\frac{17}{2}, +\infty\right)$ **4.** $\left(-\infty, -\frac{43}{37}\right]$

5. $\left(\frac{17}{5}, 19\right]$ **6.** $(-19, -9)$ **7.** $(-2, 3)$ **8.** $(-1, 1)$

9. $\left(-\infty, -1 - \sqrt{21}\right] \cup \left[-1 + \sqrt{21}, +\infty\right)$ **10.** $(-\infty, -3) \cup \left(\frac{1}{2}, +\infty\right)$

11. $\left(-\infty, \frac{1}{3}\right) \cup \left(\frac{2}{3}, +\infty\right)$ **12.** $(3, 4)$ **13.** $[-3, -2] \cup [1, +\infty)$

14. $(-2, 2]$ **15.** $\left[-\frac{10}{3}, 0\right)$ **16.** $\left[\frac{1}{3}, 1\right)$ **17.** $(-\infty, -2] \cup (0, 2]$

18. $\left(-\infty, -1 - \sqrt{3}\right] \cup \left(-1, -1 + \sqrt{3}\right]$ **19.** $(-3, -1] \cup (0, +\infty)$

20. $(-\infty, -2) \cup (1, +\infty)$ **21.** $\left(2 - 2\sqrt{3}, 0\right) \cup \left(3, 2 + 2\sqrt{3}\right)$

22. $41 \leq F \leq 68$ **23.** $15 \leq C \leq 35$ **24.** $6\ cm$

SECCIÓN 1.7

1. $9, 1$ **2.** $-\frac{4}{3}, 2$ **3.** $\frac{7}{2}$ **4.** $\frac{11}{4}$ **5.** -1

6. $\frac{5}{3}, 3$ **7.** $-6, 2$ **8.** $\frac{1}{4}, 1$ **9.** $-2, \frac{8}{3}$ **10.** $(1, 7)$

11. $\left(-\frac{16}{3}, \frac{14}{3}\right)$ **12.** $\left(-\frac{3}{2}, \frac{9}{2}\right)$ **13.** $\left[-2, \frac{2}{3}\right]$ **14.** $\left(-\infty, -\frac{3}{5}\right] \cup \left[-\frac{1}{5}, +\infty\right)$

15. $(-\infty, -1) \cup \left(-\frac{1}{2}, +\infty\right)$ **16.** $\left(-\infty, -\frac{5}{2}\right] \cup \left[\frac{25}{2} + \infty\right)$

17. $[-\infty, -3] \cup [-1, 1] \cup [3, +\infty)$ **18.** $[-4, -1) \cup (1, 4]$ **19.** $(2, 4) - \{3\}$

20. $\left(\frac{1}{2}, +\infty\right)$ **21.** $\left[\frac{2}{3}, 4\right]$ **22.** $[-1, 2] - \left\{\frac{1}{2}\right\}$ **23.** $(-\infty, 1) \cup (2, +\infty)$

24. $[-2, 2]$ **25.** $(-1, 0) \cup (0, +\infty)$ **26.** $(-\infty, -7] \cup \left[\frac{1}{3}, +\infty\right)$

27. $M = 43$ **28.** $M = 9$ **29.** $M = 10$

CAPÍTULO 2

SECCIÓN 2.1

1. $\sqrt{5}, \left(\frac{1}{2}, 1\right)$ **2.** $2\sqrt{2}, (2, 4)$ **3.** $\sqrt{7 - 2\sqrt{2}}, \left(0, \frac{1+\sqrt{2}}{2}\right)$

5. $B = (3, 9)$ **6.** $A = (-1, 18)$ **13.** $(2, 2)$ y $(-4, 2)$

14. $(1, 13)$ y $(1, -11)$ **15.** $5x + 2y - 3 = 0$ **16.** $x^2 + y^2 = 9$

17. $(1, -3), (3, 1), (-5, 7)$ **18.** $(-2, -5), (0, -9)$ **19.** $\left(\frac{9}{2}, 1\right)$

SECCIÓN 2.2

1. Eje Y   **2.** Origen   **3.** Eje X, eje Y y Origen   **4.** Eje X, eje Y y Origen

5. Eje X   **6.** Eje X   **7.** Eje X, eje Y y Origen   **8.** $(x-2)^2 + (y+1)^2 = 25$

9. $(x+3)^2 + (y-2)^2 = 5$ **10.** $x^2 + y^2 = 25$ **11.** $(x-1)^2 + (y+1)^2 = 50$

12. $(x-1)^2 + (y+3)^2 = 9$ **13.** $(x+4)^2 + (y-1)^2 = 16$

14. $(x-3)^2 + (y-1)^2 = 10$ **15.** $(x-1)^2 + y^2 = 1$

16. $(x-3)^2 + (y-4)^2 = 25$ **17.** Centro $(1, 0)$, $r = 2$

18. Centro $(0, -2)$, $r = 2\sqrt{2}$ **19.** Centro $\left(0, -\frac{1}{2}\right)$, $r = \frac{1}{2}$

20. Centro $(1, -2)$, $r = 3$ **21.** Centro $\left(\frac{1}{4}, -\frac{1}{4}\right)$, $r = \frac{\sqrt{10}}{4}$

22. Centro $\left(\frac{3}{2}, \frac{1}{2}\right)$, $r = \frac{9}{4}$

23. $(y-1)^2 = (x+1)^3$ **24.** $(x-1)^2 = (y+1)^3$ **25.** $(y+1)^2 = (x-1)^3$

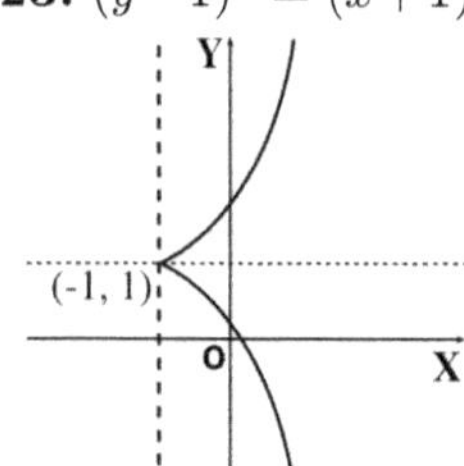 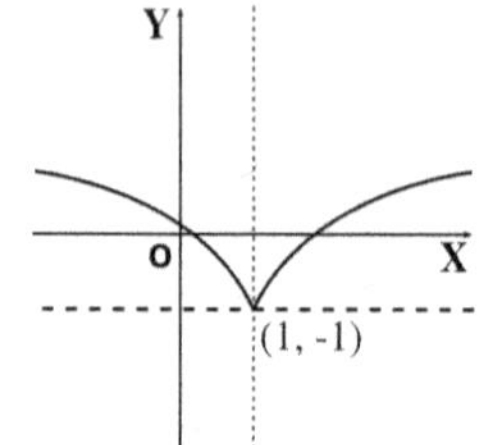 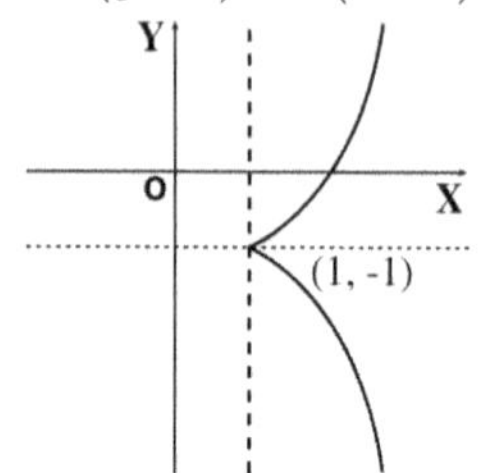

26. $(x-3)^2(y-2) = 4\,(2 - (y-2))$ **27.** $(y-3)^2(x-2) = 4\,(2 - (x-2))$

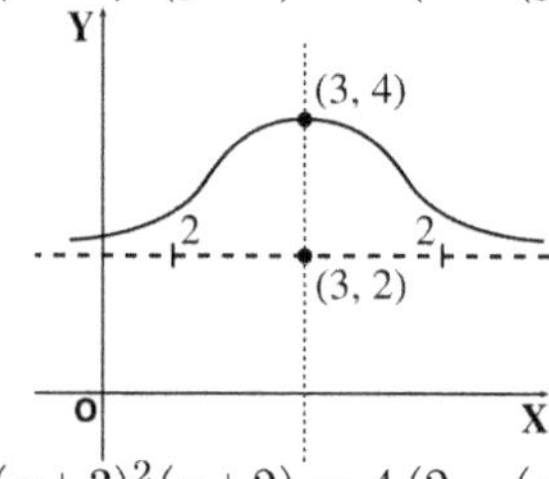 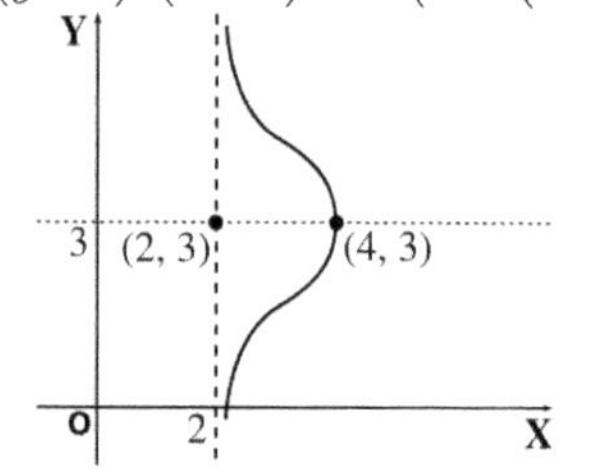

28. $(x+3)^2(y+2) = 4\,(2 - (y+2))$

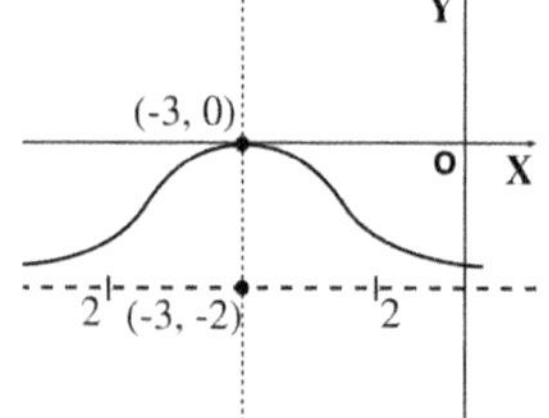

SECCIÓN 2.3

2. $y = 5x - 2$ **3.** $y = -3x$ **4.** $y = 2x - 1$ **5.** $y = -\frac{2}{5}x + 2$

6. $y = -\frac{3}{5}x + \frac{18}{5}$ **7.** $y = \frac{x}{5} + \frac{11}{5}$ **8.** $y = -2x + \frac{41}{23}$ **9.** $x+y = 2;\ x-y = 14$

10.   **a.** $y = -\frac{x}{2} + \frac{3}{2}$ **b.** $\frac{9\sqrt{5}}{10}$ **11.** 5

12. L_2 es paralela a L_5; L_3 es perpendicular a L_1; L_4 es perpendicular a L_6

13.   **a.** $x - 3y - 6 = 0$ **b.** $x + 2y - 13 = 0$ **c.** $y = 1$ **14.** $y + 3x - 25 = 0$

15. 3 **16.** 2 **17.** $\frac{2}{\sqrt{10}}$ **18.** 2 **19.** $\frac{4\sqrt{10}}{5}$ **20.** $\frac{28}{5}$

21. $C = -7$ o $C = \frac{59}{3}$ **22.** $5x + 12y + 40 = 0;\ 5x + 12y - 64 = 0$

23. $3x - 4y + 7 = 0$ **24.** $5x - 3y - 34 = 0;\ 3x + 5y + 34 = 0$

25. $(5, -3)$ y $(-3, -5)$ **26.** $x - y - 3\sqrt{2} = 0;\ x - y + 3\sqrt{2} = 0$

27. $3x + 4y - 14 = 0$ **28.** $(x-1)^2 + (y+1)^2 = 9$ **29.** $x^2 + y^2 = 16$

30. $(x - 2)^2 + (y - 4)^2 = 10$ **31.** $(x + 2)^2 + (y + 1)^2 = 20$

32. $3x - 2y - 12 = 0;\ 3x - 8y + 24 = 0$

33.   **a.** $k \neq 3$, n cualquiera   **b.** $k = -\frac{4}{3}$, n cualquiera   **c.** $k = 3$, $n \neq 6$
      d. $k = 3$, $n = 6$

34. **a.** $k = -4$ y $n \neq 2$ o $k = 4$ y $n \neq -2$ **c.** $k = 0$ y n cualquiera
   b. $k = -4$ y $n = 2$ o $k = 4$ y $n = -2$

35. $x - 2y - 18 = 0$; $2x + y + 14 = 0$; $2x + y - 16 = 0$

38. $A = \left(0, \frac{14}{5}\right)$, $B = \left(\frac{7}{4}, 0\right)$

CAPÍTULO 3

SECCIÓN 3.2

1. $F = (0, 1)$, $y = -1$, $L = 4$ **2.** $F = \left(0, -\frac{1}{3}\right)$, $y = \frac{1}{3}$, $L = \frac{4}{3}$

3. $F = \left(\frac{3}{2}, 0\right)$, $x = -\frac{3}{2}$, $L = 6$ **4.** $F = (-5, 0)$, $x = 5$, $L = 20$

5. $F = \left(-\frac{1}{16}, 0\right)$, $x = \frac{1}{16}$, $L = \frac{1}{4}$

6. $V = \left(1, \frac{11}{8}\right)$, $x = 1$, $F = \left(1, \frac{27}{8}\right)$, $y = -\frac{5}{8}$, $L = 8$

7. $V = (1, -5)$, $y = -5$, $F = \left(\frac{5}{4}, -5\right)$, $x = \frac{3}{4}$, $L = 1$

8. $V = (-4, 2)$, $y = 2$, $F = \left(-\frac{7}{2}, 2\right)$, $x = -\frac{9}{2}$, $L = 2$

9. $V = \left(-\frac{1}{2}, 0\right)$, $x = -\frac{1}{2}$, $F = \left(-\frac{1}{2}, -\frac{1}{4}\right)$, $y = \frac{1}{4}$, $L = 1$

10. $V = \left(-\frac{4}{3}, -1\right)$, $x = -\frac{4}{3}$, $F = \left(-\frac{4}{3}, -3\right)$, $y = 1$, $L = 8$

11. $y^2 = -24x$ **12.** $x^2 = 16y$ **13.** $(x-2)^2 = 12(y-2)$

14. $2(y+2)^2 = x+1$ **15.** $(y-2)^2 = -16(x+2)$ **16.** $(x+2)^2 = 16(y-2)$

17. $(x-3)^2 = 16(y-1)$ **18.** $2x^2 = 9y$ **19.** $(y-2)^2 = 9(x-1)$

20. $(x-1)^2 = 6(y+2)$ **21.** $(y-1)^2 = 8x$
   o $(x-1)^2 = -6(y+2)$ o $(y-1)^2 = -8(x+4)$

22. $(x-4)^2 = 6\left(y+\frac{1}{2}\right)$ **23.** $x^2 = -8y$ **24.** **a.** $x^2 = -25y$
   b. $40\,m$

25. $4.5\,cm$ **26.** $25\,cm$ **27.** **a.** $x^2 = 375(y-8)$ **b.** $17.6\,m$

28. **a.** $x^2 = -200(y-50)$ **b.** 45.5 pies   **29.** 15 millones de km

30. $r = 1,303.5\,km$ **31.** $(y-1)^2 = 4(x-3)$ **32.** $\left(x - \frac{3}{4}\right)^2 = \frac{1}{2}\left(y - \frac{1}{8}\right)$

SECCIÓN 3.3

1. $\frac{x^2}{36} + \frac{y^2}{32} = 1$ **2.** $\frac{x^2}{39} + \frac{y^2}{64} = 1$ **3.** $\frac{(x-4)^2}{4} + \frac{(y-2)^2}{3} = 1$

4. $\frac{(x+4)^2}{16} + \frac{(y-3)^2}{25} = 1$ **5.** $(x-3)^2 + \frac{(y-1)^2}{4} = 1$ **6.** $\frac{x^2}{25} + \frac{y^2}{9} = 1$

7. $\frac{(x+1)^2}{4} + \frac{y^2}{9} = 1$ **8.** $\frac{(x-2)^2}{\frac{1600}{91}} + \frac{y^2}{100} = 1$ **9.** $\frac{x^2}{9} + \frac{y^2}{5} = 1$

10. $\frac{(x+1)^2}{8} + \frac{(y+4)^2}{9} = 1$ **11.** $\frac{x^2}{36} + \frac{(y+1)^2}{27} = 1$ **12.** $\frac{(x+2)^2}{25} + \frac{(y-2)^2}{10} = 1$

13. **a.** $\frac{(x-3)^2}{4} + \frac{(y+2)^2}{1} = 1$
   b. Vértices: $(1, -2)$, $(5, -2)$. Focos: $\left(3 - \sqrt{3}, -2\right)$, $\left(3 + \sqrt{3}, -2\right)$

14. **a.** $\frac{(x-1)^2}{4} + \frac{(y+3)^2}{9} = 1$
   b. Vértices: $(1, -6)$, $(1, 0)$. Focos: $\left(1, -3 - \sqrt{5}\right)$, $\left(1, -3 + \sqrt{5}\right)$

15. a. $\dfrac{(x+2)^2}{16} + \dfrac{(y-3)^2}{25} = 1$

    b. Vértices: $(-2,\,-2)$, $(-2,\,8)$. Focos: $(-2,\,0)$, $(-2,\,6)$

16. Sí. La altura del túnel cuando $x = 9$ es 8, y $7.5 < 8$

17. $\dfrac{x^2}{(240)^2} + \dfrac{y^2}{(140)^2} = 1$ **18.** $\dfrac{x^2}{16} + \dfrac{y^2}{12} = 1$. Elipse   **19.** $\dfrac{x^2}{9} + \dfrac{y^2}{25} = 1$. Elipse

20. a. $e = \dfrac{8}{17}$ **b.** $\dfrac{x^2}{18{,}062{,}500} + \dfrac{y^2}{14{,}062{,}500} = 1$

SECCIÓN 3.4

1. $\dfrac{x^2}{25} - \dfrac{y^2}{24} = 1$ **2.** $\dfrac{x^2}{25} - \dfrac{y^2}{144} = 1$ **3.** $\dfrac{y^2}{4} - \dfrac{x^2}{32} = 1$ **4.** $\dfrac{y^2}{16} - \dfrac{x^2}{209} = 1$

5. $\dfrac{(x-3)^2}{9} - \dfrac{(y-2)^2}{16} = 1$ **6.** $\dfrac{(y+3)^2}{9} - \dfrac{(x+3)^2}{27} = 1$ **7.** $\dfrac{(x-2)^2}{4} - \dfrac{(y-2)^2}{5} = 1$

8. $\dfrac{x^2}{\frac{9}{5}} - \dfrac{y^2}{\frac{36}{5}} = 1$ **9.** $\dfrac{y^2}{50} - \dfrac{x^2}{8} = 1$ **10.** $\dfrac{y^2}{4} - \dfrac{x^2}{12} = 1$

11. $\dfrac{(x-4)^2}{2} - \dfrac{(y-2)^2}{2} = 1$ **12.** $\dfrac{(y-2)^2}{3} - \dfrac{\left(x-\frac{1}{2}\right)^2}{\frac{3}{4}} = 1$ **13.** $\dfrac{(y+2)^2}{9} - \dfrac{(x-3)^2}{36} = 1$

14. $\dfrac{(x-1)^2}{4} - \dfrac{(y-3)^2}{5} = 1$ **15.** $\dfrac{(y-1)^2}{9} - \dfrac{(x+2)^2}{3} = 1$

16. a. $\dfrac{(x-3)^2}{16} - \dfrac{(y-2)^2}{9} = 1$ **b.** $(-1,\,2)$, $(7,\,2)$ **c.** $(-2,\,2)$, $(8,\,2)$

    d. $3x - 4y - 1 = 0$; $3x + 4y - 17 = 0$

17. a. $\dfrac{(y-2)^2}{4} - \dfrac{(x+4)^2}{9} = 1$ **b.** $(-4,\,0)$, $(-4,\,4)$

    c. $\left(-4,\,2-\sqrt{13}\right)$, $\left(-4,\,2+\sqrt{13}\right)$ **d.** $3y-2x-14=0$; $3y+2x+2=0$

18. a. $\dfrac{(x-1)^2}{4} - \dfrac{(y+3)^2}{64} = 1$ **b.** $(-1,\,-3)$, $(3,\,-3)$

    c. $\left(1 - 2\sqrt{17},\,-3\right)$, $\left(1 + 2\sqrt{17},\,-3\right)$ **d.** $y-4x+7=0$; $y+4x-1=0$

19. a. $\dfrac{(x-2)^2}{9} - \dfrac{(y-3)^2}{4} = 1$ **b.** $(-1,\,3)$, $(5,\,3)$

    c. $\left(2 - \sqrt{13},\,3\right)$, $\left(2 + \sqrt{13},\,3\right)$ **d.** $2x - 3y + 5 = 0$; $2x + 3y - 13 = 0$

20. a. $\dfrac{x^2}{3{,}600} - \dfrac{y^2}{6{,}400} = 1$ **b.** A 40 km de la estación B.   **c.** 0.0002 seg.

21. $\dfrac{x^2}{28{,}900} - \dfrac{y^2}{11{,}100} = 1$ **22.** $\dfrac{x^2}{3} - \dfrac{(y-1)^2}{1} = 1$

SECCIÓN 3.5

1. $\left(-1,\,-\sqrt{3}\right)$ **2.** $\left(2\sqrt{2},\,4\sqrt{2}\right)$ **3.** $\left(-1,\,3\sqrt{3}\right)$ **4.** $(4,\,-2)$

5. $\left(3,\,-3\sqrt{2}\right)$ **6.** $y'^2 - x'^2 = 1$, hipérbola   **7.** $\dfrac{y'^2}{10} - \dfrac{x'^2}{6} = 1$, hipérbola

8. Elipse, $\dfrac{x'^2}{2} + \dfrac{y'^2}{10} = 1$ **9.** Parábola, $y' = x'^2$

10. a. $\dfrac{x'^2}{9} + \dfrac{y'^2}{3} = 1$ **b.** En X'Y': $V_1 = (-3,\,0)$, $V_2 = (3,\,0)$.

            En XY: $V_1 = \left(-\dfrac{3}{\sqrt{5}},\,-\dfrac{6}{\sqrt{5}}\right)$, $V_2 = \left(\dfrac{3}{\sqrt{5}},\,\dfrac{6}{\sqrt{5}}\right)$

    c. En X'Y': $F_1 = \left(-\sqrt{6},\,0\right)$, $F_2 = \left(\sqrt{6},\,0\right)$.

            En XY: $F_1 = \left(-\sqrt{\dfrac{6}{5}},\,-2\sqrt{\dfrac{6}{5}}\right)$, $F_2 = \left(\sqrt{\dfrac{6}{5}},\,2\sqrt{\dfrac{6}{5}}\right)$

    d. $2x - y = 0$ **e.** $x + 2y = 0$

11. a. $\dfrac{(x'-1)^2}{4} + \dfrac{(y'-2)^2}{1} = 1$

    b. En X'Y': $C = (1,\,2)$, $V_1 = (-1,\,2)$, $V_2 = (3,\,2)$.

       En XY: $C = \left(-\frac{2}{5},\,\frac{11}{5}\right)$, $V_1 = (-2,\,1)$, $V_2 = \left(\frac{6}{5},\,\frac{17}{5}\right)$

    c. En X'Y': $F_1 = \left(1 - \sqrt{5},\,2\right)$, $F_2 = \left(1 + \sqrt{5},\,2\right)$

       En XY: $F_1 = \left(-\frac{2+4\sqrt{5}}{5},\,\frac{11-3\sqrt{5}}{5}\right)$, $F_2 = \left(-\frac{2-4\sqrt{5}}{5},\,\frac{11+3\sqrt{5}}{5}\right)$

CAPÍTULO 4

SECCIÓN 4.1

1. a. $\frac{3}{4}$ **b.** $\frac{1+\sqrt{2}}{2+\sqrt{2}}$ **c.** $\frac{h}{3(h+3)}$ **d.** $\frac{h}{(a+1)(a+h+1)}$

2. a. 2 **b.** $\frac{1}{4}a^2 + a + 2$ **c.** $\frac{h^2+2ah}{4}$

3. $\mathrm{Dom}(f) = [9,\,+\infty)$, $\mathrm{Rang}(f) = [0,\,+\infty)$

4. $\mathrm{Dom}(g) = [-4,\,4]$, $\mathrm{Rang}(g) = \left[0,\,\frac{4}{3}\right]$

5. $\mathrm{Dom}(h) = (-\infty,\,2] \cup [2,\,+\infty)$, $\mathrm{Rang}(h) = [0,\,+\infty)$

6. $\mathrm{Dom}(u) = \mathrm{Rang}(u) = \mathbb{R}$ **7.** $\mathrm{Dom}(f) = \mathbb{R} - \{0\}$, $\mathrm{Rang}(f) = \mathbb{R}$

8. $\mathrm{Dom}(y) = (-\infty,\,0] \cup [2,\,+\infty)$, $\mathrm{Rang}(y) = [0,\,+\infty)$

9. $\mathrm{Dom}(g) = (-\infty,\,9] - \{5\}$

10. $\mathrm{Dom}(y) = (-\infty,\,-2] \cup [2,\,+\infty) - \{-2\sqrt{2},\,2\sqrt{2}\}$

11. $\mathrm{Dom}(y) = (-\infty,\,0) \cup \left[\frac{1}{4},\,+\infty\right)$ **12.** $\mathrm{Dom}(y) = (-\infty,\,1] - \{-15\}$

13. $\mathrm{Dom}(y) = [-1,\,2)$ **14.** $\mathrm{Dom}(y) = (-\infty,\,5] \cup (3,\,+\infty)$

15. $\mathrm{Dom}(y) = \mathbb{R}$, $\mathrm{Rang}(y) = [0,\,1]$ **16.** $\mathrm{Dom}(y) = \mathbb{R}$, $\mathrm{Rang}(y) = [0,\,+\infty)$

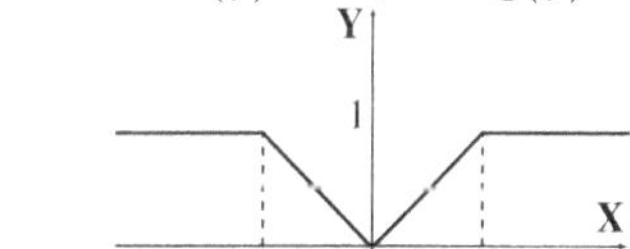
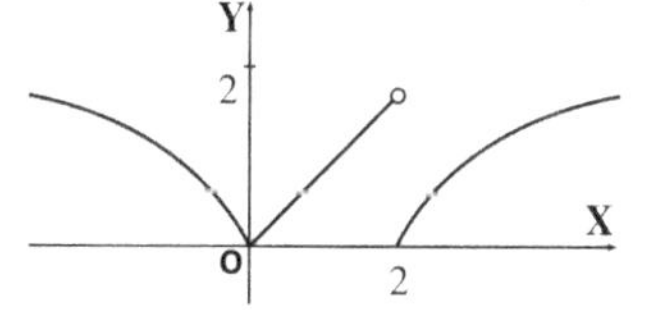

18. $f(x-1) = (x-5)^2$ **19.** $f(x) = \frac{1}{2}x^2 + \frac{1}{2}x$ **20.** $U(x) = 226x - 5x^2$

21. $G(x) = \begin{cases} 4,000x, & \text{si } 0 \le x \le 1,000 \\ 4,000,000 + (x - 1,000)(14,000 - 10x), & \text{si } x > 1,000 \end{cases}$

22. $P(x) = 1,760x - 10x^2$ **23.** $V(x) = x^2(150 - 2x)$

24. $A(r) = \pi r^2 + \frac{1}{4}(6 - \pi r)^2$ **25.** $A(x) = 6(18 - x)\sqrt{x - 9}$

26. $A(x) = \frac{x}{8}(28 - 4x - \pi x)$ **27.** $V(x) = 4x(40 - x)(25 - x)$

28. $A(x) = \frac{1}{x}(x + 4)(252 + 6x)$

SECCIÓN 4.2

1. a. $-\frac{\sqrt{3}}{3}$ **b.** $-\frac{1}{2}$ **c.** $-\sqrt{3}$ **d.** $-\frac{2\sqrt{3}}{3}$ **e.** -2

2. a. $\alpha = n\pi$, $n \in \mathbb{Z}$ **b.** $\alpha = \frac{\pi}{2} + n\pi$, $n \in \mathbb{Z}$ **c.** ninguno   **d.** ninguno

    e. $\alpha = \frac{4}{3}\pi + 2n\pi$ o $\frac{5}{3}\pi + 2n\pi$, $n \in \mathbb{Z}$

6. -1 **7. a.** $-\operatorname{sen}\alpha$ **b.** 0 **8. a.** $\frac{2\pi}{\lambda}$ **b.** $\frac{\pi}{2}$

9. a. $\frac{1}{3}\,rad.$ **b.** $\frac{1}{10}\,rad$ **c.** $\frac{\pi}{3}\,rad$ **10. a.** $4.71\,cm$ **b.** $35.34\,cm$ **c.** $7.85\,cm$

11. a. $111.13\,km$ **b.** $3,333.76\,km$ **c.** $5,000.64\,km$ **d.** $8,973.37\,km$

12. $1,852\,km$ **13.** $\frac{3}{2}\pi\,rad$ **14.** 61.35 grados   **15.** $22.5°$

16. $\left(-\sqrt{3},\,-1\right)$ **17.** $P = \left(-\frac{3}{2},\,\frac{3}{2}\sqrt{3}\right)$ **18.** 18 **19. a.** $\frac{\sqrt{3}}{3}$ **b.** $\frac{\sqrt{3}}{2}$

20. $\frac{\sqrt{3}}{12}$ **21.** $2r\operatorname{sen}\frac{\pi}{n}$ **22.** $\frac{2,500}{\pi} \approx 795.78\,giros/min$ **23.** $49\,revol./seg$

24. $P(\theta) = 20\left[\cos\frac{\theta}{2} + \cos\frac{\theta}{2}\operatorname{sen}\frac{\theta}{2}\right]$ **25.** $V(\theta) = \frac{125}{3\pi^2}\theta^2\sqrt{4\pi^2 - \theta^2}$

26. $y - x + 4\sqrt{2} = 0$ **27.** $\frac{\pi}{4}$ **28.** $x - 5y + 3 = 0;\ 5x + y - 11 = 0$

29. $3x - 4y + 15 = 0;\ 4x + 3y - 30 = 0;\ 3x - 4y - 10 = 0;\ 4x + 3y - 5 = 0$

SECCIÓN 4.3

1. a. $y = x^3 - 3$ **b.** $y = (x - 1)^3$ **c.** $y = -x^3 + 1$ **d.** $-y = (x-1)^3 + 1$

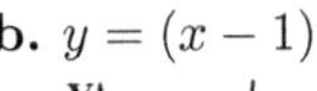

2. a. $y = \frac{1}{x} - 2$ **b.** $y = \frac{1}{x-2}$ **c.** $y = -\frac{1}{x}$ **d.** $y = \frac{1}{x-2} + 5$

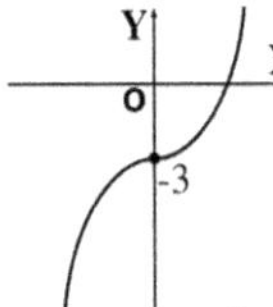 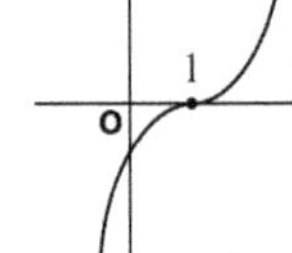 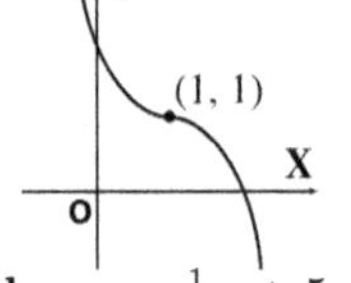

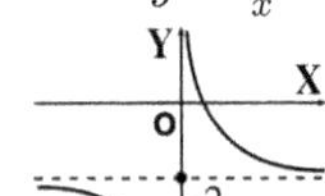 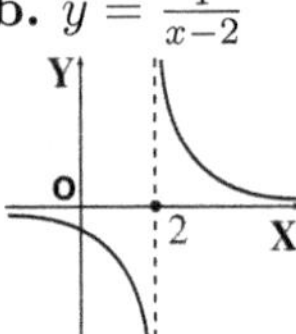 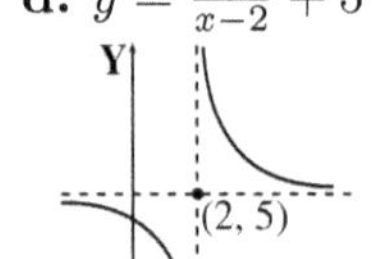 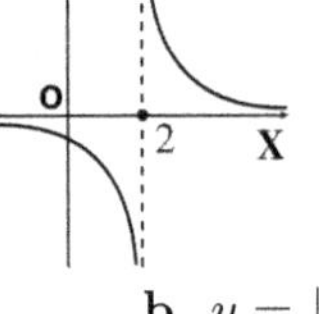

3. a. $y = -\lfloor x \rfloor$ **b.** $y = \lfloor 2x \rfloor$ **c.** $y = \frac{1}{2}\lfloor x \rfloor$

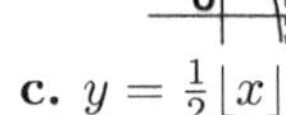

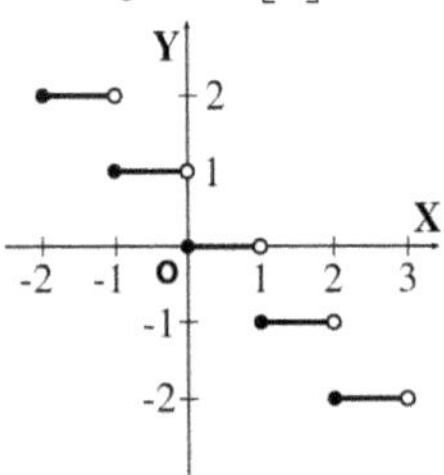 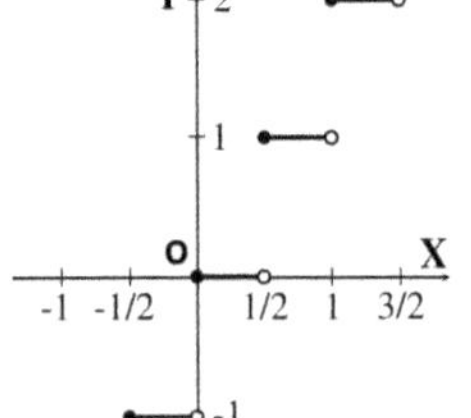 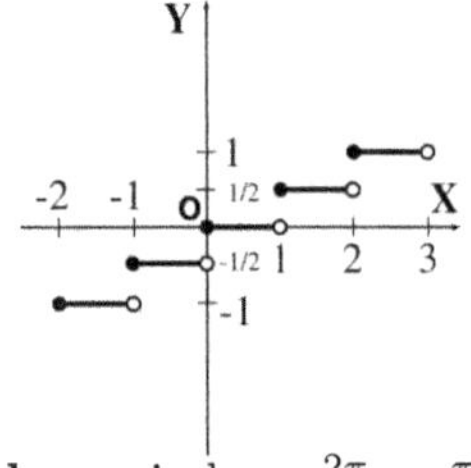

4.   **5. a.**   **b.** periodo $= \frac{2\pi}{4} = \frac{\pi}{2}$

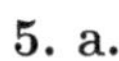

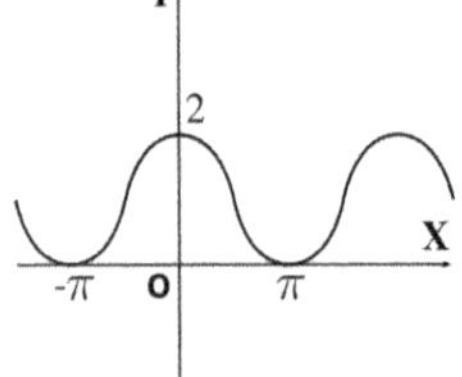 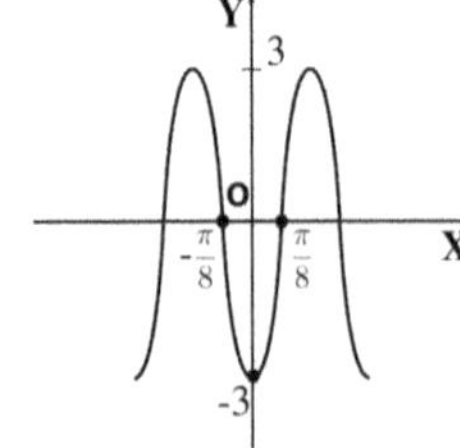

6. $\text{Dom}(f+g) = \text{Dom}(f-g) = \text{Dom}(fg) = (-\infty,\, 1) \cup (1,\, 2]$

   $\text{Dom}\left(\frac{f}{g}\right) = (-\infty,\, 1) \cup (1,\, 2)$

7. $\text{Dom}(f+g) = \text{Dom}(f-g) = \text{Dom}(fg) = [-4,\, -2] \cup [2,\, 4],$

   $\text{Dom}\left(\frac{f}{g}\right) = [-4,\, -2) \cup (2,\, 4]$

8. $\text{Dom}(f+g) = \text{Dom}(f-g) = \text{Dom}(fg) = (-2,\, 2),$

   $\text{Dom}\left(\frac{f}{g}\right) = (-2,\, 2) - \{0\}$

9. $\text{Dom}(f) = 4$ **10.** $\text{Dom}(f) = (-2,\, 0]$ **11.** $\text{Dom}(g) = [-2,\, 3)$

12. $(f \circ g)(x) = x - 1,\ \text{Dom}(f \circ g) = [0,\, +\infty)$

   $(g \circ f)(x) = \sqrt{x^2 - 1},\ \text{Dom}(g \circ f) = (-\infty,\, -1] \cup [1,\, +\infty)$

   $(f \circ f)(x) = x^4 - 2x^2,\ \text{Dom}(f \circ f) = \mathbb{R}$

   $(g \circ g)(x) = \sqrt[4]{x},\ \text{Dom}(g \circ g) = [0,\, +\infty)$

13. $(f \circ g)(x) = x - 4,\ \text{Dom}(f \circ g) = [4,\, +\infty)$

   $(g \circ f)(x) = \sqrt{x^2 - 4},\ \text{Dom}(g \circ f) = (-\infty,\, -2] \cup [2,\, +\infty)$

   $(f \circ f)(x) = x^4,\ \text{Dom}(f \circ f) = \mathbb{R}$

   $(g \circ g)(x) = \sqrt{\sqrt{x - 4} - 4},\ \text{Dom}(g \circ g) = [20,\, +\infty)$

14. $(f \circ g)(x) = \frac{1}{x^2} - \frac{1}{x},\ \text{Dom}(f \circ g) = \mathbb{R} - \{0\}$

   $(g \circ f)(x) = \frac{1}{x^2 - x},\ \text{Dom}(g \circ f) = \mathbb{R} - \{0,\, 1\}$

   $(f \circ f)(x) = x^4 - 2x^3 + x,\ \text{Dom}(f \circ f) = \mathbb{R}$

   $(g \circ g)(x) = x,\ \text{Dom}(g \circ g) = \mathbb{R} - \{0\}$

15. $(f \circ g)(x) = \frac{1}{1 - \sqrt[3]{x}},\ \text{Dom}(f \circ g) = \mathbb{R} - \{1\}$

   $(g \circ f)(x) = \frac{1}{\sqrt[3]{1 - x}},\ \text{Dom}(g \circ f) = \mathbb{R} - \{1\}$

   $(f \circ f)(x) = \frac{x - 1}{x},\ \text{Dom}(f \circ f) = \mathbb{R} - \{0,\, 1\}$

   $(g \circ g)(x) = \sqrt[9]{x},\ \text{Dom}(g \circ g) = \mathbb{R}$

16. $(f \circ g)(x) = \sqrt{-x},\ \text{Dom}(f \circ g) = (-\infty,\, 0]$

   $(g \circ f)(x) = \sqrt{1 - \sqrt{x^2 - 1}},\ \text{Dom}(g \circ f) = \left[-\sqrt{2},\, -1\right] \cup \left[1,\, \sqrt{2}\right]$

   $(f \circ f)(x) = \sqrt{x^2 - 2},\ \text{Dom}(f \circ f) = \left(-\infty,\, -\sqrt{2}\right] \cup \left[\sqrt{2},\, +\infty\right)$

   $(g \circ g)(x) = \sqrt{1 - \sqrt{1 - x}},\ \text{Dom}(g \circ g) = [0,\, 1]$

17. $(f \circ g \circ h)(x) = \sqrt{\frac{1}{x^2 - 1}}$ **18.** $(f \circ g \circ h)(x) = \sqrt[3]{\frac{x^2 - x}{x^2 - x + 1}}$

19. $(f \circ f \circ f)(x) = x,$ **20.** $f(x) = \frac{1}{x},\ g(x) = 1 + x$

   $\text{Dom}(f \circ f \circ f) = \mathbb{R} - \{0,\, 1\}$

21. $f(x) = x - 3,\ g(x) = \sqrt{x}$ **22.** $f(x) = \sqrt[3]{x},\ g(x) = (2x - 1)^2$

23. $f(x) = \frac{1}{x},\ g(x) = \sqrt{x^2 - x + 1}$ **24.** $f(x) = \frac{1}{x + 1},\ g(x) = \frac{1}{x},$

                                       $h(x) = x^2$

25. $f(x) = \sqrt[3]{x},\ g(x) = x + 1,$ **26.** $f(x) = \sqrt[4]{x},\ g(x) = x - 1,$

   $h(x) = x^2 + |\,x\,|$ $h(x) = \sqrt{x}$

27. $g(x) = x^2 - 2x + 1$ **28.** $g(x) = \frac{1}{x + 1}$

SECCIÓN 4.4

1. $f^{-1}(x) = \frac{1}{2}x - \frac{1}{2}$ **2.** $g^{-1}(x) = \sqrt{x+1}$ **3.** $h^{-1}(x) = \sqrt[3]{x-2}$

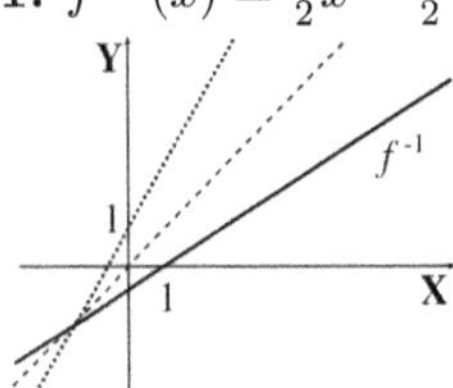   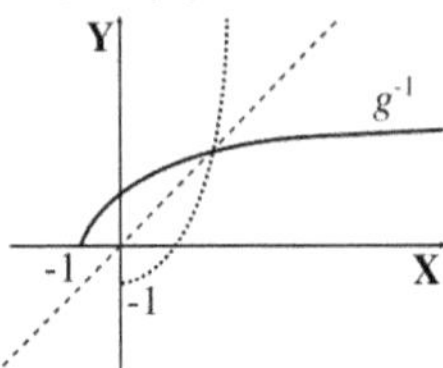   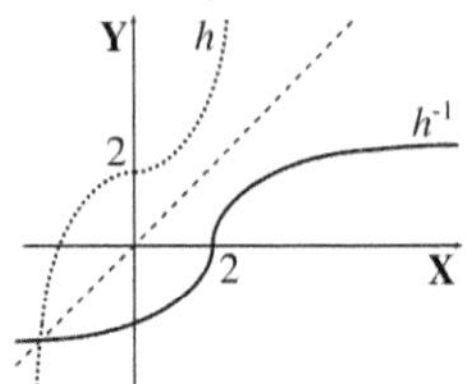

4. $k^{-1}(x) = \frac{1}{x+1}$ **5.** $f^{-1}(x) = 8 - \frac{x^2}{2}$ **6.** $g^{-1}(x) = \frac{-7x-15}{3x-5}$

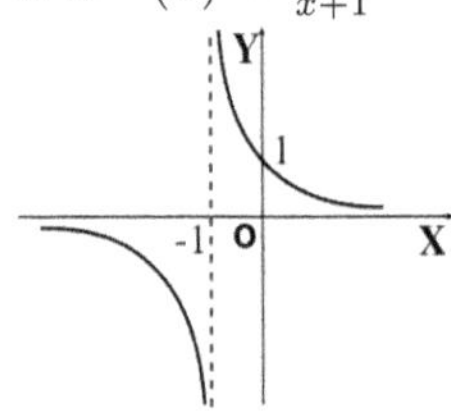   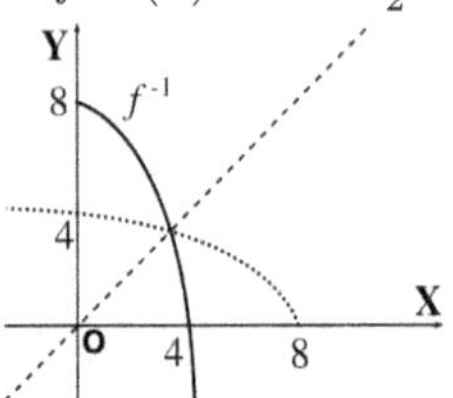   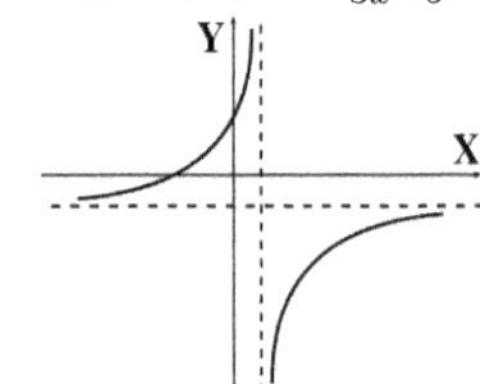

SECCIÓN 4.5

1. $\frac{\pi}{3}$ **2.** $\frac{5}{4}\pi$ **3.** π **4.** $-\frac{\pi}{3}$ **5.** $\frac{3\pi}{4}$ **6.** $\frac{7\pi}{6}$

7. a. $\frac{2}{3}\sqrt{2}$ **b.** $\frac{1}{4}\sqrt{2}$ **c.** $2\sqrt{2}$ **d.** $\frac{3}{4}\sqrt{2}$ **e.** 3

8. a. $\frac{1}{5}\sqrt{5}$ **b.** $\frac{2}{5}\sqrt{5}$ **c.** $\frac{1}{2}$ **d.** 2 **e.** $\sqrt{5}$

9. a. $-\frac{3\sqrt{10}}{10}$ **b.** $\frac{1}{10}\sqrt{10}$ **c.** $-\frac{1}{3}$ **d.** $\sqrt{10}$ **e.** $-\frac{\sqrt{10}}{3}$

10. $\frac{1}{2}$ **11.** $-\frac{\sqrt{5}}{2}$ **12.** $-\frac{3}{5}$ **13.** $-\frac{3\sqrt{7}}{7}$ **14.** $\frac{\pi}{3}$ **15.** $\frac{\pi}{3}$

16. $\frac{2\sqrt{5}}{5} - \frac{\sqrt{10}}{30}$ **17.** $\frac{4}{9}\sqrt{2}$ **18.** $\sqrt{3}$ **19.** $\frac{5\sqrt{26}}{26}$

20. $\frac{x}{\sqrt{1+x^2}}$ **21.** $\frac{x}{\sqrt{1-x^2}}$ **22.** $\frac{\sqrt{4-x^2}}{2}$ **23.** $\sqrt{\frac{1+x}{2}}$

24. $x = 2\,\text{sen}(-0.5) \approx -0.958851077$ **25.** $x = \sqrt{2} - 1$

26. $x \approx 0.8673$ o $x \approx -1.4728682$

SECCIÓN 4.6

1. 3 **2.** 16 **3.** 125 **4.** $\frac{1}{125}$ **5.** 4 **6.** $\frac{4}{3\sqrt{3}}$

7. 100 **8.** $e^{-4} = \frac{1}{e^4}$ **9.** $\frac{1}{81}$ **10.** $\frac{1}{5}$ **11.** 2^{14} **12.** $\frac{1}{32}$

13. 2 **14.** 2 **15.** -4 **16.** $\frac{5}{3}$ **17.** $-\frac{7}{8}$ **18.** $-\frac{1}{3}$

19. -1 o 3

20. $y = e^{x+2}$ **21.** $y = -2e^x + 1$ **22.** $y = e^{-x}$ **23.** $y = e^{-x} + 2$

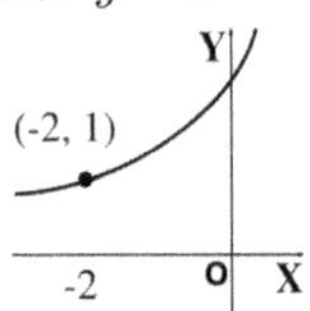   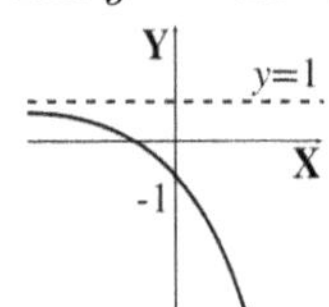   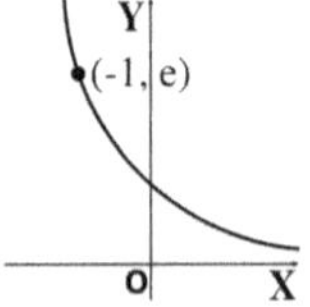   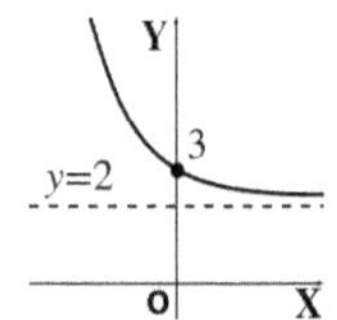

24. $y = 2 - e^{-x}$ **26.** $y = 3^{-x+2}$ **28.** $y = -4^{-x-1}$

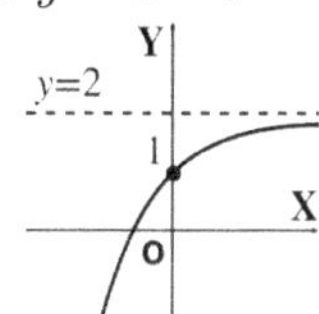 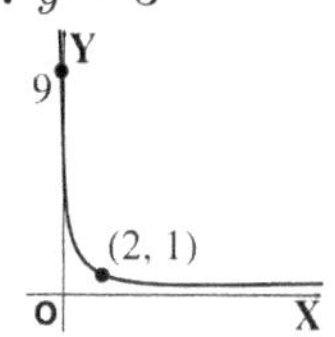 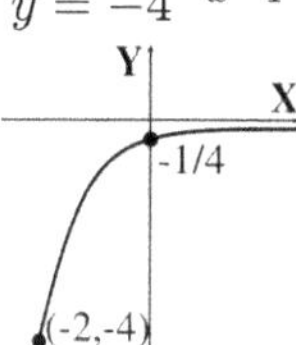

29. $\frac{125}{81}$ **30.** $-1,590$

SECCIÓN 4.7

1. -6 **2.** 4 **3.** -4 **4.** $-\frac{1}{2}$ **5.** 3 **6.** 9

7. $\sqrt{3}$ **8.** $\frac{8}{9}$ **9.** 625 **10.** $8, -2$ **11.** 5 **12.** $e^{-\frac{a}{3}}$

13. $e^{-1+\frac{k}{20}}$ **14.** e^2 **15.** $e^{e^{-4}}$ **16.** $\frac{\ln\left(\frac{14}{3}\right)}{-1.2} \approx 1.2837$

17. $1 + \frac{3}{\ln 3} \approx 3.73$ **18.** $\frac{6}{(3\log_2 3)} \approx 1.3086$ **19.** $\frac{8}{(4\log_2 3 - 1)} \approx 1.498$

20. $y = \ln(x - 2)$ **21.** $y = \ln(-x)$ **22.** $y = \ln(x + 3)$

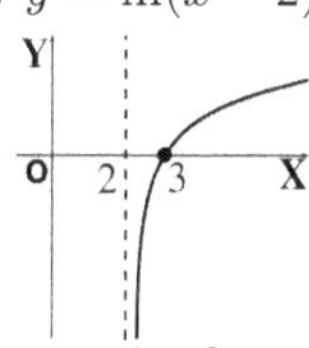 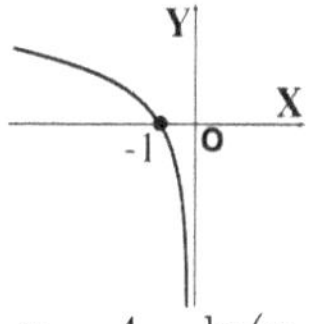

23. $y = 4 - \ln x$ **24.** $y = 4 - \ln(x + 3)$ **25.** $y = 2 - \ln |x|$

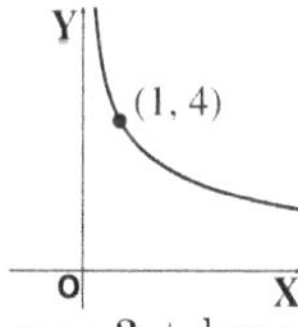 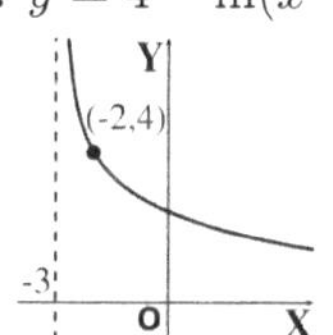

26. $y = 3 + \log x$ **27.** $y = 3 + \log(x + 3)$

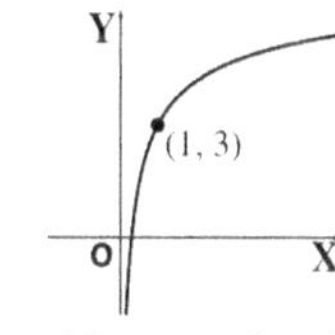 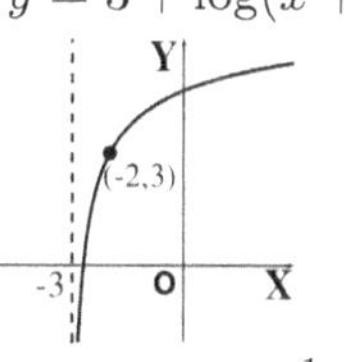

28. $2\log a + \log b - \log c$ **29.** $\frac{1}{2}\log b - 2\log a - 3\log c$

30. $-\ln a + \frac{3}{2}\ln c - \frac{1}{2}\ln b$ **31.** $\frac{1}{5}(2\ln a - \ln b - 4\ln c)$

32. $\ln \frac{x^3 y}{z^2}$ **33.** $\log \frac{a^2 b}{(zx)^3}$ **34.** $\ln \frac{\sqrt[4]{a^3 b^3}}{\sqrt{c^3}}$

35. a. $y = 5e^{(0.5\ln 3)t}$ **b.** $y = 6e^{(\ln(1.04))t}$

SECCIÓN 4.8

1. a. $127,020$ **b.** $5,127\,\%$ **2. a.** $\$15,809.88$ **b.** $22.12\,\%$

3. a. 18 millones   **b.** 24.3 millones   **c.** $2.02\,\%$ **4.** $108,000$

5. 6.75 millones   **6.** $6,351\,gr$ **7.** $280.93\,gr$ **8.** $64,000$ millones

9. $1,476.28\,lib/pie^2$ **10. a.** $81.87\,\%$ **b.** $67.03\,\%$ **c.** $14.84\,\%$

11. a. 12 mil   **b.** 15,841   **12. b.** 980 mil   **c.** $485,889.27

14. 3,924 años   **15.** 2.32 horas   **16.** 4 años   **17.** 29.54 meses

18. 2,554 libros   **19.** 81,666,666 millones   **20.** 29.5 años   **21.** 11,460 años

22. a. 11,700,000   **b.** 12,288,000   **c.** 12,886,396   **d.** 13,045,843.42
    e. 13,130,043

23. a. 1,140,967.37   **b.** 1,123,322.4   **24.** $3,173,350,575

25. a. 4,792 años   **b.** 4,621 años   **26. a.** 7,595 años   **b.** 7,324 años

9 786124 851612